JN057233

繁殖生物学 改訂版

Textbook of Reproduction and Development

SRD 日本繁殖生物学会［編］

interzoo

カバー写真：繁殖を支えるシステム

繁殖機能を支えているのは，脳から生殖器までを包含するシステムである．たとえば，脳はホルモンを介して卵巣機能を制御するだけでなく，卵巣はホルモンを介してその状態を脳に伝える．
このように脳と生殖器官は密接なコミュニケーションをとりながら，さまざまな繁殖活動を達成している．

（写真提供：前多敬一郎）

『繁殖生物学 改訂版』刊行によせて

『繁殖生物学』は2013年9月に初版が発刊され，繁殖生物学や家畜繁殖学を初めて学ぶ人たちに広く読まれてきた．初版の巻頭言で日本繁殖生物学会元理事長の前多敬一郎先生が書かれたように，この教科書は日本繁殖生物学会教科書編纂委員会が中心となり，高い理念のもとに，繁殖生物学のさまざまな分野で研究を進める日本繁殖生物学会会員の手によってまとめ上げられた．内容が古くなることを避けるために，日本繁殖生物学会が改訂を保証する教科書に育て上げることも謳われている．

前多先生からは，2017年9月に沖縄で開催された第4回国際生殖生物学会（WCRB 2017）の折に，そろそろ教科書の改訂を考えている旨を聞いた．おそらく5～6年に一度の内容の改訂を考えておられたのだと思う．残念なことに，その翌年2月に前多先生は急逝され，理事長を引き継いだ私が，編集理事の小倉淳郎先生に相談し，学会として『繁殖生物学』の改訂作業を進めることとなった．改訂に当たっては，『繁殖生物学』を授業に使用している先生方や学生，研究者の声を反映することとし，日本繁殖生物学会会員に対して広くアンケートを実施したところ，追加，修正，更新など改訂に関する多数の貴重なご意見をいただいた．2018年11月に小倉先生と大蔵聡先生を中心に，各章の担当者からなる教科書編纂委員会が開催され，初版の構成を維持しつつ，いただいた多くのご意見に応える形で内容の改訂やアップデートを進めること，また，近年，急速に発展するゲノム編集技術やエピジェネティクス研究の内容も盛り込むことなど，改訂の方向性が決定された．

改訂版の出版に当たっては，日本繁殖生物学会の多くのベテラン研究者にご執筆いただいた．繁殖生物学を学ぶ学生の入門書，教科書としての広い利用を考慮し，価格を比較的低く抑えた．本書が，繁殖生物学あるいはその関連分野を目指す多くの人たちに読まれ，繁殖生物学の発展を担う新しい人材が生まれ，成長することを，執筆者一同，心から願っている．

初版に引き続き，本書の出版に当たっては，（株）インターズー制作本部の佐久間明美氏にたいへんお世話になった．ここに記して，お礼を申し上げる．

公益社団法人日本繁殖生物学会前理事長　宮野　隆

『繁殖生物学』刊行によせて

この教科書は，繁殖生物学やその関連分野を学ぶ初学者，とくに学部生を念頭に編まれたものである．教科書編纂委員や著者の方々は，日本繁殖生物学会において永年にわたりこの分野の研究に携わってきた研究者である．

日本繁殖生物学会では，2010年頃から新たな教科書の必要性が議論になりはじめた．これまで数々のすぐれた教科書が出版されてきたが，ともすれば出版後に内容が古くなり，陳腐化していくにもかかわらず，なかなか改訂されることがなかった．これを反省し，日本繁殖生物学会が改訂を保証するような教科書にしたいということであった．この議論を受け，同年に元日本繁殖生物学会理事長である西原真杉東京大学教授を委員長として，教科書編纂委員会が結成された．将来にわたりこの分野の入門書としての名声を確立するような新たな教科書を創るうえで，以下のことを念頭においた．(1) 定期的に改訂作業を行う体制をつくること，(2) 畜産学分野の教科書，あるいは獣医学分野の副読本として学部学生が購入できる手頃なサイズと価格であること，(3) 生命科学研究を目指す大学院生の入門書ともなるものであること，(4) 文字中心だが，購入者には学会ホームページから図や写真などの教材をダウンロードできるような形態をめざすこと，(5) 中国・韓国など，他国の繁殖学会と提携して，できる限り翻訳本を出版すること，などである．(4) については，試みる時間もなく本版を出版することになるが，今後の努力により，是非実現させていただきたい．(5) についてはおそらく容易ではないと思われるが，本学会からアジアの学会に働きかけ，ぜひともアジア圏における共通の教科書ともいうべきものに育てていきたい．

この教科書が「繁殖生物学」を学ぶ若者たちの興味を喚起し，この分野の発展を担う人材として成長するための糧となることを願ってやまない．

最後に，(株) インターズー編集本部の佐久間明美氏には，この教科書の構想段階からたいへんお世話になった．この場をお借りして，深甚の謝意を表したい．

『繁殖生物学』教科書編纂委員会を代表して
日本繁殖生物学会元理事長　前多敬一郎

編纂委員・著者一覧

【編纂委員】

宮野　隆　　神戸大学大学院農学研究科 教授
大蔵　聡　　名古屋大学大学院生命農学研究科 教授
金井　克晃　　東京大学大学院農学生命科学研究科 准教授
田中　智　　東京大学大学院農学生命科学研究科 教授
小倉　淳郎　　理化学研究所バイオリソース研究センター遺伝工学基盤技術室 室長

【著者】

西原　真杉　　東京大学大学院農学生命科学研究科 教授
奥田　潔　　帯広畜産大学 学長
李　智博　　神戸大学大学院農学研究科 准教授
眞鍋　昇　　大阪国際大学 学長補佐・東京大学 名誉教授
高坂　哲也　　静岡大学農学部応用生命科学科 教授
代田　眞理子　　東京農工大学農学部附属 国際家畜感染症防疫研究教育センター 客員教授
髙橋　透　　岩手大学農学部共同獣医学科 教授
田中　知己　　東京農工大学大学院農学研究院 教授
岡村　裕昭　　（元）農業生物資源研究所動物科学研究領域 ユニット長
河野　友宏　　東京農業大学 名誉教授
尾畑　やよい　　東京農業大学生命科学部バイオサイエンス学科 教授
束村　博子　　名古屋大学大学院生命農学研究科 教授
渡辺　元　　東京農工大学農学部共同獣医学科 教授
山内　伸彦　　九州大学大学院農学研究院 准教授
原山　洋　　神戸大学大学院農学研究科 教授
内藤　邦彦　　東京大学大学院農学生命科学研究科 教授
青木　不学　　東京大学大学院新領域創成科学研究科 教授
久留主　志朗　　北里大学獣医学部獣医学科 教授
今川　和彦　　東海大学総合農学研究所 教授

堂地　修　酪農学園大学農食環境学群循環農学類 教授
木村　康二　岡山大学大学院環境生命科学研究科 教授
長嶋　比呂志　明治大学農学部生命科学科 教授
若山　照彦　山梨大学生命環境学部生命工学科 教授
南　直治郎　京都大学大学院農学研究科 教授
三谷　匡　近畿大学生物理工学部遺伝子工学科 教授
黒坂　哲　近畿大学先端技術総合研究所 講師
藤井　渉　東京大学大学院農学生命科学研究科 助教

（執筆順，2020 年 2 月現在）

目次

繁殖生物学 改訂版 刊行によせて iii
繁殖生物学 刊行によせて v
編纂委員・著者一覧 vii

第1章　序論

1. 繁殖生物学とは …… 2
はじめに …… 2
1-1. 生殖とは …… 3
1-2. 哺乳類とは …… 4

2. 繁殖の生理機構 …… 6
はじめに …… 6
2-1. 性腺と配偶子 …… 6
2-2. 生殖内分泌系 …… 7
2-3. 性決定と性分化 …… 8
2-4. 哺乳類の繁殖 …… 8
2-5. 繁殖生物学の応用 …… 9

3. 生殖周期 …… 11
はじめに …… 11
3-1. ライフサイクル …… 11
3-2. 完全生殖周期 …… 11
3-3. 不完全生殖周期 …… 13
1) 自然排卵動物…13 ／ 2) 交尾排卵動物…14
3-4. 季節繁殖周期 …… 14

第2章　生殖細胞と生殖器

1. 生殖細胞 …… 18
1-1. 体細胞分裂と減数分裂 …… 18
1) 体細胞分裂…18 ／ 2) 減数分裂…20 ／ 3) 第一減数分裂前期における相同染色体の対合…20 ／ 4) 第一減数分裂前期における交差型組換え…22 ／ 5) 減数分裂における染色体の分離…22
1-2. 配偶子形成 …… 24
1) 生殖細胞の起源…24 ／ 2) 始原生殖細胞…26 ／ 3) 卵原細胞・精原細胞…28 ／ 4) 減数分裂の開始と休止…32

2. 卵巣と卵母細胞，生殖道 …… 35
2-1. 雌性生殖器官 …… 35

2-2. 卵巣 …… 35
1) 卵巣の構造…35 ／ 2) 卵胞の発達と卵母細胞の発育…36 ／ 3) 卵母細胞の成熟と排卵…38 ／ 4) 黄体…41
2-3. 卵管 …… 41
2-4. 子宮と子宮頸管 …… 42
1) 子宮…42 ／ 2) 子宮頸部…45
2-5. 膣，膣前庭，外陰部，陰核と陰唇 …… 45

3. 精巣と精子，副生殖腺 …… 47
3-1. 雄性生殖器官 …… 47
3-2. 精巣 …… 47
1) 精巣の構造…47 ／ 2) 精巣下降…49 ／ 3) 精巣温度の調節…51
3-3. 精子形成 …… 51
1) 精子発生…52 ／ 2) 精子完成…53 ／ 3) 精子形成の周期…53 ／ 4) 精子形成のホルモン支配…55
3-4. 精子 …… 55
1) 精子の成熟…55 ／ 2) 精子の構造…56 ／ 3) 精子の運動…57 ／ 4) 精液，精漿の化学性状…59 ／ 5) 精子の代謝…61
3-5. 副生殖腺 …… 62

第3章　繁殖を支配する内分泌系

1. 神経内分泌系とは …… 66
はじめに …… 66
1-1. 視床下部ホルモンの発見 …… 66
1-2. 神経ペプチドの発見 …… 67
1-3. 繁殖のメカニズムの解明 …… 68

2. 視床下部および下垂体ホルモン …… 70
はじめに …… 70
2-1. 視床下部ホルモン …… 70
1) GnRH…71 ／ 2) TRH…72 ／ 3) CRH…73 ／ 4) GHRH…75 ／ 5) ソマトスタチン…76 ／ 6) PRF/PIF…77
2-2. 生殖に関連する視床下部生理活性物質 …… 78
1) キスペプチン…78 ／ 2) 性腺刺激ホルモン放出抑制ホルモン…79
2-3. 下垂体前葉ホルモン …… 80
1) LH…81 ／ 2) FSH…82 ／ 3) プロラクチン…84
2-4. 下垂体後葉ホルモン …… 85
1) オキシトシン…85

3. 性腺ホルモン …… 89
はじめに …… 89
3-1. ステロイドホルモン …… 89

1) 性腺におけるステロイドホルモンの合成…89 ／ 2) 精巣でのステロイドホルモン合成と分泌…90 ／ 3) 卵巣でのステロイドホルモン合成と分泌…93
3-2. ペプチドホルモン ……… 95
1) 抗ミューラー管ホルモン…95 ／ 2) インヒビンとアクチビン…96 ／ 3) リラキシン…98

4. 子宮と胎盤のホルモン・生理活性物質 ……… 103
はじめに ……… 103
4-1. 絨毛性性腺刺激ホルモン ……… 103
1) ヒト絨毛性性腺刺激ホルモン…103 ／ 2) 馬絨毛性性腺刺激ホルモン…104
4-2. 胎盤性ラクトジェン ……… 105
4-3. プロスタグランジン ……… 107
4-4. インターフェロン τ ……… 110

5. 生殖内分泌系の機能 ……… 112
はじめに ……… 112
5-1. ホルモンの体内での移動とフィードバック機構 ……… 112
5-2. 視床下部と下垂体の構造と機能 ……… 113
1) 構造…113 ／ 2) 機能：分泌と作用経路…113
5-3. GnRH による下垂体前葉性性腺刺激ホルモン分泌の制御 ……… 114
5-4. 繁殖機能調節におけるオキシトシンの役割 ……… 115
5-5. 性腺刺激ホルモンによる性腺機能の調節 ……… 117
5-6. 黄体と子宮における内分泌機構 ……… 121
1) プロジェステロン…121 ／ 2) オキシトシン…122 ／ 3) $PGF_{2\alpha}$分泌…123
5-7. 精巣のホルモン調節 ……… 123
5-8. 胎盤からのホルモン分泌と妊娠維持 ……… 124
5-9. ホルモンの作用効果 ……… 124
1) 血中のホルモンレベル…125 ／ 2) レセプターの濃度…125 ／ 3) ホルモンの親和性…125
5-10. 繁殖に影響する環境因子と生殖内分泌系 ……… 126
1) 光周期…126 ／ 2) 栄養状態…127 ／ 3) ストレス…129 ／ 4) 吸乳刺激…130 ／ 5) フェロモン…130

第4章　性の分化

1. 性分化とは ……… 134
はじめに ……… 134
1-1. 性の進化 ……… 134
1-2. 性の歴史的理解 ……… 136
1-3. 性の必要性 ……… 137

1-4. 生殖様式 …… 138
1-5. 単為生殖と哺乳類におけるゲノムインプリンティング …… 140
1-6. 性の多様性 …… 141
1-7. 哺乳類における性決定の概要 …… 141

2. 遺伝的性の決定 …… 146
はじめに …… 146
2-1. 性染色体と性決定 …… 146
1) 性染色体の定義…146 ／ 2) 哺乳類の性染色体上の性決定遺伝子…146 ／ 3) 哺乳類以外の性決定遺伝子…148
2-2. 性染色体上の遺伝子と構造 …… 150
1) X, Y染色体の構造…150 ／ 2) X染色体の遺伝子量補正…150 ／ 3) X, Y染色体上の遺伝子群…151 ／ 4) X染色体とY染色体の交叉…154 ／ 5) 性染色体と雌雄産み分け…155
2-3. 性染色体異常と妊孕性 …… 155
1) 性染色体の数的異常…155 ／ 2) 性染色体の構造的異常と遺伝子変異…157 ／ 3) 雌雄キメラの性…158 ／ 4) マウスY染色体の機能の系統差…159 ／ 5) 常染色体上の遺伝子変異と間性…159

3. 性腺および副生殖器の性分化 …… 162
はじめに …… 162
3-1. 生殖原基の形成過程 …… 163
3-2. 性腺の性分化（支持細胞［セルトリ細胞］を主役とした性決定）精巣，卵巣への形態形成 …… 165
1) 精巣への分化機序…168 ／ 2) 卵巣への分化の分子機序…171 ／ 3) 生殖細胞の性分化…172
3-3. 生殖管（ウォルフ管とミューラー管）と副生殖腺の性分化 …… 172
1) 生殖管の初期形成…172 ／ 2) 生殖管の性分化…174

4. 中枢神経系の性分化 …… 179
はじめに …… 179
4-1. 視床下部－下垂体－性腺軸の性 …… 179
1) ホルモン分泌動態の性差…180 ／ 2) 視床下部－下垂体－性腺軸の性分化…182 ／ 3) キスペプチンニューロンとGnRH/LH分泌の性差…183
4-2. 性行動の性分化 …… 188
1) 雌雄における性行動のちがい…188 ／ 2) 性行動の性分化機序…191
4-3. 中枢神経系の形態的性差 …… 193
1) 性的二型核…193 ／ 2) 性的二型核の形成機序…194
4-4. ステロイドによる中枢神経系の性決定 …… 195
1) 芳香化仮説…195 ／ 2) 中枢神経系の性分化の臨界期…196 ／ 3) 中枢神経系の性分化のまとめ…198
4-5. 生殖にかかわらない行動の性差 …… 200

第5章　生殖各期の生理

1. 性成熟 …… 204
1-1. 性成熟の指標 …… 204
1) 性成熟の時期…204 ／ 2) 性成熟の雌雄差…206
1-2. 性腺の成熟 …… 206
1) 雄…206 ／ 2) 雌…206 ／ 3) 未成熟動物…207
1-3. 出生後から性成熟までのホルモンレベルの変化 …… 207
1-4. 性成熟の開始機構 …… 208
1) ゴナドスタット説…208 ／ 2) 神経機構の変化…209 ／ 3) 動物種によるちがい…211
1-5. 体成長との相関 …… 211
1-6. 性成熟を調節する環境要因 …… 213

2. 性周期 …… 215
はじめに …… 215
2-1. 性周期のタイプと血中ホルモン動態 …… 215
1) 完全性周期動物…216 ／ 2) 不完全性周期動物…219
2-2. 性周期中の卵巣の機能的・形態的変化 …… 222
1) 卵胞発育…222 ／ 2) 排卵…224 ／ 3) 黄体の形成と退行…224

3. 受精 …… 228
はじめに …… 228
3-1. 精子の移動 …… 228
1) 移動の要因…228 ／ 2) 数の変化…229
3-2. 受精に先立つ精子の変化 …… 230
1) 受精能獲得…230 ／ 2) 鞭毛超活性化運動…231 ／ 3) 先体反応…232
3-3. 精子と卵子の接近 …… 232
1) 卵子の移動…232 ／ 2) 卵丘細胞層および透明帯の精子の通過…233 ／ 3) 精子と卵子との融合…233
3-4. 卵子内の変化 …… 234
1) 表層反応…234 ／ 2) 卵子の活性化…235 ／ 3) 精子頭部の変化…235 ／ 4) 前核の形成…236

4. 初期発生 …… 238
はじめに …… 238
4-1. 初期卵割 …… 238
1) 初期胚の移動…238 ／ 2) 初期卵割の特徴…238 ／ 3) エネルギー要求…239
4-2. 遺伝子発現制御 …… 240
1) 胚ゲノムの活性化…240 ／ 2) 初期胚のエピゲノム変化…240
4-3. コンパクション …… 242
1) 初期胚の形態変化…242 ／ 2) 初期胚の分化制御…243

5. 着床，妊娠維持および分娩 246
5-1. 着床 246
1) 着床の様式…246 ／ 2) ステロイドホルモンによる着床ウィンドウの制御…248 ／ 3) 遅延着床…250 ／ 4) E_2刺激の下流で作用する因子…251 ／ 5) 受容期の子宮内膜と胚盤胞の相互作用…252
5-2. 胎盤 252
1) 真獣類における胎盤の分類：絨毛の分布による分類…253 ／ 2) 胎盤の分類：絨毛と母体組織の結合様式による分類…254 ／ 3) 栄養膜幹細胞…256
5-3. 母体の妊娠認識 257
5-4. 妊娠維持 257
5-5. 分娩 259

6. 泌乳 263
6-1. 分娩後の母子の行動と哺乳 263
6-2. 乳腺の発達 264
1) 乳腺の数と位置…264 ／ 2) 乳腺の発生と発達…265 ／ 3) 乳腺の完成…266
6-3. 乳腺構造 267
1) 反芻類の乳腺…267 ／ 2) 乳腺の内部構造…268
6-4. 初乳と免疫移行 268
6-5. 乳組成（milk composition） 269
1) 炭水化物…269 ／ 2) 蛋白質…270 ／ 3) 脂質…270
6-6. 乳汁合成と排出 271
1) 乳汁合成（milk synthesis）…271 ／ 2) 乳汁排出（milk letdown）…271 ／ 3) 乳腺の退縮と回復…273 ／ 4) 分娩後の初発情と初排卵…273
6-7. 乳腺と乳にかかわる病気 274
1) 乳房炎…274 ／ 2) 低カルシウム症…274 ／ 3) 乳糖不耐症…274 ／ 4) 牛乳アレルギー…275

第６章　家畜繁殖の人為的支配

1. 人工授精・体外受精・顕微授精 278
はじめに 278
1-1. 人工授精 279
1-2. 体外受精 281
1) 家畜の体外受精の概要と意義…281 ／ 2) 家畜の体外受精の実際…282 ／ 3) 齧歯類実験動物（マウス，ラット）の体外受精…286
1-3. 顕微授精 288
1) 顕微授精の特徴および意義…288

2. ウシの胚移植技術 291
はじめに 291
2-1. 胚移植技術の発展 292
2-2. ウシの胚移植技術 293
2-3. 胚移植技術を支えるホルモン制御メカニズム 294
1) ホルモン制御機構…294 ／ 2) 妊娠認識…296
2-4. ウシ胚移植技術の詳細 298
1) 胚の生産技術…298 ／ 2) 胚の凍結保存…302 ／ 3) 胚を雌ウシ（レシピエント）に移植する技術…302
2-5. ウシ胚移植の今後の展望 304

3. 哺乳動物胚および卵子の凍結保存 307
3-1. 胚・卵子の凍結保存の意義 307
3-2. 動物個体の輸送に替わる凍結胚の輸送 308
3-3. 生殖医療への応用 308
3-4. 胚凍結保存法の種類 308
3-5. 胚の凍結保存技術の背景—低温生物学 311
3-6. 哺乳動物胚・卵子の特徴 312
3-7. 胚凍結保存技術の概要 313
1) 緩慢凍結法…313 ／ 2) ガラス化法…314
3-8. 細胞凍結保存技術の再生医療への応用 318

4. クローン動物・キメラ動物 320
4-1. クローン動物 320
1) 核移植の歴史…320 ／ 2) 体細胞核の初期化…321 ／ 3) クローン動物の異常…322 ／ 4) 成功率改善の試み…323 ／ 5) 核移植技術の応用…323
4-2. キメラ動物 325
1) キメラ作成方法…325 ／ 2) キメラで解明された基礎生物学…327 ／ 3) 異種間キメラ…327 ／ 4) 異種間キメラの倫理問題…328

5. 遺伝子改変動物 331
はじめに 331
5-1. トランスジェニック技術 331
5-2. ノックアウト技術 333
1) ES細胞を用いたノックアウトマウスの作製…333 ／ 2) 核移植を用いたノックアウト家畜の作製…335
5-3. ゲノム編集技術 336

索引 340

第1章

序論

1. 繁殖生物学とは
2. 繁殖の生理機構
3. 生殖周期

1 繁殖生物学とは

はじめに

繁殖学あるいは繁殖生物学という言葉は，従来，獣医学／畜産学系の学問領域においては主として産業動物や伴侶動物を対象とする生殖生物学の一分野を示す言葉として慣用されてきた．生殖とは生物が自己と同種の新しい個体を生み出すことであり，繁殖とは本来この生殖という生物が有するもっとも根源的な機能によって，個体数が増大することを意味している．動詞としても，自動詞として「繁殖する」，他動詞として「繁殖させる」と両用され，生物固有の繁殖戦略により個体数が増える場合，および生殖機能を操作して人為的に個体数を増やす場合を包含している．本書では産業動物，伴侶動物，実験動物など，ヒトの生存や生活と密接に関係する哺乳類を中心とする動物の繁殖について，基本的な形態学的／生理学的機構とその人為的制御に関する学問として「繁殖生物学」を位置付け，解説している．哺乳類における繁殖の機構は種間の変異がきわめて大きいが，本書ではヒトを含む哺乳類の繁殖に共通する一般原則を抽出して概説するとともに，時間的広がり（進化）および空間的広がり（比較）という視点を加味して，多様な哺乳類がどのような繁殖戦略を採用し，現在みられるような繁殖機能を獲得してきたかについても触れていきたい．

現在地球上に生存するすべての生物の共通祖先は，約38億年前に出現した原核生物であり，約20億年前には真核生物が誕生したと考えられている．約10億年前には多細胞の後生動物が出現し，約5億年前には脊椎動物が出現している．現生の哺乳類につながる哺乳類の祖先は2億数千万年前の中生代初期（三畳紀）に誕生し，現在の食虫目に近似した動物として中生代を生き延びたと考えられている．中生代中期（ジュラ紀）には初期の単孔目が出現しているが，これ以前の哺乳類はすべて卵生であったと推測されている．そして，中生代末期（白亜紀）には胎生の有胎盤類と有袋類が分化している．白亜紀末期には被子植物の繁栄と相まってその種子や果実を取り入れた多様な食性を示す齧歯目や霊長目などの哺乳類の分化がみられはじめ，**K-T境界**（K-T boundary）として知られる生物の大絶滅を経て新生代（約6千5百万年前から）にいたり，爬虫類が占めていた**ニッチ**（niche）を引き継ぐかたちで哺乳類は鳥類とともに繁栄を迎えることになる．新生代初期には肉食性の食肉目や草食性の奇蹄目，偶蹄目（現在では鯨偶蹄目とされている）が分化し，さらに約2千万年前に起こった主としてイネ科植物から構成される草原の出現とともに偶蹄目のなかからより草食に依存した反芻動物の種の拡大が起こっている．このような生物界の大きな変遷のあいだ，生命誕生の初期につくられた**遺伝子**（gene）が変異を繰り返しながら各界の生物に一貫して継承されてきたことになる．このような生命の連続性を保証し，進化を支えているのが生物のもつ**生殖**（reproduction）という機能である．

1-1. 生殖とは

生殖には**無性生殖**（asexual reproduction）と**有性生殖**（sexual reproduction）がある．無性生殖は生物個体が単独で新しい個体を形成する生殖様式で，遺伝子（DNA）の組換えを伴わないため，発生した個体は親と同じ遺伝子を有する**クローン**（clone）となる．単細胞生物の多くは細胞分裂により個体数を増やし，多細胞生物である動物においても分裂や出芽，単為発生などに無性生殖の例がみられる．一方，有性生殖では一般に1セットの**ゲノム**（genome）をもつ雌雄の**配偶子**（gamete）が接合し，2セットのゲノムをもつ新しい個体を形成する．配偶子の形成に際しては染色体ごとに遺伝子はランダムに配分され，雌雄の個体間でゲノム全域にわたってDNAの交換が行われるため，有性生殖で発生した個体は両親とは異なる**遺伝子型**（genotype）をもち，多様な**表現型**（phenotype）を発現する．有性生殖は無性生殖と比べて生殖にかかわる個体数が2倍必要となるなど，生殖にかかるコストは大きいと考えられるが，それにもかかわらず，多くの生物は有性生殖を取り入れて繁栄している．その理由についてはいくつかの仮説が存在するが，代表的なものは有性生殖では**遺伝的多様性**（genetic diversity）を効率よく拡大することができ，種としての環境への適応力を高め，生存価を向上させることができるというものである．一方，有性生殖は自然環境への適応とは関係ないが，個体群における遺伝子の**多型**（polymorphism），一個体における**異型接合**（heterozygosity）というように同じ遺伝子にさまざまなバージョンの存在を可能にし，遺伝子の組み合わせを絶えず変化させることにより世代交代の早い寄生者の脅威に対抗するための生殖様式であるという考え（赤の女王仮説）も提唱されている．

有性生殖ではDNAを次世代に継承する**生殖細胞**（germ cell）と，体を構成する**体細胞**（somatic cell）とは明確に機能分化している．生殖細胞のみが次世代に継承され，体細胞は一定の回数分裂すると分裂を停止するため個体には寿命が存在する．体細胞が一定の回数しか分裂できないのは，DNAの末端部分の**テロメア**（telomere）とよばれる構造が細胞分裂に際してのDNAの複製のたびに短くなるからであると考えられている．生殖細胞にはテロメアを伸長させる酵素（**テロメラーゼ**：telomerase）が発現しており，寿命のない不死細胞といえ，そのDNAは世代を超えて引き継がれる．『生物個体はDNAが自らを増殖させるためにつくり出した乗り物である（リチャード・ドーキンス）』といわれる所以である．両性の生殖細胞が結合した新たな細胞（**接合子**：zygote）は体のどの細胞へも分化しうる能力，すなわち分化**全能性**（totipotency）をもっているが，体細胞の**クロマチン**（chromatin. DNAと蛋白質の複合体）は各種の細胞，組織への分化の過程でDNAのメチル化やヒストンのアセチル化などの修飾を受け，分化全能性を失う．このようなクロマチンへの後天的な修飾によりDNAの塩基配列の変化を伴わないで生じる遺伝子機能の変化を研究する学問は**エピジェネティクス**（epigenetics）とよばれている．1996年にはヒツジを用いて体細胞（乳腺細胞）の核を除核した未受精卵に移植するという手法により，世界ではじめて体細胞クローン動物（ドリーと名付けられた）が作り出され，哺乳類の体細胞のゲノムも初期化されうることが示されている．

1-2. 哺乳類とは

本書でおもな対象とする**哺乳類**（mammal）とは，動物界脊索動物門哺乳綱に属する動物の総称であり，**卵生**（oviparity）の原獣亜綱（現生種は単孔目のみ）と**胎生**（viviparity）の獣亜綱から構成され，生殖の過程で**哺乳**（lactation）を行うことを特徴としている．獣亜綱の動物は，さらに**胎盤**（placenta）を有する真獣下綱と有さない後獣下綱（現生種は有袋目のみ）に分類される．したがって，真獣下綱（真獣類）は単孔目と有袋目以外のすべての哺乳類を含み，有胎盤類ともよばれる．有胎盤類の生殖は，配偶子の形成，配偶者の決定，性行動，受精，着床，妊娠，分娩，哺乳，育子などの過程から構成される．かつて**個体発生**（ontogenesis）は**系統発生**（phylogenesis）を繰り返すという概念（ヘッケルの反復説）が提唱され，現在でも哺乳類の母体内での発生は脊椎動物の系統発生の少なくとも一部の過程を反映しているとみなされている（発生砂時計モデル）．

哺乳類の繁殖の1つの特徴は，比較的少数の子を複数回に分けて産み，新世代の個体を親の保護下に置くことによってその損耗率を低下させていることである．一般に大きく変化する環境下で個体増加率（r）を最大限に高めて**繁殖成功度**（reproductive success）を高める動物，すなわち一度に非常に多くの卵を産む魚類などは**r戦略者**（r strategist）とよばれ，一方，比較的安定した環境下で環境収容力（K）に応じて個体増加率を維持する動物，すなわち哺乳類のように生存率を高めることにより繁殖成功度を高めている動物は**K戦略者**（K strategist）とよばれる．しかし，哺乳類においてもネズミのようによりr戦略者に近い動物から，ゾウのように典型的なK戦略を採る動物まで，その**繁殖戦略**（reproductive strategy）は多様である．

哺乳類の繁殖では**配偶システム**（mating system）においても多様性がみられる．配偶システムとは動物個体がおもに繁殖を目的として配偶者を獲得する様式を意味しており，**単配偶システム**（monogamy）と**複配偶システム**（polygamy）に分けられる．単配偶システムは一夫一妻であり，食肉目，霊長目，齧歯目などの一部でみられるが，全哺乳類の5%程度と少ない．単配偶システムでは繁殖がペア間で限定的に行われるとともに，一般に両親により子の保護が行われる．複配偶システムには一夫多妻，一妻多夫，多夫多妻などがあるが，哺乳類は一夫多妻のものが多い．一夫多妻には資源防衛型（縄張り型），雌防衛型（ハーレム型），雄優位型（レック型）などが含まれる．資源防衛型では雄は雌が必要とする資源を縄張りとして確保することにより間接的にほかの雄の雌に対する接近を制限し，雌を囲い込んで交尾を行う（霊長目，齧歯目，有蹄類などに広くみられる）．雌防衛型では雌は集団を形成する傾向をもち，雄はほかの雄を排撃して雌集団を防衛し，多くの雌と交尾して子孫を残す（アザラシ，ヒヒ，インパラなど）．雄優位型では繁殖期に複数の雄が集まって競合し，周辺に集まった雌が気に入った雄を選択して交尾が行われる（セイウチ，ダマジカなど）．一妻多夫はハダカデバネズミなど，多夫多妻はチンパンジーなど限られた動物種でみられる．ただ，これらの配偶システムは必ずしも固定されたものではなく，生態学的条件によっては可塑的に変化することも知られている．哺乳類の繁殖戦略，配偶システムは多様ではあるが，その繁殖成功度は基本的には雄ではどれだけ多くの雌と交尾して子孫を残すか，雌ではいかに優れた形質をもつ雄の子を産むかに依存している．さらに哺乳類では哺乳や育子など手厚い子の保護が行われ，繁殖成功度を高めていることも特徴である．

西原　真杉（にしはら　ますぎ）

2 繁殖の生理機構

はじめに

哺乳類の繁殖を生物学的に理解するためには，生殖にかかわるさまざまな細胞や器官の形態学的，生理学的特質とともに，胚の発生や性分化の過程，さらにそれらを制御する神経内分泌システムや繁殖に影響を与える環境要因について学ぶことが重要である．また，前述のように哺乳類の繁殖戦略や配偶システムはそれぞれの生態学的条件などに適応して高度に多様化しており，各器官や各種システムについても種間の変異が大きい．そのような変異は動物が繁殖のためにどのような問題に直面し，どのようにそれを解決してきたかを物語っており，このような動物種差に対する理解を深めることも繁殖生物学を学ぶ楽しみの1つである．一方，哺乳類の繁殖を制御するために蓄積されてきたさまざまな知見や技術は，単に家畜の繁殖や品種改良の効率を高めるためばかりではなく，野生動物や希少動物の保全，さらには生命科学全般の研究のツールとしてもその発展に大きな貢献をしている．本書においては以下，第2章「生殖細胞と生殖器」，第3章「繁殖を支配する内分泌系」，第4章「性の分化」，第5章「生殖各期の生理」，第6章「家畜繁殖の人為的支配」の各章を設け，それぞれ形態学的および生理学的視点から各テーマについて詳述している．本項では各章の導入的内容を記述するとともに，各章では触れられていない事項についても，関連するトピックを主として生理学的側面から補完している．

2-1. 性腺と配偶子

哺乳類の繁殖を担う**性腺**（gonad）の基本的な機能は，配偶子の形成と**性ステロイドホルモン**（sex steroid hormones）の分泌である．配偶子は雄では**精子**（sperm），雌では**卵子**（ovum）であり，精子は**精巣**（testis）にある**精原細胞**（**精祖細胞**ともいう）（spermatogonium）から個体の成熟後に**減数分裂**（meiosis）により持続的に形成されるが，**卵巣**（ovary）では卵子を形成する**卵原細胞**（**卵祖細胞**ともいう）（oogonium）は**有糸分裂**（**体細胞分裂**：mitosis）による増殖は一般に胎子期に終了して第一減数分裂前期の状態（**卵母細胞**：oocyte）で停止し，性成熟を迎えるまで原始卵胞内で長い休止期に入る．雌では性成熟後，性周期ごとに一部の卵胞が選抜されて成熟し，卵母細胞は減数分裂を再開して第二減数分裂中期にいたり，排卵が起こる．排卵後，精子の進入を契機に第二減数分裂が完了して精子と卵子の核が融合し，受精が完了する．なお，**季節繁殖動物**（seasonal breeder）では，繁殖期以外の季節では**性腺刺激ホルモン**（gonadotropin）のパルス頻度が低下し，精子形成や卵胞発育，性ステロイドホルモンの分泌は抑制されている．

一性周期における排卵数は種ごとに生殖内分泌系におけるフィードバック機構により規定されており，r戦略者では1回に多数の卵子が，K戦略者では少数の卵子が排卵される．排卵数はホルモン製剤の投与により人為的にコントロールすることが可能で，動物の繁殖制御や生殖医療の1つのターゲットとなっている．生殖道や副生殖腺の形態や機能にも，哺乳類の各種の動物に特有の生殖様式に応じて多様性がみられる（**2章「生殖細胞と生殖器」参照**）．

2-2. 生殖内分泌系

幼若期には性ステロイドホルモンは低値に維持されるが，個体が成熟してくると性腺の機能が賦活され，配偶子の形成が起こるとともに雌雄それぞれに特有の性ステロイドホルモン，すなわち雄では**アンドロジェン**（androgen），雌では**エストロジェン**（estrogen）と**プロジェスチン**（progestin）の分泌が始まる．これらの性ステロイドホルモンにより第二次性徴が発現し，性成熟が起こる．脳は体内の代謝シグナルを介して体成長をモニターし，体の成熟とともに**性腺刺激ホルモン放出ホルモンニューロン**（gonadotropin releasing hormone〈GnRH〉neuron）の活動が賦活され，性腺刺激ホルモンのパルス状分泌が起こることにより性腺の機能が活性化される．雌雄に特有の性ステロイドホルモンにより，性特異的な生理機能や行動パターンが発現し，生殖における雌雄の性的な役割を果たすことができるようになる．このような性ステロイドホルモンの作用は**活性作用**（activational action）とよばれる可逆的な作用であり，たとえば去勢をすることにより性特異的な生理機能や行動パターンは消失し，性ステロイドホルモンの投与により復活する．

繁殖成功度を高めるためには，繁殖に適した外部環境および内部環境が整う必要がある．外部環境としては，光周期（季節），栄養条件や感染などを含むストレス，フェロモン，社会的順位などがあげられる．これらの環境要因は神経性，液性の経路により脳に伝えられ，脳で統合されたあと，**視床下部－下垂体－性腺軸**（hypothalamic–pituitary–gonadal〈HPG〉axis）へと出力される．繁殖は脳と性腺が情報交換をしながら車の両輪となって進行する過程であり，繁殖を可能とする生理機構を理解するためには神経系，内分泌系，さらに免疫系を加えた細胞間情報伝達システムを理解する必要があり，これらを理解することは個体生物学の理解にとっても重要である（**3章「繁殖を支配する内分泌系」参照**）．

2-3. 性決定と性分化

哺乳類の性は**性染色体**（sex chromosome）の組み合わせで決定され，XXでは雌，XYでは雄となる．性腺は雄ではY染色体上にある遺伝子により精巣に分化し，Y染色体をもたない雌では卵巣に分化する．精巣は胎子期，あるいは周生期の一定時期にアンドロジェンを分泌し，このアンドロジェンにより生殖道や副生殖腺，外生殖器が雄型に分化する．脳もアンドロジェンにより雄型に分化するが，少なくとも一部の動物種ではアンドロジェンは脳内でエストロジェンへと代謝されて作用すると考えられている．一方，雌の胎子や新生子ではアンドロジェンが存在しないために生殖道や副生殖腺，外生殖器，脳は雌型に分化する．このような胎子期や周生期において**性分化**（sex differentiation）を誘導する性ステロイドホルモンの作用は**形成作用**（organizational action）とよばれ，前述の活性作用とは異なり不可逆的な作用である．魚類や爬虫類では性ステロイドホルモンにより性腺自体の性も決定される種が存在し，温度などの環境因子により性が決定されたり，個体サイズに依存して性転換を起こしたりする場合もある．一般に魚類や爬虫類ではアンドロジェンにより雄性化，エストロジェンにより雌性化が起こるため，性を決定する環境因子はアンドロジェンをエストロジェンに変換する酵素である**アロマターゼ**（aromatase）の発現を制御する因子であると考えられている．一方，哺乳類では性の決定に性染色体上の遺伝子がより強固に関与しているといえる（**4章「性の分化」参照**）．

2-4. 哺乳類の繁殖

哺乳類の繁殖においては妊娠，哺乳という雌個体に負担の大きい過程を含むため，**性成熟**（**春機発動**：puberty）は個体としての成熟を待って起こる．性成熟後，生殖機能には種に固有の性腺における組織学的変化に要する時間に応じて，周期性が発現する．また，野生の哺乳類においては，一夫一妻，一夫多妻，一妻多夫，多夫多妻などのさまざまな**配偶システム**（mating system）がみられる．さまざまな繁殖戦略のなかでは，雄にとってはいかに多数の子を残すか，雌にとってはいかに優れた形質をもつ子を残すかということが究極要因となっている．動物の生殖を制御して育種を行う場合にはこの配偶システムも管理の対象となり，望ましい形質を有する個体から，より多くの子孫を得ることによって品種の改良が行われてきた．

一般に肉食動物は未熟な状態で生まれるが，草食動物は感覚機能や運動機能がより成熟した状態で生まれ，それらの機能をつかさどる脳機能もより発達している．また，イヌなどの肉食動物では母子間の関係は一般に緩やかで，比較的容易に里子を受け入れるが，ヒツジなどの草食動物では嗅覚情報を介した母子間の認識・関係が強固で，母親は自己の子以外には授乳しない．また，多胎のブタでは乳子はより乳汁分泌の多い乳頭を占有しようとして**乳付き順位**（teat order）が形成される．ウマ，ウシ，ブタなどでは胎盤を介した抗体（IgG）の胎子への移行は起こらないが，**初乳**（colostrum）にはIgGが含まれ，初乳を介してIgGは新生子の血液中に移行する（受動免疫）．これらの動物では新生子の腸管上皮細胞はエンドサイトーシスによりIgGのような巨大分子を吸収することができるが，生後24時間程度でその機能は失われ，この現象は**腸管閉鎖**（gut closure）とよばれる．イヌ，ネコにおいても初乳を介してIgGが新生子に移行するが，これらの動物では妊娠中に胎盤を介してもIgGが胎子に移行する．一方，ヒト，モルモットなどではIgGはもっぱら胎盤を介して胎子に移行する．このような哺乳類の移行抗体の経路にみられるちがいには，胎盤の構造のちがいに基づく巨大分子の母体から胎子への移行能のちがいが関与している（**5章「生殖各期の生理」参照**）．

2-5. 繁殖生物学の応用

繁殖生物学は哺乳類における繁殖の生理機構の理解を基盤として，産業動物の生産性向上の基礎となる学問的基盤を構築するとともに，繁殖技術の向上にも貢献してきた．日本繁殖生物学会（Society for Reproduction and Development）は，日本における繁殖生物学研究の中心的存在として畜産学や獣医学関連の研究者との緊密な情報交換の場として機能し，わが国における人工授精，過排卵誘起，体外受精・体外培養系の確立，配偶子や胚の凍結保存，受精卵移植などの生殖関連技術の開発や普及にも大きな役割を果たしてきた．これらの成果は優良種雄牛の作出や繁殖牛群の改良，乳牛への肉用種受精卵の移植による付加価値の向上などへと応用されている．また，生殖内分泌系のホルモンの作用や分泌制御機構に関する基礎的研究，さらにその成果を基盤としたホルモン投与による産業動物の繁殖制御や繁殖障害の治療などに関する応用的研究も進展している．

このような繁殖の生理機構に関する研究成果や技術開発は，生殖細胞や初期胚の操作技術を中心とする**発生工学**（embryo technology）の発展にもつながり，外来遺伝子を導入した動物（**トランスジェニック動物**：transgenic animal）や特定の遺伝子を欠失させた動物（**遺伝子ノックアウト動物**：gene knockout animal）などの遺伝子改変動物や体細胞クローン動物の作出に利用されている．これらの研究成果や技術開発は，学際的分野における生命科学領域の研究の発展や，外来遺伝子の導入により有用蛋白質を産生する動物（**バイオリアクター**：bioreactor）の作出，動物園動物や野生動物の人工繁殖による種の保全，ヒトの生殖医療や再生医療などの分野にも貢献している（**6章「家畜繁殖の人為的支配」参照**）．

西原　真杉（にしはら　ますぎ）

[参考図書]

・リチャード・フォーティ（2003）：生命40億年全史．渡辺政隆 訳，草思社，東京．
・リチャード・ドーキンス（2006）：利己的な遺伝子．日高敏隆ほか 訳，増補新装版，紀伊國屋書店，東京．
・Ridley M.（1993）: The red queen, sex and the evolution of human nature, Harper Perennial, Harper Collins Publishers Inc., New York.
・Reproduction in mammals vol.4: Reproductive fitness（1985）: 2nd ed.（Austin C.R., Short R.V. eds.）, Cambridge University Press, Cambridge.
・Knobil and Neill's Physiology of reproduction（2006）: 3rd ed.（Neill J.D., *et al.*, ed.）, Elsevier Inc., Amsterdam.

3 生殖周期

はじめに

生物が長い時間をかけて哺乳動物に進化してきた過程で，次世代を安定して生み出すための妊娠機構が成立した．成熟した哺乳類の雌において妊娠が成立しなかった際に，周期的に排卵を起こさせるメカニズムは，種を維持していくための生殖戦略の1つといえる．こうした周期（**排卵周期**：ovulatory cycle）以外に，哺乳類の生涯を通じての繁殖活動を周期現象としてとらえると，1．**ライフサイクル**（life cycle），2．**完全生殖周期**（complete reproductive cycle），3．**不完全生殖周期**（incomplete reproductive cycle），4．**季節繁殖周期**（seasonal breeding cycle）などがある．

3-1. ライフサイクル

哺乳類の生殖活動は，性成熟に始まり，性腺の老化による生殖停止とともに終了する．哺乳類の雌は，妊娠，分娩，哺乳という一連の大きな負担に耐えられる体の生育・成熟が不可欠である．そして，一定の生殖期間の後，体のほかの機能の老化より先に性腺の老化が起こり，種固有の寿命前に生殖活動は停止する．したがって，一生に1回のライフサイクルがあるといえる．

3-2. 完全生殖周期

哺乳類の雌が妊娠したときにみられる生殖活動の周期をいう．すなわち成熟した雌において，卵胞発育から発情，交尾，排卵，黄体形成，そして妊娠，分娩，哺乳までの一連の各相が行われる周期のことである．

なお，哺乳類にはそれぞれの動物種固有の哺乳期間がある．未熟な子を産み哺乳によって親の保護下で子を育てる生殖戦略をとった哺乳類では，子に哺乳を保証するため，哺乳中には次の排卵が起こらない機構が存在する．これは**吸乳刺激**（suckling stimulus）によって性腺刺激ホルモン放出ホルモン（GnRH）の分泌が抑制されることによって起こる．すなわち，哺乳期間中は**GnRHのパルス状分泌**（pulsatile secretion of GnRH）を制御するキスペプチンニューロンの活動が抑制され，GnRH分泌ひいては

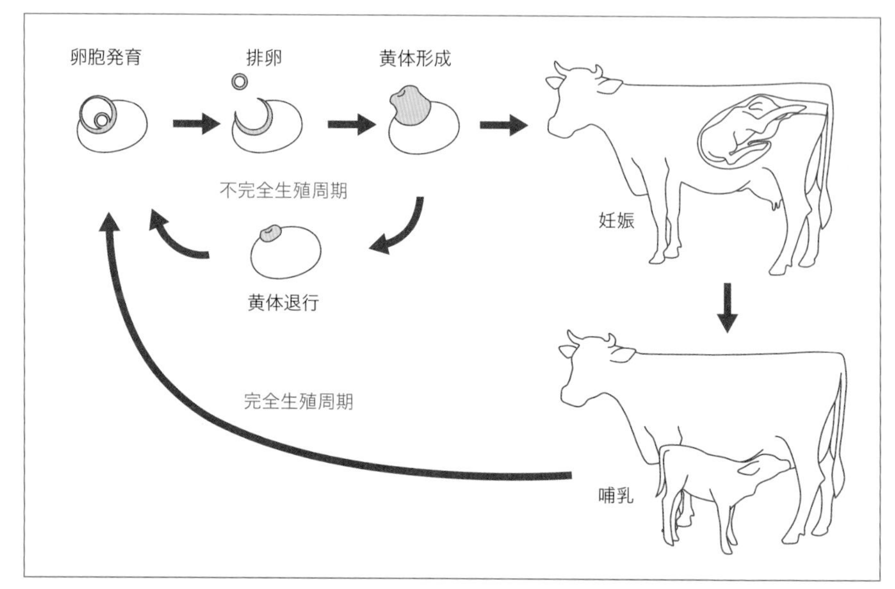

図1　哺乳動物の完全生殖周期と不完全生殖周期
妊娠が成立しない場合は不完全生殖周期に戻る.

性腺刺激ホルモンの分泌が抑制され，卵胞の発育が停止することによる．子がある程度自立できるようになり，母親が次の子の妊娠・哺育に専念できるようになると，離乳することによってGnRH分泌抑制はただちに解除され，卵胞発育，発情，交尾，排卵，黄体形成，そして妊娠，分娩，哺乳という周期が戻る．

しかし，飼育下にあるウマは例外で，哺乳中でも排卵が起こる．分娩後5～6日頃までに**分娩後発情**（foal heat）とよばれる発情を示し，14～15日頃までにほとんどのウマで排卵が起こり，以後通常の性周期が戻る．したがって，ウマでは哺乳と妊娠とが並行して起こりうる．また，マウスやラットでは，哺乳していても分娩後早期に発情を伴った排卵（**後分娩排卵**：postpartum ovulation）が起き，交尾があれば受精卵がつくられる．しかしこの受精卵は，哺乳中の場合は着床が遅延し，妊娠期間が延びる．これは，野生界において天敵などによって新生子が失われた際に，新たな妊娠を早期に成立させるための適応と考えられる（**図1**）．

3-3. 不完全生殖周期

哺乳類の雌が妊娠しない場合にみられる生殖周期で，完全生殖周期の後半（妊娠，分娩，哺乳）が欠けたかたちで排卵の回帰するものをいう．この周期を**排卵周期**（ovulatory cycle）または**性周期**（sexual cycle）という．多くの哺乳類では発情が，霊長類では月経が繰り返されることから，それぞれ**発情周期**（estrous cycle），月経周期（menstrual cycle）とよばれることが多いが，これらはすべて同義語である．

排卵周期のパターンは動物種間で大きく異なっており，排卵の起き方によって自然排卵動物と交尾排卵動物に分類される（**図2**）．

1）自然排卵動物

排卵のために交尾（刺激）が必要でない動物で，家畜，ヒトを含む霊長類，ネズミ類などが**自然排卵動物**（spontaneous ovulator）である．成熟卵胞から分泌されるエストロジェンに中枢がさらされることによって**LHサージ**（LH-surge）が誘起され，交尾の有無に関係なく自然に排卵が起こる．自然排卵動物は，3～4週間の長い排卵周期をもつ動物（完全性周期動物）と，ラットのような齧歯類にみられる4～5日の短い排卵周期をもつ動物（不完全性周期動物）に分けられる．

a. 完全性周期動物

完全性周期動物（complete estrous cycle）の卵巣では交尾の有無に関係なく卵胞発育，排卵，その後黄体の形成および退行が周期的に繰り返す．この型の動物を完全性周期動物とよび，ウシ，ウマ，ブタ，ヒツジ，ヤギ，イヌ，ヒトを含む霊長類などが該当する．

b. 不完全性周期動物

不完全性周期動物（incomplete estrous cycle）では，排卵が交尾の有無にかかわらず繰り返されるが，交尾刺激がない場合は黄体が機能しない．したがって，交尾がなく妊娠の可能性がまったくない場合には，妊娠に必須のプロジェステロンを分泌する黄体は機能することなくただちに次の排卵周期に戻る．これは，交尾刺激がないと排卵後形成される黄体のプロジェステロン分泌機能をなくすメカニズムが存在するからである．不妊の場合には次の生殖の機会を早めるという，種を維持するための合理的なしくみと考えられる．

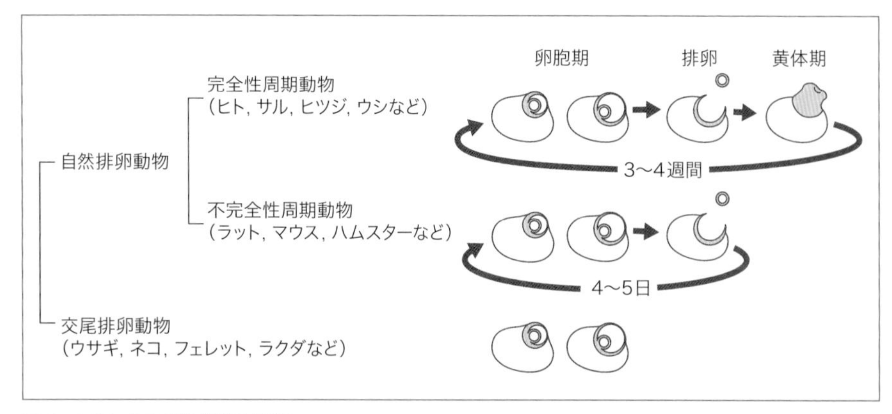

図2　不完全生殖周期の分類
妊娠が成立しなかった場合，次の排卵がどのような経過をとって起こるかによって分類される．

2）交尾排卵動物

交尾の刺激が加わらないと排卵しない動物で，ウサギ，ネコ，フェレット，ラクダなどが該当する．**交尾排卵動物**（compulsory ovulator）では自動的に排卵の起こるメカニズムが欠けており，ふだんは雄と雌が別々に生息し交尾する機会が少ないことへの適応とみられ，交尾が起きないかぎり発情が持続する．交尾刺激直後に反射性のLHサージが誘起されることにより排卵が起こるので，このような排卵形式をもつ動物を反射排卵動物（reflex ovulator）ともよぶ．

3-4. 季節繁殖周期

次世代が餌の豊富な季節に生まれるように，特定の季節にのみ繁殖活動を行う動物の示す周期のことで，温帯から高緯度地帯に生息する多くの野生鳥獣にみられる．気候や食物量に大きな季節差のある環境条件に適応して効率的な繁殖を行うために，出産と育子が環境の最適となる時期に一致するよう，特定の季節にのみ発情が回帰する．たとえば，**長日繁殖動物**（long day seasonal breeder）であるウマは春から初夏にかけて発情・交尾し，妊娠期間は約11ヵ月，翌年の春に出産する．一方，ヒツジ，ヤギ，シカなどの**短日繁殖動物**（short day seasonal breeder）は，秋から冬にかけて交尾し，妊娠期間は約半年である．したがって，出産時期は長日繁殖動物と同じ春になる．

非繁殖季節の動物は，いわば生理的な性腺機能不全といえる状態に陥るが，性腺機能が抑制されている期間や程度は動物種によって異なり，同じ種であっても生息環境の季節変化によって一様でない．

ちなみに，季節繁殖性の発現にもっとも関係のある環境因子として光周期があげられる．これを利用し，長日処理や短日処理によって鳥類や哺乳類の季節繁殖性を制御できることは古くから知られていた．また，季節繁殖性をもつ哺乳類では，網膜で受容された明暗リズムが松果体からのメラトニン分泌リズムに転換され，生殖内分泌機能に影響を及ぼすことが知られており，畜産領域においてこの季節繁殖性を人為的に制御する手段としてメラトニンの応用が試みられている．

奥田　潔（おくだ　きよし）

[参考図書]

・高橋迪雄（1999）：哺乳動物の生殖生物学，高橋迪雄 監修，学窓社，東京．

第2章

生殖細胞と生殖器

1. 生殖細胞
2. 卵巣と卵母細胞, 生殖道
3. 精巣と精子, 副生殖腺

1 生殖細胞

1-1. 体細胞分裂と減数分裂

1）体細胞分裂

真核生物の細胞が分裂するとき，**染色体**（chromosome）が形成され，おもに**微小管**（microtubule）からなる**紡錘体**（spindle）によって分配される．このように染色体や微小管（紡錘糸）など糸状の構造物が形成されて起こる細胞分裂を**有糸分裂**（mitosis）とよぶ．有糸分裂は，その分裂様式のちがいから，**体細胞分裂**と**減数分裂**に大別される（**図1**）．しかし，英語では有糸分裂と体細胞分裂とを区別することなくmitosisとよび，日本語でも体細胞分裂のことをさして有糸分裂という言葉が使われることもあるため，注意を要する．また，体細胞分裂という言葉は，体細胞が行う分裂のことを想起させるが，単細胞生物の行う分裂や，始原生殖細胞や精原細胞（精祖細胞ともいう）などの生殖細胞が増殖する際に行う分裂も体細胞分裂とよぶため，分裂を行う細胞の種類によるものではなく，分裂様式のことをさし示す用語である．

体細胞分裂では，細胞はまず自己の遺伝情報の乗ったDNAを複製してから，それらを分裂により生じる2つの細胞（娘細胞）に分配する．その結果として，1個の母細胞から，母細胞とまったく同じ遺伝情報をもつ娘細胞が2つ生まれることになる（**図1**）．体細胞分裂の細胞周期では，**DNA複製期**（synthesis phase：S**期**）と**分裂期**（mitotic phase：M**期**）が交互に繰り返される．また，S期の前の時期をG1期，S期とM期にはさまれた時期をG2期とよぶため，体細胞分裂の細胞周期はG1期-S期-G2期-M期を1サイクルとして繰り返すことになる．G1期からG2期までの時期を総称して間期（interphase）とよび，M期と区別する．間期の細胞では，ゲノムを構成するDNAは細胞の核内におさまっており，ヒストンなどのDNA結合蛋白質とともにクロマチン（chromatin）を構成する．M期は，さらに**前期**（prophase），**前中期**（prometaphase），**中期**（metaphase），**後期**（anaphase），**終期**（telophase）の時期に分けられる．前期では，クロマチンは高度に凝縮して，個々の染色体として識別可能になるが，まだ核膜は残っている．前中期では，核膜が崩壊したあと，染色体は分裂装置である紡錘体の微小管と接触し，整列し始める．このとき，各染色体はDNA複製により生じた一対

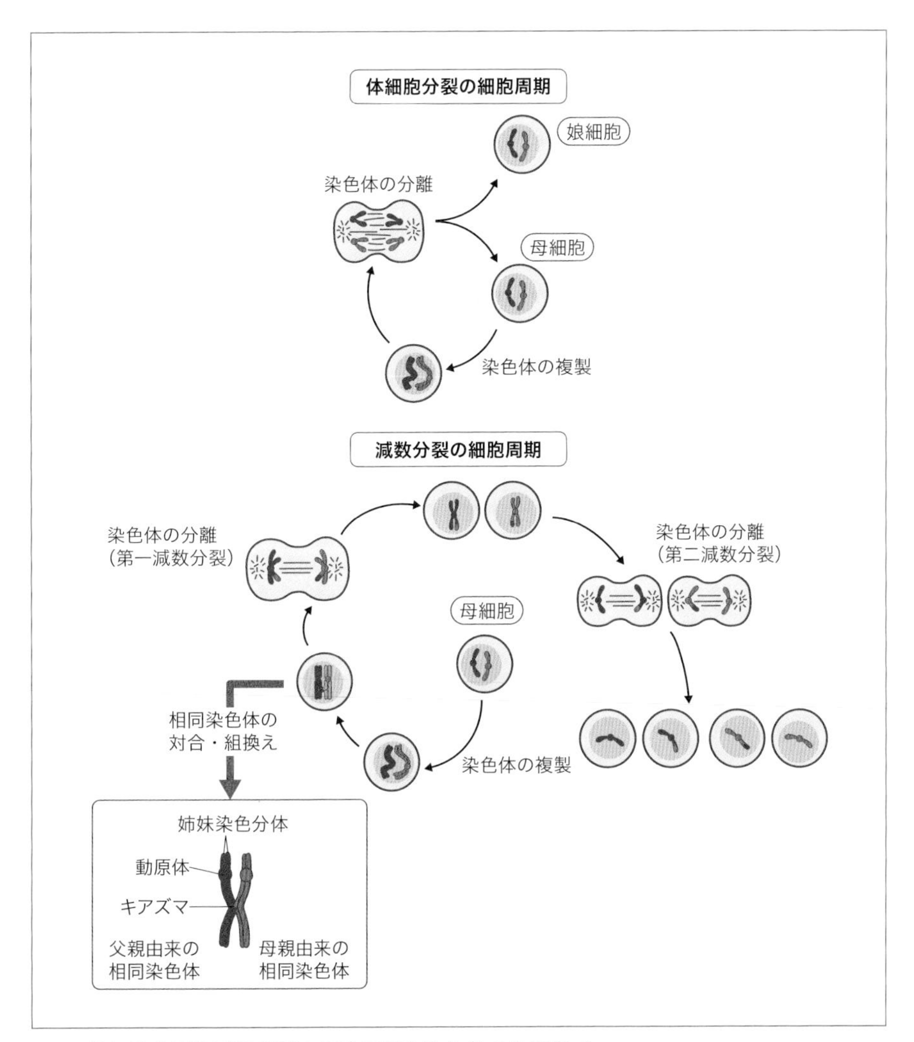

図1　体細胞分裂と減数分裂の細胞周期と染色体の分離様式

体細胞分裂の細胞周期では，染色体の複製ののち1回の分裂が起こるのに対し，減数分裂の細胞周期では，染色体の複製ののち2回の分裂が続いて起こる．図では染色体数が2つ（相同染色体1対）の細胞をモデルとして示している．減数分裂では，第一減数分裂前期で相同染色体の対合と交差型組換えが起き，第一減数分裂後期で相同染色体が分離する．第二減数分裂における姉妹染色分体の分離後，最終的に形成される4つの細胞の染色体数は元の母細胞の半分となり，各細胞に含まれる染色体の由来（父方，母方，ハイブリッド型）が異なっている．

の**染色分体（姉妹染色分体**：sister chromatids）からなっており，姉妹染色分体上の一対の**動原体（姉妹キネトコア**：sister kinetochores）は，反対側の紡錘体極から伸長してくる紡錘糸と接着（**二極性接着**：bipolar attachment）を確立するようになる．中期にすべての染色体が紡錘体の赤道面に整列したのち，後期に姉妹染色分体が分離して，それぞれ反対方向の紡錘体極へと移動する．終期には，染色分体は紡錘体極へ到達して脱凝縮を始め，核膜が再形成される．最終的に**細胞質分裂**（cytokinesis）により，M期が完了する．

2）減数分裂

減数分裂は，二倍体の生殖細胞から一倍体の配偶子が形成されるときに行われる特殊な分裂である．この染色体数の半減化をもたらす減数分裂と，染色体数の倍加をもたらす受精（接合）により，有性生殖を行う生物の染色体数は世代間で変わることなく，一定に保たれる．減数分裂における染色体数の半減化は，1回のS期後に2回のM期が続く特殊な細胞周期によって可能となる．2回の分裂のうち，最初の分裂を第一減数分裂（meiosis I），後の分裂を第二減数分裂（meiosis II）とよぶ（**図1**）．とりわけ，第一減数分裂における相同染色体の分離によって染色体数の半減化はなされるため，第一減数分裂は還元分裂（reductional division）ともよばれる（減数分裂全体を指して還元分裂とよぶこともある）．

第一減数分裂において相同染色体どうしが分離する際には，娘細胞に分配される父母由来の相同染色体の組み合わせはランダムに決まるため，相同染色体がn組の動物では2のn乗通りの染色体の組み合わせができる．ヒトの場合で考えると，染色体の組み合わせは，2^{23}=8,388,608通りの組み合わせとなり，配偶子に十分な遺伝的多様性を与えることができる．さらに配偶子の遺伝的多様性を増大させる要因として，第一減数分裂前期における遺伝的組換えもあげられる．すなわち，相同染色体の**交差型組換え**（crossover recombination．交差は，交叉あるいは乗換えともよばれる）によりDNA分子が相同染色体間で入れ替わって繋がる結果，配偶子は母細胞の染色体とは異なるハイブリッド型の染色体をもつことになる．このように，減数分裂は，配偶子に遺伝的多様性を与えることによって，受精とともに子孫の遺伝的な多様化を生み出し，種の保存と進化に貢献していると考えられている．

3）第一減数分裂前期における相同染色体の対合

減数分裂を行う細胞は，S期を終えた後に，体細胞分裂の前期と比較して非常に長

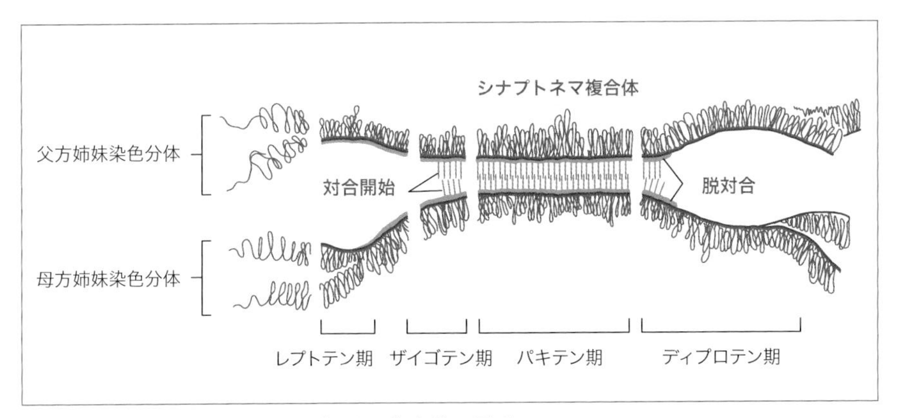

図2　相同染色体の対合とシナプトネマ複合体の形成
第一減数分裂前期では，シプトネマ複合体の形成を介して相同染色体が対合する．レプトテン期に染色体（各染色体は2本の染色分体からなる）に蛋白質の軸構造が形成され，ザイゴテン期にその軸構造が相同染色体間で結合する（対合の開始）．パキテン期には染色体の全長にわたって対合が完了し，シナプトネマ複合体が完成する．ディプロテン期にはシナプトネマ複合体は解体されて，相同染色体が脱対合する．

い時間を要する**第一減数分裂前期**（prophase I）に入る．この時期に，相同染色体の**対合**（synapsis）と**組換え**（recombination）が起こり，相同染色体がお互いに結合して**二価染色体**（bivalent chromosome）を形成する．対合とは，電子密度の高い（透過型電子顕微鏡で観察したとき，濃く染まってみえること）特殊な構造物である**シナプトネマ複合体**（synaptonemal complex）[1]によって，染色体どうしが全長にわたってお互いに密接に結びつく現象をさす．第一減数分裂前期は，対合の進行状態により，次の4つのステージに細分される（**図2**）．まず，**レプトテン期**（leptotene**期**．細糸期）に，各染色体にSYCP（synaptonemal complex protein の略称）2やSYCP3などの蛋白質からなる軸構造が形成され始める．**ザイゴテン期**（zygotene**期**．合糸期または接合糸期）には，相同染色体の2本の軸構造がSYCP1などの蛋白質によって架橋されることによって，相同染色体が対合し始める．**パキテン期**（pachytene**期**．太糸期または厚糸期）には，対合が染色体全長にわたって完了し，シナプトネマ複合体が完成する．**ディプロテン期**（diplotene**期**．複糸期）には，架橋する蛋白質がはずれて，脱対合する．このように，シナプトネマ複合体の形成による対合は相同染色体を結合できるが一時的なものであり，ディプロテン期以降は，後述の交差型組換えを介して相同染色体の結合が維持される．また，精母細胞にはXとYの2種類の性染色体が存在するが，X染色体とY染色体に含まれる相同な**擬似常染色体領域**（pseudo autosomal region）において対合と組換えが起こる．

4）第一減数分裂前期における交差型組換え

相同組換え（homologous recombination）は，DNA二本鎖に切断が生じると，その修復のために相同なDNA分子を鋳型として利用する現象であり，減数分裂を行う細胞だけではなく，体細胞においても起こる．しかし，体細胞における相同組換えは，姉妹染色分体のDNAを鋳型として修復するのに対し（そのため姉妹染色分体を利用可能なS期かG2期の細胞にかぎられる），減数分裂における交差を伴う相同組換えは，文字通り相同染色体のDNAを鋳型として修復を行う[2]．相同組換えの開始に必要なDNA二本鎖の切断は，体細胞では偶発的に起こるのに対し，生殖細胞では減数分裂特異的に発現するSPO11というII型DNAトポイソメラーゼ様酵素により，能動的に導入される[2]．まず，レプトテン期に二本鎖切断が誘導された後，切断箇所のDNAが削られ，3’突出末端が生じる（**図3**）．それがDNA塩基の相補性を利用してパートナーとなる相同染色体を正確にみつけ出すプローブとしてはたらくと考えられている．相同染色体のDNAを鋳型として修復がすむと，DNA鎖が2回交差した構造をしたダブルホリデイジャンクションが形成される．その後DNA鎖の切断と再接続によりその構造が解消されるが，その際にDNA合成により修復された箇所をまたいで父母由来の相同染色体のDNA分子が繋がると交差型組換えとなり，元のDNA分子と繋がると非交差型組換えとなる．減数分裂における交差型組換えは，配偶子における遺伝的多様性を増幅するとともに，第一減数分裂における相同染色体の分離にとって不可欠な相同染色体間の物理的結合を生み出すことにも貢献している．また，シナプトネマ複合体の解体後には，交差型組換えの起こった箇所は，染色体の交差地点である**キアズマ**（chiasma）として第一減数分裂中期まで残る．

5）減数分裂における染色体の分離

第一減数分裂前期の終了後，核膜が崩壊し，凝縮した二価染色体は紡錘体の赤道面に整列するようになる．このとき1個の二価染色体を構成する2対の姉妹染色分体（合計4本の染色分体）は，1対ずつ反対向きに紡錘体微小管によって引っ張られる．これは姉妹キネトコアが同じ方向を向くように配置され，同一方向から伸長する微小

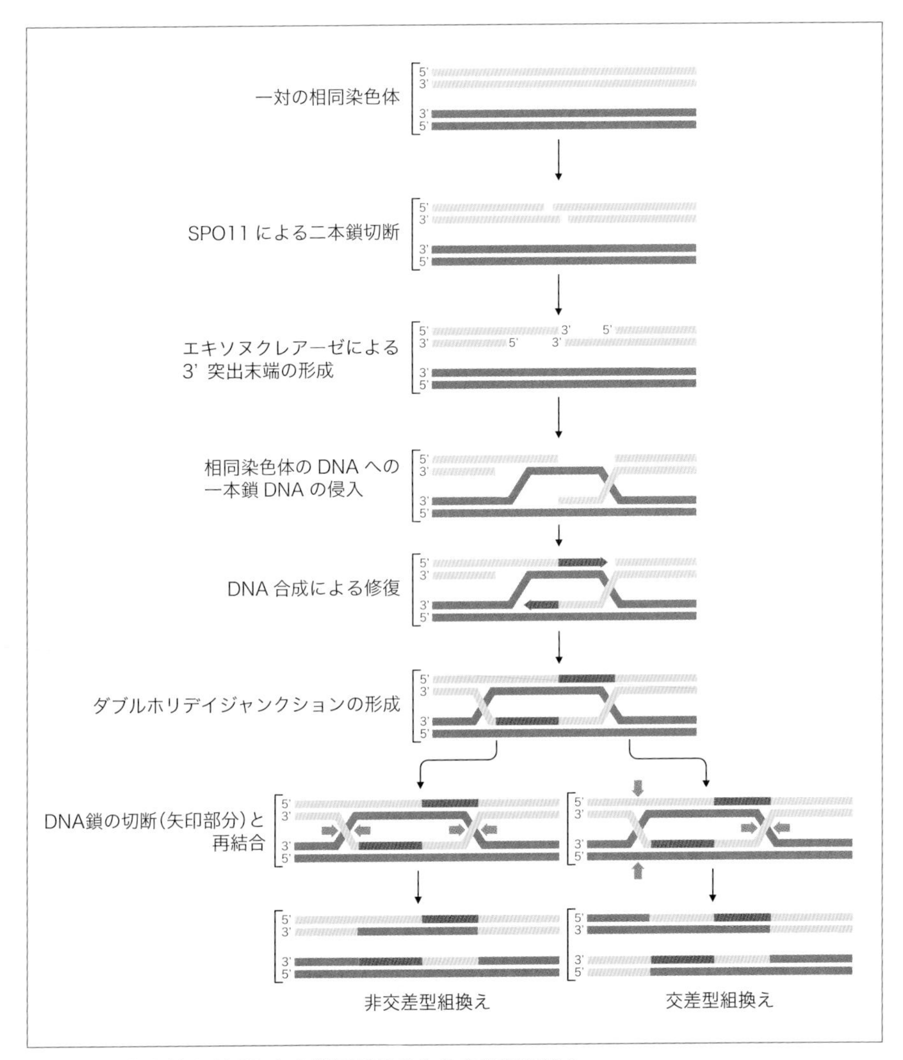

図3　相同染色体を利用した交差型組換えと非交差型組換え

SPO11により相同染色体の片方のDNAに二本鎖切断が導入されると，エキソヌクレアーゼにより切断箇所の5'末端が削られ，3'突出末端が生じる．3'突出末端の一本鎖部分は，相同染色体の二本鎖DNAに侵入し，それを鋳型としてDNA合成により修復が進む．ダブルホリデイジャンクションの形成後，矢印で示した箇所でDNA鎖が切断されて別のDNA鎖と繋ぎ直されることによって，非交差型組換え（左側）と交差型組換え（右側）が生じる．

管との結合（**一極性接着：monopolar attachment**）を確立することによる．第一減数分裂中期で二価染色体が紡錘体の赤道面に整列したのち，第一減数分裂後期に相同染色体が分離する．このとき，染色体の腕部分の接着が解消されることによって相同染色体は分離するが，セントロメア部分の接着は維持されるため姉妹染色分体はくっついたまま残る．第二減数分裂には，体細胞分裂と同様に，姉妹染色分体は紡錘体と二極性接着を確立することによって，反対向きに引っ張られることになる．第二減数分裂中期で姉妹染色分体の整列が完了後，第二減数分裂後期で，セントロメア部分の接着が解消されると，最終的に姉妹染色分体が分離する．

1-2.　配偶子形成

配偶子形成（gametogenesis）とは配偶子が形成される過程のことをいい，雌の配偶子の卵子が形成される過程を**卵子形成**（oogenesis．卵形成ともいう），雄の配偶子の精子が形成される過程を**精子形成**（spermatogenesis）とよぶ（**図4**）．哺乳類の配偶子形成は，雌雄ともに胎子期に出現する始原生殖細胞に始まる．始原生殖細胞は生殖巣のもととなる生殖隆起に移動して雌では卵原細胞（卵祖細胞ともいう），雄では精原細胞となり，その後，減数分裂を経て最終的に卵子と精子が形成される．動物では，減数分裂は配偶子形成過程においてのみ起こる．配偶子形成にかかわる一連の細胞は，まとめて**生殖細胞**（germ cell．生殖系列の細胞ともいう）とよばれ，体を構成する生殖細胞以外の**体細胞**（somatic cell）とは区別される．

1）生殖細胞の起源

動物の体を構成するすべての細胞のもとは，1個の受精卵に由来する．受精卵はすべての細胞へと分化する能力をもっているが，発生が進むにつれて，将来精子や卵子となる生殖系列の細胞とそれ以外の体細胞系列の細胞へと分化する．

いくつかの生物では，生殖系列の細胞は卵子の細胞質に存在する**生殖質**（germ plasm）によって決定されることが知られている．たとえば線虫の卵子にはP顆粒（P granule）とよばれる生殖質が存在しており，受精後，卵割に伴ってP顆粒が一部の細胞に集中する．このP顆粒を引き継いだ細胞がその後の発生過程で生殖細胞となり，その他の細胞は体細胞になる．P顆粒にはいくつかの転写因子やRNA結合蛋白質などが含まれており，これらを引き継いだ細胞が特別な転写制御を受けて生殖細胞へ誘導されると考えられている．ショウジョウバエでは卵子の後極に存在する生殖質を含む細胞が生殖細胞となり，アフリカツメガエルやゼブラフィッシュでは卵子の植

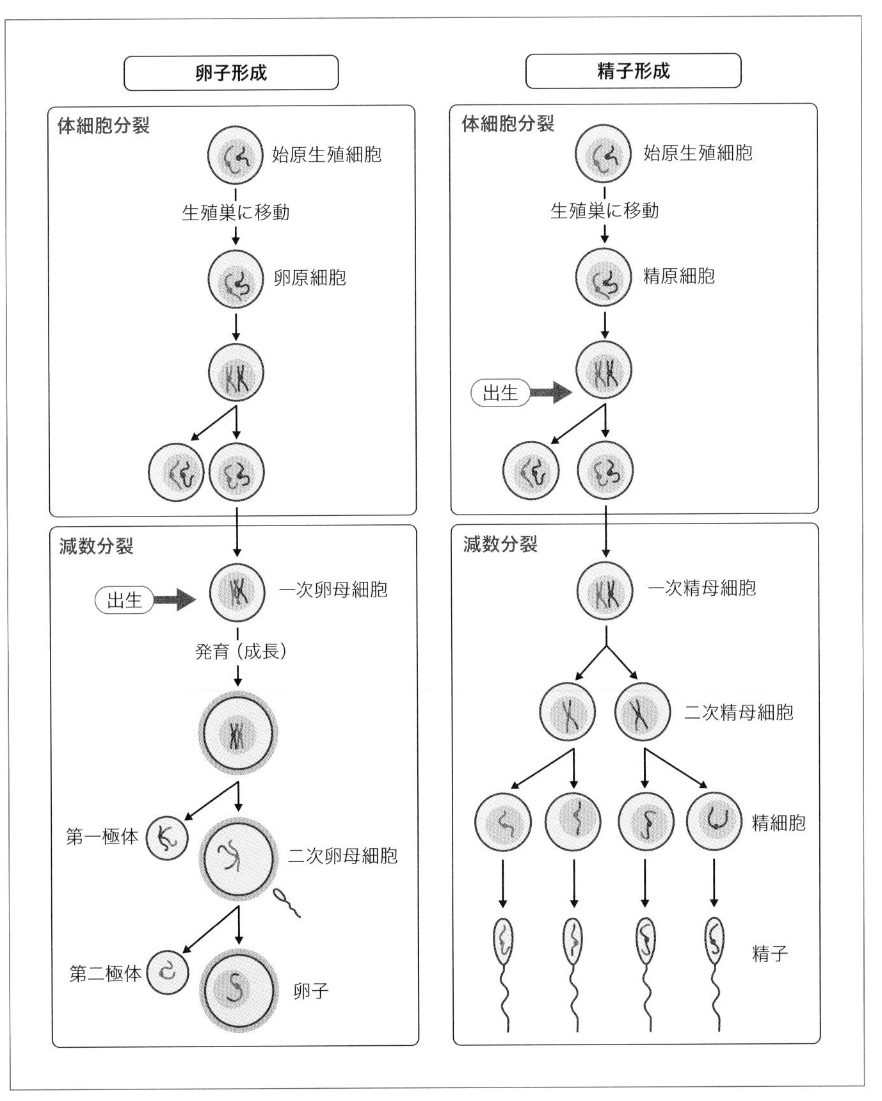

図4　卵子形成および精子形成過程における生殖細胞の変化

胎子期に形成された一次卵母細胞は，第一減数分裂前期で休止した状態で発育し，卵母細胞周囲に透明帯を形成する．動物が性成熟に達し，性腺刺激ホルモンの刺激を受けると，一次卵母細胞は減数分裂を再開し，第一極体を放出して二次卵母細胞となる．二次卵母細胞に精子が侵入すると，二次卵母細胞は第二極体を放出し，半数体の核（雌性前核）を形成する．雄の減数分裂は，動物が性成熟に達する頃に開始する．減数分裂を終えた精細胞は精子完成過程を経て精子となる．

物極に生殖質が偏在し，卵割に伴って生殖質が不均等に分配され，この生殖質を受け継いだ細胞が生殖細胞へと分化する．

哺乳類の受精前の卵子や受精卵のなかには，このような生殖系列の細胞を決定する生殖質は存在しない．着床後の胚が発生する過程で，特定の細胞が周囲の細胞からシグナルを受けて，最初の生殖細胞である始原生殖細胞へ誘導されると考えられている．

2）始原生殖細胞

1960年代まで，哺乳類の生殖細胞は胎子期の未分化な生殖巣の上皮から生ずると考えられていたが，その後雌雄いずれの動物においても，生殖細胞は生殖巣以外の場所に出現する**始原生殖細胞**（primordial germ cell：PGC）に起源することが明らかにされた．精子や卵子のもととなる始原生殖細胞は，出現後，将来卵巣や精巣となる生殖巣の原基（**生殖隆起**：genital ridge．生殖堤，生殖巣堤ともいう）へと移動する．

子宮に着床した胚には，将来胎子となる**胚盤**（embryonic disc）が形成される．胚盤は**羊膜腔**（amniotic cavity）に面した**エピブラスト**（epiblast．胚盤葉上層）と，その下層の**ハイポブラスト**（hypoblast．胚盤葉下層）の2層からなる（**図5A**）．マウスでは，エピブラストが胚体外外胚葉と接しているため羊膜腔にあたる空所はproamniotic cavityとよばれ，エピブラストと胚体外外胚葉は臓側内胚葉（visceral endoderm）によって取り囲まれている（**図5C**）．妊娠期間が19～20日のマウスでは，受精6.25日後の胚において胚体外外胚葉に発現するBmp4のシグナルを受け，胚体外外胚葉に接するエピブラストの一部の細胞が転写制御因子Blimp1（Prdm1ともいう）やPrdm14を発現し，次いで受精7日後にはStella（Dppa3ともいう）を発現して生殖細胞のもととなる始原生殖細胞となる[3)]（**図5C，5D**）．最近カニクイザルで，受精11日後に，エピブラストから分化する初期の羊膜で，始原生殖細胞が形成されることが報告された[4)]．

ほかの動物種では，いまだ詳細な検討はなされていないが，妊娠期間が114日のブタでは受精16日後に，妊娠期間が270日のヒトでは受精24日後に（**図5B**），尾側の**尿膜**（allantois）に近い**卵黄嚢**（yolk sac）壁中に始原生殖細胞が出現する．始原生殖細胞は，細胞表面とゴルジ装置に高いアルカリホスファターゼ（アルカリ域に至適pHをもつリン酸モノエステル加水分解酵素）活性をもつことから，古くからアルカリホ

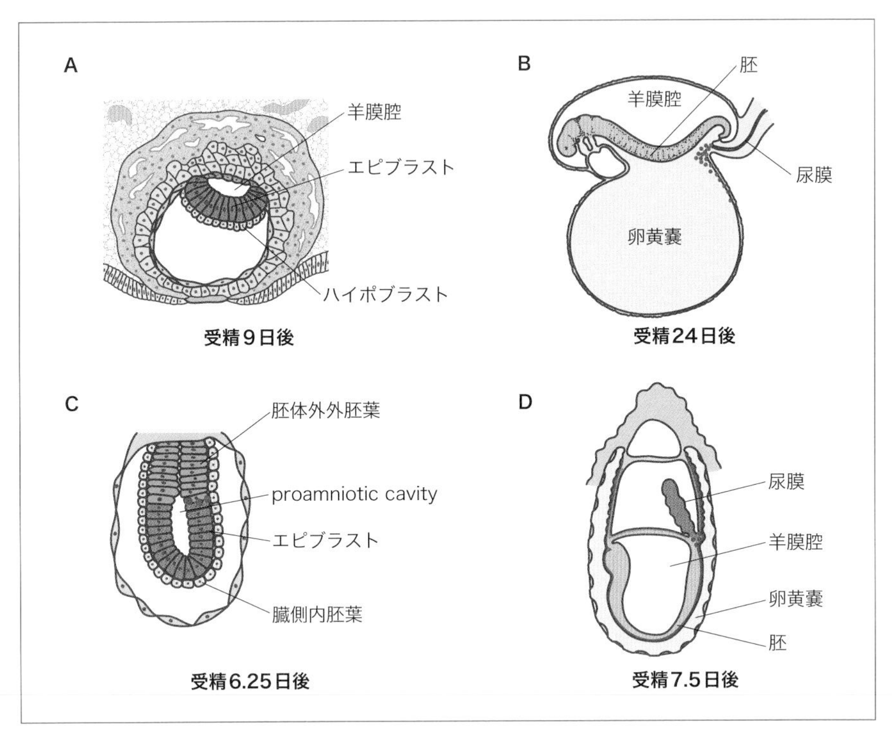

図5　胚における始原生殖細胞の出現

A：受精9日後の着床直後のヒト胚，**B**：受精24日後のヒト胚，**C**：受精6.25日後のマウス胚，**D**：受精7.5日後のマウス胚．図中の●は始原生殖細胞を示す．

スファターゼ活性を利用した染色によって識別されてきた．また，始原生殖細胞には特殊な配列の糖鎖抗原や転写にかかわる蛋白質が存在するので，SSEA1（Lewis X，CD15ともいう）などの糖鎖抗原や，前述のStellaに対する抗体を用いても始原生殖細胞を判別することができる．始原生殖細胞は直径約20 μmの球形のやや大型の細胞で，大きな球形の核と大きな核小体をもっており，ミトコンドリアも球形でほかの細胞とは容易に判別がつく（**図6**）．また，Oct4やNanogといった**多能性**（pluripotency）と関連した転写因子も発現する．

始原生殖細胞が出現する時期の胚では，羊膜腔の潜り込みによって胚盤が折り畳まれ，器官形成が進行している（**図7A**）．卵黄嚢壁中に出現した始原生殖細胞は，この折り畳みによって受動的にその位置を変える．胚盤に近い位置の卵黄嚢壁は陥入し，

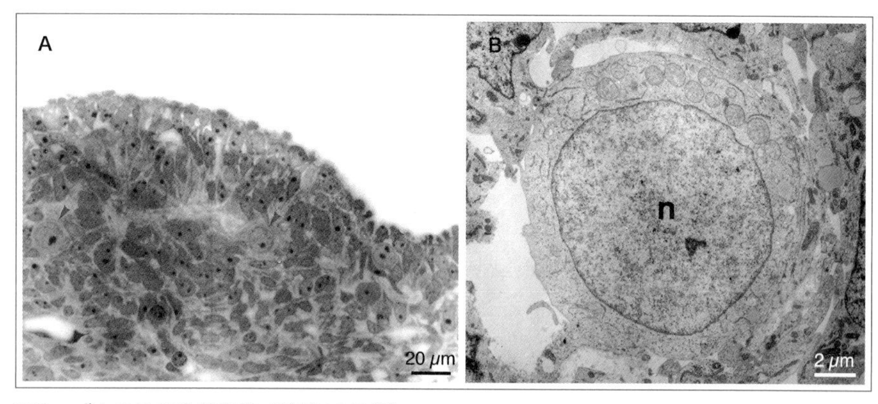

図6　ブタの始原生殖細胞（受精22日後）
Aの矢尻（▼）は始原生殖細胞を示す．始原生殖細胞は大きな球状の核（Bのn）をもち，ミトコンドリアも球状である．

胎子の頭部になる部分では前腸に，尾部になる部分では後腸となることから，卵黄嚢壁中の始原生殖細胞は後腸上皮へと受動的に移行することになる．また，アメーバ運動によって自らも移動することができるため，後腸上皮へと移行し，さらに体腔に後腸をつり下げる背側腸間膜のなかを背方に向かって移動し，卵巣や精巣のもととなる生殖隆起へとたどり着く（**図7B**）．この移動はマウスでは受精9 ～ 10日後頃，ヒトでは受精28 ～ 35日後に起こる．なお，ブタでは受精後18日，ウシでは26日の胎子の生殖隆起に始原生殖細胞が認められる．

始原生殖細胞が後腸上皮から生殖隆起へ移動するあいだに，生殖隆起の背側にある**中腎**（mesonephros）の細胞も一部生殖隆起へと移動する（**図7B**）．生殖隆起が体腔に面している部分には体腔上皮細胞が並んでおり，その下には間葉細胞が存在している．始原生殖細胞が生殖隆起に入り，これらの体細胞と混じりあうと，細胞は活発に増殖し始め，生殖隆起は大きく肥大して腹腔に突出する．

鳥類の始原生殖細胞はエピブラスト中に出現し，その後血流に乗って移動し，生殖隆起にたどり着くことが知られている．この移動の特徴を利用して，ニワトリ胚の血液中から始原生殖細胞を採取する方法が開発されている．

3）卵原細胞・精原細胞

始原生殖細胞は移動中に分裂して増殖することが知られているが，生殖隆起にたど

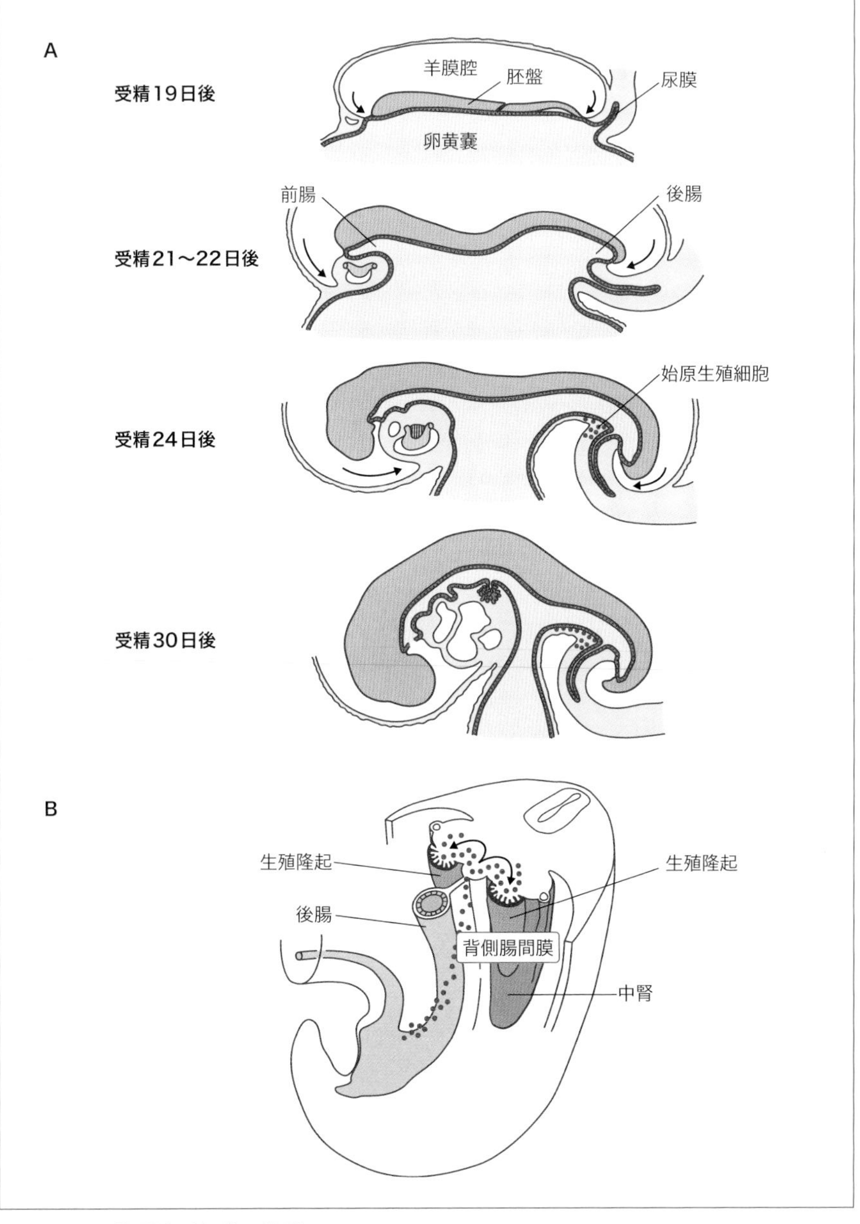

図7　ヒトの始原生殖細胞の移動

卵黄嚢壁中に出現した始原生殖細胞は，胚盤の折り畳みによって後腸上皮へと受動的に移行したのち（**A**），アメーバ運動によって，背側腸間膜を通って生殖隆起へと移動する（**B**）．図中の●は始原生殖細胞を示す．

り着くとその数は急速に増加する．生殖隆起にたどり着いた始原生殖細胞は移動する能力を失い，遺伝的に雌の動物では**卵原細胞**（oogonium）へ，雄の動物では**精原細胞**（spermatogonium）へと分化し，増殖する．

胎子期の雄の精原細胞は大型の球形の細胞で，成体の精子形成中の精巣内の精原細胞とは異なることからgonocyteともよばれる．gonocyteは，ある程度増殖したのち分裂を停止することが知られている．gonocyteは動物が出生した後も休止状態を続けるが，その後，分裂を開始し，A型精原細胞や精原幹細胞へと分化する（**2章-3「精巣と精子，副生殖腺」の項参照**）．

雌の動物では，生殖細胞数の変化が詳しく調べられており，ほとんどの動物種において，卵原細胞の増殖は胎子期に起こる（**図8A**）．マウスでは受精7.5日後に50個程度であった生殖細胞が，13.5日後には25,000個に，ヒトでは当初数百個であったものが，妊娠5ヵ月目には7,000,000個へと増加する（**図8B**）．しかし，急速に増えた卵原細胞は妊娠の後半には減少し始める．

増殖した卵原細胞は**一次卵母細胞**（primary oocyte）へと分化する．すなわち，第一減数分裂を開始する（実際には分裂を起こすわけではなく，第一減数分裂前期に入ることから，「第一減数分裂の細胞周期に入る」といったほうがわかりやすいかもしれない）．減数分裂を開始した一次卵母細胞は卵原細胞のようには増殖しないことから，これよりのち生殖細胞がさらに増えることはない．ヒトでは，出生児の卵巣内の生殖細胞数は700,000～2,000,000個，その後もさらに減り続けて性成熟の頃には400,000個となる（**図8B**）．ヒトの一生を通して排卵される卵子の数が約500個であることを考えると，なぜこのように多くの生殖細胞が卵巣のなかで形成されるのかは不思議である．同様に，ブタでは生殖細胞は最高約1,000,000個にまで増えるが，その約半数は退行し出生時には500,000個にまで減少する．ウシでは約2,700,000個にまで増数するが，出生時には約100,000個へと減少する．

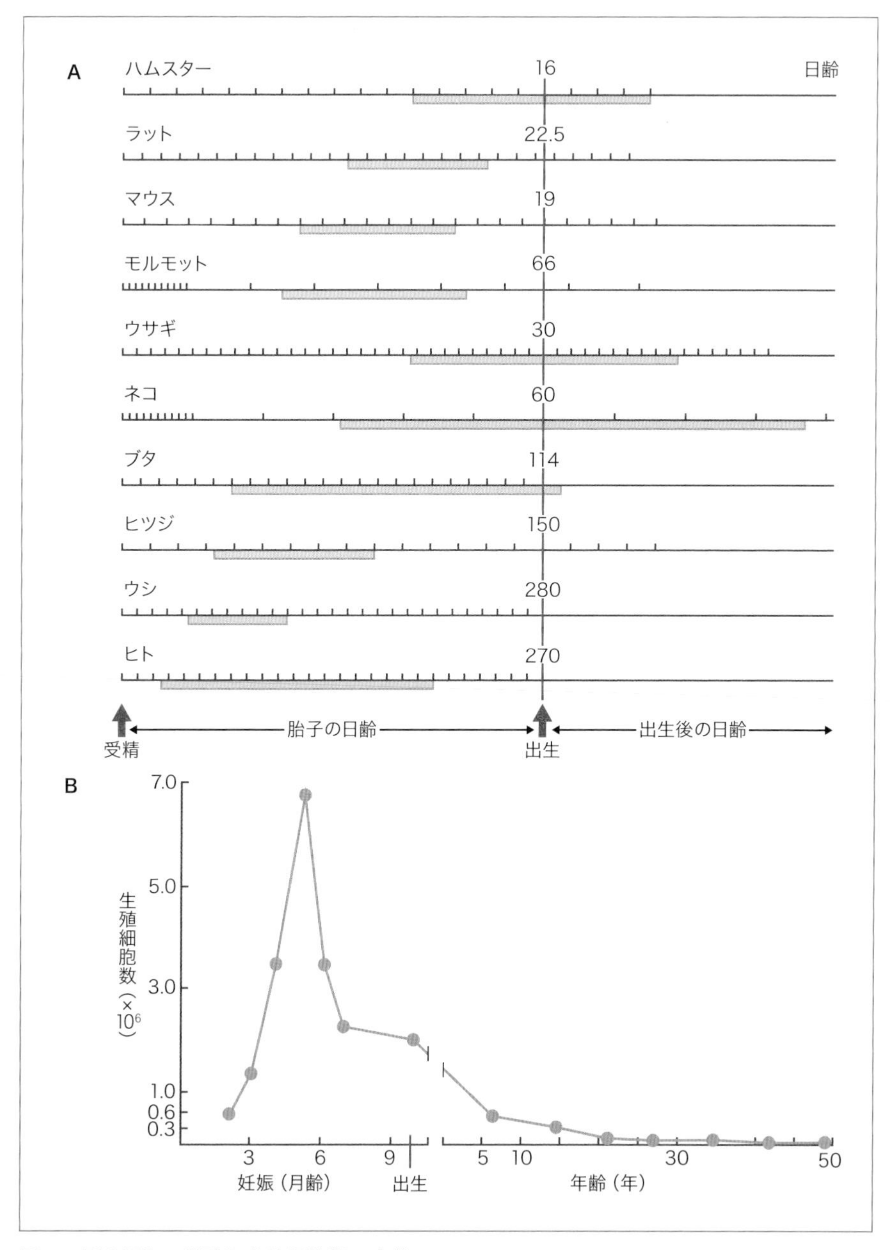

図8　卵原細胞の増殖と生殖細胞数の変化

Aの横線の左端は受精，「出生」を示す長い縦線より左は胎子の日齢，右は出生後の日齢を示す．横線の下の棒は分裂中の卵原細胞がみられる時期を示す．Bはヒトの生殖巣（卵巣）内の生殖細胞数の変化を示す．

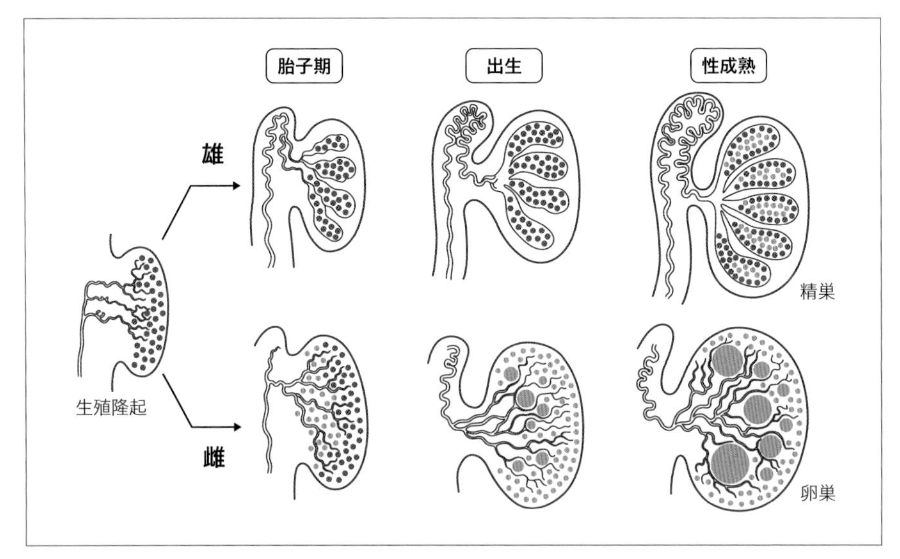

図9　生殖巣における生殖細胞の減数分裂の開始
●は体細胞分裂の細胞周期にある生殖細胞（卵原細胞，精原細胞），●は減数分裂の細胞周期にある生殖細胞（一次卵母細胞，一次精母細胞）を示す．下段には，卵巣内で一次卵母細胞が体積を増加させる発育過程も示されている．

4）減数分裂の開始と休止

哺乳類の雄と雌では，生殖細胞が減数分裂の細胞周期に入る時期はまったく異なっている．**図9**は雄の動物と雌の動物の生殖細胞の減数分裂の進行過程を示している．雌の動物では，胎子期のきわめて早い時期に生殖隆起へと移動した始原生殖細胞は卵原細胞へと分化し，活発に分裂を繰り返してその数を増したのち一次卵母細胞へと分化して減数分裂を開始する．

ウシでは受精110日後にほとんどの卵原細胞は一次卵母細胞となり，ヒツジでは受精80日後で卵原細胞は一次卵母細胞となる（**図8A**）．このため，出生時の卵巣内のほぼすべての生殖細胞は，減数分裂を開始した一次卵母細胞である（**図9**）．動物種によっては，出生後しばらくのあいだ，卵巣内に卵原細胞が存在する種もある．たとえば出生直後のブタやウサギの卵巣内には卵原細胞が存在するが，出生後しばらくすると消失する．

胎子の卵巣内で一次卵母細胞の減数分裂は，第一減数分裂前期のレプトテン期，ザイゴテン期，パキテン期，ディプロテン期と進み，ディプロテン期でいったん休止する．ここまでの一連の変化は，ほとんどの哺乳類で胎子期に起こるため，出生時の雌の動物の卵巣内には第一減数分裂前期のディプロテン期で休止した一次卵母細胞のみが存在することになる（**図9**）．一次卵母細胞は，この減数分裂を休止した状態で発育（成長）を開始する（**図4**）．動物が性成熟に達して性周期を開始し，発育を終えた一次卵母細胞が性腺刺激ホルモンの刺激を受けると，一次卵母細胞は減数分裂を再開し，第一減数分裂中期以降へと進む．第一減数分裂では，一次卵母細胞は極端に不均等な細胞質分裂を起こし，**二次卵母細胞**（secondary oocyte）と**第一極体**（first polar body）が形成される（**図4**）．二次卵母細胞はただちに紡錘体を形成して第二減数分裂中期へと移行し，再び減数分裂を休止する．第二減数分裂後期以降の変化は，二次卵母細胞が卵巣から排卵され，卵管内で精子の侵入を受けるまで起こらない（**2章-2「卵巣と卵母細胞，生殖道」の項参照**）．

一方，雄の動物では，生殖隆起へと移動した始原生殖細胞は精原細胞へと分化するが，動物が性成熟に達する頃まで精原細胞は減数分裂を開始しない．すなわち精子の形成は起こらない（**図9**）．減数分裂を開始した一次精母細胞からは，2個の**二次精母細胞**（secondary spermatocyte）が形成される（**図4**）．二次精母細胞は染色体を複製することなく，第二減数分裂を前期，中期，後期，終期へと進め，最終的に4個の半数体の**精細胞**（spermatid．精子細胞ともいう）が形成される．その後，精細胞は変態して最終的に精子となる（**2章-3「精巣と精子，副生殖腺」の項参照**）．

性成熟に達した雄の精巣内には，増殖する精原細胞と減数分裂を開始した一次精母細胞以降の細胞が混在しており（**図9**），生殖細胞が絶えず供給され続ける．これに対して，性成熟に達した雌の卵巣内には減数分裂を開始した一次卵母細胞以降の生殖細胞しか存在せず，新たに卵母細胞が供給されることはない．この考えは広く受け入れられているが，最近，成体の卵巣内にも**卵原幹細胞**（oogonial stem cell）が存在するとの考えも提唱されている．

李　智博（り　ともひろ），宮野　隆（みやの　たかし）

[参考文献]

1) Page, S.L., Hawley, R.S. (2004): The genetics and molecular biology of the synaptonemal complex. *Annu. Rev. Cell Dev. Biol.*, 20:525-558.
2) Keeney, S. (2001): Mechanism and control of meiotic recombination initiation. *Curr. Top. Dev. Biol.*, 52:1-53.
3) Saitou, M., Yamaji, M. (2012) : Primordial germ cells in mice. *Cold Spring Harb. Perspect. Biol.*, 4: a008375.
4) Sasaki, K., Nakamura, T., Okamoto, I., *et al.* (2016) : The germ cell fate of cynomolgus monkeys is specified in the nascent amnion. *Dev. Cell*, 39: 169-185.

[参考図書]

・Cole, H.H., Cupps, P.T. (1977) : Reproduction in Domestic Animals, 3rd ed., Academic Press, New York.
・Austin, C.R., Short, R.V. (1982) : Reproduction in Mammals: 1, 2nd ed., Cambridge University Press, Cambridge.
・Sadler, T.W. (2012) : Langman's Medical Embryology, 12th ed., Wolters Kluwer, Alphen aan den Rijn.
・Kaufman, M.H. (1992) : The Atlas of Mouse Development, Academic Press, London.
・Murray, A., Hunt, T. (1993) : The Cell Cycle: An Introduction, W.H. Freeman and Company, New York.
・Alberts, B., Johnson, A., Lewis, J. *et al.* (2008) : Molecular Biology of the Cell, 5th ed., Garland Science, New York.

2 卵巣と卵母細胞，生殖道

2-1. 雌性生殖器官

哺乳類の雌性生殖器官は，生殖巣である卵巣，生殖道，外生殖器の3部位からなる．卵巣は，生殖細胞である卵母細胞が分化・発育・成熟し，それを制御するホルモンを分泌する細胞が分布する部位である．生殖道は，排卵された卵母細胞の輸送路で，受精と胎子発育の部位である．外生殖器は，雄と交接するための器官である（**図1**）．

2-2. 卵巣

1）卵巣の構造

哺乳類の**卵巣**（ovary）は，一対の扁平な豆形をした皮質と髄質からなる器官である．その構造は，動物の種，齢，生殖様式，性周期などによって異なる．たとえば，ウシやブタなどの完全性周期動物とマウスなどの不完全性周期動物とのあいだでは構造が異なる．また，ヤギ，ヒツジ，ウマなどの季節繁殖動物では繁殖期と非繁殖期とのあいだで構造が大きく変化する．

卵巣の表面は，**表面上皮**（surface epithelium．かつて，表面上皮から卵原細胞が発生すると誤って考えられていたので，胚上皮とよばれていたこともある）によって覆われ，この下に白膜がある．白膜の下に皮質と髄質が続く．多くの動物では，表面の大部分を皮質が覆い，髄質は内側に存在する．すなわち，髄質という「餡」を皮質という「餅」が包むような構造である．ところが，ウマでは逆転しており，皮質が髄質に包み込まれるように埋没している．排卵は，皮質の一部が表層に現れている**排卵窩**（ovulation fossa）から起こる．すなわち，ウマでは皮質の「餡」を「餅」の髄質が包み込んでいるが，その餅の一部に裂け目があり，そこから餡が顔をのぞかせているといった構造である．

卵巣の皮質には，顕微鏡レベルでやっと観察できる小さな原始卵胞やさまざまな発育・成熟段階の卵胞，黄体，白体などが含まれ，これらのあいだを間質が埋めている．間質には細い動脈や静脈，リンパ管，神経などが豊富に分布している．ウサギ，

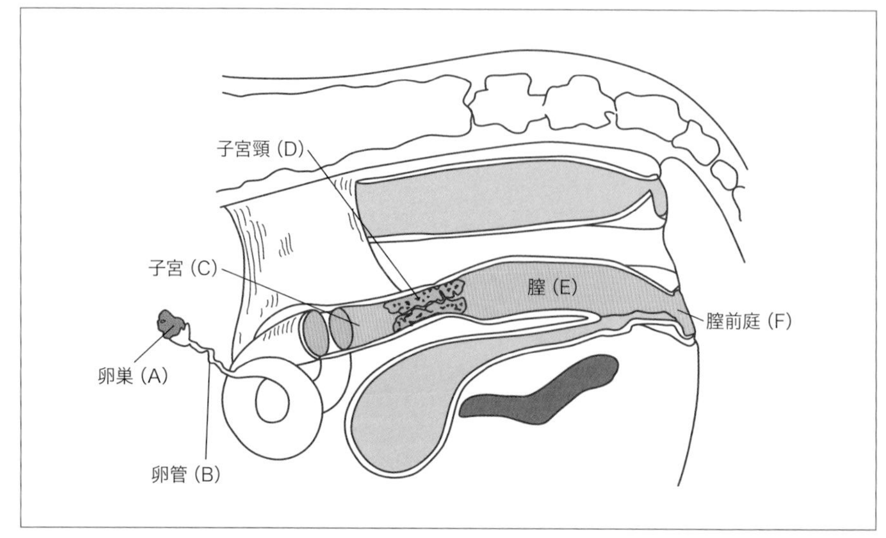

図1　ウシの雌性生殖器官の構造
卵巣（A）から排卵された卵母細胞は，ラッパ状に開口している卵管采にとらえられて卵管（B）に入る．ここで受精して発生を続けながら子宮（C）で着床する．交接器である腟前庭（F）と腟（E）は，子宮頸（D）を介して子宮に続く．

マウス，ラット，イヌ，ネコの皮質には**間質腺**（interstitial gland）が存在する．間質腺は，大きな脂質封入体を含む**間質細胞**（interstitial cell）の集合である．間質細胞は，閉鎖卵胞の**顆粒層細胞**（または**顆粒膜細胞**：granulosa cell）や内卵胞膜に存在する内分泌系細胞に由来するもので，下垂体が分泌する性腺刺激ホルモンに反応してテストステロンを合成・分泌する．

卵巣の髄質は，大小の空隙がある疎性結合組織である．そこには紐状に連なる平滑筋細胞，神経線維，渦巻き状の太い血管，リンパ管などが豊富に含まれている（**図2**）．

2）卵胞の発達と卵母細胞の発育

2章1節「生殖細胞」で詳しく述べたように，哺乳類では胎子の生殖隆起にたどり着いた始原生殖細胞は移動する能力を失い，有糸分裂にて増殖する．これを**卵原細胞**（oogonium）とよぶ．卵原細胞は，通常の体細胞と同じ倍数体で，大きな核をもつ球形の細胞である．

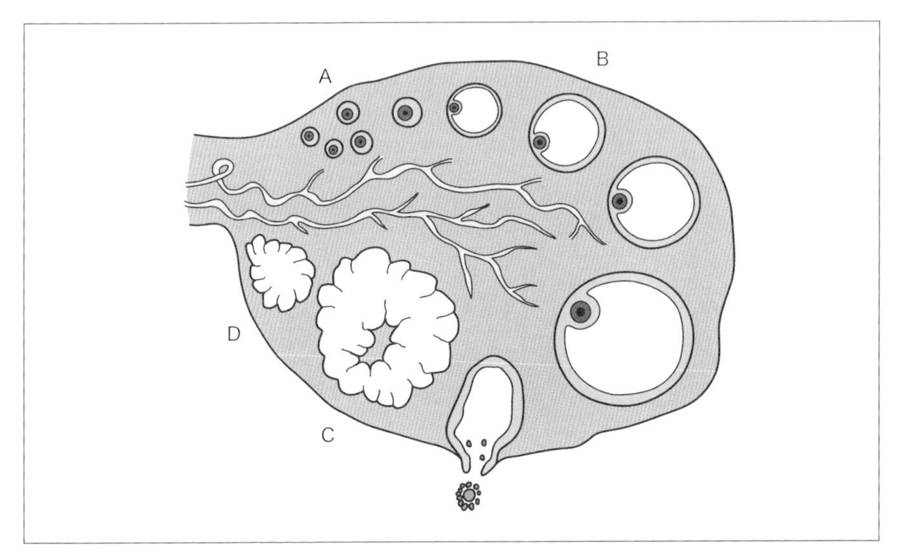

図2　卵巣の構造

卵巣は，原始卵胞（A），発育・成熟段階の卵胞（一次卵胞，二次卵胞，三次卵胞）（B），黄体（C），白体（D）などを含む皮質と髄質からなる複雑な構造の器官である．

増殖を終えた卵原細胞は，第一減数分裂を開始する．これを**一次卵母細胞**（primary oocyte）とよぶ．一次卵母細胞は**卵核胞**（germinal vesicle）とよばれる顕著な核小体のある大きな核をもつことが特徴である．これは，哺乳類の重要な特徴である．なお，哺乳類の一次卵母細胞では，胎子期に減数分裂がレプトテン期（細糸期），ザイゴテン期（接合糸期），パキテン期（太糸期）へと進行したあと，ディプロテン期（複糸期）で停止し，その後は出産を経て春機発動期を迎えるまでの長い休止期に入ることが，大きな特徴である．

胎子期の卵母細胞は単層の扁平な顆粒層細胞に包まれており，原始卵胞（primordial follicle）とよばれる．原始卵胞は胎性期後期，種によっては出生後まで新生を続ける．春機発動期の成熟した雌の卵巣皮質表層には多数の原始卵胞が観察され，卵胞帯とよばれる．

出生後，動物が性成熟するまでのあいだに，一部の原始卵胞は発達を開始し，一次卵胞（primary follicle），二次卵胞（secondary follicle），三次卵胞（tertiary follicle. 胞状卵胞 antral follicleともいう）へと発育する．性成熟後は，性周期ごとに下垂体が分泌する性腺刺激ホルモンに一定数の三次卵胞が反応して，排卵にいたる.ここでしばしば混乱するので注意を要するのは，二次卵胞に含まれている卵母細胞は一次卵母細胞である．二次卵胞期には，顆粒層細胞の最外側には基底膜が形成されて外界から隔離され，卵胞周囲に内卵胞膜と外卵胞膜が発達する．一次卵母細胞は，卵胞が発達するあいだ，周囲の顆粒層細胞から栄養を受けて成長し，ゼリー状のムコ多糖類を合成・分泌して透明帯を形成する．やがて一次卵母細胞の体積増加が止まるが，その後も顆粒層細胞は増殖を続けて卵胞腔が形成され，三次卵胞となる．三次卵胞の卵胞腔内の卵胞液には，最初はおもに**エストロジェン**（estrogen．17 β**エストラジオール**：17 β-estradiol）が含まれる．このエストロジェンは，顆粒層細胞と内卵胞膜の内分泌細胞との協調作用によって産生される（**2細胞説**）．すなわち，はじめにコレステロールを原料として内卵胞膜で**プロジェステロン**（progesterone）が合成され，さらに**テストステロン**（testosterone）が合成される．これが，顆粒層細胞にわたされてエストロジェンとなる．やがて卵胞液には顆粒層細胞や内卵胞膜の内分泌系細胞が産生した物質や毛細血管から浸出した物質なども含まれるようになる．卵胞の細胞は，卵胞の発育や成熟の調節にかかわる**インヒビン**（inhibin），**アクチビン**（activin），**ホリスタチン**（follistatin）などのペプチド性生理活性物質を合成する．

三次卵胞は，卵胞液の増量に伴って増大し，顆粒層細胞の一部は卵母細胞を包む**卵丘細胞**となり，透明帯に直接接した放線冠が形成される．放線冠を形成している卵丘細胞から透明帯を貫通して伸びる細胞突起の先端は，卵母細胞の細胞膜と**コネクシン**（connexin）からなるギャップ結合を介して結合することで細胞間の連絡を保っているが，排卵が近づくと退行する．

三次卵胞には肥厚した透明帯に囲まれた一次卵母細胞が含まれている．この一次卵母細胞の細胞質中では，粗面小胞体，ゴルジ装置，ミトコンドリアなどが増加している．

3）卵母細胞の成熟と排卵

動物が性成熟を迎え，周期的に下垂体から一過的に大量の性腺刺激ホルモン（FSHとLH）が放出されると，三次卵胞内で十分に発育した一次卵母細胞の一部は，これに反応して休止していた減数分裂を再開する．卵母細胞の成熟とは，発育を完了した一次卵母細胞が，性腺刺激ホルモンの刺激を受けて第一減数分裂を再開し，第二減数分裂中期にいたって受精可能な状態となることをいう（**図3**）．卵巣内で発育の途上に

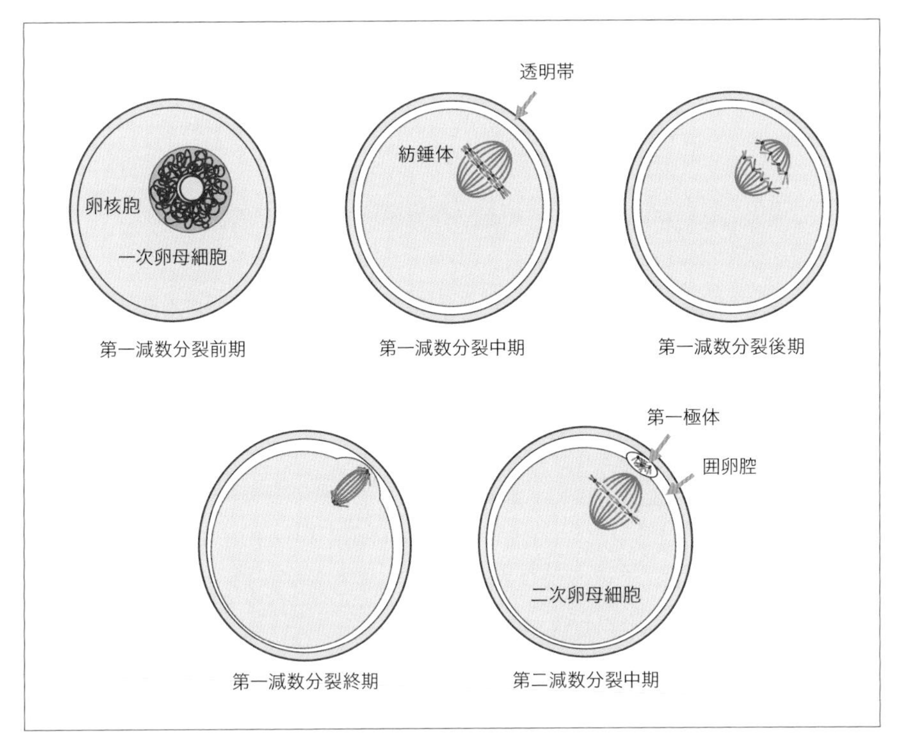

図3　卵母細胞の成熟過程

ある一次卵母細胞には成熟する能力がなく，卵母細胞は発育の過程で，成熟する能力を徐々に獲得する．

発育を終えた一次卵母細胞は，第一減数分裂前期のディプロテン期で休止したままの状態である．一次卵母細胞には**卵核胞**（germinal vesicle）とよばれる大きな核が存在することから，成熟開始前の一次卵母細胞は，**卵核胞期**（GV 期）の卵母細胞ともよばれる（**図3**）．一次卵母細胞が成熟を開始すると，卵核胞内に広がった細い糸状のクロマチンから染色体が形成され始め，次いで核小体と核膜が消失するが，一次卵母細胞の核膜の崩壊は**卵核胞崩壊**（germinal vesicle breakdown：GVBD）とよばれ，卵母細胞の成熟開始の指標として用いられる．次いで，凝縮した染色体は紡錘体の赤道面に配列し，卵母細胞は**第一減数分裂中期**（metaphase I）となる．このころになると，透明帯を貫通して伸びていた卵丘細胞からの突起（transzonal projection）の先端部と一次卵母細胞とのあいだの結合は解離し始める．その後，染色体は紡錘体の両極に引き寄せられ（**第一減数分裂後期：anaphase I**），両極に完全に分離する（**第一減数分裂終期：telophase I**）．一次卵母細胞は極端に不均等な細胞質分裂を起こし，半数の染色体と少量の細胞質を含む**第一極体**（first polar body）を透明帯と卵母細胞との隙間（**囲卵腔：perivitelline space**）に放出して**二次卵母細胞**（secondary oocyte）となる．卵母細胞の成熟過程には第二減数分裂前期がなく，二次卵母細胞はただちに紡錘体を形成して**第二減数分裂中期**（metaphase II）にいたり，減数分裂を再び休止する．ここにいたって卵母細胞は成熟を完了し，排卵される．性腺刺激ホルモンの刺激を受けたのち一次卵母細胞が成熟を完了する（第二減数分裂中期にいたる）までに，マウスでは約12時間，ウシやヒツジでは22～24時間，ブタでは約36時間かかる．

成熟を完了した二次卵母細胞が，卵胞から排出されることを**排卵**（ovulation）という．一次卵母細胞の成熟に伴って，周囲の卵丘は膨潤化し，最終的に，卵丘細胞と粘稠性に富むヒアルロン酸のマトリックスに取り囲まれた卵母細胞は，卵胞腔内に浮遊した状態となる．同時に三次卵胞は著しく膨張し，マウスでは1.5～2 mm，ブタやヒツジでは8～10 mm，ウシでは15～20 mm，ウマでは50～70 mmに達する．卵胞は卵巣表面から大きく突出し，やがて卵胞膜の一部が薄く半透明となり（**卵胞斑：follicular stigma**），この部分が破裂して，卵母細胞は卵丘細胞に取り囲まれた状態で，卵胞液とともに排出される．卵母細胞は卵管采にキャッチされ，受精の場である卵管膨大部へと運ばれる．排卵は性腺刺激ホルモンのサージ後，マウスやラットでは約12時間，ウシやヒツジでは24～25時間，ブタでは40～42時間後に起こる．多くの哺乳類では第二減数分裂中期の二次卵母細胞が排卵されるが，イヌやキツネのように第一減数分裂中期前後の一次卵母細胞が排卵される動物種もある．

成熟して排卵された二次卵母細胞は，一般に「卵子」，「成熟卵」などとよばれるが，いまだ減数分裂を完了してはおらず，第二減数分裂中期で休止したままの状態である（**2章-1「生殖細胞」図4を参照**）．精子の侵入を受けると，二次卵母細胞は再び減数分裂を開始し，**第二減数分裂後期**（anaphase II），**第二減数分裂終期**（telophase II）を経て，**第二極体**（second polar body）を放出し，最終的に体細胞の半数の染色体をもつ雌性前核が形成され，減数分裂は完了する．減数分裂の視点からみた半数体の「精子」に対応する「卵子」は，この段階で形成されることになる．

4）黄体

黄体（corpus luteum）は，妊娠の成立と維持のために重要な役割を果たすプロジェステロンを分泌する．黄体は卵生動物には存在しない．「新たに獲得した形質は多様性に富む」という原則が黄体にもあてはまり，黄体の維持や退行を制御する機構には種属差が大きい．この黄体を構成する主要な細胞が黄体細胞である．黄体細胞には，顆粒層細胞に由来する大型の顆粒層黄体細胞と，内卵胞膜の内分泌細胞に由来する小型の卵胞膜黄体細胞がある．排卵を終えた卵胞は卵巣内に閉じこめられ，卵胞腔であった部分に血液が貯留した出血小体が形成される．ここに顆粒層細胞と内卵胞膜の細胞が血管を伴って侵入し，黄体が形成される．ちなみに，ウシ，イヌ，ネコ，ヒトなどの黄体はルテインを含むので黄色，ブタ，ヤギ，ヒツジではルテインを含まないので淡い肉色，ウマの場合は黒色の色素を含むので黒っぽい肉色を呈する．

黄体は，子宮内膜の分泌機能を亢進させて受精卵の着床に適した環境を準備するプロジェステロンを分泌する．プロジェステロンの分泌が盛んな時期は，ウシ，ヒツジでは排卵7～8日後，ウマでは12日後，ブタでは12～13日後である．ウシの場合，黄体の発達が排卵12日後まで続き，直径20～30mmにまで達する．15日後からはルテインが濃縮して赤色にみえるので赤体とよばれる．妊娠が成立しない場合には黄体は消失し，白体とよばれる瘢痕組織となる．これもやがて消滅するが，ウシでは残存する．このように妊娠が成立しなかったために退行する黄体を性周期黄体とよぶ．妊娠が成立して一層発育したものを妊娠黄体とよぶ．

2-3. 卵管

卵管（oviduct）は一対の管状構造物で，腹腔に開口する．卵巣側から漏斗部，膨大部，峡部の3部に区分される．排卵された卵子（二次卵母細胞）は，ラッパ状に開口している卵管采にとらえられて卵管に導かれ，膨大部で卵管をさかのぼってきた精子と出会って受精する．多くの哺乳類の胚は峡部を4～5日間かけて通過して子宮にいたる．峡部は，初期の胚発生の場として重要であるばかりでなく，ウサギ，マウス，ラットなどでは精子が卵管内にとどまる間に受精能を獲得する．

卵管の壁は，内側から粘膜，筋層，漿膜の3層からなる．卵管の内腔は，ヒダがよく発達した粘膜で覆われている．粘膜は，内腔に面した粘膜上皮細胞層，粘膜固有層，粘膜下組織からなる．粘膜上皮細胞には可動性の線毛を有する**線毛細胞**（ciliated cell）と微絨毛を有する**分泌細胞**（secreting cell）の2種類があり，これらは性周期に伴って増減する．卵胞が発育する排卵前には線毛細胞が優勢であり，排卵後は分泌細胞が増加する．分泌細胞は，黄体の成長に呼応してさかんに粘液を分泌する．粘膜の外側の筋層は，内層輪走筋層と外層縦走筋層からなり，これらの収縮による蠕動運動によって精子を受精の場まで運搬したり，逆に胚を子宮まで運搬している．筋層の外側を漿膜下組織と漿膜が包む．漿膜下組織や粘膜固有層には，豊富な無髄神経線維束が観察され，卵管の機能が自立神経系によって支配されていることをうかがわせる．漿膜は，腹膜と連続する膜構造物で，卵管を腹腔の背部からつるしている．

2-4. 子宮と子宮頸部

1）子宮

胚は，数日かけて卵管内で発生を進行させながら子宮まで下降し，着床する．**子宮**（uterus）は，卵管が開口している一対の**子宮角**（uterine horn），**子宮体**（uterine body），膣へと続く**子宮頸部**（cervical duct）の3部位からなるが，構造が種間で異なる（**表1**，**図4**）．

子宮は，粘膜層，筋層，漿膜層の3層構造をとる．最内層の粘膜層は**子宮内膜**（endometrium）ともよばれ，表面を覆う単層の上皮細胞とその下の厚い粘膜固有層からできている．上皮細胞は，少数の線毛細胞と多くの微絨毛細胞からなり，性周期，繁殖期，妊娠期には各ステージの推移に伴って一連の変化を遂げる．ウマ，イヌ，ネコ，ヒトでは単層円柱上皮あるいは立方上皮である．ブタ，ウシ，ヒツジでは偽重層円柱上皮あるいは単層円柱上皮である．粘膜固有層には，上皮から固有層を貫いて筋層にまで達する**子宮腺**（uterine gland）が多数分布しており，粘液を分泌する．粘膜固有層は，血管が豊富な疎性結合組織で，線維芽細胞，マクロファージ，肥満細胞，リンパ球，顆粒白血球，形質細胞などが散在している．ヒツジの粘膜固有層には黒色のメラニン色素に富む色素細胞が多数存在する．

月経（menstruation）のみられる霊長類の子宮内膜は，2層に区分される．内腔側の機能層は，稠密層と海綿層からなり，排卵後受精が成立しないと剥離してしまう．この現象が月経である．外側の基底層は，月経後も存在し続け，この部位から性周期ごとに新たな機能層が形成される．

反芻類の子宮角の内腔側には特徴的な構造が発達している．それは，**子宮小丘**

表1　子宮の種類と構造

重複子宮	ウサギでは，左右の子宮体が合一することがないので，膣腔に2つの子宮口が開く．
双角子宮	ブタ，ウマ，ヤギ，ヒツジでは，卵管側は左右一対の分離した子宮角をもつ．これらは，膣側で合一して1つの子宮体と子宮頸部を形成するので，膣腔に1つの子宮口をもって開く．
両分子宮	双角子宮の変形と考えられる．ウシでは，左右一対の分離した子宮角が子宮体に開口するが，子宮帆とよばれる中隔が子宮体を子宮頸部近くまで二分している構造である．1つの子宮口が膣腔に開く．
単子宮	ヒトを含む多くの霊長類の子宮である．重複子宮，双角子宮，両分子宮でみられるような子宮角に相当する構造がない．一対の卵管は，広い子宮体の左右の上隅に直接開口する．膣腔には1つの子宮口が開く．

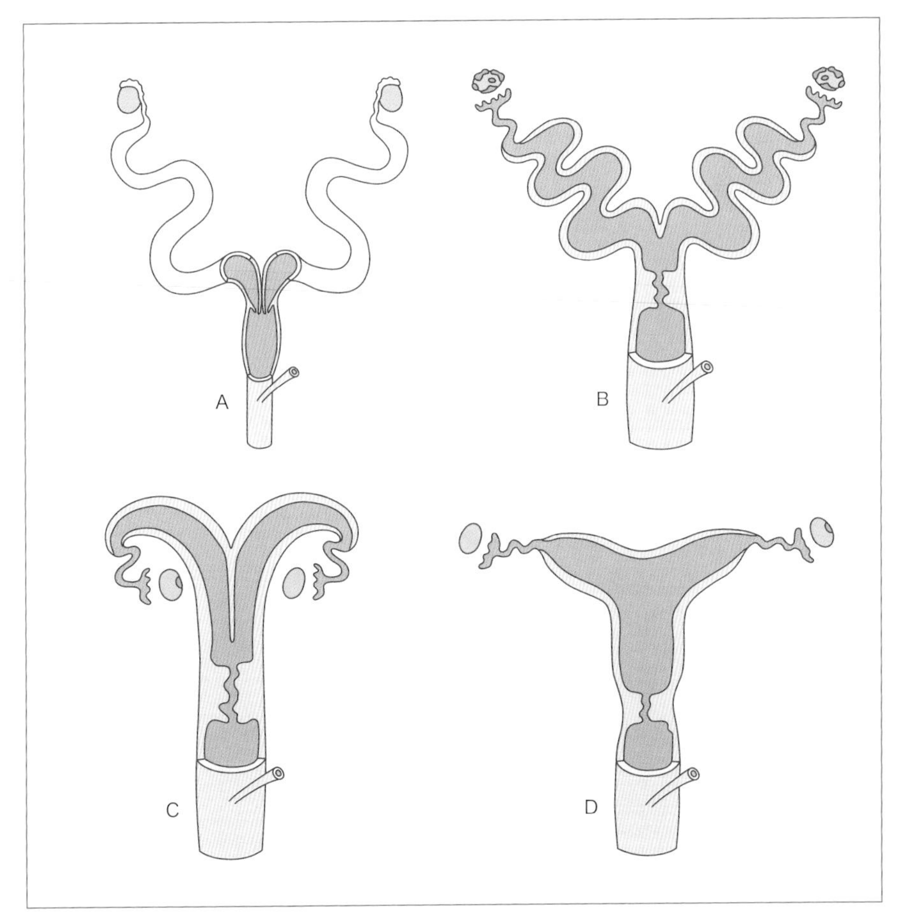

図4　子宮の種類と構造
重複子宮（A），双角子宮（B），両分子宮（C），単子宮（D）．

(caruncle) とよばれるボタン状の隆起である．その断面は，ウシでは中央部がわずかにふくらんだドーム形，ヒツジでは中央部がくぼんだドーム形をしている．この部位には子宮腺は存在せず，血管が豊富で，胎子の胎盤と密着して**胎盤節** (placentome. **宮阜**ともよばれる) を形成し，母体と胎子間の血液を介した代謝的交換を行う．このような胎盤を叢毛胎盤とよぶ．

子宮粘膜層は厚い子宮筋層 (内側から輪走層，血管層，縦走層) に取り囲まれている．筋層の平滑筋は，妊娠中に細胞分裂して増加し，各細胞は非妊娠時の数十倍の長さと数倍の太さにまで成長する．妊娠期間中はプロジェステロンのはたらきで，平滑筋の収縮性は抑制されている．最外層の漿膜層は，子宮外膜ともよばれ，腹膜と連続する膜構造物で，子宮を骨盤部の腹腔背部からつるしている．

子宮の形態は，性周期に伴って変化する．

a．増殖期

子宮は，卵胞が発育する発情前期に妊娠にそなえて発達する．子宮の発達は，交尾と排卵の時期である発情期にも継続する．このように，子宮内膜が分裂増殖している発情前期と発情期を増殖期とよぶ．増殖期には子宮腺の数が増して長くなり，腺細胞は背の高い円柱状を呈して粘液の分泌にそなえる．

b．分泌期

黄体が発達する発情後期から発情間期は，受精，胚の発生，着床の時期である．この時期，子宮腺の発達と分泌はもっともさかんになるので分泌期とよぶ．子宮腺の内腔は拡張し，管は著しく蛇行し，腺細胞も肥大してさかんに粘液を分泌する．

子宮への着床が成功した場合，**胎盤** (placenta) が形成されて胎子は子宮内で発育する．なお発情休止期は性的に不活性な時期で，その長さは動物種によって差が大きい．イヌやネコは1年に1ないし2回発情する**単発情動物** (monoestrous animal) で，発情期の後には非常に長い発情休止期が続く．ヒツジやヤギは季節的周期変化をする**多発情動物** (polyestrous animal) で，単発情動物より発情休止期が短い．ブタ，ウシ，ヒト，マウス，ラットは発情休止期のない多発情動物である．単発情動物の子宮組織の退縮と再生は，多発情動物のそれより大規模で劇的である．イヌやウシでは発情期に子宮内膜がさかんに再生されるために子宮出血をみる．この出血は，霊長類の月経 (妊娠が成立しないときに子宮内膜の機能層が剥離して体外に排出されるもの) とは異なる．

表2　膣垢検鏡法による性周期別の所見

動物種	性周期	所見
イヌ	発情前期	好中球，赤血球，傍基底細胞，中間細胞，表在性中間細胞，表在性細胞が認められる．
	発情期	表在性中間細胞と表在性細胞が多くなり(90%以上)，好中球が減少し，傍基底細胞や中間細胞はほとんどみられなくなる．
	発情後期～間期	表在性細胞が減少し(約20%)，傍基底細胞と中間細胞が増加するとともに好中球が増加し始める．
	発情休止期	傍基底細胞と中間細胞が多数観察され，好中球がわずかに認められる．
ラット，マウス	発情前期	有核の上皮細胞のみが認められる．
	発情期	角化した上皮細胞のみが認められる．
	発情後期	角化した上皮細胞，有核の上皮細胞および好中球を中心とする白血球が認められる．
	発情休止期	白血球と粘液が認められるようになる．

2）子宮頸部

子宮頸部の内面は，分岐した複雑なヒダで覆われる．子宮頸部の上皮は単層円柱上皮で，粘液を分泌する杯細胞が多数散在している．ブタ，ヤギ，ヒツジには単管状の子宮頸部腺が存在する．子宮頸部の粘膜固有層は，強靭な結合組織である．これを輪走筋層と縦走筋層が取り巻き，最外側を漿膜が覆う．

2-5．膣，膣前庭，外陰部，陰核と陰唇

膣（vagina）とその開口部にあたる**膣前庭**（vestibule of vagina）は交尾に必要な器官である．また出産時には胎子が通る産道である．膣は**尿生殖洞**（urogenital sinus）から，膣前庭は**尿生殖溝**（urogenital groove）から発生し，これらが胎子期につながる．ウマ，ヒツジ，ヒトでは膣前庭の膣弁が発達していて両者が区分されるが，ウシ，ブタ，イヌでは膣弁の発達が悪いので両者は一連の筒状構造をとる．膣は，内側から粘膜層，筋層，漿膜層の3層から構成される．膣の粘膜層には腺構造がなく，その上皮は厚い重層扁平上皮である．ただし，ウシの膣の奥は重層円柱上皮からなり，粘液を分泌する杯細胞が散在する．膣の粘膜固有層は，緻密な結合組織である．膣の上皮は，性周期に伴って変化する．食肉類と齧歯類では発情期に上皮が著しく角化するので，剥離

した膣上皮やそこに侵出してきた白血球を含む膣粘液（ただし膣には粘液腺が存在しないので，膣粘液は子宮頸部腺が分泌した粘液のことである）の膣垢を顕微鏡で観察することで性周期を判定できる（膣垢検鏡法）（**表2**）．しかしこれも，反芻類では明瞭ではない．

膣の筋層は，輪走筋層と縦走筋層からなる．膣前庭は，**外陰部**（vulva）に含まれないが，ひとまとめに取り扱われることが多い．膣前庭の壁に尿道口が開口する．ウシの膣前庭の壁の腹側には尿道下憩室がある．膣前庭の上皮は重層扁平上皮で，膣前庭の粘膜層には，**大前庭腺**（greater vestibular gland．**バルトリン腺**ともよばれる），**小前庭腺**（lesser vestibular gland），**ガルトナー管**（Gartner duct）などの腺が存在する．小前庭腺（分岐した管状粘液腺）は，粘膜の浅部に散在する．反芻類とネコの粘膜下組織中には，大前庭腺（管状房状粘液腺）がみられる．

陰核（clitoris）は，勃起性の陰核海綿体，陰核亀頭，陰核包皮からなる．海綿体は，静脈性の空洞と洞壁に分散する平滑筋束で，中隔によって左右に分けられ，全体を白膜が包んでいる．亀頭は，薄い重層扁平上皮で覆われている．包皮は，前庭粘膜の連続である．海綿体の近傍には，亀頭や包皮に向かって多数の神経線維束が走行し，**ファーテル・パチニ層板小体**（Vater-Pacini corpuscle）が出現する．粘膜固有層内には，**マイスネル小体**（Meissner corpuscle）に似た陰部神経小体が散在する．この一部は，触覚や圧覚の受容体である**クラウゼ終棍**（Krause terminal bulb）であり，性感の形成にかかわっている．**陰唇**（lip of the pudendum）は，体外に面した外陰部で，皮膚と類似した重層扁平上皮で覆われている．ここには，脂腺と管状の**アポクリン腺**（apocrine gland）が豊富に存在し，**フェロモン**（pheromone）の分泌に関与する．

眞鍋　昇（まなべ　のぼる），宮野　隆（みやの　たかし）

[参考文献]

1) Byskov, A.G. (1982) : Primordial germ cells and regulation of meiosis. In: Reproduction in Mammals 2nd ed. (Austin C.R., Short R.V. eds.), Cambridge University Press, Cambridge.
2) Cupps, P.T. eds. (1991) : Reproduction in Domestic Animals 4th ed., Academic Press, New York.
3) Leung, P. K., Adashi, E. eds. (2003) : The Ovary 2nd ed., Academic Press, New York.

3 精巣と精子, 副生殖腺

3-1. 雄性生殖器官

哺乳類の雄の**生殖器官**（male reproductive organ）は, **精巣**（testis, 複testes）, **精巣上体**（epididymis）, **精管**（vas deferens）, 尿道（urethra）, **副生殖腺**（accessory gland）および陰茎（penis）からなる（**図1**）. 精巣は, 雄の生殖腺で, 精子と生殖に必要なホルモンを生産する. 精巣上体, 精管, 尿道は精子の通路（精路）で, 副生殖腺は射精時に分泌液を放出する. 副生殖腺には, **精嚢腺**（seminal vesicle, vesicular gland）, **前立腺**（prostate gland）, **尿道球腺**（bulbourethral gland, Cowper's gland）があり, 陰茎は排泄器と交尾器を兼ねている. 精巣で生産された精子は, 精巣上体を通過中に成熟して射精の機会を待つ. 射精時に精子は精巣上体を離れ, 精管を経て尿道へ運ばれ, 副生殖腺の分泌液とまざり, 陰茎から精液として放出される.

3-2. 精巣

1）精巣の構造

精巣は, 卵円形をした一対の器官で, 結合組織からなる厚い**白膜**（tunica albuginea）で覆われている（**図2**）. 表面には長軸に沿って三日月状に**精巣上体**が付着している. 成熟した多くの動物では, 精巣は**陰嚢**（scrotum）内に納められて下垂し, 腹腔とは精索（spermatic cord）で結ばれている（**図2**）. 精索内部には, 精巣に通じる血管, 神経, 精管が収容されている. 精巣内部（実質）は, 白膜から派生した結合組織性の精巣中隔によって細かく区分され, 精巣小葉をつくっている. 各小葉内には, **精細管**（seminiferous tubule）とよばれる直径100～400 μmの管が著しく迂曲した状態で詰め込まれ, その両端は直精細管としてまとめられ**精巣網**（rete testis）に開口している（**図2**）. 精巣網は, **精巣輸出管**（efferent ductules）を経て精巣上体へとつながる（**図2**）. 精細管内には, 精子形成段階にある生殖細胞群と, これを支持する**セルトリ細胞**（Sertoli cell）が存在する（**図3A**）. さらに, セルトリ細胞の基底面近くに発達する密着結合でつくられる**血液精巣関門**（blood-testis barrier：BTB）により, 精細管内は基底区画（basal compartment）と傍腔区画（adluminal compartment またはapical

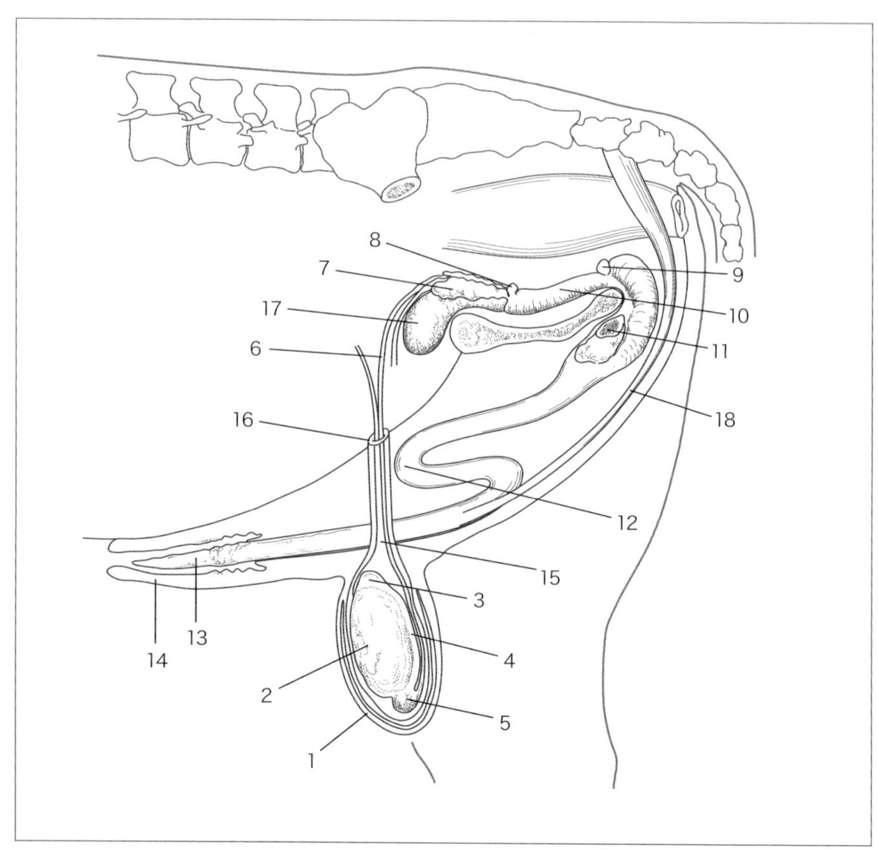

図1　ウシ雄性生殖器官（高坂[7]より改写）

1：陰嚢，2：精巣，3：精巣上体頭部，4：精巣上体体部，5：精巣上体尾部，6：精管，7：精嚢腺，8：前立腺，9：尿道球腺，10：尿道骨盤部，11：陰茎左脚，12：陰茎S字曲，13：陰茎遊離部，14:包皮，15：精索，16：鼠径輪，17：膀胱，18:陰茎後引筋

compartment）に分けられる（**図3B**）．前者は血液中の物質と自由に接することができるが，後者は精細管内への物質の移動が選択できる．この傍腔区画には，多くの生殖細胞が含まれ，セルトリ細胞の枝分かれした細胞質に包まれて血液中の化学変化から保護され，精子形成に適した環境が保持されている．一方，精細管の外壁には基底膜を介して筋様細胞や疎性結合組織がみられる．精細管と精細管の間質には，毛細血管網，リンパ，神経のほか，アンドロジェンを産生する**ライディヒ細胞**（Leydig cell）が認められる（**図3A**）．

ウシ，ヒツジなどの反芻類の精巣では腹壁に対してほぼ垂直に配置し，ブタ，ウ

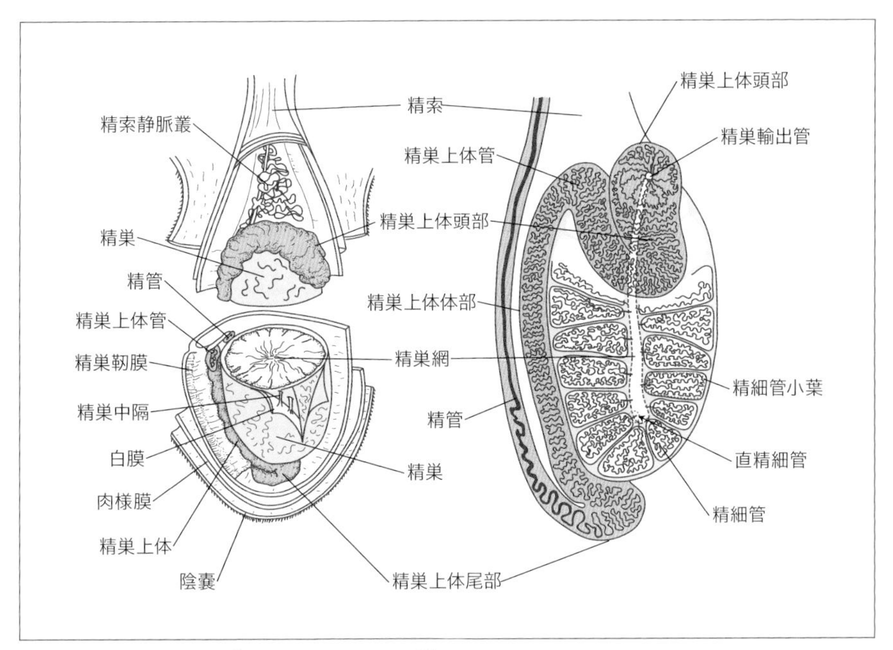

図2　ウシ精巣の外観[16]と内部構造の概略[17]

マ，イヌ，ネコなどではほぼ水平に配置されている．ゾウ，クジラ，イルカなどのように精巣が腹腔に存在する動物もみられる．

2）精巣下降

胎子の精巣は，ある時期になると腹腔から鼠径輪（inguinal canal）を通って陰嚢内に下降する．これを**精巣下降**（testicular descent）とよぶ．下降の時期は動物種で異なり，ウシやヒツジなどの反芻類では，胎子期の中期，ブタでは胎子期の後期，ウマでは出生直前または直後である．また，ヒトでは胎児期の中期から後期に起こり，マウスやラットなどの齧歯類では出生後に下降する．時として，下降が起こらないことがあり，これを停留精巣（cryptorchidism）とよぶ．この場合，ライディヒ細胞は影響を受けないため精巣の内分泌機能は損なわれていないが，精子形成能が阻害されるため，性欲を示すが不妊となる．イヌやウマでは停留精巣の発生頻度が高く，ヒトの場合には，精巣癌発症のリスクが高くなる．精巣下降のメカニズムについては，齧歯類を用いた研究から明らかになりつつある[1,6]．

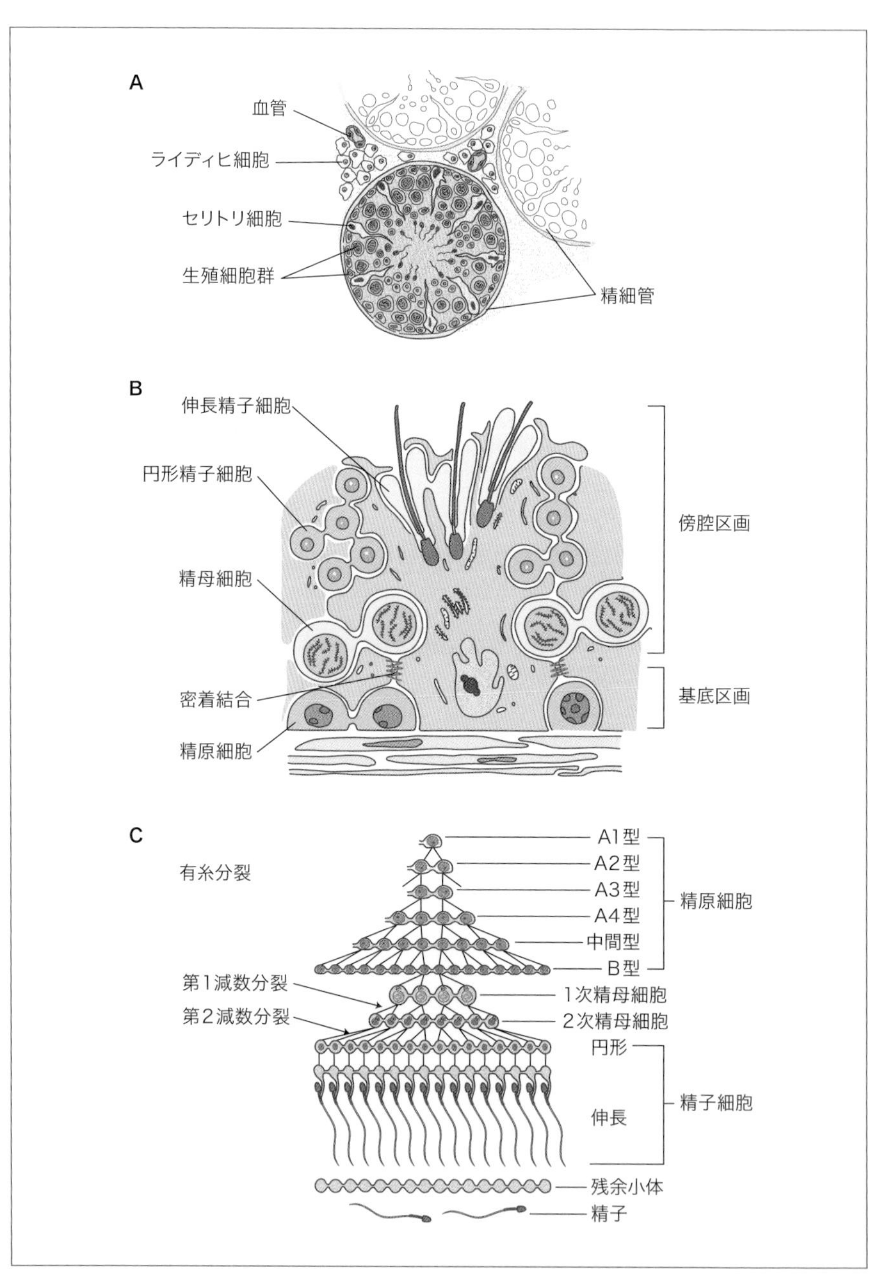

図3　精巣（A）および精細管（B）の断面像と精子形成過程の生殖細胞群（C）

精細管内には精子形成過程にある一連の生殖細胞が観察される.

（Bergman *et al.*[2], 藤本・牛木[3], 高坂[7]より改写）

出生後，精巣は発育に伴って大きくなり，形態や機能も変化する．ブタでは18週齢を過ぎると精巣重量が急激に増大し始め，20週齢には精巣内の精細管に精子の出現がみられるようになり，性成熟過程の開始（春機発動期，puberty）を迎える．22週齢には精子の射精も認められるが，生殖器官の発育が春機発動期後も引き続きみられ，生後30週齢で生殖活動の可能な状態（性成熟）に達する．ウシでは，生後32週齢で精子の精細管出現，42週齢で射精がみられるが，性成熟に達するまでには15ヵ月齢かかる．

3）精巣温度の調節

精子形成の維持のために精巣は体温より低い温度に保たれている．精巣を収納している陰嚢は表皮がうすく，被毛が少なく，汗腺がよく発達しているため，熱放散に都合がよい．陰嚢には，肉様膜（tunica dartos）とよばれる平滑筋層があり（**図2**），外気温の変化に応じて平滑筋が収縮・弛緩して陰嚢表面積を変えたり，腹壁との距離を調節することによって適温を保っている．精巣に入る血管系にも工夫がある．精巣に流入する動脈はコイル状をなして精索内を下降し，静脈がそれにつる状に巻きついて**精索静脈叢**（pampiniform plexus）を形成している（**図4**）．このような血管の特殊な走行により，動静脈間で熱交換が行われ，あらかじめ冷却された動脈血が精巣に流入する．ヒツジでは動脈血は体温より5℃前後冷却されて精巣に流入する．

3-3．精子形成

精子は，精巣の**精細管**でつくられる（**図3A**）．精細管内には，精子形成に直接関与する生殖細胞とこれを支持するセルトリ細胞が存在し，精細管と精細管の間隙には，アンドロジェンを生産し精子形成能を維持するライディヒ細胞が存在する．成熟した動物では，精細管内の周辺から管腔に向かって精子が形成される一連の過程がみられる．この**精子形成**（spermatogenesis）は，**精子発生**（spermatocytogenesis）と**精子完成**（spermiogenesis）の2過程に分けられる．精子発生は**精原（精祖）細胞**（spermatogonia）の有糸分裂に始まり，**精母細胞**（spermatocyte）の減数分裂によって**円形精子細胞**（round spermatid）がつくられるまでの細胞分裂の過程である．精子完成は，円形精子細胞が**伸長精子細胞**（elongated spermatid）を経て精子に変態する過程である．

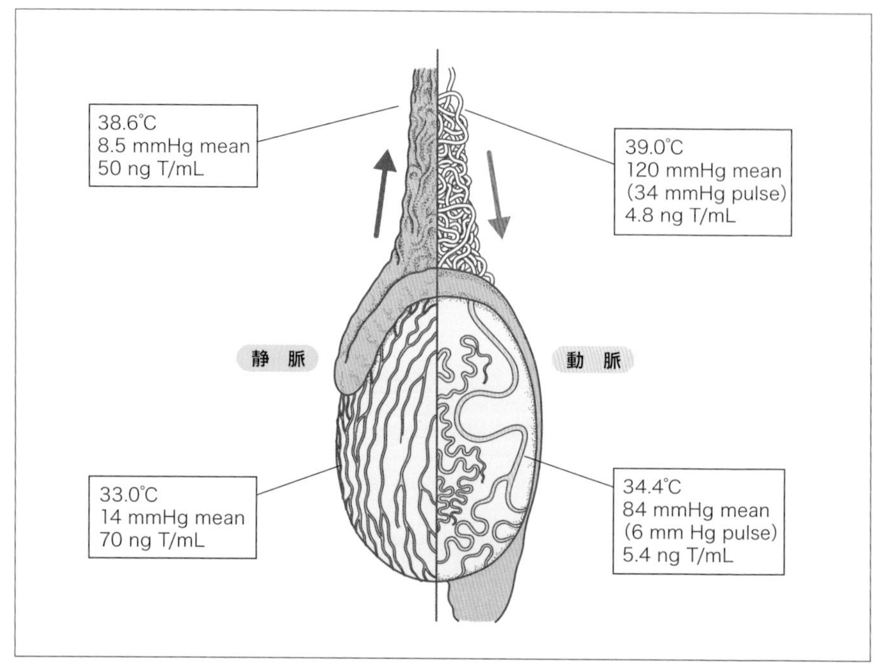

図4 ヒツジ精巣の血管分布とその諸性状

(Setchell[14]より改写)

1) 精子発生

精細管内壁の内縁には，精子形成の幹細胞である精原細胞が配列している（**図3B**）．精原細胞は常に有糸分裂を繰り返して自己再生しながらA型（通常A1～A4に分けられる）から中間型を経てB型に移行する（**図3C**）．A2型精原細胞の有糸分裂でつくられた片側は自己再生のストックとなる．B型精原細胞は，さらに有糸分裂して**一次精母細胞**（primary spermatocyte）を形成する（**図3C**）．このようにして1個の精原細胞の有糸分裂により32個の1次精母細胞がつくられる．1次精母細胞は，前細糸期，細糸期，合糸期，厚糸期，複糸期からなる第1減数分裂を経て，2個の2次精母細胞（secondary spermatocyte）となる．この第1減数分裂は精子形成の中でもっとも時間が長く，このあいだに1次精母細胞はDNA含量を2倍に増やし，核や細胞質を増大させる．さらに，2個の2次精母細胞は第2減数分裂により4個の円形精子細胞となる．この第2減数分裂の時間は短く，1～2日間である．このようにして1個の精母細胞から染色体の半減した**半数体**（haploid）の4個の円形精子細胞がつくられ

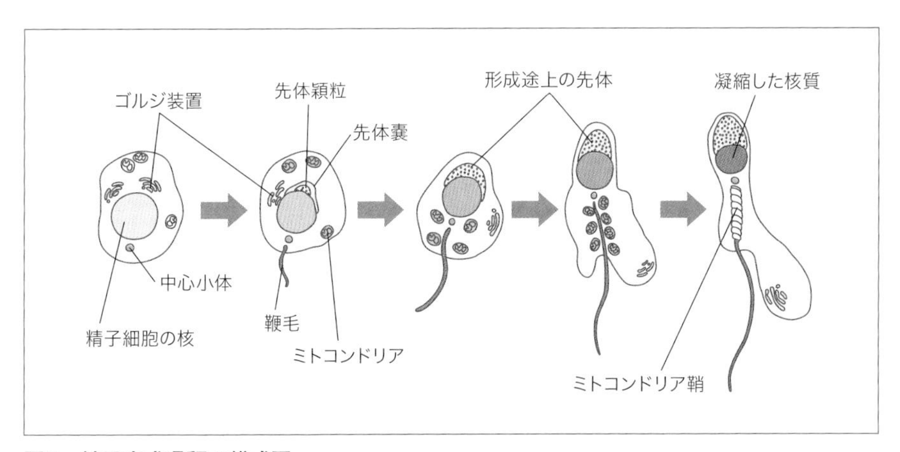

図5　精子完成過程の模式図

（高坂[7]より改写）

る．精子発生の全過程，すなわち精原細胞から円形精子細胞になるまで，ウシではおよそ45日かかる．

2）精子完成

円形精子細胞が伸長精子細胞を経て精子へと変態する過程を**精子完成**とよぶ（**図3C**）．この過程では細胞分裂はなく，①ゴルジ体が融合して受精に重要な役割を果たす先体の形成，②中心糸から精子の運動に必要な尾部の形成，③ミトコンドリアが集まって運動エネルギー供給の場となるミトコンドリア鞘の形成，④核蛋白質ヒストンがプロタミンに置換されクロマチンが凝縮されて精子の頭部に包み込まれる，などの形態変化が起こる（**図5**）．これらの過程をゴルジ期，頭帽期，先体期，成熟期に分けることがある．この精子完成過程では，形態変化にかかわる蛋白質をコードする多くの遺伝子の時期特異的な発現が見いだされてきた[11]．精子完成が終わりに近づくと，精子細胞は細胞質の大部分を**残余小体**（residual body）として残し，精細管腔へ放出する．このときはじめて精子となる．

3）精子形成の周期

精細管の断面を顕微鏡で詳しく観察すると，精細管断面によって，構成している生殖細胞集団はいくつかのパターンに分類でき，それが一定の順序で周期的にあらわれ

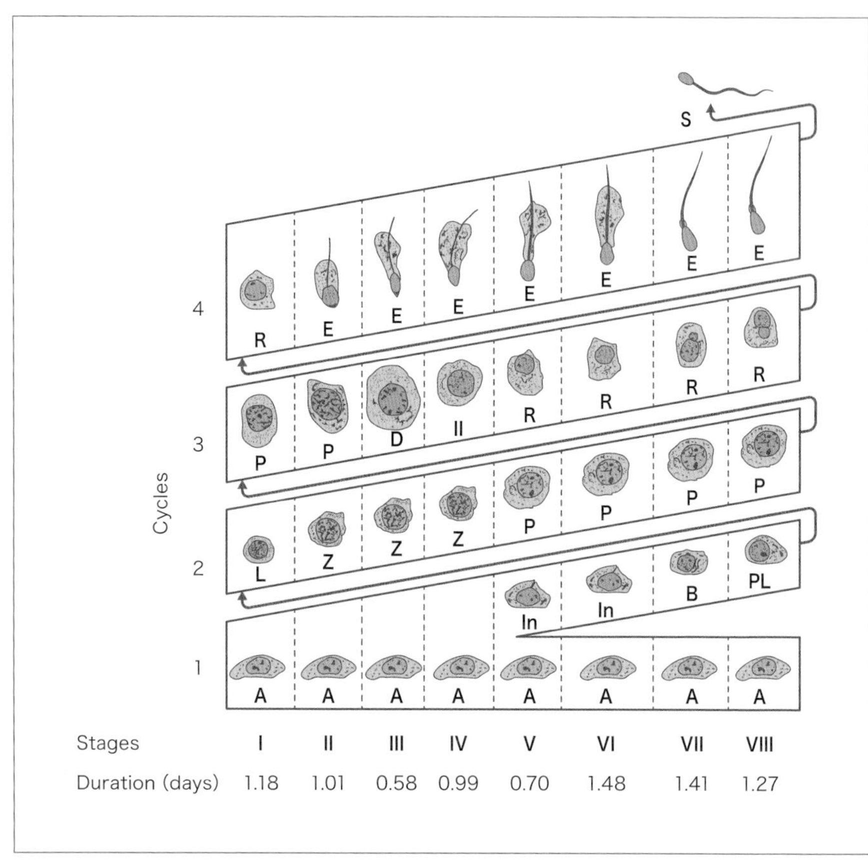

図6　ブタの精上皮周期[4,12,13]

ることがわかる．これを**精上皮周期**または**精子形成周期**（seminiferous epithelial cycle）とよぶ．周期的にあらわれる識別可能な細胞像は動物種によって異なる．ヒトでは6ステージ，ウシ，ヤギ，ヒツジおよびブタでは8ステージ（**図6**），マウスでは12ステージ，ラットでは14ステージからなる．1回の精上皮周期を完了するのに要する時間も種によって異なる．ヒトで16日，ウシで13.5日，ヤギで10.6日，ヒツジで10.4日，ブタで8.6日である（**図6**）．A型精原細胞から精子形成が完成するまでに，この周期を4.5回繰り返す．そのため，精子形成に要する日数は，ヒトで72日，ウシで61日，ヤギで48日，ヒツジで47日，ブタで39日となる．

4）精子形成のホルモン支配

精子形成が正常に維持されるためには，下垂体の2種類の性腺刺激ホルモン（LHおよびFSH）と精巣のアンドロジェンが必要である．アンドロジェンは，LH（黄体形成ホルモン）の刺激を受けてライディヒ細胞から分泌され，精子形成全般に関与する．FSH（卵胞刺激ホルモン）は，セルトリ細胞に作用してインヒビン，アンドロジェン結合蛋白質（ABP），成長因子，プラスミノーゲン活性化因子など多くの蛋白質性生理活性物質を生産させる．ABPは，ライディヒ細胞から分泌されたアンドロジェンとセルトリ細胞内で結合し，精子形成段階の生殖細胞に供給する．さまざまな成長因子，プラスミノーゲン活性化因子なども生殖細胞の分化に関与する．下垂体の性腺刺激ホルモンの分泌は，精巣からのフィードバックにより調節されており，LHはアンドロジェンにより，またFSHはインヒビンによって，それぞれ制御されている．

3-4. 精子

精子（sperm，spermatozoa）は，液状成分の**精漿**（seminal plasma）とともに，**精液**（semen）として雄の生殖器から**射精**（ejaculation）により体外へ放出される．精漿は射精の際の精子輸送の媒液であるとともに，精子の代謝基質，酵素やホルモンなどの蛋白性生理活性物質などを豊富に含み，射出後の精子の生理に重要な役割を果たす．

1）精子の成熟

精子は，射精に向けて環境整備を整える必要がある．精細管で形成された精子は，精巣網，精巣輸出管を通って精巣上体へ運ばれ，成熟変化を受ける．この時期の精子は，運動能がほとんどなく，精巣液（セルトリ細胞の分泌液）に浮遊した状態で移送される．この精巣液の成分は，血液成分と著しく異なり，蛋白質が少なく，グルコース，フラクトース，コレステロールはほとんど含まれていない．精巣液とともに精巣上体に流入した精子は，精巣上体の頭部（caput epididymidis）から体部（corpus epididymidis），尾部（cauda epididymidis）へと全長数十メートルに及ぶ迂曲した管内を10～15日かけて移送される．精巣上体頭部では精巣液が吸収され，精子は濃縮される．さらに，精巣上体体部を経て尾部に輸送されるまでに，精巣上体の分泌液が加わる．このあいだに，精子には成熟変化が進行し，精子は射出精子と同程度の運動

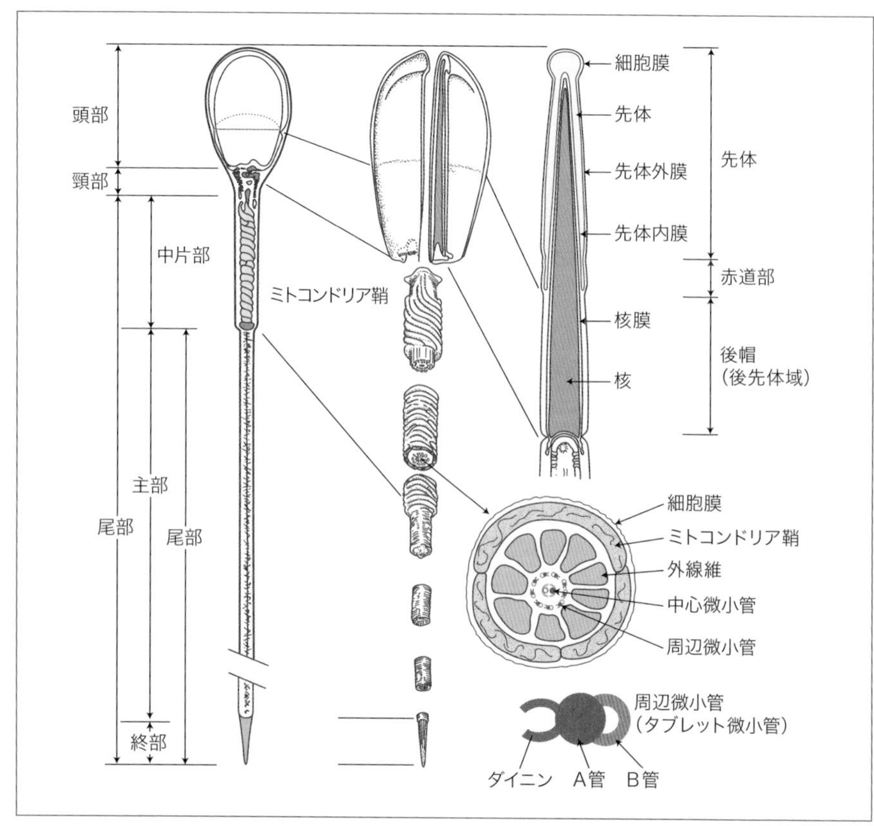

図7　家畜の精子の構造[7]

能と受精能力（fertilizing ability）をもつまでに成熟する．さらに，精子核クロマチンの凝縮を完成させる．精巣上体内では精子の代謝を抑制し消耗を防ぐ機構があるため，精子は運動をほとんど停止した状態で精巣上体尾部に貯留され，射精の機会を待つ．

2）精子の構造

精子の形態や大きさは動物種によって異なる．家畜やヒトの精子はしゃもじのような形状で，全長50～70 μmである．ラットやマウスの精子は頭部が鈎型である．精子は**頭部**（head），**頸部**（neck），**尾部**（tail）からなる（**図7**）．尾部は**中片部**（midpiece，middle piece），**主部**（principal piece），**終部**（end piece）に区分される．機能的特徴を強調する場合には，主部と終部を区分せずに尾部とよぶ場合が多い．精子頭部は平坦な卵円形の核がほぼ全域を占め，凝縮したクロマチンが含まれている．精子核のクロマチンは，DNAに精子特有の塩基性核蛋白質のプロタミンが結合した特殊な構造をとっている．DNA含量は体細胞の1/2であるが，クロマチンは体細胞の6倍以上に凝縮され，物理的・化学的な環境条件に対して安定である．精子頭部の前半部分は，厚みのある**先体**（acrosome）で覆われている．先体は，核膜に接する先体内膜と細胞膜（原形質膜）に接する先体外膜に囲まれた袋状の構造を呈する（**図7**）．家畜の精子では，核の前半部を帽子状に覆っているので**頭帽**（acrosomal cap）ともよばれる．先体内には，受精の過程で必要な各種の先体酵素が含まれている．精子頭部の後半部分は後帽または**後先体域**（postacrosomal region）とよばれ，先体の後縁で**赤道部**（equatorial segment）と接している．これらの部位は，受精の際に卵母細胞の細胞膜と最初に融合する部分とみなされている．尾部は，鞭毛ともよばれ，重要な運動装置である．内部には**軸糸**（axoneme）が規則正しく配列されている．これらの軸糸は，中央を走る2本の**中心微小管**（**シングレット中心微小管**：central singlet microtubules）とそれを円周状に取り囲む9対で2連（ダブレット）の**周辺微小管**（**ダブレット微小管**：doublet microtubule）を骨格とする，いわゆる**9＋2構造**をとる（**図7**）．各ダブレット微小管は，A管とB管からなり，A管から2本の腕が隣接する微小管のB管に向かって伸びている．微小管は**チューブリン**（tubulin），腕は**ダイニン**（dynein）とよばれるモーター蛋白からなり，ダイニンにはATPアーゼ活性がある．これらは骨格筋のアクチンとミオシンの関係に類似し，精子の鞭毛運動の推進に重要な役割を果たしている．哺乳類の精子では，これら軸糸の外側をさらに9本の粗大な外線維（coarse outer fibrils）が取り巻き，中片部ではその周りをらせん状に**ミトコンドリア鞘**（mitochondrial sheath）が取り囲んでいる．ミトコンドリア鞘は精子の運動に必要なエネルギーの生産を担っている．

3）精子の運動

精子は，構造面からも明らかなように，遺伝情報を卵母細胞に運ぶために特殊に分化した細胞で，その運動能を維持するために内在性および外在性の物質を代謝して運動エネルギーを獲得している．射精直後の家畜の精子は，およそ9～20回/秒のビートを打ち，90～250 μm/秒の速度で，回転しながら活発に前進する3次元運動をと

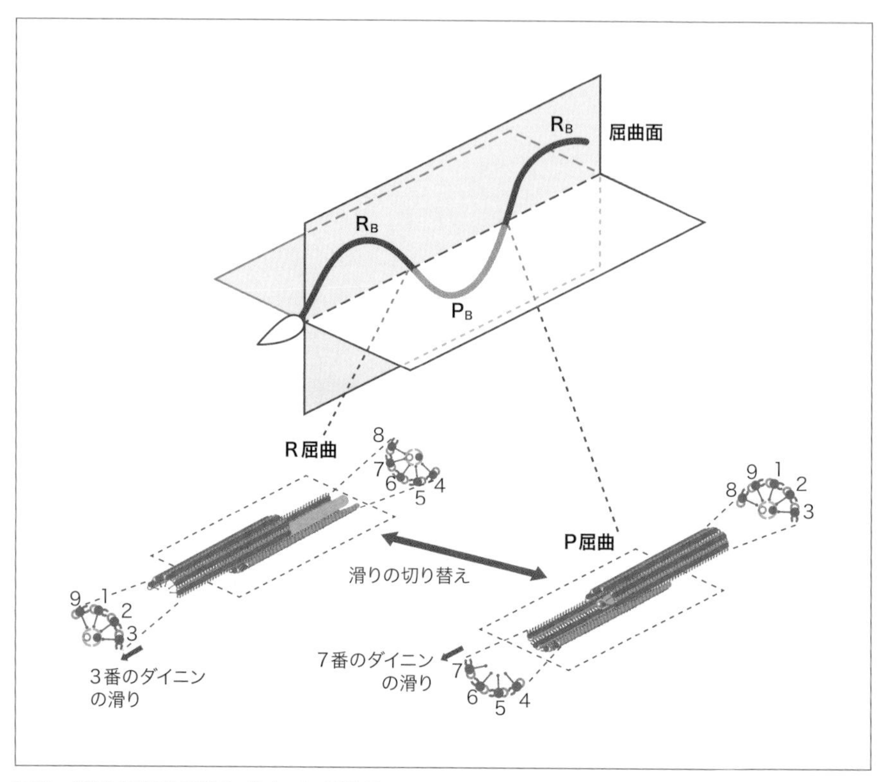

図8　精子の鞭毛運動とダイニンの滑り

P屈曲とR屈曲はそれぞれ7番と3番のダブレット微小管上のダイニンの滑りにより起こる．

（Hayashi & Shingyoji[5] より改写）

る．運動能が低下すると，前進運動が緩慢となり，旋回状または1ヵ所にとどまって振り子状の運動を示すようになる．精子の運動は，解糖や呼吸によって中片部のミトコンドリア鞘でつくられたアデノシン3リン酸（ATP）が鞭毛へ運ばれ，ダイニンのもつATPアーゼによって脱リン酸化されて，隣接するダブレット微小管のあいだで滑りが起こり，**精子の鞭毛運動**が生じる．しかし，これだけで波を打たせて遊泳する精子の鞭毛運動（P屈曲とR屈曲運動）を説明するのは不十分である．ウニ精子を用いた研究から興味深い知見が得られている[5]．すなわち，「9＋2」構造のダブレット微小管の7番と3番上にあるダイニンの滑りが切り替わることで，**P屈曲**と**R屈曲**が起こる（**図8**）．このとき，3番のダブレット微小管上のダイニンの活性化がR屈曲を，7番のダブレット上のダイニンの活性化がP屈曲をもたらす．精子の活発な前進運動は，雌性生殖道に入った後も維持される．受精能獲得の過程を経て受精する直前になると，振幅の大きなハイパーアクチベーションとよばれる運動に変化する．

4）精液，精漿の化学性状

家畜の精液は，その性状から，ウシやヒツジなどの反芻類のグループと，ブタ，ウマのグループに大別される．精子の形態は，これらの両者で大きなちがいはないが，精漿の化学組成，精子の生理，生化学的性状については，2グループ間で差がみられるものが多い．前者は，後者に比べ射精が瞬間的で，精液量は少なく，精子濃度が高い．pHがやや低く，比重が高いことも反芻類の特徴である．

精漿はおもに精嚢腺，前立腺，尿道球腺などの副生殖腺の分泌液から構成され，精子輸送のほか，精子活力の増進，精子のエネルギー生産のための代謝基質の供給など，射出後の精子の生理に重要である．血漿成分と比較すると，浸透圧は同じであるが，化学組成にちがいがみられる．とくに，フラクトース，ソルビトール，イノシトールなどの糖類，クエン酸，グリセロリン酸コリン（GPC），エルゴチオネインなどの血液中でほとんど見いだされない成分が精漿中には含まれる（**表1**）．**フラクトース**は精嚢腺に由来する精漿中の代表的な糖で，精子の主要なエネルギー基質の1つである．精子内でヘキソキナーゼによってリン酸化され，解糖系に入って代謝される（**図9**）．フラクトースは，ウシ，ヒツジなどの反芻類の精液に多く，ブタやウマでは少ない．ソルビトールやイノシトールも精嚢腺由来のおもな糖類である．**ソルビトール**は反芻類の精漿で高く，イノシトールはブタでとくに高い．ソルビトールは酸化によりフラクトースに変換され，精子のエネルギー基質として利用される（**図9**）．クエン酸は精嚢腺由来の有機酸で，反芻類の精漿で高く，ウマでは著しく低い．**グリセロリン酸コリン（GPC）**とエルゴチオネインは，精漿のおもな非蛋白窒素化合物である．GPCはおもに精巣上体に由来し，反芻類の精漿で高く，ブタやウマでは低い．GPC自体は直接精子に利用されないが，卵管や子宮液に含まれるGPCジエステラーゼにより分解され，グリセロールとなって精子の基質代謝に使われる（**図9**）．エルゴチオネインは，ブタとウマの精漿に存在し，強力な還元作用によって精子を保護している．ブタでは精嚢腺，ウマでは精管膨大部に由来する．無機イオンは，浸透圧の維持や精子の緩衝作用に関与するとみられているが，K^+，Ca^{2+}，重炭酸などのイオンは精子の運動を調節している．精漿中には，ホスファチジルコリンやコリンプラズマ

表1　精漿の化学組成

成分	ウシ	ヒツジ	ブタ	ウマ	ヒト
フラクトース(mg/dL)	300～1,000	150～660	9	<1	40～600
ソルビトール（mg/dL）	10～136	26～120	8	20～60	10
イノシトール(mg/dL)	24～46	10～15	500	19～47	54～63
クエン酸(mg/dL)	350～1,000	300～800	170	10～50	100～1,400
グリセロリン酸コリン（GPC）（mg/dL）	110～500	1,600～2,000	110	38～113	54～90
エルゴチオネイン（mg/dL）	0	0	15	4～16	0
Na（mg/dL）	150～370	180	580	257	100～200
K（mg/dL）	50～380	90	180	103	55～110
Ca（mg/dL）	24～60	9	6	26	20～28
Mg（mg/dL）	8	6	6	9	3～12
Cl（mg/dL）	150～390	180	300	80～400	100～200
重炭酸塩	16	16	50	25	18
蛋白質(g/dL)	6.8	5	3.7	1	

（Mann & Lutwak-Mann[9]，正木[10]より抜粋）

ロジェンなど**コリン性リン脂質**が多く存在する．これらはそのままの型では精子に利用されないが，ウシでは精漿中に含まれるホスフォリパーゼAの作用によって脂肪酸が遊離され，これを精子が呼吸基質として利用している．精漿には，おもに精嚢腺に由来する蛋白質が豊富に含まれているが，その多くは機能が明らかでない．これまでに，精子の受精能力に対し抑制的にはたらく因子（受精能抑制因子）の存在が考えられてきた．分解酵素や代謝酵素，ホルモンを含めた生理活性蛋白質なども見いだされている．たとえば，分解酵素として酸性およびアルカリホスファターゼ，蛋白分解酵素，ヌクレアーゼなどが知られている．ホルモンを含めた生理活性蛋白質としてZn結合蛋白質，精子前進運動蛋白質，塩基性蛋白質，精子頭部間凝集因子，インヒビン，リラキシン，プロラクチンなどが見いだされており，これらは精子の細胞膜に結合して精子生理に影響を及ぼす可能性が示されてきている．

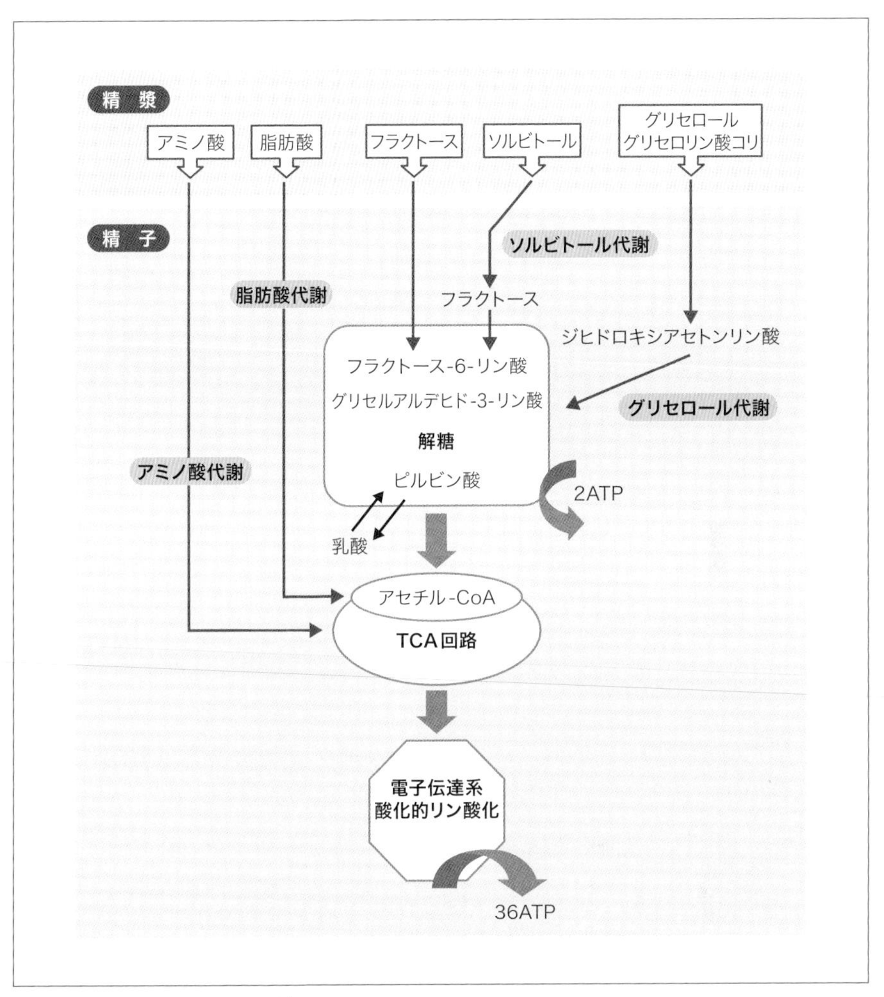

図9　精子のエネルギー代謝[7)]

5）精子の代謝

精子の代謝は**解糖**（glycolysis）と**呼吸**（respiration）に依存している．それらの基質としては，フラクトース，ソルビトール，グリセロール，グリセロリン酸コリン，脂肪酸，アミノ酸などがあげられる（**図9**）．ミトコンドリア鞘に含まれるコリンプラズマローゲンも内在基質として利用され，好気的条件下で酸化分解されて脂肪酸として利用される．精液中の糖はほとんどフラクトースのため，精子の解糖はエムデン－マ

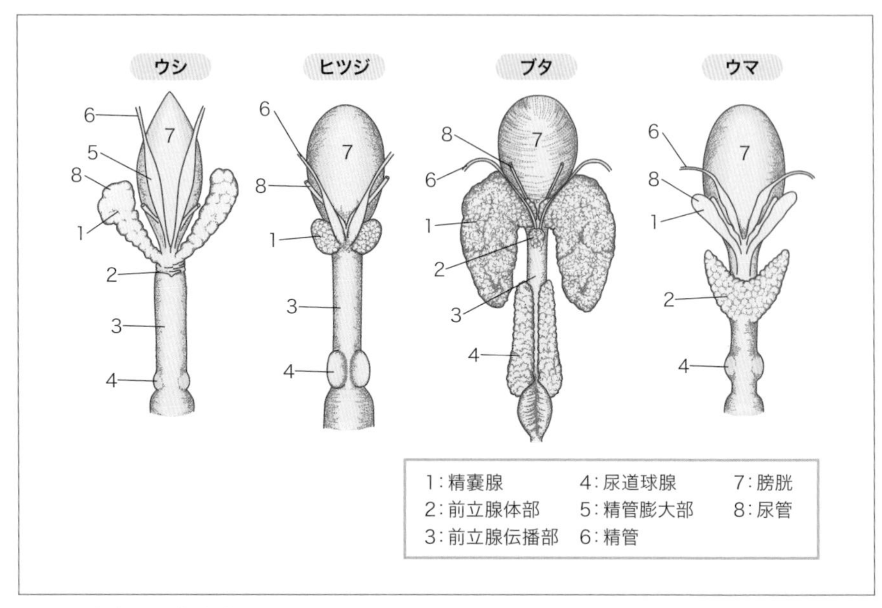

図10　家畜の副生殖腺

（高坂[8]，Setchell[15] より改写）

イヤーホーフ経路を通る**フラクトース分解**（fructolysis）により，ATPを産生する．酸素の存在下では，呼吸によってエネルギーを生産する．精子の呼吸は，一般の動物組織と同様に，TCA回路と電子伝達系によってATPを生産する．解糖ではフラクトース1分子から2分子のATPがつくられるのに対して，呼吸ではフラクトース1分子から38分子のATPが生産される．精子の代謝にはさまざまな因子が影響を及ぼす．温度，光，酸素，二酸化炭素，pH，イオン，浸透圧，各種化学物質などが要因となる．

3-5. 副生殖腺

副生殖腺は，精嚢腺，前立腺，尿道球腺からなり（**図10**），構造的には複合管状胞状腺である．副生殖腺液は，射精の際に精子の輸送を容易にするほか，精子生理に影響を及ぼす種々の物質が含まれている．**精嚢腺**は，家畜ではよく発達しているが，イヌ，ネコにはない．内部は腺胞が複数集まってできた小葉と導管からなり，小葉と小葉の間隙を平滑筋層が埋めている．腺胞は不規則なヒダ状構造をとり，一層の分泌上皮細胞が内腔を裏打ちしている．分泌液は腺胞内に貯留され，導管を通り，尿道に放出される．精嚢腺液は白色または黄色を呈し，精漿のおもな成分となる．フラクトース，ソルビトール，イノシトール，グリセロリン酸コリン（GPC）など精子の代謝基質となる特異的な成分が含まれている．また，蛋白質が豊富で，代謝酵素やホルモンを含めた生理活性蛋白質も見いだされている．**前立腺**は，尿道の上端に位置する体部と，尿道骨盤部に分布する伝播部からなる．伝播部は尿道を囲んで分布し，その外側を尿道筋が包んでいるため，表面からは観察できない．家畜の場合，ヒツジ，ヤギには体部がなく，ウマは伝播部を欠いている．前立腺の内部構造は，基本的に精嚢腺と同じであるが，腺胞は小さく丸みをおびている．家畜では前立腺の機能はよくわかっていない．前立腺の発達したヒトでは，前立腺液は弱酸性の薄い乳様色で，酸性ホスファターゼ，亜鉛を含み，尿道球腺液とともに，射精に際して尿道を洗浄する役割をもつ．**尿道球腺**は**カウパー腺**（Cowper's gland）ともよばれる．ブタ以外の家畜では球状を呈し，尿道骨盤部の尾端付近にあり，横紋筋の尿道海綿体筋で覆われている．ブタは円筒状で尿道を覆うように付着している．内部構造は基本的に前立腺と同じであるが，緻密である．尿道球腺液は，ブタ以外の家畜では少量である．ブタでは精液の15～20%を占め，膠（こう）様物の源となる粘稠物質を含んでいる．ヤギの尿道球腺液も粘稠で，卵黄凝固因子が含まれている．

高坂　哲也（こうさか　てつや）

[参考文献]

1) Agoulnik, A. I. (2007): Relaxin and related peptides in male reproduction. *Adv. Exp. Med. Biol.*, 612: 49-64.
2) Bergman, R.A., Afifi, A.K., Heidger, P.M. (1996): Male reproductive system. In : Histology, pp. 304-319, W.B. Saunders Company, Philadelphia.
3) 藤本豊士，牛木辰男 監訳(2001)：カラーアトラス機能組織学，pp.339-358，南江堂，東京．
4) França, L.R., Cardoso, F.M. (1998): Duration of spermatogenesis and sperm transit time through the epidymis in the piau boar. *Tissue Cell*, 30: 573-582.
5) Hayashi, S., Shingyoji, C. (2008): Mechanism of flagellar oscillation-bending-induced switching of dynein activity in elastase-treated axonemes of sea urchin sperm. *J. Cell Sci.*, 121: 2833-2843.
6) Hutson, J.M, Hasthorpe, S., Heyns, C.F. (1997): Anatomical and functional aspects of

testicular descent and cryptorchidism. *Endocr. Rev.* , 18: 259-280.
7) 高坂哲也(2003)：雄の生殖．動物生殖学，佐藤英明 編，pp.41-67，朝倉書店，東京．
8) 高坂哲也 (2011)：雄の生殖器官と構造．新動物生殖学，佐藤英明 編，pp.13-20，朝倉書店，東京．
9) Mann, T., Lutwak-Mann, C. (1981): Biochemistry of seminal plasma and male accessory fluid. In: Male Reproductive Function and Semen (Mann, T., Lutwak-Mann, C., eds), Springer-Verlag, New York.
10) 正木淳二 (1992)：精液の生化学 . 精子学 (毛利英雄　監修，森沢正昭，星元紀 編), 東京大学出版会，東京．
11) Nishimune, Y., Tanaka, H. (2006) Infertility caused by polymorphisms or mutations in spermatogenesis-specific genes. *J. Androl.* , 27: 326-334.
12) Okwun, O.E., Igboeli, G., Ford, J.J., *et al.* (1996): Number and function of Sertoli cells, number and yield of spermatogonia, and daily sperm production in three breeds of boar. *J. Reprod. Fert.* , 107: 137-149.
13) Russell, L.D., Ettlin, R.A., Shinha-Hikim A.P., *et al.* (1990): The classification and timing of spermatogenesis. In : Histological and histopathological evaluation of the testis, (Russell, L.D., Ettlin, R.A., Shinha-Hikim A.P., Clegg, E.D. eds), pp. 41-58, Cache River Press, USA.
14) Setchell, B.P. (1977): Spermatogenesis and spermatozoa. In : Reproduction in mammals, 1. Germ cells and Fertilization, 2nd ed, (Austin, C.R., Short, R.V., eds), pp.63-101, Cambridge University Press, Cambridge.
15) Setchell, B.P. (1991): Reproduction in Domestic Animals 4th ed. (Cupps, P.T. ed.), pp.221-249, Academic Press, New York.
16) Sorensen, Jr. A.M. (1979): Animal Reproduction principles and Practices, pp.31-58, McGraw-Hill, New York.
17) White, I.G. (1976) :Reproduction in the Male. In: Veterinary Physiology (Phillis, J.W.,ed), pp.671-720, The Pitman Press, Bath.

[参考図書]

・ホルモンハンドブック 新訂 eBook 版，日本比較内分泌学会編，南江堂，東京．
・Schillo K.K.：スキッロ　動物生殖生理学（佐々田比呂志，高坂哲也，橋爪一善 他 訳)，講談社，東京．
・Knobil and Neill' s Physiology of Reproduction (Third Edition) (Neill J.D. *et al* . eds), 2006, Elsevier Inc., Amsterdam.

第3章

繁殖を支配する内分泌系

1. 神経内分泌系とは
2. 視床下部および下垂体ホルモン
3. 性腺ホルモン
4. 子宮と胎盤のホルモン・生理活性物質
5. 生殖内分泌系の機能

1 神経内分泌系とは

はじめに

繁殖機能というと，ともすれば卵巣や精巣などの性腺や副生殖器を思い浮かべがちである．しかし，これら末梢の生殖器官を制御し，その機能が正しい時期に発現するようコントロールしているのは，脳を中心とする神経系とその支配下にある内分泌系である．神経系と内分泌系のはたらきの中心をなすのが視床下部－下垂体－性腺軸（hypothalamic-pituitary-gonadal〈HPG〉axis）とよばれる機能的なユニットであり，本章の中核となる概念である．HPG軸は1つのまとまった器官をなしているわけではなく，脳から生殖器官，あるいは生殖器官から脳へと情報を伝達するためのシステムであり，いわば生殖機能を動かすためのソフトウェアであるといえる．

1-1．視床下部ホルモンの発見

1940年代，当時ケンブリッジ大学に在籍していたGeoffrey Harrisはラットを用いて実験を進めるうちに，**下垂体**（pituitary）の機能は神経により支配されているが神経線維の支配は受けていないことに気づき始めた．たまたま，そのときルーマニアのPopaがケンブリッジを訪ねており，**下垂体門脈系**（hypophyseal portal system）とよばれる血管系の存在を知った．Harrisらは，この血管系が動物種を超えて存在していること，またこの血管系を介して**視床下部**（hypothalamus）から下垂体前葉に向かって血液が流れていることを発見し（後に逆方向の血流があることも確認されている），視床下部が下垂体前葉の機能を調節していることを確信した．さらに，下垂体柄の切断や下垂体前葉の移植などのきわめて精密な手術を駆使することによって，視床下部からはある種の「因子」が放出されており，これらの「因子」が下垂体門脈を通って運ばれ，下垂体前葉からのホルモン分泌を制御しているという事実を確固たるものとした．この「因子」とは，現在，視床下部ホルモンとよばれている一連の神経ペプチドである．Harrisはその当時のあらゆる情報と自身の実験結果から，これら「因子」の存在を予言したのである．この予言は，性腺や甲状腺，副腎皮質など生存に欠かせない内分泌腺の機能が，脳によって分泌されるなんらかの物質によって支配されていることをはじめて示したものであり，内分泌学に大きな転換をもたらし，神経系と内分泌系のつながりを研究する学問「**神経内分泌学**（neuroendocrinology）」のもととなった．

このHarrisの予言にしたがって，2人の研究者が視床下部「因子」の単離にとりかかった．果敢な挑戦である．米国のRoger Guilleminらのグループはヒツジの視床下部を，同じく米国のAndrew V. Schallyらのグループはブタの視床下部を用い，視床下部ホルモンの発見をめぐって壮絶な戦いを展開した．その結果，ごく短期間のうちに**性腺刺激ホルモン放出ホルモン**（gonadotropin releasing hormone：GnRH）をはじめとする数々の視床下部因子が単離され，この一群のペプチドは視床下部ホルモンとよばれるようになった．現在では遺伝子工学の技術により，発現している遺伝子を特定することでペプチドを合成し，その生理活性をみると，わずか数個体分の組織からでも純品を得ることができる．しかし，1970年前後は内分泌学や生化学の黎明期でもあり，測定法も開発途上であった．このような時代に，視床下部中にほんの微量しか存在しないペプチドを分離するためには，ヒツジやブタの視床下部が数十万頭分必要であった．GuilleminとSchallyはこれら視床下部ホルモンの発見により，1977年のノーベル生理学・医学賞を同時に受賞した．まさに同じ年，この2人とノーベル生理学・医学賞を分け合ったのが米国のRosalyn S. Yalowで，彼女はインスリンの自己抗体をもつ患者における研究から発展し，血中に流れる微量なホルモンの濃度をホルモン特異的抗体により測定する技術，**ラジオイムノアッセイ**（radioimmunoassay）を発明した．ホルモンの微量測定法の開発とその測定法を用いた視床下部ホルモンの単離という2つのエポックメイキングな研究により，1977年は，新たな学問「神経内分泌学」にとって，実に記念すべき年となったのである．GuilleminとSchallyの因縁の対決については成書に詳しい．真理の探究という科学の神聖な活動といえども，競争というきわめて人間的な要素が推進力になっていることが興味深い．

1-2. 神経ペプチドの発見

視床下部ホルモンの発見により，HPG軸という機能的なシステムの実体が示された．視床下部や下垂体，性腺という各臓器から分泌される物質のほとんどが解明されたことで，繁殖という現象がどのように制御されているかを具体的に考えられるようになった．神経科学の発達により，視床下部ホルモンの分泌をさらに上位でコントロールしている神経伝達物質や神経ペプチドが数多く発見された．

その一方で謎は深まる．それらの物質は実際，お互いをどのように制御しているのか？　**エストロジェン**（estrogen）の正や負のフィードバック制御の実体は何だ？エストロジェンという同じ物質がなぜ逆のはたらきをするのだろうか？　生殖内分泌学者を長年にわたり悩ませてきた謎が，2001年に発見された**キスペプチン**（kisspeptin）という神経ペプチドを糸口に解明されようとしている（本章のトピックの1つである）．

1-3．繁殖のメカニズムの解明

このように複雑な中枢による繁殖機能の制御メカニズムを知ることは，決して知的興味にはとどまらない．産業動物臨床にとってたいへん重要な課題を解決することになるのである．ヒトの臨床において，原発性無月経のうち視床下部性と思われるものは3割近くに達するという統計があるが，ヒトの臨床における不妊治療でこれら視床下部性のものは，残念ながら根本治療の対象ではない．生殖医療においてはホルモンの分泌異常を治療することよりも，人工妊娠技術を駆使した「治療」が主流である．すなわち，hCGやhMGのような**性腺刺激ホルモン**（gonadotropin）を用いて卵巣を直接刺激し，卵胞を成熟・排卵させ，未受精卵あるいは受精卵を採取する．この卵子を場合により体外受精させ，また子宮へと戻すのである．したがって，視床下部ホルモンや下垂体ホルモンに分泌異常があり，その結果不妊にいたっているとしても，なんら手を打っていないことになる．

一方，畜産分野では事情が異なる．高い能力をもった母ウシや母ブタは，何回でも妊娠させ産子をとる必要がある．したがって，不妊の個体に対しては1回かぎりの人工妊娠ではなく，なぜ**繁殖障害**（reproductive disorders）が起きているのか，その繁殖機能をつかさどるメカニズムに対する根本治療が必要となる．このような根本治療にとって，繁殖の中枢メカニズムを解明することは必須である．メカニズムが明らかになってはじめて視床下部あるいは下垂体からのホルモン分泌異常の原因を追求できるからである．中枢メカニズムの異常に由来する繁殖障害は，たいがいの場合原因不明として処理されている．家畜を効率的に飼うためにも，これら繁殖障害の原因究明が必要である．

本章では，HPG軸の機能を中心に，そのなかではたらくホルモン分子の機能も含めて概述されている．それらホルモンの分泌を制御する機構はダイナミックで一見複雑であるが，その複雑さを楽しみながら学んでいただきたい．

前多　敬一郎（まえだ　けいいちろう）

[参考図書]

・ニコラス・ウェイド 著，丸山工作，林泉 訳（1992）：ノーベル賞の決闘（同時代ライブラリー），岩波書店，東京．
・Raisman G.（1997）：An urge to explain the incomprehensible: Geoffrey Harris and the discovery of the neural control of the pituitary gland. *Annu. Rev. Neurosci.*, 20: 533-566.

2 視床下部および下垂体ホルモン

はじめに

家畜を含む哺乳動物の繁殖機能は，**視床下部－下垂体－性腺軸**（hypothalamic-pituitary-gonadal〈HPG〉axis）とよばれる調節系によって精密に制御されている．繁殖に影響を及ぼすさまざまな因子に由来する情報は視床下部において統合され，視床下部ホルモンという液性情報（ホルモン）に変換される．視床下部ホルモンは，脳の底部に存在する正中隆起に投射する視床下部の**神経内分泌ニューロン**（neuroendocrine neuron）の軸索末端から**下垂体門脈系**（hypophyseal portal system）という特殊な血管系に放出され，**下垂体前葉**（anterior pituitary）に到達する．視床下部ホルモンは下垂体前葉ホルモンの合成や分泌を調節し，その作用によって正常な繁殖活動が維持される．そのため，視床下部ホルモンはその作用に基づいて命名されている．しかし，研究が進むにつれて，本来の作用以外の多様な生理作用，たとえば，視床下部－下垂体系以外の器官における作用も明らかにされつつある．また，視床下部には**下垂体後葉**（posterior pituitary）に直接投射する軸索末端からホルモンを分泌する神経内分泌ニューロンも存在する．

視床下部ホルモン以外にも，視床下部に存在するニューロンによって合成され，近隣のニューロンの機能を調節して繁殖活動に影響を及ぼす生理活性物質が存在する．その多くはポリペプチドであり，多様な生理活性をもつ．

本項では，繁殖の調節に関連する視床下部ホルモン，下垂体ホルモン，生理活性物質を中心に，その構造，受容体，生理作用について網羅的にまとめる．

2-1. 視床下部ホルモン

視床下部には，中枢神経系によって統合された情報をホルモンに変換する「神経内分泌ニューロン」が存在する．神経内分泌ニューロンは視床下部ホルモンを合成・分泌し，下垂体前葉ホルモンの合成・分泌を調節する．主要な視床下部ホルモンには，**性腺刺激ホルモン放出ホルモン**（gonadotropin releasing hormone：GnRH），**甲状腺刺激ホルモン放出ホルモン**（thyrotropin releasing hormone：TRH），**副腎皮質刺激ホルモン放**

GnRH1（哺乳類）	pGlu-His-Trp-Ser-Tyr-Gly-Leu-Arg-Pro-Gly-NH_2
GnRH1（モルモット）	pGlu-Tyr-Trp-Ser-Tyr-Gly-Val-Arg-Pro-Gly-NH_2
GnRH1（ニワトリ）	pGlu-His-Trp-Ser-Tyr-Gly-Leu-Gln-Pro-Gly-NH_2
GnRH1（カエル）	pGlu-His-Trp-Ser-Tyr-Gly-Leu-Trp-Pro-Gly-NH_2
GnRH1（タイ）	pGlu-His-Trp-Ser-Tyr-Gly-Leu-Ser-Pro-Gly-NH_2
GnRH1（メダカ）	pGlu-His-Trp-Ser-Phe-Gly-Leu-Ser-Pro-Gly-NH_2
GnRH2	pGlu-His-Trp-Ser-His-Gly-Trp-Tyr-Pro-Gly-NH_2
GnRH3	pGlu-His-Trp-Ser-Tyr-Gly-Trp-Leu-Pro-Gly-NH_2

図1　各種GnRHのアミノ酸配列
網かけ部分は哺乳類のGnRH1と異なるアミノ酸を示す.
pGlu：ピログルタミン酸.

出ホルモン（corticotropin-releasing hormone：CRH），**成長ホルモン放出ホルモン**（growth hormone releasing hormone：GHRH），**ソマトスタチン**（somatostatin），**プロラクチン放出因子/プロラクチン放出抑制因子**（prolactin releasing factor / prolactin inhibiting factor：PRF/PIF）などがある.

1）GnRH

GnRHは，1971年にShally（米国・チューレーン大学）のグループがブタ視床下部から，また，Guillemin（米国・ソーク研究所）のグループがヒツジ視床下部からほぼ同時期に構造決定した．GnRHは10アミノ酸残基からなる単純ポリペプチドで，N末端のグルタミンがピログルタミル化されていること，また，C末端のグリシンがアミド化されていることが，多様な動物種にみられるGnRH分子に共通の特徴である（**図1**）．古くは黄体形成ホルモン放出ホルモン（luteinizing hormone-releasing hormone：LHRH）とよばれたが，**黄体形成ホルモン**（luteinizing hormone：LH）だけでなく，**卵胞刺激ホルモン**（follicle-stimulating hormone：FSH）の放出も促す作用があること，また，FSHを特異的に放出する因子が視床下部から単離同定されないことから，LHRHではなく，GnRHとよばれるようになった．脊椎動物のGnRHは，アミノ酸配列，脳内分布や生理機能のちがいから，GnRH1，GnRH2，GnRH3の3つのタイプに分けられている（**図1**）．多くの哺乳動物ではGnRH1およびGnRH2が確認されているが，ラット，マウスではGnRH2が欠損し，GnRH1のみが存在している．GnRH3は一部の魚類に確認できるだけである．GnRHの生合成は，**プレプロGnRH**（prepro-GnRH）という前駆体蛋白からプロセシングと酵素修飾を受けて行われる．前駆体蛋白には，GnRHニューロン神経終末の分泌顆粒中でGnRHと共在する，GnRH関連ペプチド（GnRH-associated peptide：GAP）が含まれる．

GnRH受容体は**G蛋白質共役型受容体**（G protein-coupled receptor）であり，哺乳類のGnRH受容体には1型，2型の2種類の受容体が確認されている．1型GnRH受容体はGnRH1に，2型GnRH受容体はGnRH2にそれぞれ高い親和性を示す．

哺乳類においてGnRH1を産生するニューロンは，発生当初には嗅上皮の原基である**鼻プラコード**（嗅板：olfactory placode）に存在し，発生とともに視床下部に移動することが知られている．視床下部内のGnRHニューロンの分布は，動物種によって異なる．多くの哺乳類では，GnRHニューロンの細胞体は**視索前野**（preoptic area），**中隔野**（septum），**前視床下野**（anterior hypothalamic area）など，視床下部の前方領域に多く存在し，正中隆起に軸索を投射する．霊長類では，GnRHニューロンの細胞体は**弓状核**（arcuate nucleus）を中心とする**視床下部内側基底部**（mediobasal hypothalamus）に多く存在している．

a．生理作用

GnRHの主要な生理作用は，下垂体の性腺刺激ホルモン産生細胞に作用して，LHやFSHなど**性腺刺激ホルモン**（gonadotropin：GTH）の合成と分泌を促進することである．GnRHはGTH分泌を介して，雌では卵胞の発育と排卵を促し，雄では精子形成を刺激する．雌における卵胞発育は，GnRHの**パルス状放出**（pulsatile release）により，また，排卵はGnRHの**サージ状放出**（surge）により促される．哺乳類では，GnRHが卵巣，精巣，胎盤，乳腺など，脳以外の組織において発現し，さまざまな生理作用をもつ．

2）TRH

TRHは，1969年にShallyおよびGuilleminのグループにより，それぞれブタおよびヒツジ視床下部抽出物から精製，構造決定された．TRHは3アミノ酸残基からなるポリペプチドで，N末端のグルタミンがピログルタミル化されている（**図2**）．たった3つのアミノ酸残基からなるペプチドが，下垂体機能に対して生理活性を有する主要なホルモンであったことは驚きであった．TRHの構造に種差はない．TRHの生合

TRH	pGlu-His-Pro-NH_2

図2　TRHのアミノ酸配列

成は，**プレプロTRH**（prepro-TRH）という前駆体蛋白からプロセシングと酵素修飾を受けて行われる．

TRH受容体はG蛋白質共役型受容体であり，多くの動物種において，1型，2型の2種類のサブタイプが確認されている．1型，2型ともにTRHに対して高い親和性を示すが，それぞれのサブタイプの脳内分布は異なる．下垂体前葉において発現するのは1型TRH受容体である．

ラットの脳では，TRHを産生するニューロンは**視床下部室傍核**（hypothalamic paraventricular nucleus）の**小細胞性ニューロン**（parvicellular neuron）で，正中隆起に軸索を投射している．視床下部以外でも，嗅球，視床，大脳皮質，松果体，延髄迷走神経背側運動核などに広く分布している．

a．生理作用

TRHの主要な生理作用は，下垂体前葉における**甲状腺刺激ホルモン**（thyroid stimulating hormone：TSH）の合成と分泌促進である．また，TRHは下垂体前葉からの**プロラクチン**（prolactin：PRL），および，**成長ホルモン**（growth hormone：GH）の分泌を促進する作用がある．さらに，TRHは下垂体機能の調節だけでなく，脳内の広い領域で生理活性物質として作用し，血圧調節，体温調節，飲水行動，摂食行動などさまざまな生理機能の調節に関与することが報告されている．

3）CRH

CRHは，1981年にVale（米国・ソーク研究所）のグループにより，ヒツジ視床下部抽出物から単離精製され，構造決定された．CRHは41アミノ酸残基からなるペプチドホルモンで，C末端がアミド化されていることが，多様な動物種のCRH分子に共通してみられる特徴である（**図3**）．CRHのアミノ酸配列は，動物種間でよく保存されており，ラット，マウス，ウマ，イヌ，ヒトなどは同一の分子であり，ブタではラットなどと1つのアミノ酸残基が異なる．一方，反芻家畜であるウシではラットなどと8つ，ヒツジおよびヤギでは7つのアミノ酸残基が異なっている．CRHの生合成

ラット／ヒトなど*1	SEEPPISLDLTFHLLREVLEMARAEQLAQQAHSNRKLMEII-NH_2
ブタ	SEEPPISLDLTFHLLREVLEMARAEQLAQQAHSNRKLMEIF-NH_2
ウシ	SQEPPISLDLTFHLLREVLEMTKADQLAQQAHNNRKLLDIA-NH_2
ヒツジ／ヤギ	SQEPPISLDLTFHLLREVLEMTKADQLAQQAHSNRKLLDIA-NH_2

図3　各種CRHのアミノ酸配列
灰色部分はラット／ヒトCRHと異なるアミノ酸を示す.
*1：ラット，マウス，ウマ，イヌ，ヒトなどは同一の分子である.

は，前駆体蛋白である**プレプロCRH**（prepro-CRH）から**シグナルペプチド**（signal peptide）が除かれた**プロホルモン**（prohormone）から，プロセシングにより切り出される．CRHはプレプロCRHのC末端に相当する.

CRH受容体はG蛋白質共役型受容体であり，1型および2型の2種類のサブタイプが存在する．1型CRH受容体は下垂体前葉に存在し，CRHと高い親和性を示す．1型CRH受容体は，CRHによる**副腎皮質刺激ホルモン**（adrenocorticotropin：ACTH）の合成・分泌にかかわる受容体である．2型CRH受容体はCRHとの親和性は低く，CRH関連ペプチドに分類される，両生類のソーバジン，魚類のウロテンシン，哺乳類のウロコルチンと高い親和性をもつ．また，哺乳類では可溶性の分泌性糖蛋白質である**CRH結合蛋白質**（CRH-binding protein：CRH-BP）が存在する．CRH-BPはCRHに対して1型CRH受容体と同等あるいはより高い親和性をもち，非結合のCRH量を変化させることにより，受容体に結合するCRH量を調節していると考えられている.

哺乳類では，CRHを産生するニューロンは脳内に広く分布している．視床下部では，視床下部室傍核，視索上核，室周囲核，内側視索前野などに分布する．下垂体からのACTHの合成，放出に関与するCRHニューロンは，視床下部室傍核の**小細胞性ニューロン**（parvicellular neuron）であり，正中隆起外層に軸索を投射している.

a. 生理作用

CRHの主要な生理作用は，下垂体前葉におけるACTHの合成および分泌促進である．ACTHは副腎皮質に作用し，糖質コルチコイドの分泌を刺激する．この一連の機能系は**視床下部－下垂体－副腎軸**（hypothalamic-pituitary-adrenal〈HPA〉axis）とよばれ，動物の**ストレス**（stress）応答を調節する．動物の繁殖機能はストレス下では抑制されるが，CRHはそのストレス応答反応を仲介する．CRHは，ストレスに対する内

ヒト	YADAIFTNSYRKVLGQLSARKLLQDIMSRQQGESNQERGARARL-NH_2
ブタ	YADAIFTNSYRKVLGQLSARKLLQDIMSRQQGERNQEQGARVRL-NH_2
ウシ	YADAIFTNSYRKVLGQLSARKLLQDIMNRQQGERNQEQGAKVRL-NH_2
ヒツジ	YADAIFTNSYRKILGQLSARKLLQDIMNRQQGERNQEQGAKVRL-NH_2
ヤギ	YADAIFTNSYRKVLGQLSARKLLQDIMNRQQGERNQEQGAKVRL-NH_2
ウマ	-ADAIFTNNYRKVLGQLSARKILQDIMSR----------------
ラット	HADAIFTSSYRRILGQLYARKLLHEIMNRQQGERNQEQRSRFN-
マウス	HVDAIFTTNYRKLLSQLYARKVIQDIMNKQQGERIQEQRARLS-
ハムスター	YADAIFTSSYRKVLGQLSARKLLQDIMSRQQGERNQEQGPRVRL

図4　各種GHRHのアミノ酸配列
灰色部分はヒトGHRHと異なるアミノ酸を示す.

分泌系の調節だけでなく，自律神経系および免疫系を統合的に調節する重要な因子である．また，CRHは脳内で生理活性物質として作用し，**性行動**（sexual behavior），摂食行動の制御や，視床下部室傍核，青斑核，延髄孤束核，海馬などにおいて，神経伝達を興奮性に修飾する作用をもつ.

4）GHRH

GHRHは，1982年にGuilleminのグループにより，ヒト膵臓の腫瘍組織から単離，構造決定された．GHRHはヒトや家畜（ブタ，ウシ，ヒツジ，ヤギ）では，44アミノ酸残基からなるペプチドホルモンでC末端がアミド化されているが，ほかの多くの動物種ではアミド化されていない．ラット，マウスのGHRHは43アミノ酸残基からなる．GHRHのアミノ酸配列は，動物種間の変異が大きい（**図4**）．GHRHの構造はセクレチン，グルカゴン，血管作動性腸管ポリペプチド（vasoactive intestinal polypeptide：VIP）などのホルモンと似ており，遺伝子スーパーファミリーを形成している．GHRHの生合成は，前駆体蛋白からシグナルペプチドが除かれたのち，N末端およびC末端が酵素的プロセシングを受けて生成される.

GHRH受容体はG蛋白質共役型受容体であり，VIP受容体と近縁の構造をしている．ラットでは，第3番目の細胞内ループに41アミノ酸残基の挿入があるスプライシング変異体（ロングフォームGHRH受容体）が確認されている．ロングフォーム

哺乳類ソマトスタチン	SANSNPAMAPRERKAGCKNFFWKTFTSC

図5　哺乳類ソマトスタチンのアミノ酸配列
下線部分はソマトスタチン14を示す.

GHRH受容体はGHRHとの結合能はあるが，細胞内**セカンドメッセンジャー**（second messenger）系へのシグナル伝達をしないため，GHRHの生理作用発現を受容体レベルで調節している可能性がある.

ラットでは，GHRHを産生するニューロンは視床下部弓状核に豊富に存在している．弓状核以外では，視床下部外側底部や視床下部腹内側核外側にみられるが，数は少なく，また，視床下部以外の脳内では見出されていない．末梢臓器では，精巣，卵巣，胎盤，膵臓，消化管などで確認されている.

a. 生理作用

GHRHは正中隆起において下垂体門脈血中に放出されて，下垂体前葉の成長ホルモン産生細胞に作用し，GHの合成と分泌を促進する.

5）ソマトスタチン

ソマトスタチンは，1973年にGuilleminのグループにより，ヒツジ視床下部抽出物から単離，構造決定された．当初は14アミノ酸残基からなるペプチド（ソマトスタチン14）として同定されたが，1980年に，ほかの研究グループも含めた研究により，ヒツジ，ブタおよびラット視床下部から，N末端側に14アミノ酸残基延長したペプチド（ソマトスタチン28）が単離され，構造決定された（**図5**）．ソマトスタチン14のアミノ酸配列は哺乳類では同一である．ソマトスタチン14分子は，C末端側1位と12位のシステイン間で**ジスルフィド結合**（disulfide bond）を有する二次構造をしている．ソマトスタチンの生合成は，前駆体蛋白からプロセシングを受けて行われる.

ソマトスタチン受容体はG蛋白質共役型受容体であり，哺乳類ではSst1からSst5まで，5種類のサブタイプが確認されている．それぞれのサブタイプで組織分布は異なる.

ソマトスタチンを産生するニューロンは視床下部の室周囲核，弓状核，視交叉上核，腹内側核などに存在する．ソマトスタチンニューロンの神経線維は正中隆起外層に多く存在している．視床下部以外では大脳皮質，小脳，脳幹，交感神経節，迷走神経などに広く分布している．また，消化管，膵臓ランゲルハンス島D細胞，網膜などにもソマトスタチンは存在する．

a．生理作用

ソマトスタチンは非常に多様な生理作用を有する．視床下部におけるおもな作用は，GHRH分泌の抑制作用である．このほか，下垂体に直接作用してGHおよびTSH分泌を抑制し，膵臓ではインスリン，グルカゴン分泌の抑制作用も有する．また，中枢神経系では，さまざまな神経伝達物質放出の抑制作用をもつ．ソマトスタチンによるGHRH分泌の抑制作用は，弓状核GHRHニューロンに存在するソマトスタチン受容体（Sst1およびSst2）を介して，GHRHの放出を直接的に抑制することによるものと考えられている．

6）PRF/PIF

下垂体前葉からのPRL分泌を一義的に刺激する視床下部ホルモン，すなわちPRL放出因子（PRF）はこれまでのところ同定されていない．PRL分泌を刺激する作用をもつ視床下部性の因子としては，PRL以外のホルモン分泌調節作用をもつものが多い．例として，TRH，オキシトシン，セロトニン，サブスタンスP，アルギニンバソプレシン，下垂体アデニル酸シクラーゼ活性化ポリペプチド（pituitary adenylate cyclase-activating polypeptide：PACAP）などがあげられる．1998年にFujinoのグループにより，**プロラクチン放出ペプチド**（prolactin releasing peptide：PrRP）がPRL放出活性をもつ視床下部性の因子として同定されたが，哺乳類ではPrRPを産生するニューロンの軸索は正中隆起に投射しないことが明らかとなり，下垂体門脈を経由して下垂体ホルモン分泌を刺激する視床下部因子として認められるにいたっていない．哺乳類のPrRPは31アミノ酸残基からなるペプチド（PrRP31）と，そのうちのC末端側の20アミノ酸残基からなるペプチド（PrRP20）の2種類が存在する（**図6**）．

一方，下垂体前葉からのPRL分泌を一義的に抑制する視床下部ホルモン，すなわちPRL放出抑制因子（PIF）も同定されていない．下垂体からのPRL分泌は，視床下部由来の因子によって抑制的な制御を受けていることは古くから知られていた．その因子は脳内モノアミンとしてさまざまな生理活性をもつ**ドパミン**（dopamine）である

ヒト	SRTHRHSMEIRTPDINPAWYASRGIRPVGRF-NH_2
ウシ	SRAHQHSMEIRTPDINPAWYAGRGIRPVGRF-NH_2
ラット	SRAHQHSMETRTPDINPAWYTGRGIRPVGRF-NH_2

図6　各種PrRPのアミノ酸配列
灰色部分はヒトPrRPと異なるアミノ酸を示す．下線部分はPrRP20を示す．

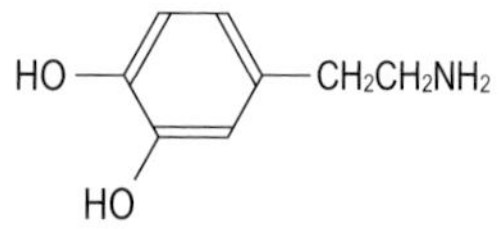

HO, HO, $CH_2CH_2NH_2$

図7　ドパミン

（**図7**）．PRL放出抑制作用をもつドパミンは，視床下部弓状核に存在するニューロンで産生され，正中隆起および漏斗部に投射する．これらのニューロンは，**隆起漏斗部ドパミン作働性ニューロン**（tuberoinfundibular dopaminergic［TIDA］ニューロン）とよばれる．

2-2. 生殖制御に関連する視床下部生理活性物質

1）キスペプチン

キスペプチン（kisspeptin）は，2001年にOhtakiのグループにより同定されたペプチドである．Ohtakiらは，ヒト胎盤組織を用いて，**オーファン受容体**（orphan receptor）として知られていたG蛋白質共役型受容体GPR54の内因性リガンドが，***KISS1*遺伝子**産物であることを同定した．*KISS1*遺伝子産物が腫瘍転移（metastasis）抑制作用を有することから，Ohtakiらはこの産物を当初メタスチンと名付けたが，強力なGnRH分泌促進作用をもつことから，現在では生殖を連想させる*KISS1*遺伝子由来のキスペプチンとよばれるようになった．キスペプチンは，ヒトでは54アミノ酸残基からなるペプチドで，C末端のフェニルアラニンがアミド化されている．ヒト以外の哺乳類のキスペプチンは，ラット，マウスでは52アミノ酸残基，ウシ，ヒツジ，ヤギなどでは53アミノ酸残基，ブタでは54アミノ酸残基からなり，C末端はアミド化されたチロシンである．キスペプチン分子はC末端側の10

ヒト	GTSLSPPPESSGSRQQPGLSAPHSRQIPAPQGAVLVQREKDLPNYNWNSFGLRF-NH_2
ブタ	GTSSCQPPESSSGPQRPGLCTPRSRLIPAPRGAVLVQREKDLSAYNWNSFGLRY-NH_2
ウシ	GAALCPP-ESSAGPQRLGPCAPRSRLIPSPRGAVLVQREKDVSAYNWNSFGLRY-NH_2
ヒツジ	GAALCPS-ESSAGPRQPGPCAPRSRLIPAPRGAALVQREKDVSAYNWNSFGLRY-NH_2
ヤギ	GAALCPS-ESSAGPRQPGPCAPRSRLIPAPRGAVLVQREKDVSAYNWNSFGLRY-NH_2
ラット	-TSPCPPVENPTGHQRP-PCATRSRLIPAPRGSVLVQREKDMSAYNWNSFGLRY-NH_2
マウス	-SSPCPPVEGPAGRQRP-LCASRSRLIPAPRGAVLVQREKDLSTYNWNSFGLRY-NH_2

図8　各種キスペプチンのアミノ酸配列
灰色部分はヒトキスペプチンと異なるアミノ酸を示す．下線部分はコアペプチド（キスペプチン10）を示す．

アミノ酸残基がコアペプチド（キスペプチン10）であり，ヒトを含む霊長類以外のほとんどの動物種で相同である（**図8**）．

キスペプチンを産生するニューロンは，多くの哺乳類では2つの主要な細胞集団が知られている．1つは視床下部前方の**視索前野**（preoptic area）や**前腹側室周囲核**（anteroventral periventricular nucleus：AVPV）とよばれる領域にあり，もう1つは視床下部弓状核に存在する．それぞれGnRHの分泌調節に重要なはたらきをすることが明らかになってきている．

2）性腺刺激ホルモン放出抑制ホルモン

性腺刺激ホルモン放出抑制ホルモン（gonadotropin-inhibitory hormone：GnIH）は，2000年にTsutsui（広島大学）のグループにより，ウズラ脳から同定された．GnIHは12アミノ酸残基からなるペプチドで，C末端側にRFアミド構造（アルギニン（R）－フェニルアラニン（F）－NH_2）を有する（**図9**）．GnIHは鳥類においてのみ存在が確認されており，哺乳類では**RFアミド関連ペプチド**（RFamide-relating peptide：RFRP）がGnIHの**ホモログ**（homologue）として知られている（**図9**）．GnIH受容体はG蛋白質共役型受容体GPR147である．GPR147は下垂体前葉の性腺刺激ホルモン産生細胞に発現している．また，GnRHニューロンにもその発現がみられる．

鳥類では，GnIHを産生するニューロンは視床下部室傍核に存在し，正中隆起に投射する．GnIHは，正中隆起の神経終末から下垂体門脈血中に放出され，下垂体前葉

ウズラ GnIH	SIKPSAYLPLRF-NH_2
ヒト RFRP-1	MPHSFANLPLRF-NH_2
ウシ RFRP-1	SLTFEEVKDWAPKIKMNKPVVNKMPPSAANLPLRF-NH_2
ヒツジ RFRP-1	SLTFEEVKDWGPKIKMNTPAVNKMPPSAANLPLRF-NH_2
ハムスター RFRP-1	SPAPANKVPHSAANLPLRF-NH_2
ラット RFRP-1	VPHSAANLPLRF-NH_2
マウス RFRP-1	VPHSAANLPLRF-NH_2
ヒト RFRP-2	SAGATANLPLRS-NH_2
ヒト RFRP-3	VPNLPQRF-NH_2
ウシ RFRP-3	AMAHLPLRLGKNREDSLSRWVPNLPQRF-NH_2
ヒツジ RFRP-3	VPNLPQRF-NH_2
ハムスター RFRP-3	ILSRVPSLPQRF-NH_2
ラット RFRP-3	ANMEAGTMSHFPSLPQRF-NH_2
マウス RFRP-3	NMEAGTRSHFPSLPQRF-NH_2

図9　GnIHおよび各種RFRPのアミノ酸配列

のGTH産生細胞に作用して，GTHの分泌を抑制する．また，視床下部のGnRHニューロンにも直接作用し，GnRH分泌の抑制を介してGTHの分泌を抑制することが知られている．哺乳類では，ラット，ヒツジなどにおいて，RFRPがLH分泌を抑制することが報告されている．

2-3. 下垂体前葉ホルモン

下垂体前葉で合成・分泌される主要なホルモンには，LH，FSH，PRL，TSH，GH，ACTHの6種がある．このうち，生殖に深く関係するホルモンは，**LH**，**FSH**，**PRL**である．LHとFSHは性腺活動の調節に直接的な役割を担っているため，性腺刺激ホルモン（GTH）とよばれる．ある種の動物では，**胎盤**（placenta）から性腺刺激ホルモン様の作用を有する蛋白質ホルモンが分泌されている．これらは**絨毛性性腺刺激ホルモン**（chorionic gonadotropin：CG）とよばれ，広義にはPRLおよびCGも加えてGTHとよぶことがある．

1) LH

LHは分子量約29,000の糖蛋白質ホルモンである．LHは1920年代に発見され，1970年代になって構造決定された．LHは，FSH，TSH，CGと同一の**αサブユニット**（α subunit）と，LHに特異的な**LH βサブユニット**（LH β subunit）が非共有結合したヘテロ**二量体**（dimer）で構成され，LHに特異的なホルモン活性はLH βサブユニットによって決定される．LH分子は糖鎖による修飾を受けており，この糖鎖構造はLHの生理活性の発現や血中濃度半減期に重要な役割を果たしている．LHは，1つの動物種においても異なった等電点をもつ複数の**アイソフォーム**（isoform）が存在する．その多くは中性からアルカリ性の等電点であるが，ウマでは酸性側の等電点をもつアイソフォームも存在する．等電点のちがいは，LH分子に付加されている糖鎖の分岐，シアル酸含量，糖鎖末端の硫酸化された糖鎖など糖鎖構造のちがいによって生じている．

LH受容体は7回膜貫通型のG蛋白質共役型受容体であり，約700アミノ酸残基から構成されている．このうちの約50 %に相当するN末端領域は非常に長い細胞外ドメインとして配置され，ホルモン結合ドメインとして機能し，ホルモンとの結合の特異性や親和性に重要な役割を担っている．LH受容体は，LHのみならずCGに対しても高い親和性を有する．LH受容体のシグナル伝達は，おもにGsとよばれるG蛋白質を介した経路により行われる．LH受容体がLHと結合すると**アデニル酸シクラーゼ**（adenylate cyclase）が活性化され，セカンドメッセンジャーである**環状AMP**（cyclic AMP：cAMP）の生成により**プロテインキナーゼA**（protein kinase A）の活性化が引き起こされる．LH受容体はおもに性腺に存在する．雌では卵巣の**内卵胞膜細胞**（theca interna cell）と**顆粒層細胞**（granulosa cell）および**黄体細胞**（luteal cell）に存在し，雄では精巣の**間質細胞**（interstitial cell）（**ライディヒ細胞**：Leydig cell）に発現する．

LHは，下垂体前葉に存在する好塩基性の**性腺刺激ホルモン産生細胞**（**ゴナドトロフ**：gonadotroph）で合成される．ゴナドトロフは下垂体前葉細胞総数の約10 %であり，ほとんどのゴナドトロフはLHとFSHの2つのGTHを合成・分泌する．LHはゴナドトロフ内の直径200 ～ 250 nmの分泌顆粒内につねに多量に貯蔵されている．LHの合成と分泌は，視床下部ホルモンであるGnRHと卵巣からの性ステロイドホルモンによって調節される．とくに，LHの合成と分泌促進には，GnRHパルス頻度が重要な役割を果たしている．

a. 生理作用

LHは，雌ではFSHと協同してはたらき，卵巣における卵胞の成熟と，エストロジェンの合成・分泌を促す．卵胞におけるエストロジェン合成機構においては，LHは内卵胞膜細胞に存在するLH受容体を介してアンドロジェンの合成を促す役割を担う．合成されたアンドロジェンを基質とする**アロマターゼ**（aromatase）活性は，顆粒層細胞に存在するFSH受容体を介してFSHにより刺激され，顆粒層細胞においてアンドロジェンからエストロジェンが生成される．卵胞が十分に成熟すると，**正のフィードバック作用**（positive feedback effect）によりLHの一過性の大量放出（**LHサージ**：LH-surge）が起こり，排卵を誘起し，顆粒層細胞の黄体化を促す．また，黄体細胞からのプロジェステロンの合成と分泌を促進する．雄では，ライディヒ細胞に作用し，細胞の分化と増殖を刺激してアンドロジェンの合成と分泌を促す．LHはこのアンドロジェンの作用により，間接的に精子形成を促進する．

2）FSH

FSHは分子量約25,000 ～ 41,000の糖蛋白質ホルモンである．FSHもLHと同様に1920年代に発見され，1970年代になって構造決定された．FSHは，LH，TSH，CGと同一のαサブユニットと，FSHに特異的な**FSHβサブユニット**（FSH β subunit）が非共有結合したヘテロ二量体で構成されている．LH同様に，FSHに特異的なホルモン活性はFSHβサブユニットによって決定される．FSH分子も糖鎖による修飾を受けており，この糖鎖構造がFSHのホルモン活性に重要な役割をもつ．FSHにはpH 3 ～ 5の酸性側の等電点をもつ複数のアイソフォームが存在し，これらの構成分子の種類や割合は動物種により異なっている．等電点のちがいは，FSH分子に付加されている糖鎖の分岐やシアル酸含量などの糖鎖構造のちがいにより生じる．

FSH受容体はG蛋白質共役型受容体であり，約650 ～ 700個のアミノ酸残基から構成されている．FSH受容体は，LH受容体と同様に約350アミノ酸残基からなる長い細胞外N末端領域をもち，この細胞外N末端領域がホルモン結合ドメインとして機能し，ホルモンとの結合の特異性や親和性に重要な役割を果たす．FSH受容体のシグナル伝達は，おもにG蛋白質Gsを介した経路により行われる．FSH受容体がホルモンと結合するとアデニル酸シクラーゼが活性化され，セカンドメッセンジャーであるcAMPが生成される．また，FSH受容体は百日咳毒素感受性のG蛋白質$G_{i/o}$と共役し，アデニル酸シクラーゼ活性を抑制する機能をもつことも報告されている．FSH受容体はおもに性腺に存在する．雌では卵巣の**顆粒層細胞**（granulosa cell）に存在し，雄では精巣の**セルトリ細胞**（Sertoli cell）に発現する．

FSHは，LH産生細胞でもある下垂体前葉の好塩基性細胞，ゴナドトロフで合成される．FSHは，LHと同様にゴナドトロフ内の直径200 ～ 250 nmの分泌顆粒内につねに貯蔵されている．FSHの合成と分泌は，視床下部ホルモンであるGnRHと卵巣からの性ステロイドホルモンによって調節される．これまでのところ，FSHの放出を特異的に促進するホルモン（FSH-RH）は視床下部から同定されていない．また，LHとは異なり，FSHの合成と分泌は性腺由来の**インヒビン**（inhibin），**アクチビン**（activin）および**フォリスタチン**（follistatin）によっても調節を受けている．インヒビンとアクチビンはウシやブタの卵胞液中から単離同定された糖蛋白質ホルモンで，インヒビンはFSHの合成と分泌を特異的に抑制し，アクチビンは逆にFSHの合成と分泌を促進する．同じく卵胞液中から単離されたフォリスタチンは，アクチビンに結合することでアクチビンの作用を抑制し，間接的にFSHの合成と分泌を抑制している．

a. 生理作用

FSHは，雌ではLHと協同してはたらき，卵巣における卵胞の発育と成熟の促進，およびエストロジェンの合成と分泌の促進を担う．FSHは卵胞に作用して顆粒層細胞の分裂と増殖を促し，**卵胞腔**（follicular antrum）の形成と卵胞液の貯留を刺激して卵胞を発育させる．また，FSHは顆粒層細胞におけるLH受容体数を増加させる．卵胞におけるエストロジェン合成機構においては，FSHは顆粒層細胞に存在するFSH受容体を介して顆粒層細胞におけるアロマターゼを活性化し，LH刺激によって内卵胞膜細胞において合成されたアンドロジェンを基質としてエストロジェンの生成を促す．雄では，セルトリ細胞に作用して精子形成を促進し，精細管の発育を促して精巣を発達させる．また，セルトリ細胞においてアンドロジェンに高い親和性を示す**アンドロジェン結合蛋白質**（androgen-binding protein）の合成と分泌を刺激する．FSH刺激により分泌されたアンドロジェン結合蛋白質は，精細管内腔にアンドロジェンを高濃度に維持する作用をもち，アンドロジェン依存性の精細管上皮の機能維持にかかわる．

3) プロラクチン

PRLは分子量約23,000の単純蛋白質ホルモンである．PRLは1920年代に発見され，1969年に最初の構造決定がされた．多くの哺乳類では，PRLは199アミノ酸残基からなり，N末端，分子中央，C末端の3ヵ所にあるジスルフィド結合によってPRL分子の立体構造が保持されている．ラットおよびマウスのPRLは197アミノ酸残基からなる．「プロラクチン」の名は，ウサギにおいて乳汁分泌を促進したこと，また，ハトにおいて素嚢を発育させて**素嚢乳（クロップミルク：crop milk）**の産生を促すことに由来する．ハトの素嚢に対する作用はきわめて特異的であることから，**ラジオイムノアッセイ（radioimmunoassay）**が普及するまでPRLの**バイオアッセイ法（bioassay）**として広く用いられた．

PRL受容体は，1本鎖のポリペプチドで，1ヵ所の膜貫通領域を有している．PRL受容体は細胞内ドメインの長さの異なるアイソフォームが存在し，細胞内ドメインの長いタイプ（ロングフォーム）と，細胞内ドメインのほとんどを欠損した分子量が約半分のタイプ（ショートフォーム）の2つのタイプがある．ロングフォームPRL受容体は，細胞内ドメインに自己リン酸化部位をもつサイトカイン受容体スーパーファミリーに分類される．PRLが受容体に結合すると二量体を形成し，細胞内ドメインの自己リン酸化とJanus kinase 2（JAK2）のリン酸化を起点とする細胞内情報伝達系が作動することによってPRLの作用が発現する．ショートフォームPRL受容体の情報伝達系およびそのはたらきの詳細は不明である．PRL受容体は，黄体や乳腺上皮細胞をはじめとして，さまざまな組織や細胞に広く分布しており，PRLの広範な生理作用の発現を仲介している．

PRLは下垂体前葉に存在する好酸性の**PRL産生細胞（ラクトトロフ：lactotroph）**で合成される．ラクトトロフは下垂体前葉細胞総数の15～25％であり，妊娠期や泌乳期には細胞数が増加することが知られている．下垂体前葉からのPRLの分泌は，前述したようにドパミンによる抑制的な制御を受けている．PRL分泌を刺激する作用をもつ因子としては，TRH，オキシトシン，セロトニン，サブスタンスP，アルギニンバソプレシン，PACAP，PrRPなどがある．また，エストロジェンによって分泌が刺激され，授乳，性的刺激，運動，睡眠，ストレスなどによっても分泌が促進される．下垂体前葉以外のPRL発現は，視床下部などの中枢神経系，免疫系組織，胎盤，子宮，乳腺，腸などでみられる．

a. 生理作用

PRLは，水・電解質代謝，成長・発生，エネルギー代謝，行動，生殖，免疫など広範な生理現象において作用するが，その様式には動物種による差違が大きいことが知られている．生殖にかかわる作用としては，まず乳腺におけるはたらきがあげられる．PRLは乳腺の発育を促し，乳腺上皮細胞における乳汁の産生と分泌を刺激するが，その作用はエストロジェン，プロジェステロン，成長ホルモン，甲状腺ホルモン，副腎皮質ホルモン，インスリンなど多くのホルモンとの**協同作用**（synergistic action）である．乳汁分泌の維持に関しては，PRLのはたらきは動物種によって異なり，ヒト，ウサギ，ラット，ヒツジなどではPRLへの依存度が高く，乳汁分泌の維持に不可欠であるが，ウシ，ヤギなどでは乳汁分泌開始後にはPRLは必要としないことが知られている．また，黄体への作用として，齧歯類では，黄体機能に促進的に作用し，プロジェステロンの合成と分泌を増加させて，妊娠維持や偽妊娠の誘起に関与する．さらに，PRLは子集めや巣づくりなどの**母性行動**（maternal behavior）の発現に関与する．雄では，アンドロジェンと協同して作用し，前立腺や精嚢腺などの発育を刺激する．

2-4. 下垂体後葉ホルモン

下垂体後葉で合成・分泌される主要なホルモンには，オキシトシンとバソプレシン（抗利尿ホルモン）がある．このうち，生殖に深く関係するホルモンは**オキシトシン**（oxytocin）である．

1）オキシトシン

ウシ下垂体後葉の抽出物に子宮筋収縮作用があることが1906年に発見され，その後，1954年にdu Vigneaud（米国・コーネル大学）のグループによってこの作用を有するオキシトシンの構造が決定された．オキシトシンは9アミノ酸残基からなるペプチドで，C末端はアミド化されている（**図10**）．オキシトシンの二次構造は，N末端側1位と6位のシステインがジスルフィド結合することによって環状構造を形成している．オキシトシンは，シグナルペプチド，オキシトシンおよび**ニューロフィジン**（neurophysin）（バソプレシン前駆体に含まれるニューロフィジンと区別するために，ニューロフィジンIともいう）からなる前駆体ペプチドとして合成されたのち，プロ

オキシトシン	Cys-Tyr-Ile-Gln-Asn-Cys-Pro-Leu-Gly-NH_2

図10　オキシトシンのアミノ酸配列

セシングおよびC末端のアミド化を受けて生合成される．ニューロフィジンはシステインに富むホルモン担体蛋白質であり，オキシトシンが血液中に放出されるまでのあいだ，オキシトシンとゆるく結合して，オキシトシンの分解阻止や二量体形成阻止などの機能をもつ．

オキシトシン受容体は7回膜貫通型のG蛋白質共役型受容体であり，G蛋白質の一種である$G_{q/11}$と共役して**イノシトール三リン酸**（inositol trisphosphate）の産生を促し，それに引き続いて細胞内Ca^{2+}濃度の上昇を介して**プロテインキナーゼC**（protein kinase C）の活性化を引き起こす．オキシトシン受容体は，雌では子宮および乳腺に多量に発現している．子宮では，オキシトシン受容体は**子宮筋**（myometrium）に存在するが，反芻動物やヒトでは**子宮内膜**（endometrium）や**脱落膜**（decidua）においてもオキシトシン受容体の発現がある．乳腺におけるオキシトシン受容体の発現は，ラットでは**筋上皮細胞**（myoepithelial cell）にみられるが，ヒトでは乳管の上皮細胞にみられる．オキシトシン受容体発現の調節には性ステロイドが強く影響し，エストロジェンが促進的に，プロジェステロンが抑制的に作用する．雄では，精巣のセルトリ細胞にオキシトシン受容体が存在する．また，精巣上体，前立腺，輸精管の筋上皮細胞にもオキシトシン受容体が存在する．さらに，生殖にかかわる組織以外では，オキシトシン受容体は，脳において嗅覚系から脊髄までの広い範囲に分布し，視床下部では視索上核，室傍核，視床下部腹内側核などに発現している．また，腎臓では近位尿細管に存在する．

下垂体後葉から循環血中に放出されるオキシトシンを産生する主要なニューロンは，視床下部の**視索上核**（supraoptic nucleus）および**室傍核**（hypothalamic paraventricular nucleus）に存在する**大細胞性ニューロン**（magnocellular neuron）である．このオキシトシン産生ニューロンは，下垂体後葉に軸索を投射している．また，視索上核および室傍核の大細胞性ニューロン以外にも，オキシトシンを産生する小型のニューロンが脳内に広く分布している．この小型オキシトシン産生ニューロンは，嗅球，視床下部，視床，海馬，中隔野，扁桃体，小脳，脳幹，脊髄運動核などに広範に投射し，下垂体後葉には投射していない．

a．生理作用

オキシトシンの主要な作用は，泌乳，分娩，生殖行動の調節である．オキシトシンは，**吸乳刺激**（suckling stimulus）によって分泌され，**乳腺胞**（alveolus of mammary gland）および乳管壁の筋上皮細胞を収縮させて，**乳汁排出反射**（milk ejection reflex）を引き起こす．分娩時には**子宮平滑筋**（uterine smooth muscle）や子宮頸部のオキシトシン受容体が増加し，オキシトシンに対する感受性が増大する．このとき，オキシトシンはパルス状に放出され，子宮平滑筋を収縮させる．分娩時のオキシトシン分泌の急激な増加は，胎子の娩出に伴なう子宮頸管や膣への機械的な刺激が視床下部の視索上核や室傍核に伝達されることにより引き起こされ，これを**ファーガソン反射**（Ferguson reflex）という．また，オキシトシンは子宮内膜や**脱落膜細胞**（decidual cell）からの**プロスタグランジン** $\mathbf{F_{2\alpha}}$（prostaglandin $F_{2\alpha}$）の分泌を促し，**黄体退行**（luteolysis）とプロジェステロン分泌を減少させることにより，分娩の開始に関与する．分娩時の作用は，子宮で局所的に産生されるオキシトシンもかかわると考えられている．ウシやヒツジでは，性周期黄体から分泌されるオキシトシンが局所的に作用し，子宮内膜のオキシトシン受容体を介してプロスタグランジン $F_{2\alpha}$ の合成と分泌を促進する．プロスタグランジン $F_{2\alpha}$ はオキシトシンの分泌を促進するとともに，黄体を退行させる．脳内に広範に分布するオキシトシンは，性行動や母性行動の開始などに関与する．ラットでは，視床下部腹内側核に作用して，雌の性行動である**ロードシス**（lordosis）を引き起こす．雄では，オキシトシンはペニスの勃起を促す因子の1つとして作用し，視床下部室傍核の**小細胞性ニューロン**（parvicellular neuron）から脊髄運動核を経由して球海綿体筋に投射する経路が関与すると考えられている．さらに，オキシトシンの合成と分泌はさまざまなストレス刺激により亢進し，**ストレス応答**（stress response）を引き起こす．このほか，攻撃や親和行動などの社会性行動，摂食行動，学習などさまざまな行動に関与することが報告されている．

大蔵　聡（おおくら　さとし）

[参考図書]

・中尾敏彦，津曲茂久，片桐成二（2012）：獣医繁殖学第4版，文永堂出版，東京.
・日本比較内分泌学会（2007）：ホルモンハンドブック新訂 eBook 版，南江堂，東京.
・Norris D.O.（2006）：Vertebrate endocrinology, fourth edition, Elsevier Academic Press, Burlington, MA, USA.
・佐藤英明（2011）：新動物生殖学，朝倉書店，東京.
・Schillo K.K.（2011）：スキッロ動物生殖生理学，講談社，東京.
・高橋迪雄，塩田邦郎（1999）：哺乳類の生殖生物学，学窓社，東京.

3 性腺ホルモン

はじめに

性腺では，ステロイドホルモンとペプチドホルモンの両者を分泌している．これらのホルモンは，末梢の標的器官や性腺自身に固有のホルモン作用を発揮するほかに，視床下部／下垂体に性腺を構成する組織の形態や機能の情報を伝達する情報担体の役割を担っている．卵巣も精巣も基本的には同じホルモンを分泌することができるが，分泌細胞，分泌量や分泌パターンは両者で異なっている．

3-1. ステロイドホルモン

1）性腺におけるステロイドホルモンの合成

ステロイドホルモンは**図1**に示す基本骨格をもつ脂溶性の物質である．性腺で合成されるステロイドホルモンは炭素数21の**プロジェスチン**（progestin），炭素数19の**アンドロジェン**（androgen），炭素数18の**エストロジェン**（estrogen）の3種類に大別される．いずれも複数の異性体が存在し，性腺からは，おもに**プロジェステロン**（progesterone），**テストステロン**（testosterone），**エストラジオール**（estradiol）が分泌されている．

これらのホルモンはそれぞれが独立した経路で合成されるのではなく，炭素数27の**コレステロール**（cholesterol）を原料として，まず炭素数21の**プレグネノロン**（pregnenolone）が生成され，これを基質としてステロイド合成酵素によって，プロジェスチン→アンドロジェン→エストロジェンの順に段階的に生成されていく．

図2には，性腺で合成されるステロイドホルモンの基本的な合成経路の概略を示した．中間体も含めてこの過程で生成されるステロイドホルモンの種類は，ステロイドホルモン産生細胞に発現しているステロイド合成酵素の種類と，それらの基質特異性によって異なっている．

ステロイドホルモンの合成に利用されるコレステロールは，血液循環を介して低密度リポ蛋白質（LDL）あるいは高密度リポ蛋白質（HDL）といった**リポ蛋白質**（lipoprotein）として供給される．これらのほかに，小胞体での新生，あるいは，細胞

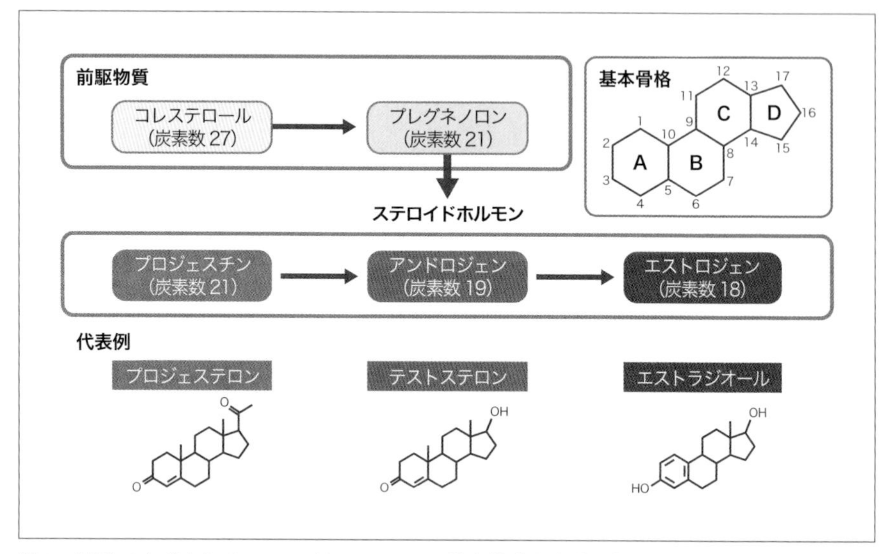

図1　性腺で合成されるステロイドホルモンの基本構造と合成の概略

ステロイド類はA環からD環までの基本骨格を有し，全体の炭素数と側鎖の官能基の種類によって分類される．基本骨格の番号は炭素の番号を示している．代表的なプロジェスチン，アンドロジェンおよびエストロジェンとして，プロジェステロン，テストステロンおよびエストラジオールの構造を示す．

内に貯蔵されていた脂質が分解されて生成されるものも用いられるが，その割合は循環血から供給されるものに比べて少ない．

ステロイドホルモンの種類にかかわらず，ステロイドホルモン合成経路で必ず生成されるプレグネノロンは，ミトコンドリア内膜に局在する**コレステロール側鎖切断酵素**（cholesterol single-chain cleavage enzyme〈P450sec〉）によって生成される．細胞質からミトコンドリア内膜へのコレステロールの移行は，ミトコンドリア外膜に局在する**steroidogenic acute regulatory protein**（StAR）が促していると考えられている．

ミトコンドリア内膜で生成されたプレグネノロンは細胞質に移行し，そこに局在するステロイド合成酵素により各種のステロイドホルモンに転換される．

2）精巣でのステロイドホルモン合成と分泌

精巣では間質を構成する**ライディヒ細胞**（Leydig cell）がアンドロジェンを分泌している．精巣からのアンドロジェン分泌は，脳下垂体前葉から分泌される**LH**によって

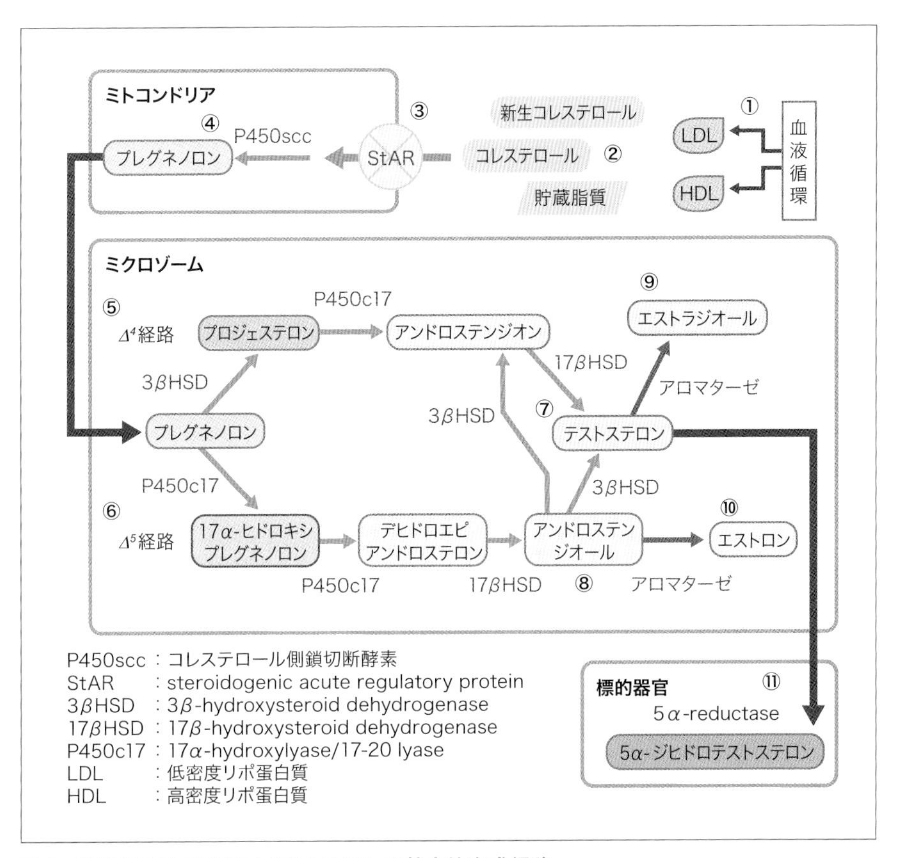

図2　性腺におけるステロイドホルモンの基本的合成経路

ステロイドホルモン合成の原料となるコレステロールは細胞外からリポ蛋白質として取り込まれるもの（①）が主体をなすが，ステロイド合成細胞自身からも供給される（②）．コレステロールは，StARにより細胞質からミトコンドリア内膜への移動が促され（③），そこに局在するP450sccによってプレグネノロンに転換される（④）．プレグネノロンは再び細胞質に出て，ミクロゾームの酵素によってプロジェスチン→アンドロジェン→エストロジェンの順に段階的に生成されていく．アンドロジェンは動物種によってΔ^4経路（⑤）とΔ^5経路（⑥）の2つの異なる経路を経て合成される．最終的にテストステロン（⑦）あるいはアンドロステンジオール（⑧）が生成され，芳香化を受けると，エストラジオール（⑨）あるいはエストロン（⑩）が生成される．アンドロジェンは，多くの標的器官で還元され，さらに活性の高いアンドロジェン（5α-ジヒドロテストステロン）へと変換される（⑪）．

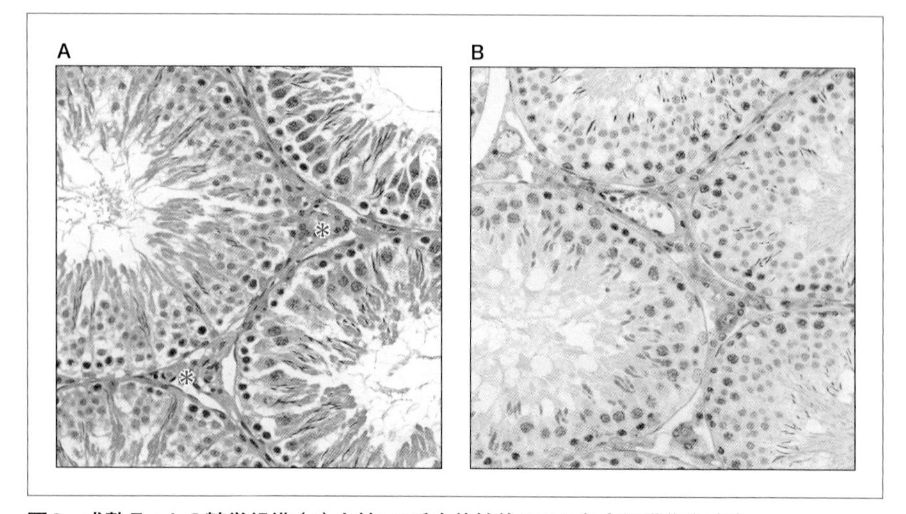

図3　成熟ラットの精巣組織（A）と抗LH受容体抗体による免疫組織化学（B）
間質のライディヒ細胞（＊）に渇色のシグナルが認められ（**A**），ライディヒ細胞がLH受容体を発現していることがわかる（**B**）.

制御されている．ライディヒ細胞の細胞膜には**G蛋白質共役型受容体**（G protein-coupled receptor）の**LH受容体**（LH receptor）が発現し（**図3**），これにLHが結合すると細胞内の**サイクリックAMP**（cyclic AMP）が活性化し，これを起点としてコレステロールの利用が促進されてアンドロジェンの合成が促される．

ライディヒ細胞でのアンドロジェン分泌は胎子期にも増加する．胎子期に増加するアンドロジェンは精嚢や精巣上体，前立腺などウォルフ管由来の副生殖腺の発達を促進しているが，胎子期のアンドロジェン分泌は下垂体からのLHに依存しないことが知られている．

ライディヒ細胞が分泌する主要なアンドロジェンはテストステロンである．テストステロンの合成経路にはΔ^4とΔ^5の2経路があり，いずれの経路をたどるかは動物種によって異なる．代表的な例をあげると，ラットやマウスなどの齧歯類では**Δ^4経路**（Δ^4-pathway）を取り，イヌ，ウサギ，ブタやヒトなどの霊長類では**Δ^5経路**（Δ^5-pathway）を取る（**図2**）.

合成されたアンドロジェンは，前立腺をはじめとする標的組織に局在する5α-還元化酵素によってさらに活性の高いアンドロジェンへと転換される．また，視床下部

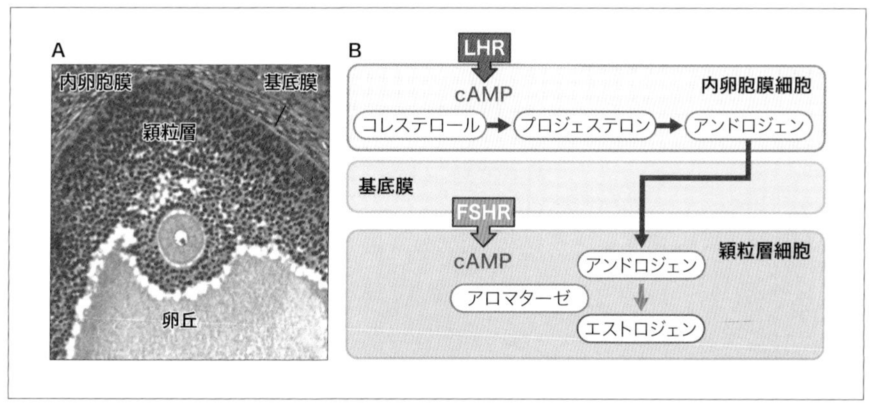

図4　三次卵胞のヘマトキシリン-エオジン染色像（A）と卵胞におけるエストロジェン合成の模式図

内卵胞膜は基底膜の外層に位置し，毛細血管（▲）に富んでいるが，顆粒層細胞に毛細血管は入り込んでいない（**A**）．エストロジェン合成は，まずLHの刺激を受けた内卵胞膜細胞がコレステロールからアンドロジェンを合成する．合成されたアンドロジェンは基底膜を通過して顆粒層に入り，顆粒層細胞でFSHによって活性化したアロマターゼによって芳香化され，エストロジェンが生成される（**B**）．

と下垂体に対するネガティブフィードバック作用によりアンドロジェン分泌刺激を調節している．

精巣ではアンドロジェン以外のステロイドホルモンも合成されている．プロジェステロンはアンドロジェン合成経路における中間産物として生成されている（**図2**）．精巣にはアロマターゼも発現し，エストロジェンを産生していることが知られている．

3）卵巣でのステロイドホルモン合成と分泌

卵巣では，**卵胞**（ovarian follicle）がエストロジェンを分泌し，これが排卵によって**黄体**（corpus luteum）になると，プロジェステロンを分泌するようになる．

a. 卵胞のステロイドホルモン分泌

卵胞組織は，**卵丘**（cumulus），**顆粒層**（granulosa cell layer），**基底膜**（basement membrane），**内卵胞膜**に大別される（**図4A**）．卵胞が分泌する主要なステロイドホルモンはエストロジェンである．エストロジェンは顆粒層細胞が分泌しているが，顆粒層細胞ではエストロジェン生合成の最終段階であるアンドロジェンの**芳香化**（aromatization）が行われている（**図4B**）．芳香化はアロマターゼが担っており，その活性は，下垂体前葉から分泌されるFSHが制御している．アンドロジェンは内卵胞膜細胞でコレステロールから合成され，基底膜を通過して穎粒層細胞に供給されると考えられている．卵胞での血管は基底膜の内側には分布しないので，血液循環から豊富に供給されるコレステロールを利用できる内卵胞膜細胞がLHの刺激を受けて合成したアンドロジェンを穎粒層細胞に供給すれば，卵胞の発育に伴って増加するエストロジェン分泌をまかなうことができる．このように，穎粒層細胞と内卵胞膜細胞がそれぞれ異なる性腺刺激ホルモンの刺激を受けて連携してエストロジェン産生にあたっているしくみは，**two-cell，two-gonadotropinモデル**ともよばれている．

卵胞においてプロジェステロンは，アンドロジェン合成における中間産物として内卵胞膜細胞で合成されているが，大型の三次卵胞では穎粒層細胞でもプロジェステロンを産生している．大型の三次卵胞からのプロジェステロン分泌はFSHが刺激していると考えられている．FSHは大型の三次卵胞からのプロジェステロン分泌を刺激する一方で，LH受容体を誘導することにより，排卵前の**性腺刺激ホルモンサージ**（gonadotropin surge）による穎粒層細胞からのプロジェステロンの大量分泌をもたらしていると考えられている．

卵巣の間質に認められる**secondary interstitial**といわれる組織は内卵胞膜細胞と類似した**間質組織**（interstitial tissue）で，コレステロール側鎖切断酵素を発現し，ステロイドホルモン合成機能も類似しているといわれている．

b. 黄体

性腺刺激ホルモンサージを受けると，大型の**三次卵胞（グラーフ卵胞**：Graafian follicle）の穎粒層細胞は短時間のうちにその性質を変え，プロジェスチンを分泌する黄体細胞へと分化する．基底膜の外側に分布していた血管も，卵胞の破裂に伴い内卵胞膜細胞とともに卵胞の内側に侵入してくる．

黄体細胞はLHの刺激によってコレステロールを動員し，プロジェステロンをさかんに分泌する．排卵で形成された黄体細胞からは一定期間プロジェステロンがさかんに分泌され，この時期を性周期のなかの黄体相という．ラットやマウス，ハムスターなどの齧歯類においては，排卵後に交尾刺激が加えられないと，プロジェステロンは黄体内の20α-hydroxysteroid dehydrogenase（20α-HSD）によって活性のない20α-dihydroprogesteroneへと代謝されるため，プロジェステロン分泌は短期間のうちに停止して黄体相を欠く．反対に，これらの動物に交尾刺激が加わると，脳下垂体前葉から**プロラクチン**（prolactin）が1日2回放出され，その刺激により20α-HSD活性が抑制されるとともに3β-HSD活性が上昇し，プロジェステロン分泌が促進されて黄体相が形成される．プロラクチンによる刺激は一定期間で終了するが，受精して着床し，胎盤が形成されると，胎盤が分泌する**胎盤性ラクトジェン**（placental lactogen：PL）がプロラクチンに代わって黄体を刺激し，妊娠を維持する．その後，分娩すると，排卵（後分娩排卵）して黄体が形成される．この黄体は泌乳黄体ともいわれ，乳子の**吸乳刺激**（suckling stimulus）によって放出されるプロラクチンによってプロジェステロン分泌が刺激される．吸入刺激がなくなると，プロジェステロン分泌も停止して発情を回帰するようになる．

ヒトをはじめとする多くの哺乳類では黄体からのプロジェステロン分泌は妊娠期間より短い期間で停止するが，イヌでは排卵で形成された黄体は着床の有無にかかわらず，妊娠期間に相当する期間プロジェステロンを分泌する．

3-2. ペプチドホルモン

性腺が分泌する主要なペプチドホルモンとして**TGF-βファミリー**（TGF-β family）に属する**抗ミューラー管ホルモン**（anti-Miillerian hormone），**インヒビン**（inhibin）および**アクチビン**（activin），ならびにインスリンスーパーファミリーに属するリラキシンがあげられる．

1）抗ミューラー管ホルモン

抗ミューラー管ホルモンは**ミューラー管抑制ホルモン**ともいわれ，将来，卵管や子宮，膣の上部へと分化するミューラー管を退行させる，雄の発生にとって重要なホルモンである．抗ミューラー管ホルモンは140 kDaの糖蛋白質として合成されるが，最終的にはC末端の25 kDaが活性分子としてホルモン作用を発揮する．

雄では，**セルトリ細胞**（Sertoli cell）が抗ミューラー管ホルモンを分泌している．雄での抗ミューラー管ホルモン分泌は胎子期に始まり，ミューラー管退行後も続き，性成熟期に消退する．雌では顆粒層細胞が抗ミューラー管ホルモンを分泌しているが，その時期はすでにミューラー管由来の器官は反応性を失っている．抗ミューラー管ホルモンを分泌しているのは，**一次卵胞**（primary follicle）から小型の**三次卵胞**（vesicular follicle）までの顆粒層細胞である．発現の程度は卵胞の発育段階によって異なり，二

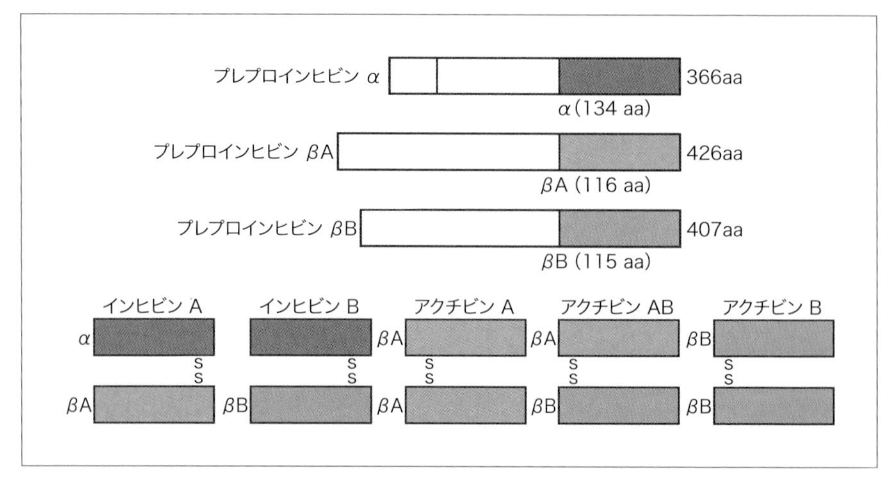

図5　インヒビンとアクチビンの構造

インヒビンとアクチビンは前駆体蛋白質（プレプロインヒビンα，プレプロインヒビンβA，プレプロインヒビンβB）が合成され，これらの蛋白質のC末端が切り出されてα鎖，βA鎖，βB鎖が生成される．これらのサブユニットがジスルフィド結合して，α鎖とβ鎖との結合により，インヒビンAまたはBが，β鎖間の結合によりアクチビンA，BまたはABが産生される．

（Suresh〈2011〉より引用改変）

次卵胞や小型の三次卵胞の顆粒層細胞でもっとも強い発現が認められる．発育段階がさらに進むと発現が認められなくなる．

抗ミューラー管ホルモンは，発育卵胞が分泌していることから，それを反映する末梢血中濃度は卵巣に残存する発育卵胞を反映する指標として臨床に応用されている．

2）インヒビンとアクチビン

インヒビンとアクチビンは，2つのサブユニットから構成されるペプチドホルモンでTGF-βファミリーに属している．

これらのうちインヒビンは，α鎖とβ鎖から構成されるヘテロダイマーのペプチドホルモンである（**図5**）．β鎖には，アミノ酸配列が類似した2つのサブユニット，βA鎖とβB鎖があり，α鎖と結合するβ鎖の種類によって**インヒビンA**と**インヒビンB**のサブタイプに分けられる．いずれのサブタイプも脳下垂体前葉からのFSH分泌を抑制する．インヒビンを構成するα鎖とβ鎖は，前述の抗ミューラー管ホルモンと同様にそれぞれの前駆体蛋白質が合成され，そのC末端が切り出されて互いにジスル

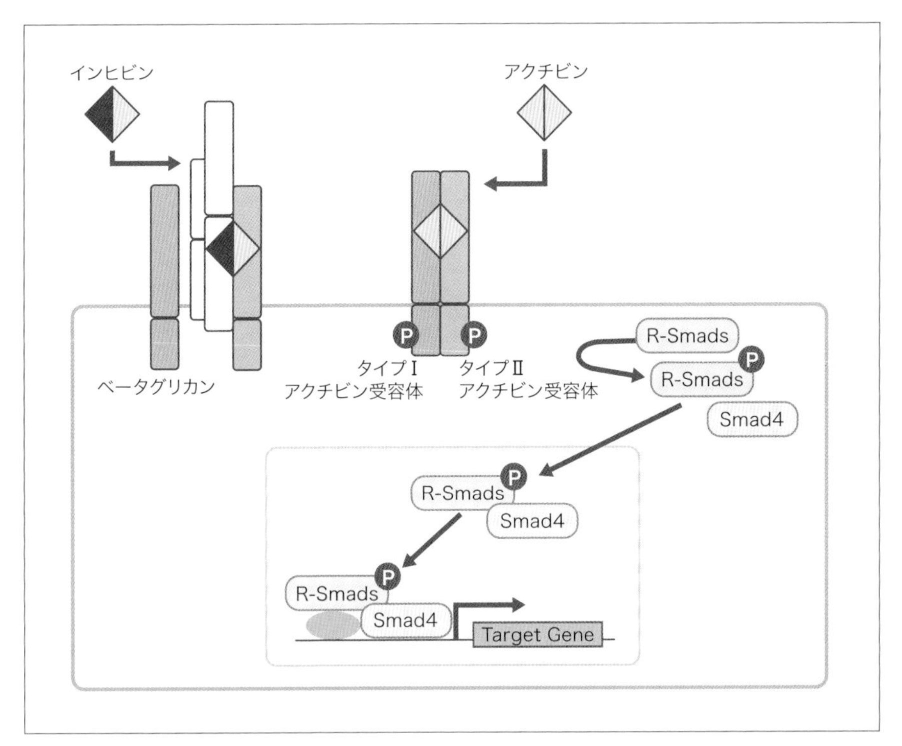

図6　アクチビン受容体を介したシグナル伝達

アクチビンは，タイプⅠおよびタイプⅡアクチビン受容体に結合してこれらを活性化することにより，受容体特異的Smad（R-Smad）を活性化する．リン酸化されたR-SmadにSmad4が結合し，核内に移行して特定の遺伝子の転写を調節する．アクチビン受容体はアクチビンを構成する2つのβ鎖と結合することにより活性化してシグナルを細胞内に伝達することができる．α鎖とβ鎖のヘテロダイマーであるインヒビンは，α鎖がベータグリカンといわれる細胞膜に局在する蛋白質と結合するので，アクチビン受容体を活性化できない．このため，結果としてアクチビン作用を阻害することになる．このようにインヒビンがアクチビン受容体の活性化を阻害することにより，アクチビンとは逆の生理作用を示していることが明らかにされてきた．

（Bilandzic〈2012〉より引用改変）

フィド結合をしてインヒビンとなっている．

アクチビンはインヒビンを構成するβ鎖の二量体で，βA鎖とβB鎖の組み合わせによりアクチビンA，アクチビンB，アクチビンABの3種類のサブタイプに分けられる（**図5**）．アクチビンはインヒビンと共通のβ鎖を有しているが，ホルモンとしての作用はまったく逆で，FSH分泌を促進する．このような拮抗し合う作用は，アクチビン受容体によるシグナル伝達をインヒビンが阻害することにより生じていると考えられるようになった（**図6**）．アクチビンはFSH分泌刺激のほかにもさまざまな組織で産生され，胚発生や幹細胞の分化をはじめとする種々の生体機能に関して重要な役割を演じている．

精巣では，おもに**セルトリ細胞**（Sertoli cell）がFSHの制御を受けてインヒビンとアクチビンを分泌している．セルトリ細胞にはインヒビンとアクチビンを構成するすべてのサブユニットが発現しているが，セルトリ細胞はインヒビンBとアクチビンAを分泌して，下垂体からのFSH分泌を調節している．

卵巣では，おもに健常な顆粒層細胞がインヒビンとアクチビンを分泌している．卵胞の発育段階によって分泌時期にちがいはあるものの，顆粒層細胞からはインヒビンAとインヒビンBの両者が分泌されている．多くの動物で，卵胞からのインヒビン分泌はLHサージを起点として低下するが，ヒトをはじめとする霊長類では排卵後も黄体がインヒビンAを分泌し続けることが知られている．

性腺には**アクチビン受容体**（activin receptor）が発現していることから，インヒビンとアクチビンは下垂体からのFSH分泌を調節して性腺機能を調節するほかに，**パラクリン**（paracrine）あるいは**オートクリン**（autocrine）に作用して性腺機能調節に直接関与していると考えられている．

3）リラキシン

Hisawは妊娠末期の動物の血清中に骨盤靭帯を弛緩させる物質が存在することを示し、それをリラキシンと名付けた．現在，リラキシンはインスリンと共通の祖先分子から進化したペプチドホルモンであり，インスリンと同様にプレプロホルモンとして合成されることが明らかにされている．**図7**に示すように，リラキシンプレプロホルモンはシグナル配列に続く4つのドメイン（A，B，CおよびDドメイン）から構成されている．ここからCペプチドが切り出されて，1ヵ所のドメイン内ジスルフィド結合を有するA鎖とB鎖とが2ヵ所のジスルフィド結合で結合した二量体が活性のあるリラキシンとして分泌される．ヒトや霊長類では2つのリラキシン遺伝子が同定され，遺伝子産物は，それぞれRLN1とRLN2と命名されたが，妊娠や分娩を助ける生理作用はRLN2で認められている．一方，他の哺乳類ではヒトRLN2と相同なリラキシンをコードする遺伝子は存在せず，ヒトRLN1との相同性から同定された哺乳類RLN1が妊娠や分娩を助ける生理作用を有していることが明らかになった．これら

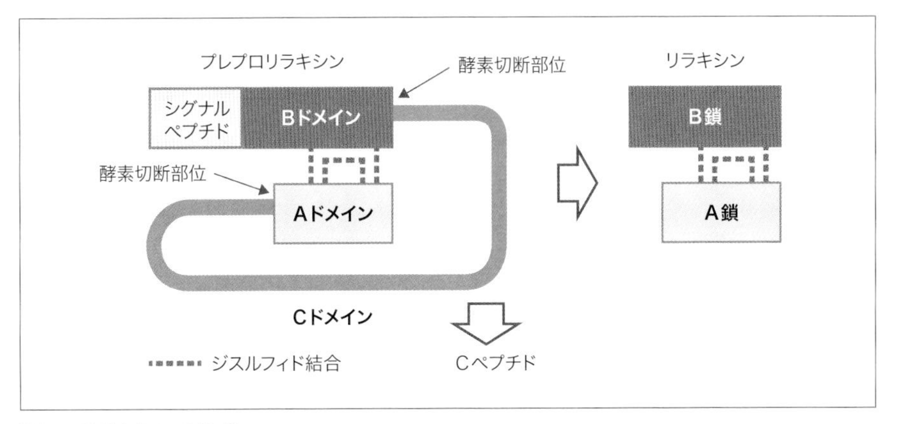

図7　リラキシンの生成

リラキシンはリラキシン遺伝子からシグナルペプチドに続くＢドメイン，Ｃドメイン，Ａドメインからなるプレプロホルモンとして合成される．プレプロホルモンのＡドメインはドメイン内に１ヵ所のジスルフィド結合を有し，さらにＢドメインと２ヵ所のジスルフィド結合で結合している（左）．ここから酵素作用によってＣペプチドが切り出されて生成されたヘテロダイマーがリラキシンとして分泌される（右）．

のことから，現在ではヒトRLN2と哺乳類RLN1をリラキシンと称し，ヒトRLN1はH1-リラキシンと称して区別されている．リラキシンにはH1-リラキシンのほかに，共通の祖先ペプチドから進化した5つの関連ペプチド，リラキシン3，インスリン様ペプチド（INSL）3，INSL4，INSL5，INSL6，が同定され，リラキシンファミリーとしてインスリンスーパーファミリーの一角を占めている．

卵巣はリラキシンの主要な分泌母地であるが，種差がある．ラット，マウス，ブタでは黄体がリラキシンの主要な産生組織になっている．非妊娠期のブタでは排卵前の卵胞の内卵胞膜細胞に産生が認められるが，排卵で形成された黄体は，内卵胞膜細胞由来の黄体細胞も顆粒層細胞由来の黄体細胞もリラキシンを分泌するので，分泌活性が高くなる．妊娠すると血中濃度が次第に上昇し，ラットとブタでは黄体細胞に貯蔵顆粒もみられるようになる．分娩数日前になると貯蔵顆粒は消失して黄体中のリラキシン濃度が低下する一方，リラキシンサージといわれる血中リラキシン濃度の一過性上昇がみられる．ヒトでは月経周期中の黄体がリラキシンを分泌しているが，そのレベルは低い．妊娠すると黄体のほかに胎盤もリラキシンを分泌するようになるが，血中リラキシン濃度は妊娠初期の方が高い．また，分娩期になってもリラキシンサージ

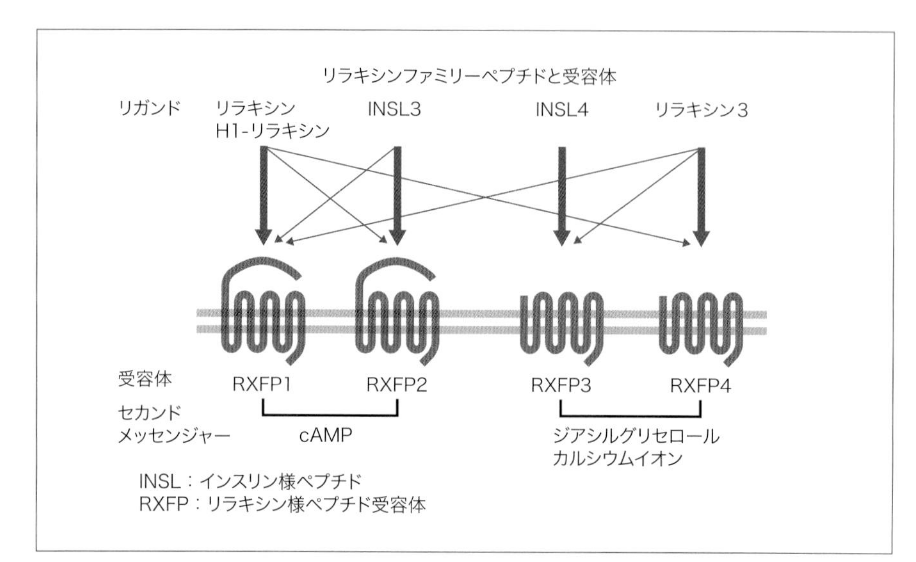

図8　リラキシンファミリーペプチドと受容体

リラキシン，INSL3，リラキシン3およびINSL4はそれぞれG蛋白質共役型受容体であるRXFP1，2，3および4を介して標的細胞内に情報を伝達する．これらのうち，RXFP1および2は細胞外にロイシンリッチリピート配列を有し，cAMPをセカンドメッセンジャーとしているが，RXFP3および4の細胞外ドメインは小さく，ジアシルグリセリドやカルシウムイオンをセカンドメッセンジャーとしている．また，各リガンドはそれぞれの受容体と高い親和性を有しているが（太い矢印），親和性は低いものの，他のリラキシンファミリーペプチドとのあいだにも結合活性を有している（細い矢印）．

は認められず，妊娠の全期間を通じて血中リラキシン濃度は低いレベルで推移する．ウマ，ネコ，ウサギ，ゴールデンハムスターでは胎盤がリラキシンの主要な分泌母地になっている．ウシやヒツジなどの反芻動物にブタのリラキシンを投与すると他の動物でみられるリラキシンの生理作用が認められるが，これらの動物自身にリラキシンの特徴を兼ね備えた分子の産生は確認されていない．近年これらの動物の遺伝子解析が行われ，ブタやヒトの染色体上でリラキシン遺伝子が確認されている領域と相同な領域にリラキシン遺伝子が認められないことが明らかになり，ウシやヒツジはリラキシンを産生していないと考えられるようになった．現在のところ，反芻動物でリラキシン産生が確認されているのはラクダ科の動物だけである．雄では前立腺や精嚢がリラキシンを分泌し，精液からも検出されるが，精巣からの分泌はほとんどないと考えられている．精巣ではリラキシンよりINSL3がライディヒ細胞から分泌されている．

はじめに述べたように，リラキシンはインスリンスーパーファミリーに属しているが，受容体はインスリンやインスリン様成長因子1（IGF-1）とは異なり，G蛋白質共役型で，細胞内への情報伝達様式はインスリンと異なる．リラキシン受容体は細胞外にロイシンリッチリピートをもつG蛋白質共役型受容体であることからLGR7と名付けられていた．また，INSL3受容体も同様の構造を有することからLGR8と名付けられていたが，リラキシン3およびINSL4の受容体もG蛋白質共役型受容体であることが明らかになり，受容体もリガンドとともに共進化したと考えられることから，リラキシンファミリーペプチド受容体（RXFP）としてLGR7はRXFP1に，LGR8はRXFP2に，また，リラキシン3およびINSL4の受容体はそれぞれRXFP3およびRXFP 4と分類された．**図8**に示すように，RXFP1と2は大きな細胞外ドメインを特徴とし，リガンドが結合して活性化するとアデニル酸シクラーゼが活性化して細胞内cAMP濃度が上昇し，それが起点となり作用が発現する．一方，RXFP3と4はロイシンリッチリピートを欠き，細胞外ドメインは小さく，ジアシルグリセロールやカルシウムイオンをセカンドメッセンジャーとし，活性化されるとcAMPの生成を抑制する．リラキシンファミリーペプチドとそれらの受容体との関係は複雑で，RXFP1はH1リラキシンの受容体でもあるが，INSL3の濃度が高くなると，INSL3とも結合できる．一方，リラキシン濃度が高いと，RXFP2やRXFP3も活性化できる．

リラキシンは恥骨縫合を広げ，子宮頸管を軟化させて分娩を促進するホルモンとして知られているが，RXFP1は子宮，膣，子宮頸管など分娩にかかわる器官の他に，卵巣，卵管，胎盤，乳頭，精巣，前立腺，脳，下垂体，腎臓，心臓，皮膚，肺，肝臓，小腸などにも発現が報告されている．生理的意義が明確ではない組織もあるが，ラットやマウスではリラキシンは乳頭の発達に必要なホルモンであることが示されている．また，妊娠期間中の子宮平滑筋の収縮を抑制していることが知られている．リラキシンの分泌調節機構については不明な点が多い．

代田　眞理子（しろた　まりこ）

[参考図書]

・Stocco D.M., McPhaul M.J. (2006)：Physiology of testicular steroidogenesis. In：Knobil and Neill's Physiology of reproduction, 3rd ed.(Neill J.D., Plant T.M., Pfaff D.W., *et al.* eds), pp977- 1016, Elsevier Academic Press, Amsterdam.

・宮永健，島崎俊一（1998）：インヒビン，アクチビン，フォリスタチン．ホルモンの分子生物学 3．生殖とホルモン，日本比較内分泌学会編，加藤順三，小林牧人 編，pp127-146，学会出版センター，東京.
・Hedger M.P., Winnall W.R.（2012）：Regulation of activin and inhibin in the adult testis and the evidence for functional roles in spermatogenesis and immunoregulation. *Mol. Cell. Endocrinol.*, 359：30-42.
・Bilandzic M.M., Stenvers K.L.,（2012）Reprint of：Betaglycan：A multifunctional accessory. *Mol. Cell. Endocrinol.*, 359：13-22.
・Knight P.G., Satchell L., Glister C.（2012）：Intra-ovarian roles of activins and inhibins. *Mol. Cell. Endocrinol.*, 359：53-65.
・Suresh P.S.（2011）：New targets for old hormones：Inhibins clinical role revisited. *Endocrine J.*, 58（4）：223-235.
・Ivell R., Kotula-Balak M., Glynn D., *et al.*（2011）：Relaxin family peptides in the male reproductive system − a critical appraisal. *Mol. Hum. Reprod.*, 17（2）：71-84.
・Sherwood O.D.（2004）：Relaxin's physiological roles and other diverse actions. *Endocrine Rev.*, 25（2）：205-234.
・Bathgate R.A.D., Hsueh A.J.W., Sherwood O.（2006）：Physiology and molecular biology of the relaxin peptide family. In：Knobil and Neill's Physiology of Reproduction, 3rd ed.（Neill J.D., Plant T.M., Pfaff D.W., *et al.* eds），pp679- 768, Elsevier Academic Press, Amsterdam.

4 子宮と胎盤のホルモン・生理活性物質

はじめに

卵黄に乏しい哺乳類の胚が外界で生存可能な状態にまで個体発生を成し遂げるには母体のサポートが必須であり，胚は子宮に着床して胎盤を形成することによって母体と機能的な連携を構築する．胎盤は妊娠に伴って形成される一過性の臓器で，その機能は栄養供給やガス交換，代謝産物の排泄など多岐にわたるが，その目的は妊娠維持と胎子発育に収束している．その一方で，子宮は胎子発育の場としての役割だけでなく，黄体退行に積極的に関与することで発情発現を促して受精の機会を増やすという繁殖戦略上の重要な役割も担っている．

4-1. 絨毛性性腺刺激ホルモン

哺乳類の真猿亜目やウマ科では，胎盤絨毛膜の栄養膜細胞で性腺刺激ホルモンが発現する[1, 2]．**絨毛性性腺刺激ホルモン**（chorionic gonadotropin：CG）は下垂体性糖蛋白質ホルモンと同様にαとβの2種類のサブユニットからなるヘテロダイマーであり，αサブユニットは下垂体の糖蛋白質ホルモンαサブユニットと同一の遺伝子から転写される．ウマ科のCGのβサブユニットは黄体形成ホルモン（LH）βサブユニット遺伝子から転写され，ポリペプチド鎖のアミノ酸配列はLHβサブユニットと全く同一である．一方，真猿亜目のCGのβサブユニットは，下垂体性性腺刺激ホルモンのβサブユニット遺伝子とは異なるCGβサブユニット遺伝子から転写される．

1）ヒト絨毛性性腺刺激ホルモン

ヒト絨毛性性腺刺激ホルモン（human chorionic gonadotropin：hCG）はヒト胎盤の合**胞体性栄養膜細胞**（syncytiotrophoblast）から分泌される糖蛋白質ホルモンで，92アミノ酸残基からなるαサブユニットと145アミノ酸残基からなるβサブユニットから構成され，全体の分子量は38,000でその約30%を糖鎖が占める．等電点は3.0で，これはシアル酸などの酸性糖鎖に起因する．hCGは受精後10日前後から妊婦の血中および尿中に検出され，hCGは妊娠黄体のプロジェステロン産生を促進し，胎盤がプロジェステロン産生の主体となるまでのあいだの妊娠維持の役割を担っている．この時期の血中および尿中に存在するhCGは，ヒトの妊娠診断のターゲット分子とされ，尿中LHと交差しないhCG βサブユニットのC末端側の30アミノ酸残基を認識する抗体を用いた免疫学的測定法によって検出されている．また，胞状奇胎や絨毛癌の場合にも大量のhCGが血中および尿中に出現する．

hCGは妊婦尿を原料とした製剤が市販されており，hCGがLH受容体に結合してLH様作用を発現することから，基礎研究から臨床にわたる幅広い分野でLHアゴニストとして利用されている．しかし，hCGはヒト以外の動物種では異種蛋白質であるので，動物に反復投与すると抗体が産生され，作用が減弱することがある．

2）馬絨毛性性腺刺激ホルモン

ウマの絨毛膜輪帯部に分布する栄養膜細胞は，妊娠30日齢頃になると子宮内膜間質に浸潤して**子宮内膜杯**（endometrial cup）を形成する（**図1**）．**馬絨毛性性腺刺激ホルモン**（equine chorionic gonadotropin：eCG）はウマの子宮内膜杯から分泌される糖蛋白質ホルモンで，そのアミノ酸配列はLHと同一である．しかし，eCGはLHよりも強い糖鎖修飾を受けており，分子量は53,000でその45％を糖鎖が占めている．等電点はhCGのそれよりもさらに低い2.6で，これはeCGがシアル酸などの酸性糖鎖に富むことによる．また，LHに比べて分子量の大きなeCGは糸球体で濾過されないために，分泌されたeCGは母体末梢血中にとどまり，尿中にはほとんど出現しない．eCGは受精後36日頃から120日頃にかけて母体血中に認められるが，その消長は子宮内膜杯のそれと一致している．子宮内膜杯が形成される前の時期（妊娠30日頃まで）は，下垂体から分泌されるFSHの作用によって卵胞が発育するが，子宮内膜杯から分泌されたeCGはこれらの卵胞を排卵または閉鎖黄体化させて副黄体が形成される．副黄体は通常複数形成されるために卵巣からのプロジェステロン分泌が亢進し，胎盤が十分な量のプロジェステロンを産生できるようになるまでの間は副黄体がプロジェステロン産生の主力となる（**図2**）．

eCGはアミノ酸配列がウマLHとまったく同一であることから，ウマのLH受容体に結合してLH作用をあらわすが，FSH受容体にはほとんど結合しない．しかし，ウシ，ブタ，ラットなどの動物種ではLH受容体とともにFSH受容体にも高い親和性を示し，LHとFSH両者の作用をもつことが知られている．

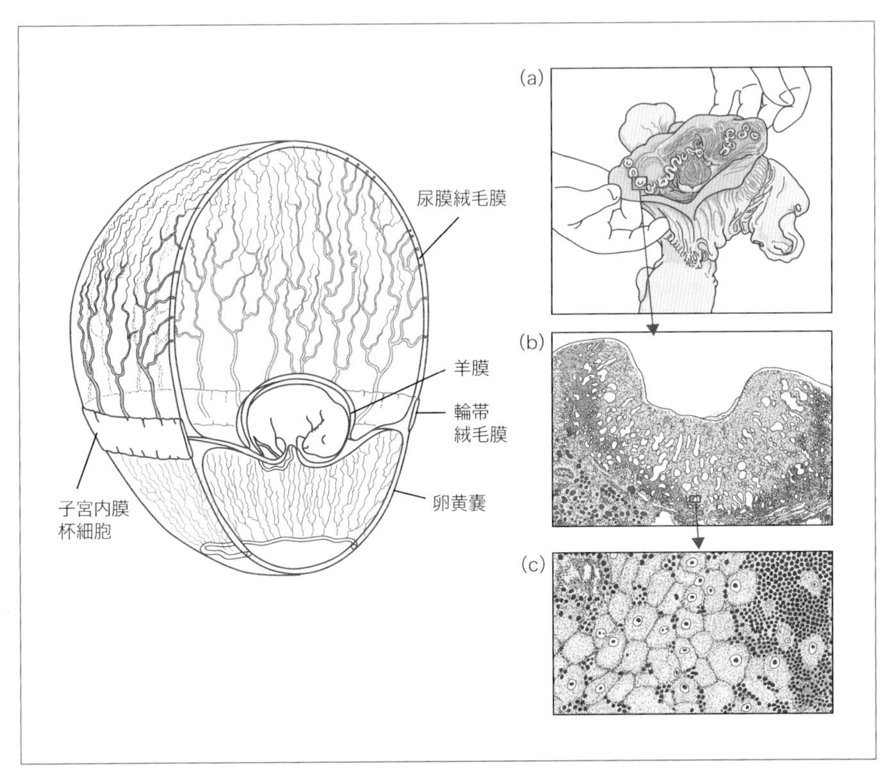

図1　子宮内膜杯の形成
左側：妊娠35日齢のウマ受胎産物.
右側：(a) 子宮内膜と子宮内膜杯.（b) 子宮内膜杯の断面.（c) 大型の栄養膜細胞とそれを囲む母体のリンパ球.

eCGは妊娠ウマ血清を原料とした製剤が市販されており，家畜の繁殖障害の治療などに用いられている．しかし，eCGはウマ以外の動物種では異種蛋白質であるので，反復投与すると抗体が産生されて，作用が減弱することがある.

4-2. 胎盤性ラクトジェン

多くの哺乳類において，胎盤でPRLまたはそのパラログが発現することが知られている．**胎盤性ラクトジェン**（placental lactogen：PL）という名称は，胎盤で発現するPRL様生物活性を有するホルモンという意味である．ヒト，サル，反芻類，ウサギ，齧歯類ではPLの存在が確認されているが，ウマ，ブタ，イヌには存在しない．PLは

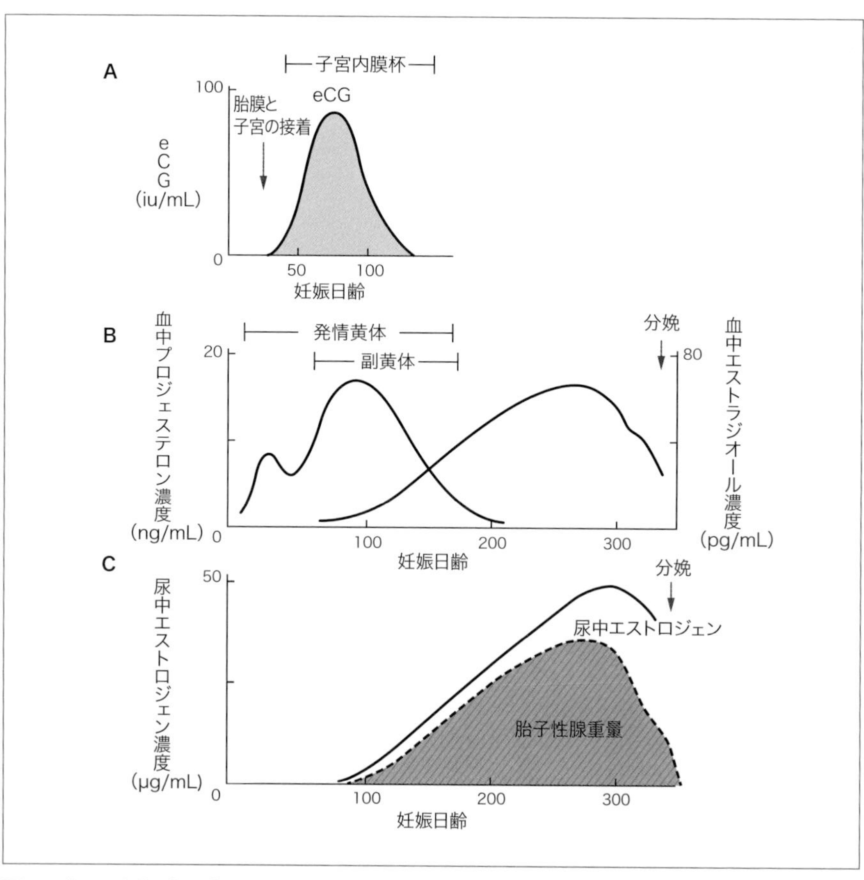

図2　ウマの妊娠中の内分泌動態の模式図

A：eCGの分泌動態．妊娠5ヵ月頃になると子宮内膜杯の栄養膜細胞は母体リンパ球に拒絶されて子宮内膜杯は消失し，eCG分泌も終了する．

B：ウマの妊娠全期間の血中プロジェステロンとエストラジオール濃度の推移．

C：ウマの妊娠全期間の尿中エストロジェン濃度と胎子性腺発達の関連．ウマの胎子性腺は妊娠中期には小児頭大まで発達し，多量のデヒドロエピアンドロステロン（DHEA）を産生する．産生されたDHEAは胎盤でエストロジェンに転換される．

（Ginther OJ.〈1992〉より引用改変）

ヒトでは**合胞体性栄養膜細胞**（syncytiotrophoblast），反芻類では**栄養膜二核細胞**（trophoblast binucleate cell），齧歯類では**栄養膜巨細胞**（trophoblast giant cell）で産生されるが，これらの細胞は発生学的に相同な系譜の細胞である．PLはPRL受容体と結合してPRL様生物活性を示す．また，PLは母体のインスリン抵抗性を誘導し，母体のグルコース利用性を低下させることで胎子に十分な量の栄養を供給する．また，インスリン抵抗性は脂肪分解を促進して血中の遊離脂肪酸濃度の上昇をもたらし，母体は遊離脂肪酸を利用することでより多くのグルコースが胎子に供給されるようになる．このほかに，齧歯類では妊娠黄体の維持にPLが必須であることが知られている．すなわち，胚の着床前の時期には下垂体から1日2回サージ状に分泌されるPRLの作用で黄体が維持されるが，胚の着床後にPLが分泌されるようになるとPRLサージは消失し，以降はPLの作用で黄体機能が維持される．

反芻類と齧歯類の胎盤ではPLだけでなくそのパラログが発現していることが知られている[3,4]．胎盤で発現するPRLの一連のパラログは**胎盤性PRLファミリー**（placental PRL family）とよばれており，ラットやマウスでは20種類以上，ウシでも10種類以上の分子種が確認されている（**図3**）．現時点で分子種の拡大が知られているのは反芻類と齧歯類のみであり，これらの動物種の着床様式や胎盤の形態と分子種の拡大とのあいだに関連性は認められない．胎盤性PRLファミリーのメンバーは，PRLを祖先分子として遺伝子重複によって拡大したと考えられているが，祖先分子の特徴であるPRL様生物活性の有無によってクラシカルメンバーとノンクラシカルメンバーに分類される．PLはクラシカルメンバーに属するが，ノンクラシカルメンバーの生理活性は明らかでないものも多い．

4-3. プロスタグランジン

プロスタグランジン（prostaglandin：PG）の研究は精漿中に子宮平滑筋収縮作用を示す物質が含まれていることに端を発し，この物質が前立腺由来と考えられたことからプロスタグランジンと命名された．しかしその後，精漿に含まれるPGはおもに精嚢腺由来であることが明らかになったが，プロスタグランジンの名称がそのまま定着することとなった．

PGはプロスタン酸を基本としたシクロペンタン核を含む**炭素数20の多価不飽和脂肪酸**（eicosapentaenoic acid）であり，フォスフォリパーゼA2による膜脂質からのアラキドン酸の切り出しに始まり，アラキドン酸は**シクロオキシゲナーゼ**（cyclooxygenase：COX）の作用でPGG2を経てPGH2に転換され，さらに複雑な代謝経路を経て各種のPGsが生成される．PGsの産生部位は全身の各組織に及び，そこで産生されるPGsの生理活性も極めて多岐にわたるが，本項では$PGF_{2\alpha}$の黄体退行作用について述べる．

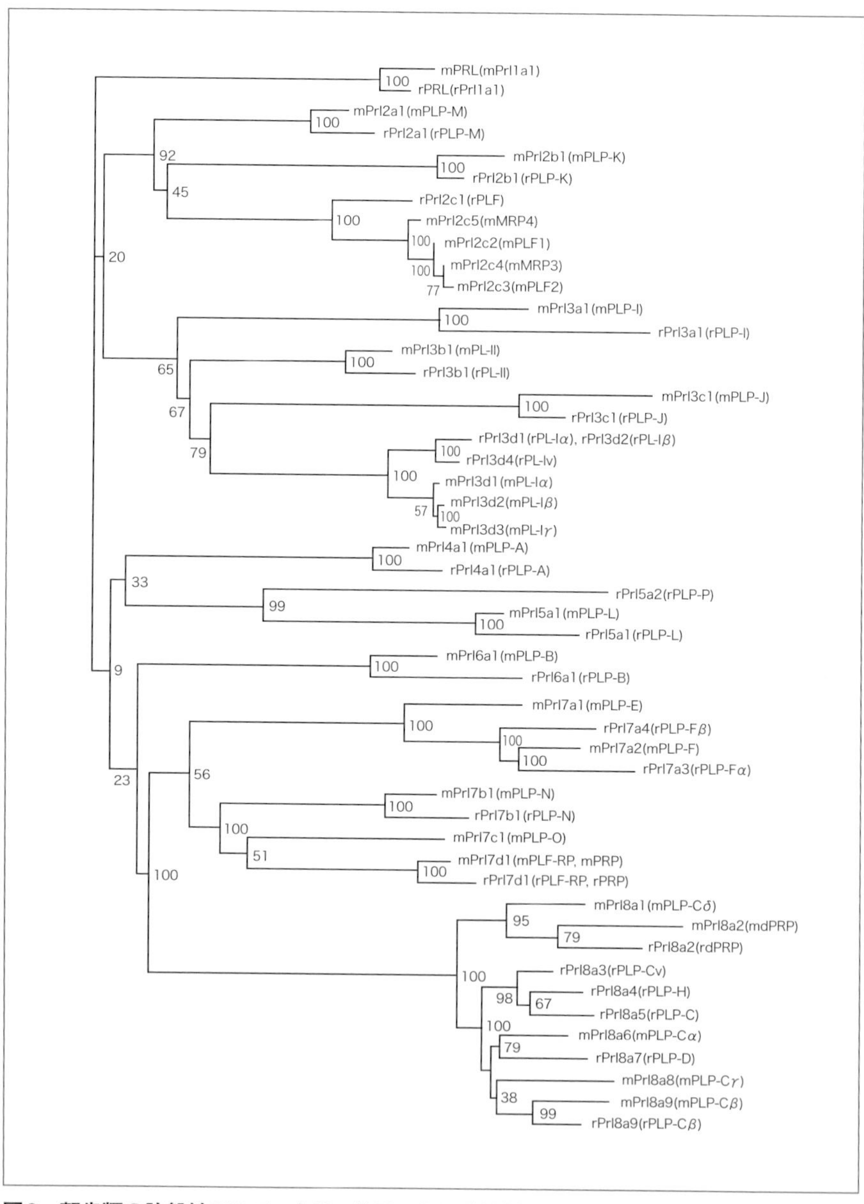

図3　齧歯類の胎盤性PRLファミリー分子の分子系統樹

（参考文献4より引用改変）

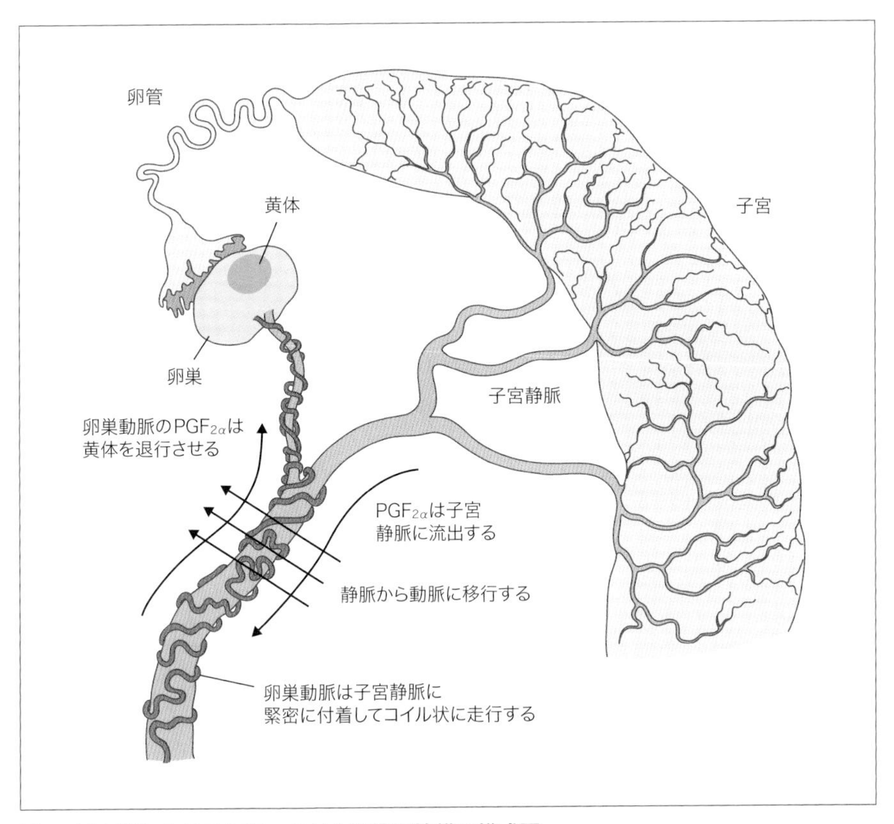

図4　反芻類における$PGF_{2\alpha}$の対向流移行機構の模式図
（Reproduction in mammals, eds. Austin and Short より引用改変）

ブタや反芻類の子宮を摘出すると黄体が退行しなくなることが知られており，子宮で産生される$PGF_{2\alpha}$が黄体退行をもたらす根拠となっている．すなわち，子宮内膜で産生された$PGF_{2\alpha}$は子宮静脈に流入し，子宮静脈の周囲を絡みつくように走行する卵巣動脈内に拡散して卵巣動脈血とともに卵巣に到達して黄体を退行させる．このような機構を**対向流機構**（counter current transfer）という（**図4**）．全身循環に入った$PGF_{2\alpha}$は肺と肝臓で酸化と還元を受けて不活性な13,14ジヒドロ-15-ケト$PGF_{2\alpha}$（PGFM）に代謝される．末梢血中の$PGF_{2\alpha}$の半減期はきわめて短く，肺循環を1回通過するだけで95%以上が不活化されてしまう．$PGF_{2\alpha}$はきわめて不安定な物質であるので，末梢血中の$PGF_{2\alpha}$濃度を正確に測定することは困難が伴う．そこで，代

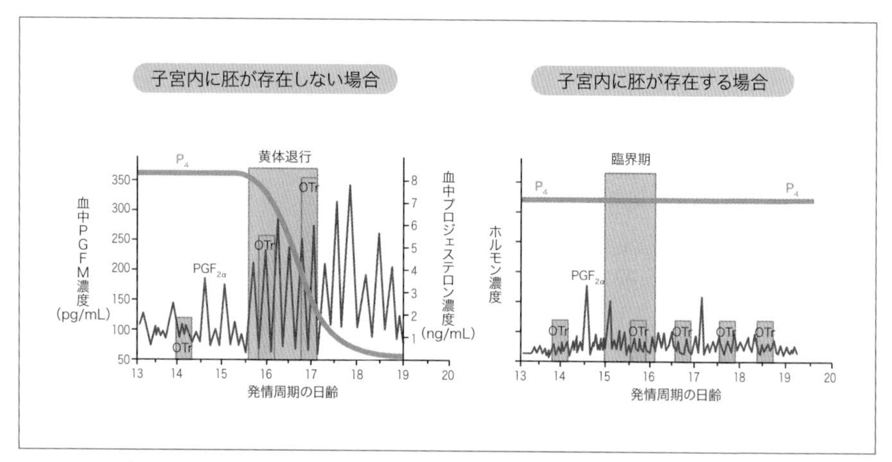

図5　ヒツジの黄体退行期と同じ日齢の妊娠初期の内分泌動態の比較

子宮内に胚が存在すると，IFNtの作用によって子宮内膜オキシトシン受容体（OTr）の発現がダウンレギュレートされ，$PGF_{2\alpha}$の産生が抑えられて黄体退行が阻止される．

（Pathways to pregnancy and parturition, Senger より引用改変）

謝産物であるPGFMが比較的安定であることに着目して，$PGF_{2\alpha}$の代わりにPGFMを測定することが行われている．

4-4. インターフェロンτ

雌動物が発情・排卵，交尾を経てその生殖道内に胚が存在する場合には，黄体退行が起こらず，次回の発情が回帰しない（**図5**）．母体は胚が産生するシグナル分子を検知して黄体の寿命を伸ばす．この機構を**妊娠認識**（pregnancy recognition）という．反芻類の胚は受精後2～3週の時期に妊娠認識シグナルである**インターフェロンτ**（interferon τ：IFNt）という蛋白質を産生する．IFNtはI型インターフェロンのファミリーに属する分子で，その構造と機能はインターフェロンαやインターフェロンωに類似しており，IFNtはインターフェロンωから派生した遺伝子であると考えられている．受容体への結合に関しても，I型インターフェロン受容体に結合するという共通の性質がある．ウシIFNtには20種類以上のパラログが存在し，その多くが栄養膜で発現していることが報告されている．パラログの拡大の生理的意義は明らかではないが，前述の胎盤性PRLファミリーの拡大と併せて，胎盤における遺伝子発現とその生理機能を考える上で興味深い．IFNtは分子量24,000の糖蛋白質で，胚の栄養膜単核細胞から分泌される．受精後2～3週の反芻類胚は，伸長胚とよばれ，全長20cm程度のフィラメント状に成長する．IFNt遺伝子の転写は胚盤胞期から認められるが，大量の蛋白質が分泌されるのは受精後2～3週の約1週間の時期である．伸長胚によるIFNtの産生時期は，通常のウイルス感染初期のIFN発現がきわめて一過的であることに比べて非常に長い．

胚の栄養膜単核細胞から分泌されたIFNtは子宮内膜組織のI型インターフェロン受容体に結合し，子宮内膜のオキシトシン受容体発現をダウンレギュレートする．その結果オキシトシンによる子宮内膜の$PGF_{2\alpha}$産生が抑制され，黄体寿命が延長する[5]．

高橋　透（たかはし　とおる）

[参考文献]

1）Maston GA, Ruvolo M.（2002）：Chorionic gonadotropin has a recent origin within primates and an evolutionary history of selection. *Mol Biol Evol.*, 19（3）：320-35.

2）Murphy BD, Martinuk SD.（1991）：Equine chorionic gonadotropin. *Endocr Rev.*, 12（1）：27-44.

3）Ushizawa K, Takahashi T, Hosoe M, *et al.*（2007）：Expression and characterization of novel ovine orthologs of bovine placental prolactin-related proteins. *BMC Mol Biol.*, 8：95.

4）Soares MJ, Alam SM, Duckworth ML, *et al.*（2007）：A standardized nomenclature for the mouse and rat prolactin superfamilies. *Mamm Genome.*, 18（3）：154-6.

5）Roberts RM.（2007）：Interferon-tau, a Type 1 interferon involved in maternal recognition of pregnancy. *Cytokine Growth Factor Rev.*, 18（5-6）：403-8.

5 生殖内分泌系の機能

はじめに

動物の繁殖活動は内分泌系および神経系により制御されるが，視床下部，下垂体および性腺（卵巣あるいは精巣）は繁殖機能制御の主軸をなす器官である．これらはホルモンを介して互いに影響し合いながら繁殖機能を制御し，とくに**視床下部－下垂体－性腺軸**（hypothalamic-pituitary-gonadal〈HPG〉axis）とよばれる．卵巣および精巣の機能や性腺からのホルモン分泌は，上位の器官である**下垂体前葉**（anterior pituitary）から分泌される**性腺刺激ホルモン**（gonadotropin）によって制御されている．性腺刺激ホルモン分泌はさらに上位の視床下部から分泌される**性腺刺激ホルモン放出ホルモン**（gonadotropin releasing hormone：GnRH）によって調節されている．視床下部は動物の内分泌系と神経系を統御するうえで重要な役割を果たしており，脳以外の部位の知覚神経から外部環境情報を受け取り，環境条件に適切に対応した繁殖活動を営むように視床下部からのGnRH分泌を制御する．これらに加えて，下垂体後葉ホルモンは生殖道の生理機能に関連しており，子宮あるいは胎盤から分泌されるホルモンは視床下部－下垂体－性腺軸に作用し，繁殖機能の調節に関与する．ここでは繁殖機能制御にかかわる内分泌機構について概説する．

5-1．ホルモンの体内での移動とフィードバック機構

生殖内分泌系の分泌腺から放出されたホルモンは血中に移行して体内を移動する．脂溶性のホルモン（ステロイドホルモン）は血中で**担体蛋白質**（carrier protein）と結合することで全身に運搬され，細胞外液において担体蛋白質から離れ，標的細胞に作用する．一方，ほとんどのペプチドホルモンは水溶性であり，血中に担体蛋白質をもたず溶解した状態で移動し標的細胞に到達する．

生殖系以外の内分泌機構と同様に，視床下部－下垂体－性腺軸においても**フィードバック機構**（feedback mechanism）が存在する．フィードバック機構とは，上位からの刺激に応答した下位の内分泌器官が自らのホルモン分泌を介して上位の内分泌器官にはたらきかけ，上位のホルモン分泌を調節するしくみのことである．フィードバック

機構には**負のフィードバック**（negative feedback）および**正のフィードバック**（positive feedback）が存在する．負のフィードバックでは上位からの刺激を弱め，自らの反応をやわらげる作用がある．このフィードバック機構は生殖内分泌系の過剰反応および調節されている性腺機能に激しい変動が起こることを防いでおり，自らの機能が正常にはたらくことを可能にしている．刺激を軽減する負のフィードバックに対し，正のフィードバックは受容した刺激をさらに増強し，より大きな反応を起こさせる．母畜の乳汁の放出を調節するオキシトシンと乳腺筋上皮細胞とのあいだの作用様式は正のフィードバック機構の一例であり，また，卵胞から分泌されるエストロジェンによるGnRH分泌に対する正のフィードバック機構は排卵に必須の制御機構である．

5-2. 視床下部と下垂体の構造と機能

1）構造

視床下部には弓状核，室傍核，視索上核などの神経核があり，これらの領域はそれぞれ異なる機能を有し，さまざまな状況に応じてその機能を発揮している．また，視床下部の頭側部位に存在する視索前野は雌動物における発情周期の回帰を調節する領域として知られる．

下垂体は，発生の段階において胚の異なる領域から発生する2つの融合した分泌腺であり，不連続の腺葉（前葉）と神経葉（後葉）からなる．内分泌系と神経系との構造的・機能的関係がこれほど密接な器官は下垂体以外にない．下垂体は蝶形骨の下垂体窩にあり，下垂体柄と**正中隆起**（median eminence）部によって視床下部と連絡している．

2）機能：分泌と作用経路

視床下部で産生されるホルモンはおもに2つの経路を通り，下垂体からのホルモン分泌を制御する．1つは視床下部で産生されたホルモンがおもに視床下部正中隆起部において特殊な血管系に分泌され，**下垂体前葉**（anterior lobe of the pituitary）に運ばれる経路である．視床下部と下垂体前葉には両者のあいだに直接の神経連絡路は存在していない．この領域の血管系は上下垂体動脈から分岐した血管が視床下部正中隆起部において毛細管床となり，そして再び集まって下垂体柄を通る太い血管となるが，この血管は下垂体前葉に入ると再び毛細管床となる．この2つの毛細管床をつなぐ太い血管は**下垂体門脈**（hypophyseal portal vessel）とよばれる．視床下部から放出されるホルモンの一部は正中隆起の毛細管に放出されて下垂体門脈に入り，この経路を通って下垂体前葉からのホルモン分泌を調節している．この経路では視床下部から放出されるわずかな量のホルモンが全身循環を通過することなく下垂体門脈を介して直接下垂体前葉に作用することができるので，効率的に下垂体機能を調節することが可能となる．

もう1つの経路は視床下部の神経分泌細胞の軸索が**下垂体後葉**（posterior pituitary）に終末し，神経ホルモンが直接下垂体後葉の血管系に分泌される経路である．下垂体後葉は視床下部が胚発生中に口腔方向に下降して成長した伸長部分である．視床下部に存在する特定の神経分泌細胞は下垂体後葉においてホルモンを貯蔵し，視床下部からのシグナルに応答して直接ホルモンを全身循環血中に放出している．繁殖機能の内分泌調節において，前者の経路で作用するもっとも重要なホルモンがGnRHであり，後者の経路で作用するホルモンがオキシトシンである．

5-3. GnRHによる下垂体前葉性性腺刺激ホルモン分泌の制御

GnRHは視床下部正中隆起部において放出され，下垂体門脈を通って下垂体前葉のゴナドトロフに作用する．これにより下垂体前葉からは**黄体形成ホルモン**（luteinizing hormone：LH）および**卵胞刺激ホルモン**（follicle-stimulating hormone：FSH）の合成および分泌が促進される．しかし，FSH分泌は卵巣から分泌されるインヒビンによって負のフィードバック制御を受けており，GnRH分泌の刺激効果はおもにLH分泌に反映される．

GnRHの分泌様式はホルモン分泌のなかでも典型的なパルス状（拍動性）分泌様式である（**図1**）．この現象は雌雄ともにみられる．パルス状分泌の発生頻度は動物種や繁殖ステージによって数十分から数時間の範囲で大きく変化し，この分泌頻度の変化が下垂体からのLHとFSH分泌に影響する．このようなGnRHの拍動性分泌は視床下部に存在する“**GnRHパルスジェネレーター**（GnRH pulse generator）”と称される神経機構により支配されており（**図2**），サル，ラット，ヤギではGnRHパルスジェネレーター活動を電気生理学的手法を用いてモニターすることに成功している．雌雄ともに性腺の外科的摘出はGnRHパルスジェネレーターの活動頻度をすみやかに上昇させる．このことは，GnRHパルスジェネレーターの活動が性腺から分泌されるステ

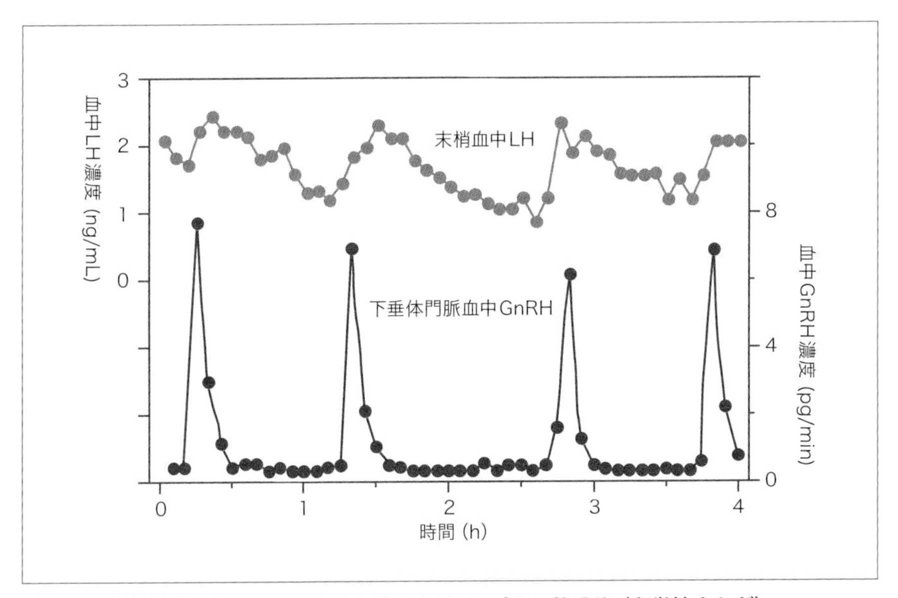

図1　下垂体門脈血中GnRHおよび末梢血中LHのパルス状分泌（卵巣摘出ヤギ）
4時間のあいだに明瞭な4つのGnRH（●）のパルス状分泌が観察され，末梢血中LH（●）濃度が同期して上昇している．

ロイドホルモンによって恒常的に負のフィードバック制御を受けていることを示している．また，雌動物の卵胞期では特徴的なGnRHおよびLHの一過性の大量放出（サージ状分泌）が起こる．これはエストロジェンの正のフィードバック作用によるものであるが，GnRHサージの発現にはGnRHパルスジェネレーターとは異なる神経機構，“**GnRHサージジェネレーター（GnRH surge generator）**”の存在が提唱され（**図2**），それらの具体的なメカニズムについて詳しい解析が進められている．

5-4. 繁殖機能調節におけるオキシトシンの役割

下垂体後葉から分泌される**オキシトシン（oxytocin）**のもっとも重要な生理作用は生殖道や乳腺における平滑筋収縮作用である．雄では排出管系の平滑筋に作用し，精巣上体尾部から射出部位までの精子の移動を助ける．交配時におけるオキシトシン分泌は視覚，聴覚，嗅覚，触覚の受容器で受容した性的興奮により刺激される．オキシトシンは雌においてとくに乳腺や子宮の平滑筋を収縮させる．また，子宮内膜における**プロスタグランジン**$\mathbf{F_{2\alpha}}$**（**$\mathbf{PGF_{2\alpha}}$**）**の産生を刺激し，産生された$PGF_{2\alpha}$の作用によって

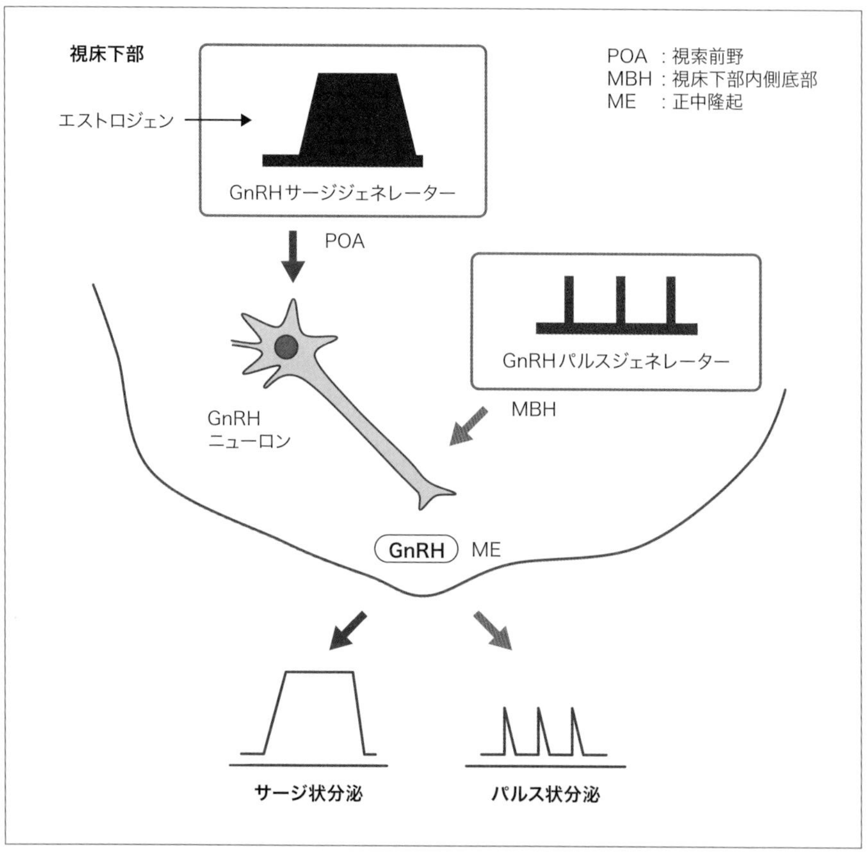

図2　雌動物のGnRH分泌を制御する視床下部機構の想定模式図

パルス状およびサージ状GnRH分泌はそれぞれ異なる神経機構であるGnRHパルスジェネレーターおよびGnRHサージジェネレーターにより制御されている．雄動物ではGnRHサージジェネレーターは存在しない，あるいは機能的に喪失（または低下）していることが想定されている．

子宮筋の収縮がさらに増強される．子宮における平滑筋の収縮作用は，交配によって膣または子宮内に射出された精子が卵管に到達することを物理的に補助する役割があり，分娩の際には陣痛を引き起こして胎子の娩出を促す．子宮筋のオキシトシンに対する感受性は，エストロジェンによって高まり，プロジェステロンによって低下する．オキシトシンによる乳腺胞筋上皮細胞の収縮は，腺胞内または小腺管内に貯留している乳汁を排出（射乳）させる作用につながる．子の吸乳刺激は知覚神経を介して視床下部のオキシトシン分泌神経を刺激し乳汁の分泌を促す．そして乳汁の放出がさらに子の吸乳を促し，子が満足するまでこの正のフィードバック作用の刺激経路が作動することになる．オキシトシンは下垂体後葉以外に黄体からも分泌されていることが示されており，子宮内膜から分泌される$PGF_{2\alpha}$による黄体退行機序にも関与していることが明らかとなっている．

5-5. 性腺刺激ホルモンによる性腺機能の調節

動物の生殖周期が正常に営まれるためには，雌雄における卵巣および精巣の機能が性腺刺激ホルモンによって刺激されることが重要である．性腺刺激ホルモン分泌はGnRHパルスジェネレーターの支配を強く受け，雌における発情周期や雄における精子形成を調節している．とくに，雌動物における発情周期において，GnRHパルスジェネレーター活動は大きく変化し，発情の発現や排卵のタイミングを制御している（**図3**）．このような調節機構が正常に機能することで，動物の交配行動が起こり，妊娠・分娩にいたる**完全生殖周期**（complete reproductive cycle）が成立することになる．

完全生殖周期の成立には雌動物の**発情周期**（estrous cycle）の開始が必須となる．発情周期は**卵胞期**（follicular phase）に始まり，卵胞期の開始は視床下部からのパルス状GnRH分泌，とくに分泌頻度の増加が生殖内分泌系の最初のシグナルとなる（**図4**）．卵巣では卵胞の発育と閉鎖退行が繰り返し発現しており（**卵胞発育波**：follicular wave），卵胞は成熟できる機会を待っている状態にある．視床下部のGnRHパルスジェネレーターの活動が活発となりパルス状GnRH分泌頻度が増加すると，下垂体からLHおよびFSHのパルス状分泌が促進され，卵巣の卵胞発育と成熟が刺激される．この現象には活発なエストロジェン分泌を伴う．

LHおよびFSHは卵胞の**顆粒層細胞**（granulosa cell）および**内卵胞膜細胞**（theca interna cell）を刺激する．LHは内卵胞膜細胞の細胞膜に存在するLHレセプターに結合し，セカンドメッセンジャーを介してコレステロールからテストステロンの合成を刺激する．一方，FSHは顆粒層細胞に存在するFSHレセプターに結合し，テストステロンからエストラジオール合成を刺激するように作用する．このように成熟過程の卵胞におけるエストロジェン合成は2つの刺激ホルモンと卵胞における2つの細胞群により制御されている．そして，血中に放出されたエストロジェンは子宮や外部生殖器に作用して発情期に特有な所見を呈し，また脳にはたらいて雌の発情行動を誘発する．

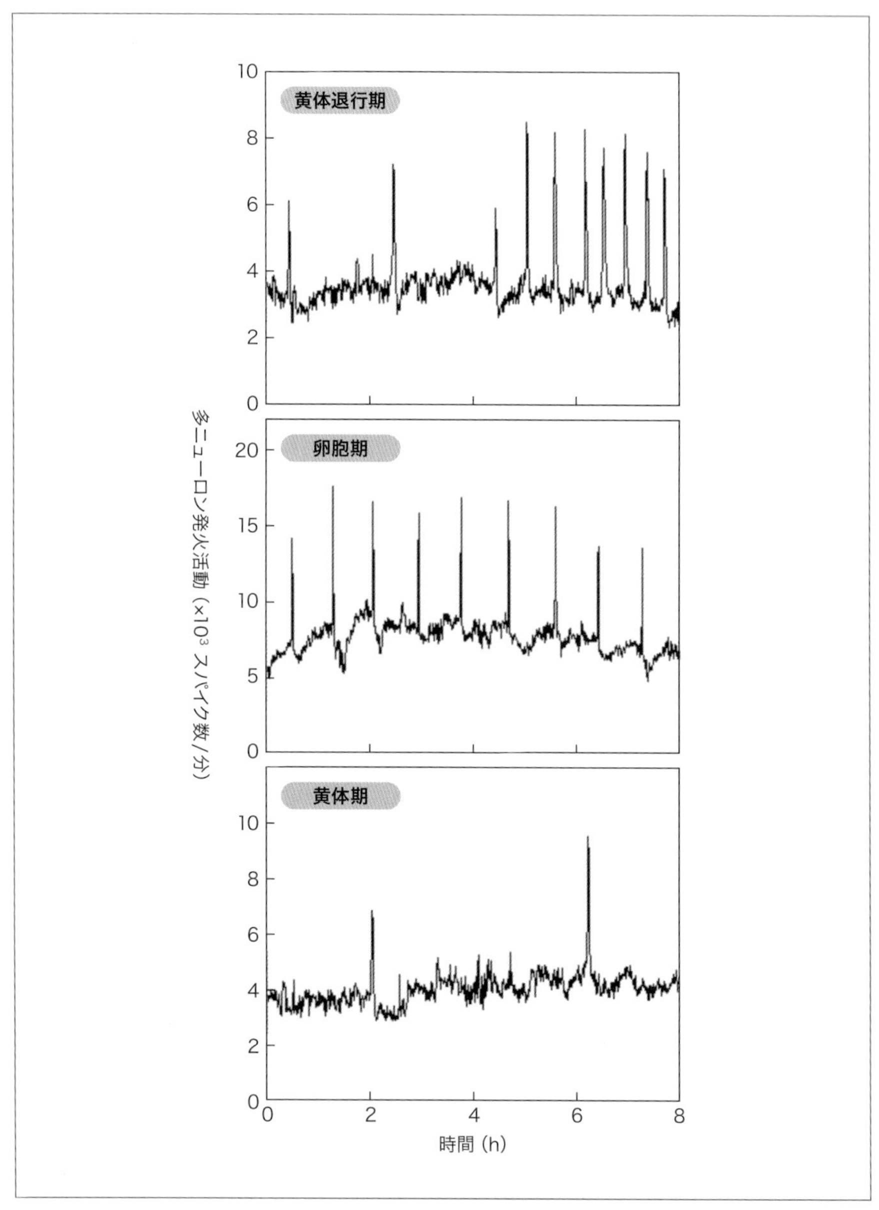

図3　GnRHパルスジェネレーター活動を反映する視床下部神経発火活動の発情周期における変化（雌ヤギ）

GnRHパルスジェネレーター活動は特徴的な神経発火数の上昇として観察される．黄体期（下段）にはパルスジェネレーターの活動頻度は低く，卵胞期（中段）に高くなる．黄体期から卵胞期への移行期である黄体退行期（上段）では，活動頻度の急激な変化が起こる．

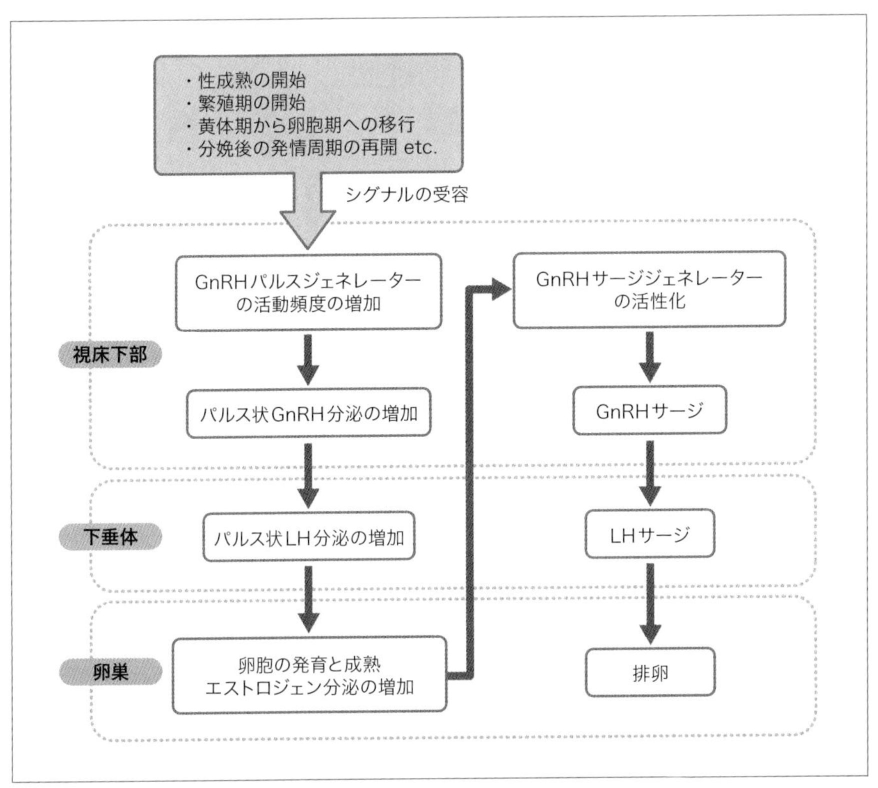

図4　卵胞期における卵胞発育から排卵までのステップ

脳が発情周期開始のシグナルを受容すると，視床下部のGnRHパルスジェネレーターの活動が刺激される．視床下部→下垂体→卵巣→視床下部→下垂体→卵巣という正のフィードバック機構を介した内分泌系の調節機構により，卵胞の発育と成熟，それに続く排卵が誘発される．

一方，エストロジェンの血中濃度がある一定の値（閾値）を超えると，視床下部に存在するGnRHサージジェネレーターが駆動する．GnRHサージジェネレーターの活性化によって下垂体門脈中に持続的なGnRHの大量放出（**GnRHサージ**：GnRH surge）が起こり，血中LH濃度の急激な上昇（**LHサージ**：LH-surge）が誘起される（正のフィードバック）．この時点において，卵胞の細胞の多くがLHに対するレセプターを有しており，大量のLH刺激に対してさらに強く反応できる．LHサージは最終的な卵胞の成熟と排卵プロセスを誘導し，顆粒層細胞および内卵胞膜細胞を黄体化へと導き，多くの家畜でLHサージ開始後約30～40時間に排卵が起こる．

交尾排卵動物（copulatory〈reflex〉ovulator）（ネコ，フェレット，スンクスなど）では

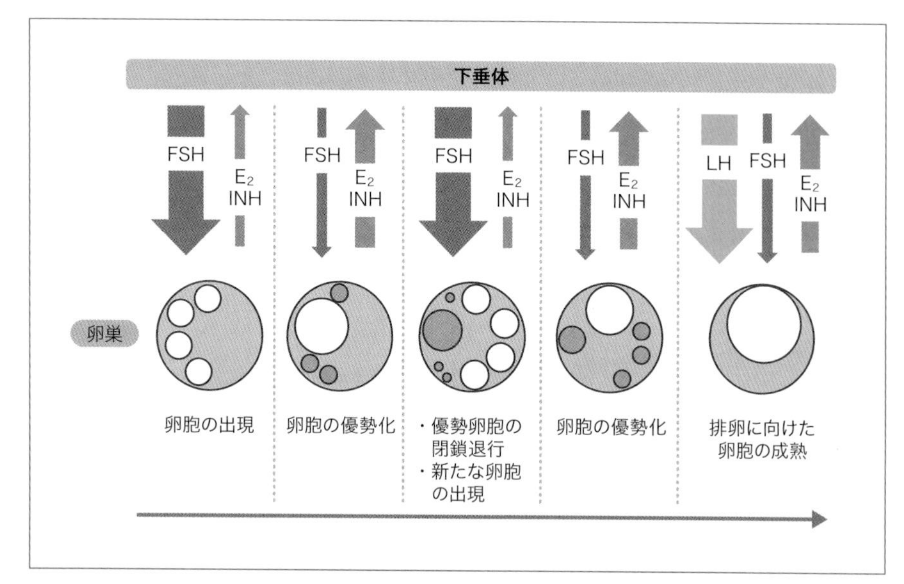

図5　卵胞発育波の発生メカニズムの模式図

卵巣における卵胞発育波（卵胞の発育と閉鎖退行）は繰り返し起こり，おもに下垂体前葉からのFSH分泌および卵胞からのエストラジオール（E_2）とインヒビン（INH）分泌が卵胞発育波の調節に関与する．卵胞期においてLH分泌が亢進すると優勢卵胞は閉鎖退行せずに，排卵に向けて発育と成熟を続ける．

エストロジェンの直接作用によってGnRHサージジェネレーターは駆動されない．代わりに膣や子宮頸で受容した交尾刺激が求心性神経を介して神経性に視床下部に伝達され，GnRHサージジェネレーターを駆動する．その結果，交尾刺激があった場合にのみ，GnRHサージおよびLHサージが起こり排卵が誘起される．

雌動物の卵胞発育波の調節には下垂体と卵巣とのあいだにおけるホルモンの相互作用が関与する（**図5**）．無発情や発情周期の黄体期においてGnRHパルスジェネレーターの活動は低下しているが，この状態では卵胞の発育と閉鎖退行が繰り返し起こり，卵胞の成熟が抑制される．この制御機構にはおもに下垂体からのFSH分泌，卵胞の顆粒層細胞から分泌される**インヒビン**（inhibin），および**エストロジェン**（estrogen）分泌がかかわっている．卵胞発育波が開始される際には，血中のインヒビンおよびエストロジェン濃度が低い状態にあるため，負のフィードバック作用が減少して血中FSH濃度が上昇する．FSH濃度の上昇は小型卵胞の出現を引き起こし，出現した卵胞からインヒビンとエストロジェン分泌が開始される．するとFSHおよび

LH分泌が抑制されるため，これらのホルモンの低下に対しても反応性を有する卵胞のみが選抜され発育を継続することになる（卵胞の選抜と優勢化）．卵胞の優勢化が進行するとインヒビンおよびエストロジェン分泌がさらに増加する．この時点においてGnRHパルスジェネレーターの活動が活性化されなければFSH，LH濃度がさらに低下し，最終的に優勢化した卵胞も閉鎖退行することになる．しかし，卵胞が退行するとインヒビンおよびエストラジオール濃度が再び低下するので，新たな卵胞（波）が再度発現することになる．一方，卵胞の優勢化の時期とGnRHパルスジェネレーターが活性化して性腺刺激ホルモンの分泌頻度が増加する卵胞期が重なると，卵胞は閉鎖退行せずに発育を続け，多量のエストロジェン分泌を伴って最終的に排卵にいたる．よって，卵胞が閉鎖退行するかそのまま成熟して排卵にいたるかはGnRHパルスジェネレーターの活動の変化と卵胞発育波発生のタイミングによって左右されることになる．

5-6. 黄体と子宮における内分泌機構

1）プロジェステロン

排卵後，排卵した卵胞を起源として**黄体**（corpus luteum）が形成される．黄体は一時的な内分泌器官としてはたらき，視床下部－下垂体－性腺軸に子宮を加えた内分泌調節系が黄体の機能調節に関与する．排卵後数日間は視床下部から活発なパルス状GnRH分泌が起こり，下垂体からのLH分泌を介して顆粒層細胞および内卵胞膜細胞に由来する黄体細胞の発育および**プロジェステロン**（progesterone）分泌を刺激する．LHが黄体細胞の細胞膜上にあるレセプターに結合するとセカンドメッセンジャーを活性化して，プロジェステロンの基質である**コレステロール**（cholesterol）をミトコンドリア内に誘導し，ミトコンドリア内においてコレステロールから**プレグネノロン**（pregnenolone）が合成される．ミトコンドリアから細胞質内に出たプレグネノロンは変換酵素によりプロジェステロンに変換され，黄体細胞から放出される．

プロジェステロンは子宮内膜にはたらいて，妊娠成立のための着床性増殖を引き起こすことに加え，繁殖に関係するいくつかの因子を抑制する作用を有する．プロジェステロンは子宮に対して自発運動を抑制し，オキシトシンに対する感受性を低下させて，子宮の平滑筋収縮が起こりにくい状態にする．卵管に対しては子宮端部位の括約筋を弛緩させ，胚の子宮内進入を容易にする．内分泌系に対する重要な抑制作用とし

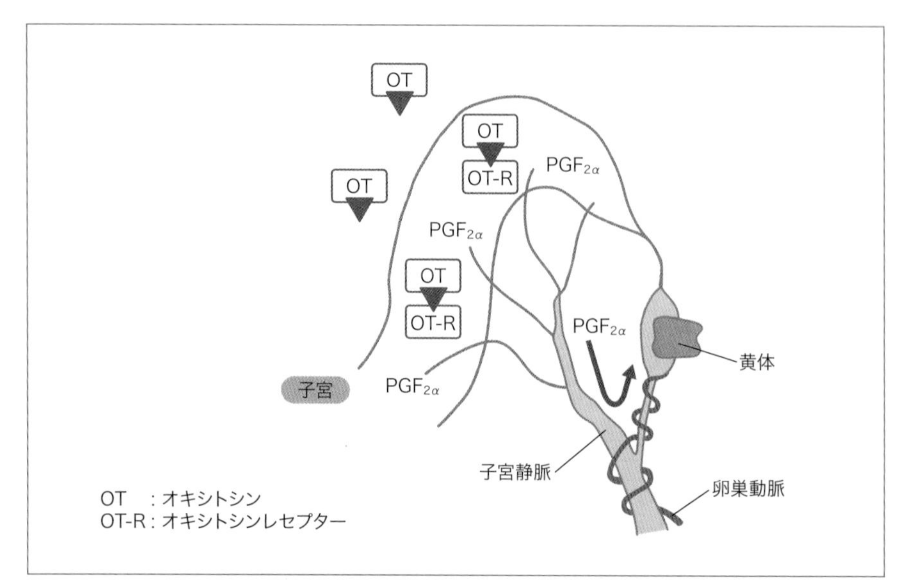

図6　黄体退行の内分泌調節の想定模式図
オキシトシンは子宮内膜においてレセプターに結合し，PGF$_{2\alpha}$分泌を刺激する．子宮静脈内に移行したPGF$_{2\alpha}$は対向流機構を介して直接卵巣動脈に移行し，黄体を退行させる．

て，血中のプロジェステロン濃度の上昇は視床下部のGnRHパルスジェネレーターおよびサージジェネレーターの活動を抑制する．その結果，下垂体からのLHおよびFSH分泌が低下し，卵胞の成熟と排卵が抑制される．これらのいずれの抑制作用も妊娠の成立にとって重要である．

2）オキシトシン

黄体が退行する過程では卵巣と子宮とのあいだにある特殊な内分泌調節機構がかかわる（**図6**）．排卵後に受胎しない場合，子宮内膜からPGF$_{2\alpha}$が排卵の一定期間後（ウシでは排卵後17日前後）から分泌され始める．分泌されたPGF$_{2\alpha}$は子宮静脈と卵巣動脈との**対向流機構**（counter current mechanism）を介して，全身循環を通過せずに直接卵巣の黄体に作用し，**黄体退行**（luteolysis）を引き起こす．子宮からのPGF$_{2\alpha}$分泌を調節する物質として，黄体から分泌されるオキシトシンが重要であることが示されている．卵胞の顆粒層細胞におもに由来する**大型黄体細胞**（large luteal cell）はプロジェステロン分泌に加えオキシトシンを合成・分泌する．オキシトシンとPGF$_{2\alpha}$はお互いがそれぞれに対し促進的な刺激物質として作用し，いわゆる局所的な正のフィードバック機構によって，オキシトシンが黄体退行時における子宮内膜からの $PGF_{2\alpha}$ 分泌を刺激していると考えられている．実際，ウシの黄体細胞は多量のオキシトシンを含んでいることや，黄体が退行する時期において，オキシトシン分泌と $PGF_{2\alpha}$ 分泌が同期して起こっていることが明らかにされている．

3）$PGF_{2\alpha}$ 分泌

子宮内膜から $PGF_{2\alpha}$ 分泌が開始されるタイミングを調節している機構についてはまだ十分に解明されていない．血中のプロジェステロンが上昇し，子宮内膜がある一定期間プロジェステロンに暴露されることにより $PGF_{2\alpha}$ の産生のタイミングが調節されているという仮説が提唱されている．ウシにおいて排卵後から外生的にプロジェステロン投与を行って黄体開花期レベルのプロジェステロン濃度を黄体初期に再現すると，黄体退行が早期に開始する．プロジェステロンは子宮内膜に作用し**オキシトシン受容体**（oxytocin receptor）の発現を抑制するが，10～12日間程度作用すると，その抑制効果が消失する．そのため，オキシトシンレセプターの発現に伴ってオキシトシンによる $PGF_{2\alpha}$ 分泌の刺激効果が開始すると推測されている．しかし，プロジェステロンによるオキシトシンレセプターの発現抑制効果が一定期間後に消失する理由については，明らかとなっていない．

5-7. 精巣のホルモン調節

雌動物と同様に，精子形成においても下垂体からのLHおよびFSHが重要な役割を果たしており，視床下部GnRHパルスジェネレーターに支配されたGnRH分泌頻度の変化により制御されている．精子形成において，精子発生過程はFSHにより促進されることが知られており，一次精母細胞の減数分裂とその後の精子完成過程は**テストステロン**（testosterone）により促進される．テストステロン分泌はLHによって制御されており，LH分泌刺激が間接的に精子形成を促進していることになる．LHは**間質細胞**（interstitial cell）（**ライディヒ細胞**：Leydig cell）に作用してアンドロジェン類，とくにテストステロン分泌を促進する．FSHはセルトリ細胞に作用して，テストステロンをエストロジェンに変換して，エストロジェン分泌を促す．よって，間質細胞およびセルトリ細胞の役割は卵巣における内卵胞膜細胞および顆粒層細胞の役割とそれぞれ類似している．間質細胞から分泌されたテストステロンは副生殖腺の上皮細胞を活性化し，また視床下部のGnRHパルスジェネレーターに作用してパルス状GnRH分泌およびLHやFSH分泌を抑制する．視床下部と下垂体前葉に対するテストステロンの抑制作用はGnRH，LH，FSHの血中レベルを調節する主要な負のフィードバック機構である．

5-8. 胎盤からのホルモン分泌と妊娠維持

妊娠の成立によって形成される**胎盤**（placenta）はホルモンを分泌し，妊娠期間における重要な内分泌器官としてはたらく．胎盤からはステロイドホルモンとしてプロジェステロンおよびエストロジェンが分泌される．プロジェステロンは妊娠の維持に必須のホルモンであるが，ウシ，ウマおよびヒツジではある一定の妊娠期間を過ぎると黄体からのプロジェステロン供給の重要性が低下する．つまり，これらの家畜では一定の妊娠期間を過ぎた時点において黄体を除去しても，胎盤由来のプロジェステロンによって供給が補完され流産が発生しない．一方，ブタ，ヤギ，イヌ，ネコ，ウサギでは黄体からのプロジェステロンの供給が妊娠期間全体を通して必須である．胎盤由来のエストロジェンは妊娠末期に子宮筋のオキシトシンに対する感受性を増加させる．

ウマおよびヒトの胎盤からは妊娠初期にそれぞれ**馬絨毛性性腺刺激ホルモン**（equine chorionic gonadotropin：eCG）および**ヒト絨毛性性腺刺激ホルモン**（human chorionic gonadotropin：hCG）が分泌され妊娠の維持に関与する．ウマにおいて，eCGはすでに存在している黄体を刺激する作用に加え，妊娠中に発育している卵胞を排卵または卵胞壁を黄体化させることにより副黄体の形成を促す．hCGは卵巣の黄体に作用してプロジェステロン分泌を刺激する．両ホルモンともに胎盤が十分な量のプロジェステロンを産生分泌するまでのあいだ，妊娠が維持されるように黄体を刺激する．eCGおよびhCGはほかの家畜においても性腺刺激ホルモン作用を発揮することから，家畜における繁殖用薬として汎用される．

5-9. ホルモンの作用効果

ホルモンがそれぞれの標的器官において作用するときの効果の強さは3つの要因により左右される．それらは，血中のホルモンレベル，標的器官におけるホルモンレセプターの濃度およびホルモンとレセプターの親和性である．

1）血中のホルモンレベル

血中のホルモンレベルは分泌細胞におけるホルモンの合成量や分泌量に依存するが，肝臓や腎臓で代謝され血中から消失する速度にも影響を受ける．たとえば，乳牛において，乳生産を維持するために多くの飼料を給与するが，このことは肝臓における血流量を増加させ血中プロジェステロン濃度の代謝率を上昇させることにつながる．実際，高泌乳牛の血中プロジェステロン濃度は非泌乳牛に比べて低下することが報告されている．プロジェステロン濃度は受胎の成立にかかわるホルモンであり，プロジェステロン濃度の低下が高泌乳牛における受胎性に影響を及ぼしている可能性が指摘されている．

2）レセプターの濃度

標的器官におけるレセプターの濃度はさまざまな要因により変化する．たとえば，FSHは卵胞におけるLHレセプターの発現を増加させる作用（up regulation）がある．逆にGnRHやその類縁物質は投与直後において性腺刺激ホルモンを放出させるが，長期間にわたり持続投与すると下垂体前葉におけるGnRHレセプターを減少させ（down regulationまたはdesensitization），GnRHの刺激効果が消失する．卵胞発育波において，大きさが増大し発育している過程の卵胞は性腺刺激ホルモンに対して高い感受性を有するが，閉鎖退行を開始すると感受性が低下する．これは卵胞発育波における卵胞の発育から閉鎖のステージにおいてレセプターの数が変化していることがかかわっており，卵胞に対する生体内のホルモンやホルモン薬の投与効果は卵胞の発育ステージによって影響を受けることを示している．

3）ホルモンの親和性

レセプターに対するホルモンの親和性は化学的特徴が大きく関与する．たとえば，テストステロンが変換されることによって生じる**ジヒドロテストステロン**（dihydrotestosterone）はテストステロンの数十倍～100倍程度の生物活性があることが知られている．また，天然のホルモンに比べその**類似体**（**analog**）（または**作動薬**：agonist）はレセプターとの親和性が高く強い生理活性が得られるため，臨床分野では天然のホルモンよりもその類似体が広く利用される．一方，**拮抗薬**（antagonist）とよばれるホルモン剤はレセプターとの親和性が天然のものよりも高いが，レセプターに結合したあとの生理応答を起こさない．そのため，内因性のホルモンがレセプターと結合することができず，生理作用が発揮されない．拮抗ホルモン剤はホルモン作用を抑制することを目的とした薬剤として活用される．

5-10. 繁殖に影響する環境因子と生殖内分泌系

動物をとりまく自然環境や社会環境，生理状態や栄養状態といった動物体内の内部環境など，生体内外のさまざまな環境因子が繁殖機能に影響を及ぼしていることが知られている．ここではその代表的な例として，光周期，栄養状態，ストレス，吸乳刺激，およびフェロモンをとりあげて概説する．

1）光周期

四季の変化が明瞭な温帯から亜寒帯では，繁殖期を特定の季節に限定する**季節繁殖**（seasonal breeding）を営む動物種が多い．日照時間が12時間を超える春から夏に繁殖期を迎える動物を長日繁殖動物とよび，ウマやハムスターが含まれる．逆に，日照時間が短くなる秋から冬に繁殖期を迎える動物は短日繁殖動物であり，ヒツジやヤギなどがその例である．一方，ウシやブタでは繁殖活動に明確な季節性がみられないため，周年繁殖動物とよばれている．季節繁殖は，莫大なエネルギーを必要とする哺育の時期を餌がもっとも豊富にある春に限定し，母子の生存を高めるための適応的繁殖戦略である．そのため，種に固有の妊娠期間に関連づけて繁殖期が決められており，妊娠期間が約5ヵ月のヒツジやヤギでは秋に，約1年のウマでは前年の春に交尾して受精する．妊娠期間が20日程度と短いハムスターでは，交尾－妊娠－出産－哺育の一連の過程は1つの繁殖期のなかで完了する．

季節繁殖動物にとって自分の繁殖期を知るためにもっとも信頼できる手がかりは，日照時間の変化，**光周期**（photoperiod）である．網膜で受容された光の情報は，生物時計の本体である視床下部視交叉上核で処理されたあと，上頸交感神経節を経て**松果体**（pineal gland）へと伝達される（**図7**）．内分泌器官である松果体からは，交感神経終末からの刺激が高まる暗期に**メラトニン**（melatonin）というホルモンが分泌される．メラトニンは明期にはほとんど分泌されない．このようにして，光周期の情報は，暗期の長さを伝えるメラトニンの分泌パターンに読みかえられ全身に伝えられることになる．長日型の季節繁殖動物では，日照時間が長くなりメラトニン分泌が減少する

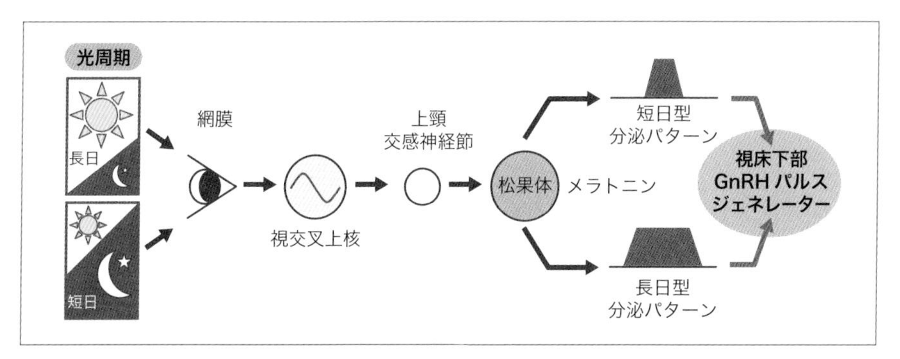

図7　光周期による繁殖機能調節のメカニズム
日照時間の情報は，夜の長さを知らせるメラトニンの分泌パターンとしてGnRHパルスジェネレーターに伝えられ，GnRHパルス頻度が調節される．

と，パルス状GnRH分泌が亢進して繁殖期を迎え，逆に，日照時間が短くなりメラトニン分泌が増加すると，パルス状GnRH分泌は抑制され非繁殖期となる．短日型の季節繁殖動物では，メラトニン分泌量とGnRHパルスとの関係は正反対であり，短日環境下におけるメラトニン分泌の増加がGnRHパルス亢進の引き金となっている．

2）栄養状態

繁殖機能に栄養状態が大きな影響を及ぼしていることは，ヒトを含め多くの動物種でよく知られている現象である．たとえば，神経性拒食症の女性ではしばしば月経周期の乱れや月経の消失がみられるという．また，乳牛では泌乳初期には過量の乳生産により生理的低栄養状態となり，卵巣静止や初回発情の遅延などの繁殖障害が起きやすい．**図8**には，このことをヤギで実験的に確かめた結果が示されている．通常の給餌条件下では一定の頻度で起こっていたGnRHパルスジェネレーター活動が，絶食期間の進行すなわち栄養状態の悪化に伴い弱まり，活動の間隔が次第に延びていく．給餌を再開すると，GnRHパルスジェネレーターの活動間隔はゆっくりと元の状態へと回復していく．このように，パルスジェネレーター活動と栄養状態とのあいだに厳密な相関があることは明白である．

では，いったいどうやって脳は末梢の栄養状態を知るのであろうか？　動物の体内では，**エネルギー恒常性**（energy homeostasis）というしくみによりエネルギーレベル

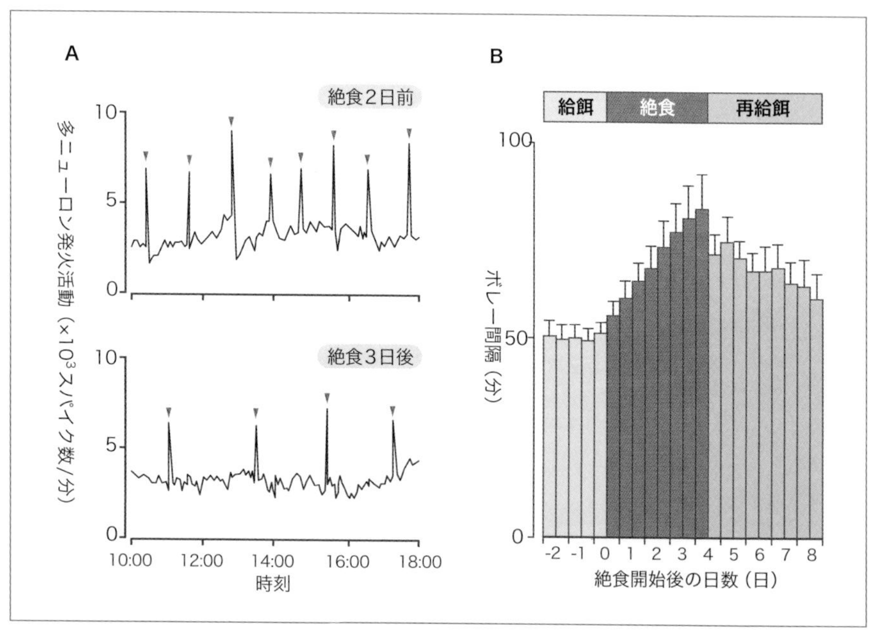

図8　ヤギにおけるGnRHパルスジェネレーター活動と栄養状態との関連

A：GnRHパルスジェネレーター活動を連続的に計測しながら，絶食の影響を解析した．一過性の神経発火数上昇（ボレー：▼）は，GnRHをパルス状に放出させる指令である．絶食前に比べ，絶食負荷3日目ではボレー間隔が約2倍に延長している．

B：12時間ごとのボレー間隔平均値の経時的変化．

はつねに一定のレベルに保たれている（**図9**）．恒常性のバランスを保つため，エネルギー摂取が消費を上回った場合には摂食行動は低下し，逆に摂食量が不足したり，過度のエネルギー消費があったりすると摂食行動は促される．体内のエネルギーの過不足に関する情報は，栄養状態を監視する**代謝シグナル**（metabolic signal）により視床下部へ伝えられ，摂食調節中枢の活動を制御する一方，繁殖調節中枢にも作用して繁殖機能に影響を及ぼしている．動物にとって摂食と繁殖はどちらも根源的な生命活動であり，このように情報処理機構を共有することにより両者の調和がはかられているのであろう．

代謝シグナルとしては，エネルギー基質や代謝関連ホルモンなどの種々の液性因子，さらに消化器からの迷走神経による神経信号など複数の因子がかかわっていることが示されている．たとえば，すべての動物種において**グルコース**（glucose）は主要

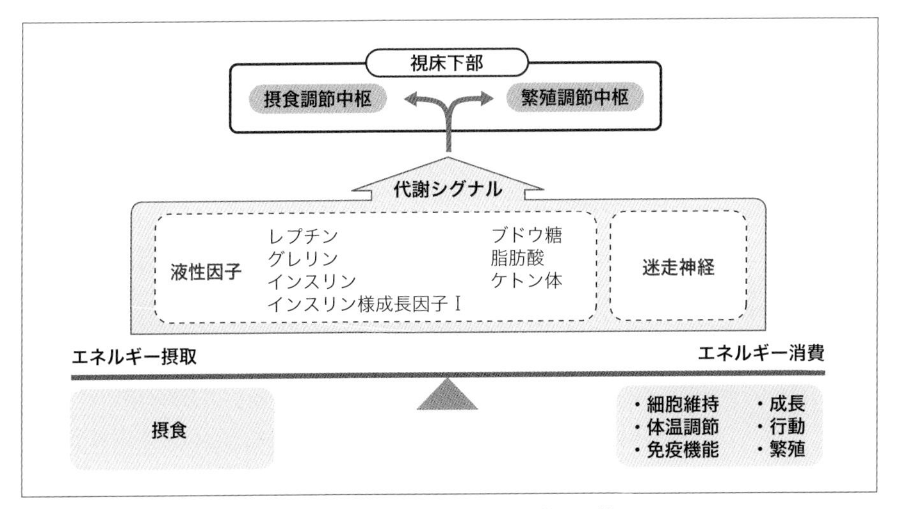

図9　エネルギー恒常性と代謝シグナルによる摂食と繁殖の調節
体内の栄養状態に関する情報は，恒常性を維持するための代謝シグナルにより摂食調節中枢と繁殖調節中枢の双方に伝えられる．

なエネルギー基質であるが，血中グルコース濃度が低下すると摂食行動が促進し，パルスジェネレーターの活動は逆に抑制される．また，脂肪細胞から分泌される**レプチン**（leptin）も摂食と繁殖の双方の制御に関与していることが知られている．多くの液性因子は血液－脳関門を透過できないが，おそらく血液－脳関門を欠く延髄の最後野や視床下部の正中隆起などの**脳室周囲器官**（circumventricular organ）を介してその情報が視床下部へと伝えられるものと考えられる．

3）ストレス

群れで生活するウシやヒツジにとって，1頭だけで隔離された状況は大きな**ストレス**（stress）である．あるいは，運搬車で移動させられるウマやブタにとって，輸送時の振動や騒音は経験したこともないストレスと感じられるであろう．このように，動物をとりまく環境にはさまざまな心理的あるいは物理的ストレスが存在するが，多くの場合，ストレス時にはGnRHパルス分泌の頻度が減少し，繁殖機能は強く抑制される．ストレス学説の提唱者であるセリエによれば，ストレスとは生体が危機的状況におちいったときに共通してあらわれる症候群と定義されており，そのような非常時に，とりあえずは生命の維持に関係のない繁殖が切り捨てられるのは合理的な生理現象ということができる．

ストレスに対する生体反応において，中心的役割を担うのは**視床下部ー下垂体ー副腎軸**（hypothalamic-pituitary-adrenal〈HPA〉axis）である．心理的・物理的を問わず，ストレス時には視床下部室傍核から**副腎皮質刺激ホルモン放出ホルモン**（corticotropin-releasing hormone：CRH）が放出される．CRHは，下垂体の**副腎皮質刺激ホルモン**（adrenocorticotropin：ACTH）を介して副腎皮質ホルモンの分泌を促す一方，脳内では神経伝達物質あるいは神経修飾物質として作用し，パルスジェネレーターの活動を抑制する．その過程には，**オピオイドペプタイド**（opioid peptide）が関与している可能性も示されている．ただし，このような神経機構は必ずしも動物に普遍的なものではないようであり，ストレスによるパルスジェネレーターの活動抑制には副腎皮質ホルモンの作用をはじめ，さまざまな因子がかかわっているものと考えられる．

4）吸乳刺激

泌乳は莫大なエネルギーを必要とする行動であり，文字通りわが身を削って哺乳している最中に受胎してしまうと，妊娠や母体の維持にかかるエネルギーがまかないきれなくなる．この危険を避けるため，通常，出産して泌乳している動物では発情や排卵は起こらない．**泌乳期無発情**（lactational anestrus）とよばれる生理現象であり，季節繁殖と同様，母子の適応度を高めるための繁殖戦略の1つといえる．ヒトもこの例外ではないが，いわゆる文明国では人工ミルクへの依存が高まって泌乳の頻度が少なくなるため，あまり顕著ではない場合が多い．

泌乳時における発情・排卵の停止はGnRHパルスジェネレーターの活動抑制に起因しており，栄養状態の低下を伝える代謝シグナルに加え，**吸乳刺激**（suckling stimulus）の情報が知覚神経を経由して視床下部へと伝えられているものと推察される．

5）フェロモン

ヤギやヒツジでは，非繁殖期の雌の群れに外部から雄を導入すると，それまで停止していた卵巣の活動が回帰し，やがて排卵が起きる現象が知られている．これはアンドロジェン依存性に雄の皮脂腺あるいはその近傍で産生される**フェロモン**（pheromone）による作用であり，「雄効果」とよばれている．フェロモンを受容した雌では，順に，フェロモン受容体，嗅球，扁桃体を経由して伝えられた神経信号によ

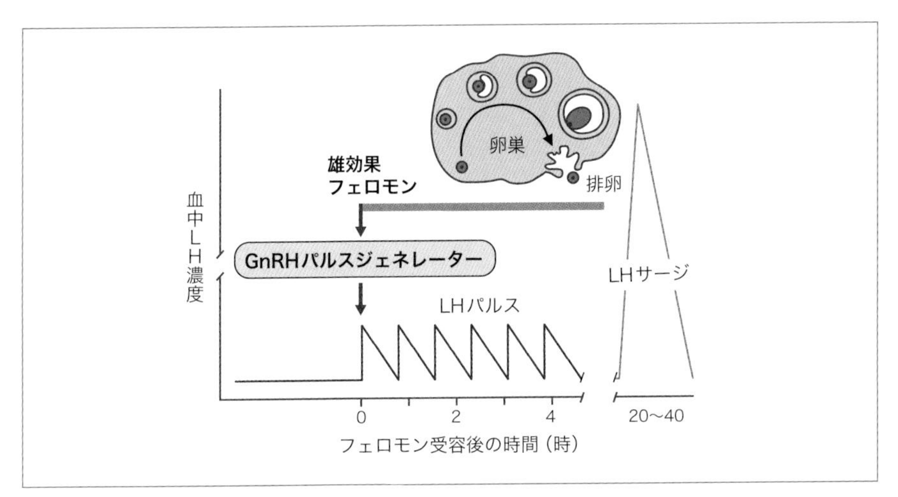

図10　雄効果によるLH分泌動態と卵巣の形態変化を示す模式図
雄のフェロモンを非繁殖期の雌が受容すると，ただちにLHパルスが起こり，フェロモンの受容が続くと（▬）約20～40時間後にLHサージが起きて排卵する．

りGnRHパルスジェネレーターの活動が活性化し，卵胞発育から排卵にいたる一連のカスケードが開始する（**図10**）．

田中　知己（たなか　ともみ），岡村　裕昭（おかむら　ひろあき）

[参考図書]

・Yen and Jaffe's Reproductive endocrinology（6th Edition），Edited by J. F. Strauss III & R. L. Barbieri, 2009, Saunders Elsevier Inc., Philadelphia.
・Keith K. Schillo（2009）：Reproductive physiology of mammals, delmar, New York.
・前多敬一郎（1998）：環境因子と生殖機能．脳と生殖．GnRH 神経系の進化と適応，市川眞澄ほか 編，pp221-225，学会出版センター，東京．

第4章

性の分化

1. 性分化とは
2. 遺伝的性の決定
3. 性腺および副生殖器の性分化
4. 中枢神経系の性分化

1 性分化とは

はじめに

地球上には少なくとも1億種の生物が現存していると考えられており，性のあり方も多元的で多様性をきわめている．したがって“性とは何か”を理解することは必ずしも容易ではない．私たちは**有性生殖**（sexual reproduction）における**雌雄性**（sexuality）のもっとも典型的な哺乳類を想定して，性を理解していることが多い．すなわち，成体雌雄間で明確に異なる形態学的特徴を有していることや，雌は運動性のない大型配偶子の卵子を，雄は小型で活発な運動性をもつ精子を生産するといった性である．ところが，哺乳類の性の概念とは大きく異なるものの，大腸菌などのバクテリアにも性（F因子をもつ大腸菌[+]ともたない大腸菌[－]を意味する）があることを考えると，性の判別がたちまち難解となる．もっとも基本的な意味において性とは遺伝子の混合で，複数の個体（細胞）のDNAを接合，融合あるいは受精などの手段を介して混合させることであり，必ずしも個体の複製・増殖を伴うものではない．一方，生殖とは性を介して個体を複製・増殖させることと理解できる．したがって，生物一般にあてはめると性と生殖は必ずしも同意ではないが，哺乳類に限定すれば生殖は必ず性（受精）を伴うので，一般に性と生殖は同義語として理解されることが多い．また，動物生産学の領域では繁殖と生殖が同じ意味で使用されており，英語ではいずれも“reproduction”である．ここでは，性の意義を論議しながら**性分化**（sex differentiation）の概要を述べる．

1-1．性の進化

地球上に生物が出現して以来38億年にも及ぶ進化の歴史において，現在の生物の繁栄にいたる過程を決定づけた現象はいくつもある．藻類で始まった性の出現は，窒素生物から酸素生物への転換を促した光合成に次ぐ重要な変化ととらえられている[1,2]．性分化の始まりは約20億年前の先カンブリア紀に真核生物が誕生した時期と重なる（**図1**）．そして性分化は，それまでDNA複製を伴う細胞分裂による単純な増殖という段階から，複数の親から「接合・融合・受精」という手段を介して，複雑な組み合

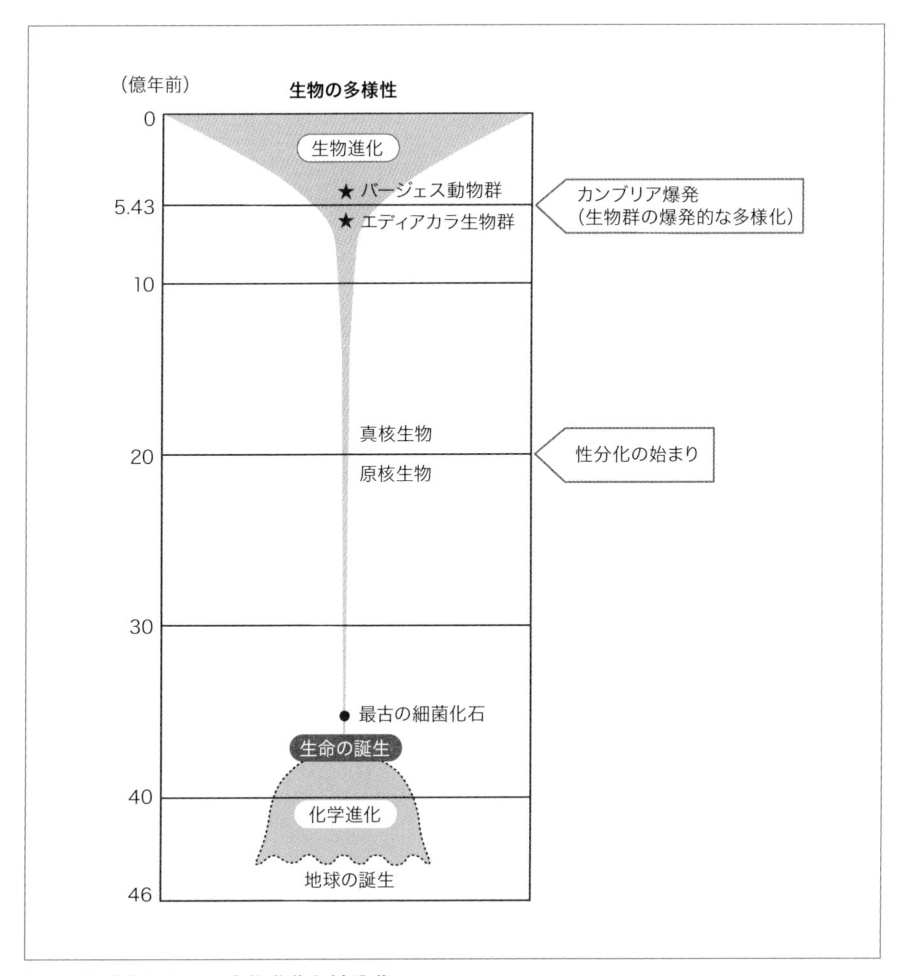

図1　地球史における生物進化と性分化

わせの遺伝形質を受け継がせることができる有性生殖に移行したと考えられている．さらに有性生殖は一部のDNAの組換えを可能としたことから，遺伝的変異を多量に蓄積させた．そして5億4300万年前のカンブリア紀に起こった爆発的な生物の多様化につながったのであろう[3]．雌雄に分化した真核性多細胞生物は，配偶子を形成する有性生殖を活用して，さらに多種多様な生物へと，より高等な動植物へと進化することになる．その結果，脊椎動物，さらに哺乳類が出現して現在の生物の繁栄につながったと考えられる．一方，性分化を進化させなかった生物はいまだにバクテリアの段階にとどまっている．

有性生殖における世代の継続で基本的に重要な要件は，2倍体性の保持と遺伝子組換えである．体細胞では，有糸分裂後にも染色体数の2倍体性は娘細胞で保持される．一方，生殖細胞形成過程で行われる**減数分裂**（meiosis）では，2倍体の細胞において核内にある1組の染色体が分散して半数性の卵子と精子を形成する[4]．すなわち，哺乳類でみられるような進化した有性生殖を行う性では，あらかじめ生殖細胞形成過程における減数分裂によって，**半数体**（haploid）の核相をもつ配偶子の卵子（1n）と精子（1n）を生産し，これを受精させて親と同じ2組の染色体セットから構成される2倍体（2n）の個体を誕生させるのである．単なる細胞の融合によって多倍数性の胚・接合子が誕生してしまう問題を避けるには，減数分裂の発達は性の進化に不可欠だったといえる．さらに，減数分裂を伴う生殖細胞の形成過程では，一対の**相同染色体**（homologous chromosome）の相同領域において**交叉（乗換え**：chiasma）が生じ，切断と再結合による遺伝子の組換え（**相同組換え**：homologous recombination）が行われる．減数分裂時に行われる相同組換えは，性染色体を除くすべての常染色体で広範囲に行われることから，生物の遺伝子情報の多様性を生み出すことに加え，遺伝情報の修復を可能とする有性生殖における根源的な現象と理解されている．したがって，卵子と精子による受精は別個体由来の遺伝子（染色体）を合わせもつ生命を誕生させ，遺伝情報の高度な多様性を確保することにつながる．同時に，生殖は激しい雄間の競争と雌による雄の選択の場と化した[5]．

1-2．性の歴史的理解

歴史的に私たちヒトは性をどのように理解しようとしたのだろうか．興味深いことに古代ギリシャの哲学者プラトン（BC427–347）は著書『饗宴』において，すでに「性は修復に関与する（若返る）」と鋭い指摘をしている．その後の解釈においても，性は多くの場合で有性生殖にとって有利であるとの観点から理解されてきた．イギリスの自然科学者チャールズ・ダーウィン（1809-1882）は，著書『種の起源』において，性が変異を生む役割をもっていることを指摘し，交配によって雑種の活力を得ることは生物にとって必要不可欠な自然原理だと述べた．また，ドイツの発生・遺伝学者アウグスト・ワイズマン（1834-1914）は，「性は変異の蓄えを継続的に供給することによって進化を加速する」と主張した[6]．さらに彼は“個体と生殖細胞”についても

「死ぬものと死なぬもの」とはじめて定義している．近代遺伝学の創始者であるイギリスのロナルド・フィッシャー（1890-1962）とアメリカのハーマン・マラー（1890-1967）は，ワイズマンの考えを追認したにとどまった．

その後，1970年代に入るとまったく新しい観点から，有性生殖における性の意義についての再検証がさかんに行われるようになった．アメリカのジョージ・ウィリアムズ（1926-2010）やイギリスのジョン・メイナード・スミス（1920-2004）は，性の問題をそのコストの側面から理解しようとした．彼らは，性の存在は生命そのものに影響を及ぼすほどの「時間・エネルギー資源」の投資を必要とすることを明示した．この議論から有性生殖が**無性生殖**（asexual reproduction）に比べ有利であることの根拠があいまいとなり，性はなぜ存在するのかという疑問に対する従来の解釈への信頼が揺らぐことになった．また，有性生殖では親の遺伝情報の半分しか子孫に伝達されない．言い換えれば，半分の遺伝子は損失と理解できる．一方，無性生殖ではすべての遺伝情報が複製され次世代に伝達される．すなわち，無性生殖の個体群は有性生殖の個体群の2倍の子孫を生産できるにもかかわらず，なぜ有性生殖という損失の方向へ進化したのかの問題に直面した．ダーウィンが提唱した進化論で解明したはずの性の起源をめぐる疑問が，100年を経て再浮上したことになる．

1-3. 性の必要性

その後の分子生物学的解析を含む新しい研究の成果と論議を経て，私たちの有性生殖における性の意義の理解に大きな変化が生じた．性の利益性に関しては，減数分裂過程の事象を根拠に，ゲノムの多様性の増大を評価した2つの主要な説が唱えられている[1, 2]．性分化は半数体の配偶子を生産する過程で減数分裂を発達させる必要があり，この過程において一対の相同染色体間で一部の遺伝子（DNA）の組換えが行われる．その結果，生産される卵子と精子の受精によって多様な遺伝子組成をもつ個体の出現が可能となり，複雑な環境への変化に対応する種としての適応能力を高めることができたとする説である．たとえば2n= 4本の染色体をもつ生物では，$2^2 = 4$通りの遺伝子型の配偶子が生じる．したがって，$4^2 = 16$通りの遺伝子型をもった次世代が生じる可能性がある．ヒトの場合では2n=46本の染色体をもつため，838万通りの遺伝子型をもつ配偶子が生産され，70兆以上の遺伝子型をもつ子孫の誕生が可能となる．ただし，このとき得た有益な遺伝子構成を次の世代の減数分裂時に失うこともありうるという矛盾が残る．

もう1つの説では，有性生殖の性は遺伝子の損傷と突然変異によるエラーの蓄積を防ぎ，正常な半数体ゲノムをもつ生殖細胞をつくり出すのに有効であるとする．確かにさまざまな原因で遺伝子の損傷が生じるため，それが生命の危機に直結する可能性もある．生殖細胞形成過程の第一減数分裂時に，相同染色体では遺伝子が重複していることから，2本の染色体間の遺伝子組換えで効率的にエラーを修復することができる．また遺伝子修復は減数分裂時に特異的な現象ではないが，2倍体細胞における有糸分裂の回数の限界が，減数分裂を経ることにより解除されるのも事実である．いずれにしても，性は有性生殖を行う生物にとって必要不可欠であることは違いないが，両説とも有性生殖の優位性を決定づけるためには，いまだ議論の余地がある．

別の観点からの解釈も試みられており，たとえば「赤の女王仮説」も注目されている[7)]．この仮説では，性はつねに遺伝子の組み合わせを変化させることにより，ウイルスなどの寄生者がもち込む遺伝子（**トランスポゾン・レトロトランスポゾン**，retrotransposon）に対する防御システムとして機能する．つまり，ここでは性は宿主と寄生者の終焉のない戦いで，適応性の拡大による進化と無縁であるとされている．ヒトを襲った感染症に対しても，たまたま抵抗性を示す遺伝子をもった一部のヒトは生存できるため，種としては勝ち残るのである[8)]．ちなみに「赤の女王」は，『鏡の国のアリス』の登場人物の一人で，周囲がつねに動いている世界で，その場にとどまるためにつねに駆け続けているチェスの駒の女王である．性の進化を「赤の女王」の状況にあてはめ，適応と自然選択の比喩としたのである．いずれにしても性がなぜ存在するかを理解することは一筋縄ではなく，今もなお，魅力的な謎であり続けている．

1-4. 生殖様式

生殖とは個体数を増やすことにほかならないが，その過程である生殖様式は多種多様であることから，便宜上いくつかのカテゴリーに分類する複数の方法が提案されている．ここでは性の有無による「有性生殖と無性生殖」および遺伝子の混合の有無による「ミクシス生殖とアミクシス生殖」を取り上げる（**図2**）．有性生殖では，雌雄がそれぞれ異なる配偶子である卵子と精子を形成して，それを受精（融合）させて個体を複製させる．一方，無性生殖は配偶子を形成しない生殖で，分裂・出芽や栄養生殖などがある．しかし，無性生殖に分類される生物のなかにも有性生殖と無性生殖の生

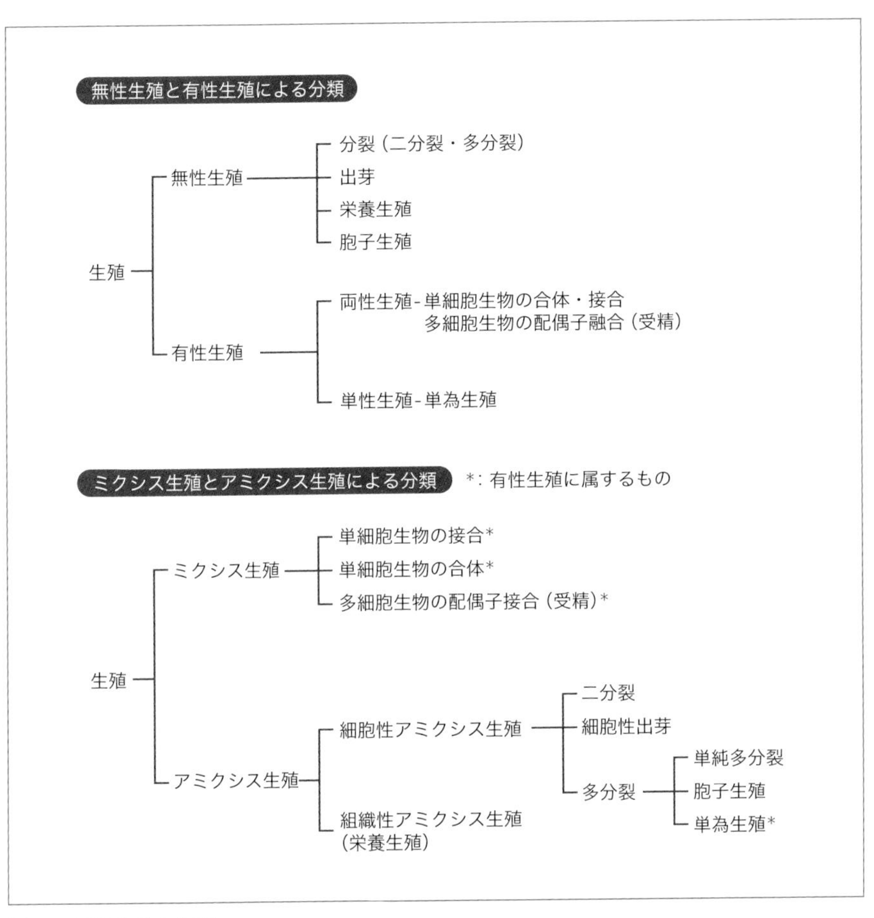

図2　生殖様式の分類
性の有無による分類（上図）と遺伝子の交換・混合の有無による分類（下図）.
（生殖生物学入門（1990）館鄰）

活環をもつものも多く存在しているため，無性生殖と有性生殖を明確に区別することは困難な場合が多い．ミクシス生殖とアミクシス生殖の分類では，遺伝子の混合である性を伴うか否かにより分類する．単細胞生物などで観察される接合や融合などはミクシス生殖に区分され，有性生殖を行う多くの生物種はミクシス生殖に分類される．ただし，有性生殖を行う生物の卵子が**単為生殖**（parthenogenesis）によって発生して親と同一の遺伝情報をもつクローン個体を複製する場合は，アミクシス生殖に分類される．もちろん真獣類の哺乳類は明確な性をもちミクシス生殖をする群に分類される．このほか哺乳類に共通する特徴として胎生，哺乳および哺育などがあげられ，哺乳類の生殖は発生から誕生後の成育の長期間にわたり親の保護を必須とする依存型生殖に分類される．

1-5. 単為生殖と哺乳類におけるゲノムインプリンティング

脊椎動物においても，ミクシス生殖によらない個体複製の手段も残されている．卵子が受精をすることなく発生を開始する単為生殖は，多くの脊椎動物で認められる．じつは単為生殖による個体発生は，両生類，爬虫類，さらには鳥類においてさえも認められるのである．ところが哺乳類では，減数分裂中期に達した卵子が自発的あるいは人為的な刺激を受けると卵割を開始して一部が初期の胎子期にまで発生できることが知られているが，決して妊娠中期を超えて発生することはない．マウスでは胎齢9.5日[9]，ブタでは胎齢26日頃までに必ず致死となることが，実験発生学的に実証されている．哺乳類では，受精した胚は子宮に着床して胎盤を形成することにより，母体の完全な保護を受けて個体に発生する繁殖方法を進化させた．この発達した胎生の獲得と引き換えに，哺乳類は単為生殖を完全に放棄した[10]．おそらく単為生殖は，哺乳類の生殖にとって不利益をもたらす生殖方法として排除されたのであろう．

たとえば，排卵がただちに個体発生につながる可能性を否定するため，あるいは後述するゲノムインプリンティングの支配を受ける遺伝子のはたらきによる胎子の発生異常から母体を保護するためなどの理由が考えられる．この哺乳類における単為生殖の阻止は，哺乳類において特徴的な**ゲノムインプリンティング**（genomic imprinting）とよばれる後生的遺伝子修飾（**エピジェネシス**：epigenesis）による分子制御メカニズムで説明される[11]．すなわち，哺乳類への進化は，雌雄生殖細胞のゲノムにそれぞれ刷り込まれる明確に異なる後生的な遺伝子修飾を獲得し，その結果として片アレル性遺伝子発現の仕組みをつくりあげた．たとえば，DNAのシトシン残基に対するメチル基の付加を中心とした可逆的修飾が，世代ごとにその個体の性に従い生殖細胞発生過程を通じて消去と再獲得を経てリプログラムされる．その結果，受精により発生を開始した胚では，インプリント遺伝子は雌雄どちらかのアレルからのみ発現することになる．胎子の成長を促す主要な遺伝子である*Igf2*（インスリン様成長因子II型）の発現は，発現調節領域にメチル基が付与されている卵子（母親）由来のアレルでは抑制され，一方その修飾を受けない精子（父親）由来のアレルからは発現する．このように単為生殖した胚では，一群のインプリント遺伝子の発現に過不足が生じるために，胎盤の形成不全と胎子の発生異常となり確実に致死となる．

1-6．性の多様性

生物の生殖は，性が誕生して以来，多様な型へと発展した．配偶子の形態でみると以下の3つに分類される．同じ大きさの同型配偶子を形成するもの（単細胞藻類，粘菌類など），雌が少し大きな異型配偶子を形成するもの（ハネモなど），大型で運動能力のない卵子と小型で活発な運動能力をもつ精子が形成されるものである．とくに，配偶子の大きさが著しく異なる後者の場合は卵生殖（ボルボックス，高等動植物など）とよばれ，卵子と精子の融合を"受精"とよぶ．哺乳類は胎盤を形成し着床後は母体の管理下に置かれて発生するため，鳥類や爬虫類のように極端に大型の卵子を形成する必要はないが，哺乳類の生殖も卵生殖である．また**性の決定**（sex determination）様式は，遺伝により性が決定する「遺伝的性決定」と，個体が置かれた環境によって性別が決まる「環境的性決定」に分けられる．遺伝的性決定にかかわる染色体を**性染色体**（sex chromosome）とよび，X染色体，Y染色体，Z染色体ならびにW染色体がある．哺乳類の性は性染色体による遺伝的性決定で，雄がXとY染色体をもつ雄ヘテロ型の様式で行われる．受精時にY染色体をもつ精子と受精しXYの核型をもつ胚は雄となって精巣を形成し，一方X染色体をもつ精子と受精しXXの核型をもつ胚は雌となって卵巣を形成する．減数分裂の結果XおよびY染色体をもつ半数体の精子が等しく出現するので，受精後の胚の雌雄比はおおよそ1:1となる．鳥類などの雌ヘテロ型では，雄が相同なZ染色体を対でもつZZの核型，一方雌はZ染色体とW染色体をもつZW型であり，雌に性決定権がある．

1-7．哺乳類における性決定の概要

羊膜を形成する動物の仲間である爬虫類，鳥類と哺乳類の性染色体を比較すると，哺乳類の性染色体の相同性が低いことが知られている．このことは，それぞれの性染色体が異なる常染色体から分化してきたことを示している．最近の研究成果で，単孔類のカモノハシの性染色体は有袋類や哺乳類の性染色体との相同性が低く，むしろ鳥類のZW性染色体との相同性が高いことが明らかになった[1]．この成果から哺乳類と単孔類の性染色体は別起原であると考えられ，その分岐時期は約1億6500万年前頃

となる（**図3**）．したがって，雄の性を決定するY染色体は，単孔類以降に出現して哺乳類全体に広まったと理解できる．哺乳類において実際に性を決定している遺伝子は，Y染色体短腕のY染色体特異的領域に存在する*Sry*（sex-determining region Y）で，哺乳類全体に保存されていることが知られている．性腺の分化の決定には，それぞれ時期および組織特異的な遺伝子発現がプログラムされていることが明らかになってきた．マウスでは，*Sry*は胎齢10.5～12.5日の雄**生殖隆起**（genital ridge）内の将来**セルトリ細胞**（Sertoli cell）になる細胞で一過性に発現して精巣への分化を決定づける．*Sry*が発現しなければ遺伝的に雄の生殖巣であっても卵巣に分化してしまう．

Y染色体の小型化が進んでやがて消失するのではと心配されているが，最近の研究成果ではこれ以上の急速な小型化は起きないとしている．すでにアマミトゲネズミやトクノシマトゲネズミのようにY染色体を失っている種もいる．これらのネズミの性染色体構成では，雌はXX型であるが雄は染色体のみをもつXO型である．もちろん雄の個体も存在しており，これらの種における性決定様式に興味がもたれる．

哺乳類の性決定は，受精した胚が個体発生し，やがて産子が成長を経て性成熟して生殖可能になることで完了する（**図4**）．まず第1段階では，受精時の性染色体構成に基づいた遺伝的性決定である．ただし，胎子期の性腺原基は潜在的に卵巣へも精巣へも分化できる．第2段階は第一次性決定とよばれ，遺伝的性に従い雌雄それぞれの生殖腺の性分化が誘導され卵巣あるいは精巣が形成される．次いで第3段階の第二次性決定では，卵巣および精巣から分泌される性ステロイドホルモンなどの内分泌調節系が確立し，個体の生殖器官が成熟するとともに精子形成や排卵が行われ生殖活動が始まる．このように，哺乳類の性は，受精の瞬間に決定する遺伝的性決定に始まり，生後の性成熟にいたるまでの長期間をかけて確立される．

河野　友宏（こうの　ともひろ）

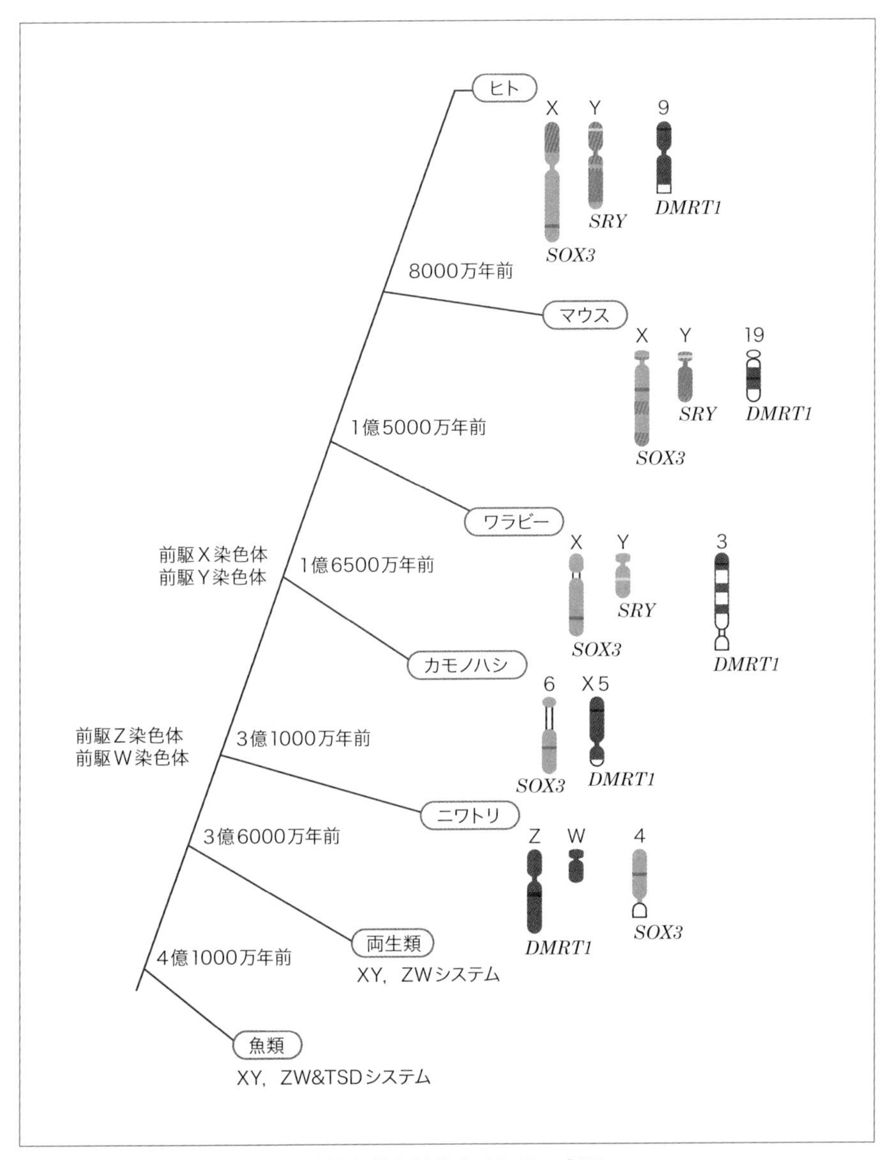

図3　哺乳類への進化における性染色体と性決定遺伝子の変遷

■：ニワトリの性決定染色体
■：胎盤を形成する哺乳類に追加された染色体領域
■：*SRY*遺伝子の出現に関連すると考えられる*SOX3*遺伝子が存在した染色体

*SOX3*遺伝子と*DMRT1*遺伝子の発現が生じないと前駆細胞からセルトリ細胞は分化せず，卵胞の顆粒層細胞となる．

（文献6, Fig.4より引用改変）

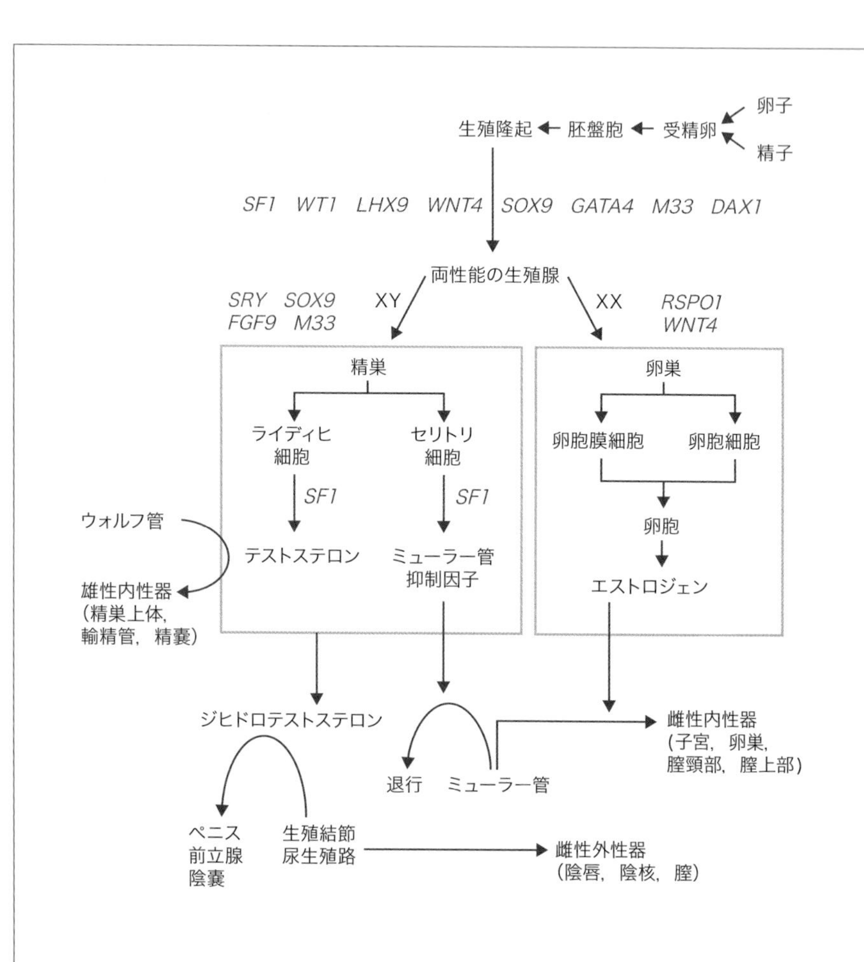

DAX1/NR0B1 : nuclear receptor subfamily 0, group B, member 1
FGF9 : fibroblast growth factor 9
GATA4 : GATA binding protein 4
LHX9 : LIM homeobox 9
M33/CBX2 : chromobox homolog 2
RSPO1 : R-spondin 1
SF1 : splicing factor 1
SOX9 : SRY-box containing gene 9
SRY : sex-determining region of Y
WNT4 : wingless-type MMTV integration site family, member 4
WT1 : Wilms tumor 1

図4　哺乳類における性決定の概要

（Developmental Biology NINTH EDITION, Scott F.G. (2010), Sinauer Associates Inc., Sunderland. より引用改変）

[参考文献]

1) Marguris L., Sagan D. (1995)：性の起源，長野敬，原しげ子，長野久美子 訳，青土社，東京.

2) Michod R. (1997)：なぜオスとメスがあるのか，池田清彦 訳，新潮選書，東京.

3) 佐藤矩行，野路澄晴，倉谷滋ほか (2004)：発生と進化．pp11-19，岩波書店，東京.

4) Gilbert S. (2010)：Sex determination. In：Developmental Biology, 9th ed.（Wigg C. ed.）, pp511-540, Sinauer, Massachusetts.

5) Birkhead T. (2003)：競争 選択 性的葛藤，乱交の生物学，小田亮，松本晶子 訳，pp15-60，新思想社，東京.

6) Veyrunes F., Waters P.D., Miethke P. *et al* . (2008)：Bird-like sex chromosomes of platypus imply recent origin of mammal sex chromosomes. *Genome Res*., 18：965-973.

7) Ridley M. (1995)：赤の女王，長谷川真理子 訳，翔泳社，東京.

8) 館鄰 (1990)：生殖様式，生殖生物学入門，pp68-134，東京大学出版会，東京.

9) Surani M.A., Barton S.C., Norris M.L. (1986)：Nuclear transplantation in the mouse：heritable differences between parental genomes after activation of the embryonic genome. *Cell*, 45:127-136.

10) 河野友宏 (2011)：生殖系列細胞のプログラム，生命の誕生に向けて，第２版，日本哺乳動物卵子学会編，pp20-26，近代出版，東京.

11) Francis R. (2011)：エピジェネティクス　操られる遺伝子，野中香方子 訳，ダイヤモンド社，東京.

2 遺伝的性の決定

はじめに

性とは，有性生殖の際に遺伝子交雑を行うための同種異形の個体それぞれを意味し，多くの動物種において「雄」と「雌」に大別される．性決定のメカニズムは動物種によって異なっており，遺伝的に決定する種，そのなかでも倍数性による種，環境（温度，棲息する群におけるなんらかの合図）によって決定する種などがある（**表1**）．ここでは，性を遺伝的に決定する機構や**性染色体**について哺乳類を中心に概説する．

2-1 性染色体と性決定

1）性染色体の定義

哺乳類や鳥類では，性染色体とよばれる2種の染色体が存在し，その構成により性が決定する．つまり常染色体は雌雄ともに同じ染色体を2本ずつ保持しているのに対し，性染色体はその構成が雌雄で異なっている．具体的には，雌でホモ型，雄でヘテロ型の場合（哺乳類）をX染色体とY染色体で標記し，雄でホモ型，雌でヘテロ型の場合（鳥類）をZ染色体とW染色体で標記する．両生類，魚類，昆虫などで認められるY染色体が哺乳類のY染色体と分子進化的に共通でない点は注意すべきである．

2）哺乳類の性染色体上の性決定遺伝子

哺乳類では，Y染色体の存在によって性が決定し，雌がXX型，雄がXY型となる．つまり，雌がつくる配偶子は1種類で1組の常染色体と1本のX染色体を有しているものに限定されるのに対し，雄がつくる配偶子は2種類で1組の常染色体に1本のX染色体を有するもの（X精子）と1組の常染色体に1本のY染色体を有するもの（Y精子）がある．そのため，遺伝的な性は受精時に決定しているといってもよい．卵子に受精する精子がX精子かY精子かでその受精卵の性は決まり，前者が雌，後者が雄である（**図1**）．しかし，初期胚において性差は不明確であり，一般的には，胚発生過程で生殖腺が精巣に分化する（精細管を形成する）かあるいは卵巣に分化するか，表現型に顕著な性差が生じた時点を一次性決定とよんでいる．生殖腺の分化に

表1　さまざまな動物における性の決定様式

遺伝的性決定	核型	動物種	性決定様式	性決定遺伝子
雄ヘテロ型	XY型	哺乳類のほとんど	優性Y染色体	*Sry*
		メダカ	優性Y染色体	*Dmy*
		ショウジョウバエ	X染色体と常染色体のセット比(X/A)で決まる．X/A ≧ 1.0 では雌，1.0> X/A >0.5では間性，0.5 ≧ X/Aでは雄になる．	*Sxl*
	XO型	線虫	X/A比で決まる．XOは雄．XXは雌雄同体になる．	*mab-3*
雌ヘテロ型	ZW型	鳥類	Z染色体(*DMRT1*の発現）の量で決まる．ZZは雄，ZWは雌になる．	*Dmrt1* *Hemgen*
		アフリカツメガエル	Z染色体(*DM-W*の発現）の量で決まる．ZZは雄，ZWは雌になる．	*DM-W*
		カイコ	Z染色体(*Fem*の発現）の量で決まる．ZZは雄，ZWは雌になる．	Fem
	ZO型	ミノムシ	ZOは雌．ZZは雄になる．	
倍数性		ミツバチ、アリ	半数体(未受精卵）は雄，二倍体(受精卵）は雌になる．	
環境的性決定	動物種		性決定様式	
温度	ワニ		孵化温度が低温で雌，高温で雄になる．	
	アカミミガメ		孵化温度が低温で雄，高温で雌になる．	
生育状態	クマノミ		集団中の個体サイズで決まる．もっとも大きい個体が雌，次に大きい個体が雄になる．	

よってそれぞれの生殖腺から分泌されるホルモンなどによって生殖器官が分化し，そして体や各組織に生理学的な性差が生じる過程は二次性決定とよばれている（詳細は次頁を参照）．

哺乳類のＹ染色体上には*Sry*（sex-determining region Y）が存在し，これが性決定の最上流でマスター遺伝子として機能している．*Sry*が胎子の生殖腺で発現すると生殖腺内の体細胞や生殖細胞は精巣や雄性生殖細胞（精子）を形成するよう方向づけされる．一方，*Sry*が発現しない生殖腺は卵巣や雌性生殖細胞（卵子）を形成するようになる．このことからわかるように，哺乳類では雄性化のカスケードが積極的にはたらかない限りデフォルトとしては雌の状態といえる．

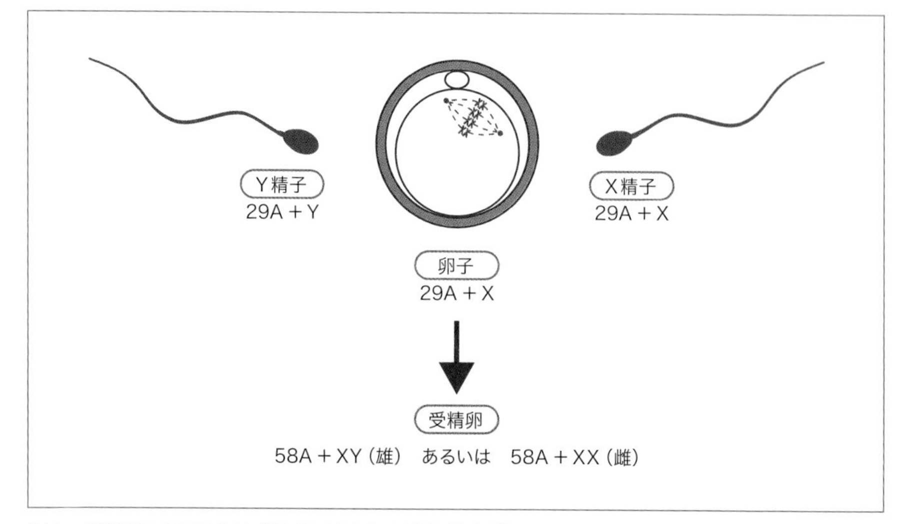

図1　受精時に決定する哺乳類（ウシ）の遺伝的な性
Aは常染色体，XはX染色体，YはY染色体をあらわす．半数体の精子と卵子が受精し2倍体胚（2n=60）となり発生していく．

*Sry*はHMG（high mobility group protein）ボックスとよばれるDNA結合領域をもつ転写因子をコードしており，DNAを折り曲げて転写を制御することが知られている．*Sry*によって転写が活性化される最初のターゲット遺伝子は，***Sox9***（Sry box-containing gene 9）とよばれる遺伝子であり，これは常染色体上に位置しているものの一次性決定の雄性化の過程に不可欠な遺伝子である．*Sox9*の上流には*Sox9*の発現を制御する，複数のエンハンサーが存在しており，ここにSRY，SOX9，およびSF1（steroidgenic factor 1: NR5A1ともいう）などが結合し雄の生殖腺で*Sox9*の転写を上昇させることが報告されている．次いで，SOX9は***Amh***（anti-Mullerian hormone）のプロモーターに結合するなどして，雄の形態形成に寄与するさまざまな遺伝子を活性化していく[2)]．

3）哺乳類以外の性決定遺伝子

鳥類では，雌がZW型，雄がZZ型となり，雌の性染色体がヘテロ型であるためZ卵子とW卵子が形成され遺伝的な性が受精時に決定する．この点は哺乳類と同様である．一方，鳥類の性決定の分子機構の詳細は不明であり，Z染色体上の遺伝子の高発現によって雄性化が起こると考えられている．雄性化のマスター遺伝子として近年注目されているのが*Dmrt1*（*dsx* and *mab3*-related transcription factor 1）および*Hemgn*（hemogen）遺伝子である．ニワトリではこれらの遺伝子がZ染色体上に位置し，*Dmrt1*や*Hemgn*の発現量は雄で雌より高い．*Dmrt1*の発現は*Hemgn*に先行するが，ZW胚でそれぞれ高発現させるといずれも*Sox9*や*Amh*の発現上昇を伴い雄性化することから，*Dmrt1*や*Hemgn*の発現量が性分化（雄性化）の初期に機能していることが示されてきている[3]．

爬虫類では，XX/XY型あるいはZZ/ZW型などの核型が混在しているが，必ず遺伝的に性決定するわけではなく，トカゲ亜目，カメ目，ワニ目などでは，孵卵温度によって性が決定する．トカゲ亜目では高温のときに雄，カメ目では低温のときに雄となり，性決定の様式は一様ではないが，これらの動物でも雄性化過程では*Sox9*，*Dmrt1*，*Amh*などの発現が認められている[1]．最近，ミシシッピアカミミガメ（通称ミドリガメ，*Trachemys scripta elegans*）においてヒストンH3の27番目のリジン（K）残基（H3K27）のメチル化修飾を除去する酵素KDM6B（KDM1 lysine (K)-specific demethylase 6B）が雄になる温度域（雄26℃／雌32℃）で発現上昇し，*Dmrt1*プロモーター近傍のH3K27を脱メチル化して，転写を活性化させていることが示された．このKDM6Bをノックダウンした場合には，雄になる温度域であっても*Dmrt1*は発現上昇せず雌が産まれてくる．この研究は，温度依存的性決定がエピジェネティック機構によって制御されることを示すはじめての報告となった[4]．

魚類においても多くの種で性染色体が確認されているが，魚類の性はさまざまな環境要因で可塑的に変化する場合が多く，現在までのところ性決定遺伝子が確認されているのはメダカ（*Oryzias latipes*）とパタゴニアペヘレイのみである．メダカでは*Dmrt1*，パタゴニアペヘレイでは*Amh*のパラログの重複により新しくできたと考えられる*Dmy*および*Amhy*がそれぞれ性決定に寄与することが報告されている．ただし，メダカ属においてもXX-XY型ZZ-ZW型が混在し，多くの場合*Dmy*が保存されていないなど，魚類の性決定機構もまた多様である[5]．

*Dmrt1*の名前は，ショウジョウバエの性分化に不可欠な*doublesex*（*dsx*）とセンチュウの雄性化に必要な*male abnormal 3*（*mab-3*）に由来している．*dsx*と*mab-3*にはZincフィンガー様DNA結合モチーフが共通して存在し，これはDMドメインとよばれている．その後の解析でDMドメインは多くの後生動物（刺胞動物門〈ヒド

ラなど〉，線形動物門〈センチュウなど〉，節足動物門〈昆虫など〉，扁形動物門〈プラナリアなど〉および脊椎動物門）で保存されており，絶対ではないが密接に性や生殖と関係していることが示されている．また，DMドメインをもつ遺伝子パラログは，ショウジョウバエで4遺伝子，マウスやヒトで7遺伝子（*Dmrt1*～*Dmrt7*），センチュウでは11遺伝子にのぼり，後生動物の共通祖先から性分化や生殖にかかわる遺伝子が急速に分子進化したことが想像される．*Dmrt1*は哺乳類では常染色体上に座位し，一次性決定には関与しないが，二次的な性分化（雄性化）に不可欠である．脊椎動物内でも*Dmrt1*，*Sox9*，*Amh*など動物種を超えて，雄性化に機能するシステムが存在する一方で，*Sry*による雄性化は哺乳類・有袋類（ただし，カモノハシなどの単孔類や一部のトゲネズミを除く）で独自に進化させたシステムと考えられる[6]．

2-2 性染色体上の遺伝子と構造

1）X, Y 染色体の構造

哺乳類のX染色体とY染色体はかつて常染色体のように起源が等しかったといわれている．しかし，哺乳類が進化する過程で，祖先型染色体に*Sry*遺伝子が出現してからは，雄の生存に必要な3%の遺伝子（X染色体上にもある転写，翻訳，蛋白質安定化などにかかわる遺伝子で量感受性の高い遺伝子）のみを残して極端に小さくなったと考えられている．これに対し，X染色体には祖先型の遺伝子の98%が残っていると報告されている[7,8]．NCBI（National Center for Biotechnology Information）に登録されているヒトゲノムの情報によると，X染色体はおよそ156 Mbp塩基からなり，転写が認められる遺伝子は（ノンコーディングRNAなども含め）1276遺伝子，これに対しY染色体はおよそ57 Mbp塩基からなり，318遺伝子の転写が確認されている[9]．進化の過程で極端に短くなったY染色体は，X染色体と相同組換えを起こさなくなり，雄性化に特化した役割を担うようになったと考えられている．また，それぞれの性染色体は独自に新しい遺伝子の獲得，欠失，重複，レトロトランスポゾンによる変異などを経て，現在では相同領域がほとんど残っていない．

2）X 染色体の遺伝子量補正

X染色体上には胚発生や個体の正常な機能に不可欠な遺伝子が多く含まれている．しかし，雄と雌ではX染色体の数が異なるために，X染色体上の遺伝子の発現が2倍量異なることになってしまう．こうした量の不均衡を補正するために，哺乳類の雌では2本あるX染色体のうちの1本を不活性化し，それによって個体を維持するために必要な遺伝子の発現量が雄と等しくなるようにしている．遺伝子量補正は哺乳類にかぎらず多くの動物種で観察され，例えばショウジョウバエではXX雌とXY雄の遺伝子量補正を雄のX染色体から2倍量の遺伝子を発現させることで実現している．センチュウにおけるXX雌雄同体とXO雄の遺伝子量補正は，XX個体のそれぞれのX染色体から1/2量の遺伝子を発現させることで成立している．哺乳類における**X染色体の不活性化**はランダムであり，不活性化されたX染色体は高度に凝集し，バー小体(あるいはバール小体)とよばれる小さな染色体として観察される．例外的にはランダムでないX染色体の不活性化現象がある．齧歯類の胚体外(胎盤)組織では父親(精子)由来のX染色体が優先的に不活性化されるほか，有袋類ではどの細胞においても父親由来のX染色体が不活性化される．X染色体の不活性化には，蛋白質をコードしていない*Xist* (inactive X-specific transcripts) RNA，DNAシトシンのメチル化，ヒストンH3K9およびH3K27のメチル化などの分子機構が機能している．マウスにおいて*Xist*は不活性化されたX染色体から転写されており，X染色体全域を覆いヘテロクロマチン化に寄与する．*Xist*の発現開始とX染色体の不活性化の時期は動物種によっても異なることから生物に広く保存されている現象であっても，その手法は少しずつ異なっているようである[10]．

3) X, Y染色体上の遺伝子群

哺乳類の性分化にY染色体上の遺伝子*Sry*が重要なのは前述の通りである．それでは，X染色体が2本存在することは雌性化にとってどのような意味があるのだろうか．X染色体上の遺伝子で雌性化に機能している遺伝子は明らかにされているかぎり*Dax1* (DDS-AHC critical region on the X chromosome: *Nr0b1*ともいう) のみといえる[3]．実際，性分化の過程において*Dax1*は雄より雌の生殖腺で発現が高い(詳細はほかの頁を参照)．また，*Dax1*のトランスジェニックマウスを作製してXY個体で*Dax1*を過剰に発現させた場合には，*Sf1*の発現抑制を介して卵精巣が形成されることが知られている．しかし，その一方で，*Dax1*のホモジェニック欠損マウスで精巣は形成されない．正常な性分化の過程においては，SRYとSF1が相乗的に*Sox9*の転写を調節して雄性化を促進していくが，DAX1はSF1の活性をなんらかの方法で調

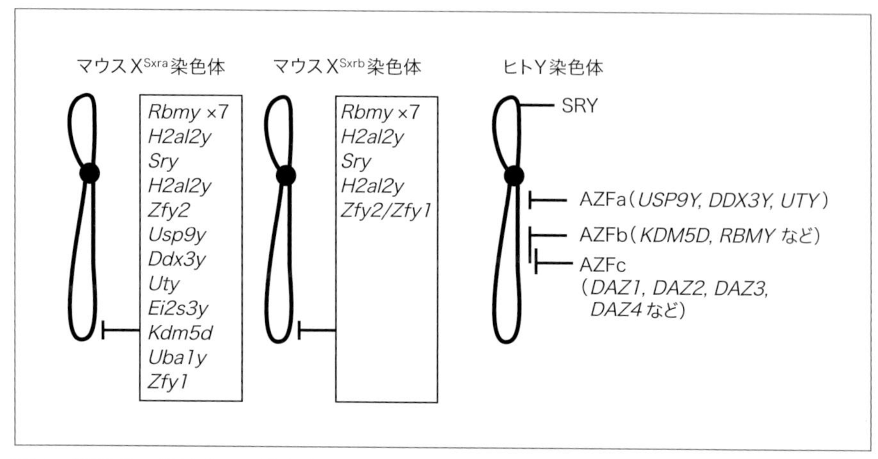

図2　雄性化に機能するY染色体上の遺伝子

マウスY染色体のSxr領域がX染色体上に転座して生じるX^{Sxra}（左）とX^{Sxrb}（中央），ならびにヒトY染色体のAZF（azoospermia factor：無精子症因子）領域の概略（右）．X^{Sxrb}では*Zfy1*（zinc finger protein 1, Y-linked）と*Zfy2*（zinc finger protein 2, Y-linked）が融合し，そのあいだの遺伝子が消失している．

節している可能性が示唆されている[3]．

Y染色体には*Sry*以外にも雄性化に機能する遺伝子や雄の特徴をあらわす遺伝子が存在する．しかし，Y染色体はほかの染色体より小型で遺伝子の重複（例えばマウスY染色体の*Rbmy*〈RNA binding motif protein, Y chromosome〉遺伝子は50コピー以上ある）などの特性からゲノム編集技術が普及してもほかの染色体上の遺伝子より遺伝子機能を解析するのが難しい．マウスではY染色体の短腕に**Sxr**（sex-reversal factor：**性転換因子**）とよばれる領域があり，aとbに細分されている．SxrがX染色体上に転座して誕生するX^{Sxra}OおよびX^{Sxrb}Oマウスは精巣を形成するが共に不妊であり（**図2**および**表2**），前者では円形精子細胞（正常な半数体細胞は希少），精子頭部および鞭毛形成が認められるのに対し，後者はより重篤な表現型を示し精原細胞（精祖細胞ともいう）の増殖が認められない．Sxraには存在しSxrbに存在しない遺伝子を外来性遺伝子として導入しレスキュー試験すると，*Uba1y*（ubiquitin-activating enzyme, Chr Y）　と*Ddx3y*（DEAD〈Asp-Glu-Ala-Asp〉box polypeptide 3, Y-linked）の導入はX^{Sxrb}Oマウスの表現型を何らレスキューできないのに対し，*Eif2s3y*（eukaryotic translation initiation factor 2, subunit 3, structural gene

表2　XOマウスにおいて精子形成を誘導する因子

因子	精巣形成	精原細胞増殖	一次精母細胞	二次精母細胞	円形精子細胞	伸長精子細胞
$X^{Sxra}O$	○	○	○	○	○	○
$X^{Sxrb}O$	○	×	×	×	×	×
$X^{Sxrb}O$ + *Uba1y*	○	×	×	×	×	×
$X^{Sxrb}O$ + *Ddx3y*	○	×	×	×	×	×
$X^{Sxrb}O$ + *Uba1y* + *Ddx3y*	○	×	×	×	×	×
$X^{Sxrb}O$ + *Eif2s3y*	○	○	○	○	○	○
XO + *Sry*	○	×	×	×	×	×
XO + *Sry* + *Eif2s3y*	○	○	○	○	○	×
XO + *Sry* + *Eif2s3y* + *Zfy2*	○	○	○	×	×	×
XO + *Sry* + *Eif2s3y* + *H2al2y*	○	○	○	○	○	×
XO + *Sry* + *Eif2s3x*	○	○	○	○	○	×
XO + *Sox9* + *Eif2s3y*	○	○	○	○	○	×
XO + *Sox9* + *Eif2s3x*	○	○	○	○	○	×

Y-linked）を導入するとX^{Sxrb} OマウスはX^{Sxra} Oマウスとほぼ同様の表現型になることがわかった．次に，精巣形成や精子形成の必要十分条件を追求するために，XOマウスに外来性の*Sry*と*Eif2s3y*を導入した．その結果，精巣内に円形精子細胞（正常な半数体細胞は希少）の発生・分化が観察された[11]．大変興味深いことに，マウスではX染色体上に*Eif2s3y*のホモログ*Eif2s3x*が存在する．そこで，XOマウスに外来性の*Sry*と*Eif2s3x*を導入すると，同様に円形精子細胞が観察された．さらに，XOマウスに外来性の*Sox9*と*Eif2s3x*を導入した場合も同様の結果となった．マウスでは常染色体とX染色体上の*Sox9*と*Eif2s3x*でY染色体上の遺伝子*Sry*と*Eif2s3y*の機能をそれぞれ補完できることが明らかとなった．これらの円形精子細胞のROSI（Round spermatid injection）によって作成された受精卵からはマウス産子も誕生している[12]．一方，XOマウスに*Eif2s3*と*Sry*あるいは*Sox9*を導入してできた精巣には円形精子細胞しか観察されず精子頭部や鞭毛構造は観察されない（**表2**）．このこと

から，Sxrb領域には精子の形態形成を行う遺伝子セットが含まれていると考えられるが，全容は不明である．また，完全な精子形成（妊孕性の獲得）にはマウスY染色体長腕の必要性も示唆されている．

ヒトの男性不妊では，無精子症あるいは乏精子症とよばれる症状があり，Y染色体上の原因領域が絞られてきている（**図2**）．これらは**AZF**（azoospermia factor：**無精子症因子**）領域とよばれ，a～cの3領域に細分されている．AZFcには*DAZ*（Deleted in azoospermia）*1*～*DAZ4*などが座位している．ここで興味深いのは，ヒトでY染色体上に位置している*DAZ1*～*DAZ4*の相同遺伝子はマウスY染色体には存在せず，ヒトDAZLA（DAZ-like autosomal）の相同遺伝子*Dazl*がマウス17番染色体に存在する点である．そして*Dazl*をホモジェニックに欠損したマウスでは，雄性生殖細胞が減数分裂（パキテン期）に入る前で退行し不妊となることから，ヒトでも成熟精子の形成に重要な機能をもつ可能性が示唆される．*Dazl*の相同遺伝子はニワトリではZ染色体上に座位する．また，ヒト*DAZ1*～*DAZ4*はそれぞれDNA配列で99％の相同性があり，なんらかの理由に遺伝子が重複しこれらすべてが機能することがヒトの正常な精子形成に重要となったものと考えられる[13]．一方，マウスの精原細胞の増殖や精母細胞，円形精子細胞の分化に必要な*Eif2s3*の相同遺伝子，ヒト*EIF2S3*は，ヒトではY染色体上には位置しないがやはり精巣で高発現していることから，おそらくヒトにおいてもマウス同様正常な精子形成に寄与している可能性はある[13]．

4）X染色体とY染色体の交叉

生殖細胞において常染色体はそれぞれ相同染色体と全領域で対合し交叉が行われる．これに対し，性染色体はどのような動態をとるのだろうか．卵母細胞におけるX染色体は，常染色体と同様に対合し交叉が行われる．一方，哺乳類の精母細胞においてX染色体とY染色体はごく小さな相同領域で対合し，その部分だけで交叉が行われる．この相同領域は**偽常染色体領域**（pseudo autosomal region：PAR）とよばれ，X染色体のPARとY染色体のPARは98～100％塩基配列が相同である．ヒトでは，性染色体の遠位部両端にそれぞれPAR1とPAR2が存在しPARが2つ存在する（現在明らかにされている限り）唯一の種である．マウスや家畜においてPARは1つであり，いずれも性染色体の末端に位置する．また，PAR領域はXXの細胞で遺伝子量補正されることはなく，不活性化を免れている．Y染色体に相同領域があることを考えると量補正の必要もなく，X染色体とY染色体がかつて常染色体だったことの名残のようである．

5）性染色体と雌雄産み分け

X染色体とY染色体のちがいは，実は畜産分野で大いに役立てられようとしている．性染色体の大きさのちがいから，精子のなかに含まれるDNAの量はX精子とY精子で微妙に異なっている．このちがいを利用してフローサイトメーターによりX精子とY精子を90%程度の精度で分離する技術が開発された．すでに，ウシでは実用段階であり，人工授精後の受胎率は分離操作をしていない凍結精液と比較して劣るものの，X精子とY精子で分離した凍結精液で雌雄の子ウシの産み分けにも成功している．このほかにも，バイオプシーにより卵割期胚の一部の細胞からDNAを抽出しPCRで核型（*Sry*の増幅）を確認することでも着床前の性判別は可能である．また，実験動物などでは，X染色体上にGFP（green fluorescence protein）を導入したトランスジェニック雄マウスと野生型の雌マウスを交配させることにより，受精卵がGFP陽性であればX精子に由来しているので雌，受精卵がGFP陰性であればY精子に由来しているので雄，と生きた状態で識別され着床前の性判別が可能である．

2-3 性染色体異常と妊孕性

1）性染色体の数的異常

哺乳類における性染色体の異常は，発生停止，生殖系列の異常，精神遅延などさまざまな異常をもたらす[14)]．生殖系列の異常には，単に雄性あるいは雌性の生殖系列の発生・発育が阻害されるのみならず，雌雄両性の生殖器・生殖腺を発生させることがある．このような場合を**間性**あるいは**半陰陽**という．半陰陽には，真性半陰陽と仮性半陰陽があり，前者は卵巣と精巣の両方あるいは卵精巣を保持する場合をいい（**図3**）[17)]，後者は外生殖器と生殖腺の性が一致しない場合をいう．

常染色体か性染色体かにかかわらず染色体の異常には，数的異常と構造的異常がある（哺乳類や鳥類は二倍体でないと発生しないが，異数体については特殊なケースでのみなんらかの異常を伴って個体として誕生する）．染色体の数的異常は通常，染色体の不分離によって生じ，生殖細胞でも体細胞でも起こりうる．そして染色体の異常が親の生殖細胞に由来する場合は全身の細胞で異数性を示すのに対し，染色体の異常

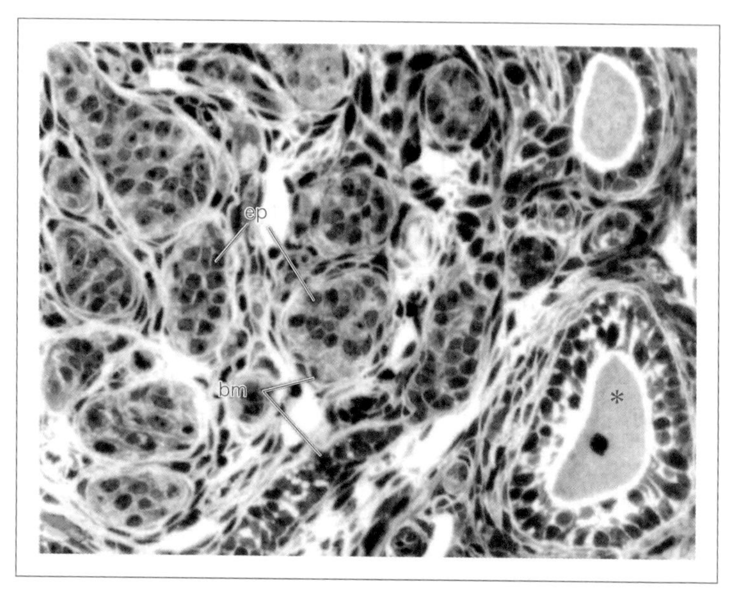

図3　マウスにおける卵精巣
精子は形成されていないが精細管様の構造（基底膜（bm）で覆われた上皮細胞（ep）で構成されている）と卵胞と卵母細胞（*）が観察される．

が子の発生過程の体細胞で生じた場合には，正常な二倍体細胞と異数体の細胞が体のなかで混在することになる．このように1個体のなかで，同一の受精卵に由来するものの染色体の構成が異なる細胞が混在する状態をモザイクとよぶ．

性染色体モノソミーは通常2本存在する性染色体が1本しかない状態のことであり，哺乳類では，父母から受け継いだ1組ずつの常染色体のほかに1本のX染色体のみ（XOと標記することが多い）という個体が誕生しうる．X染色体をまったくもたずY染色体のみの個体は誕生しない．XO個体が誕生する頻度は，ウシなどの反芻獣，ブタ，イヌなどに比べて，ヒト，マウス，ウマなどで高いといわれている．これはPARの長さ（マウス；0.7 Mbp，ヒト；2.7 Mbp，ウマ；1.8 Mbp，ウシ；9.6 Mbp，イヌ；6.4 Mbp，ブタ；9.9 Mbp）と概ね逆の相関があることから，PARが小さい種では性染色体モノソミーが生じやすいと考察されている[15]．ヒトXO女性はモザイクの場合も含めおよそ2000人に1人の割合で誕生し，翼状頸，低身長，不妊（ごくまれに妊娠するケースもあるが流産や死産が多い），心疾患，精神遅延などを特徴とする**ターナー症候群**を発症する．一方，マウスXO個体では，ヒトで認められるような異常は認められず，早期に卵巣内の卵母細胞が失われるものの妊孕性（正常なXX個体より生殖可能期間は短い）があるほか，行動解析ではY迷路試験でわずかに差があらわれる程度と報告されている．ウマXO個体は1000頭から2000頭に1頭の割合で誕生し，調べられているかぎりでは不妊である．ウシなどほかの動物のXO個体もまた不妊である．

性染色体トリソミーとは，通常2本の性染色体が3本ある状態のことであり，XXX女性，XXY男性，XYY男性は，それぞれおよそ1000人に1人の割合でみられる．また，ヒトでは性染色体が4本あるテトラソミー，5本あるペンタソミーの報告もある．一般的には，性染色体の数が増えると精神遅延と身体的障害が重篤になるといわれている．性染色体数の異常（モザイクの場合を含む）のなかでもXXY男性，XXXY男性，XXXXY男性では，女性化乳房，長い首・手・脚，不妊（精子数が極端に少ないあるいは無精子症）などを特徴とする**クラインフェルター症候群**を発症する．ウシ，ブタ，ヒツジ，マウスなどでもXXY雄の報告はあり，いずれもXY雄と比較して精巣が小さく，精巣内にセルトリ細胞は確認されるものの精子は確認できない．マウスの解析においては，2本以上X染色体が存在するようなセルトリ細胞が雄性生殖細胞の正常な精子形成を支持できないこと，そして雄性生殖細胞自体もまた死滅することが示されている．また，ヒト，マウス，ウマ，ウシなどのXXXトリソミーにおいては，妊孕性が認められる場合，あるいは不妊となる場合が報告されている．ヒトではXOモノソミーの多くが出生前に致死となるのに対し，XXXトリソミーでは90%近くが出生にいたる．一方，マウスでは，X染色体不活性化の機構がヒトを含むほかの真獣類と少し異なっており，胚体外組織（胎盤）において父親由来のX染色体は不活性化され，母親由来のX染色体は不活性化から免れ活性型になるようプログラムされている（前述）．そのため，XXXトリソミーが，母親由来のX染色体2本と父親由来のX染色体1本からなる場合には，X染色体上の遺伝子が過剰に発現し，胚体外組織の著しい発生阻害を伴い妊娠初期で致死となる．これに対し，父親由来のX染色体を2本含む場合には生存が可能である．

2）性染色体の構造的異常と遺伝子変異

染色体の構造的異常には，相互転座，端部欠失，重複，腕内逆位，環状染色体，イソ染色体，ロバートソン転座などがあげられる．また染色体の構造的異常はなくても，突然変異による遺伝子の消失あるいは機能変化がある．表現型の性と遺伝学的な性（核型）が一致しない場合，あるいは不妊の場合などに性染色体の構造的異常あるいは性染色体上の遺伝子の変異が疑われる．核型がXYで表現型が雌の場合は*Sry*の欠失・変異，核型がXXで表現型が雄の場合は*Sry*の転座が成因としてはもっとも著名である．前述の通り，核型がXYで表現型が雄の場合であってもAZF領域が欠失・変異していると精子形成不全となる．また，X染色体上に座位するアンドロジェン受容体遺伝子に欠失・変異があると，核型がXYであっても外生殖器が女性型の仮性半陰陽を呈し不妊となる．これは微量に合成されたエストロジェンに過敏に反応してしまう結果と考えられている[14]．そのほか，ヒトでは，X染色体上に座位する*DAX1*を含む160 kbが重複したXY患者は女性化することが知られている[3]．

3）雌雄キメラの性

性染色体の数や構造そのものに異常はないものの，XXとXYの細胞が1個体の中で混在することがある．このように，2つ以上の受精卵に由来して染色体の構成が異なる細胞が混在する状態を**キメラ**という．XX胚とXY胚のキメラが生じる第1の例としては，XX胚とXY胚が着床前までに1つの胚として凝集し，あたかも1つの胚として発生するケースがあげられる．第2の例としては，XX胚とXY胚が着床後に1つの胎盤を共有し血管が吻合することにより，血球や内分泌環境がキメラとなるケースがあげられる．マウスにおいて実験的にXX胚とXY胚の凝集キメラを作出した場合（第1の例），外生殖器で判断する限り70%くらいが雄として誕生し，全体の5%くらいが半陰陽となる．後者（第2の例）はウシの異性多胎でもっとも頻発する特徴的なケースであり，**フリーマーチン**とよばれている．雄ウシと雌ウシの双子が誕生すると，その多くはフリーマーチンにより雌ウシが不妊となる．このような雌ウシは外見上，雌の表現型を呈するものの，発達の悪い卵巣，膣，子宮ならびに陰核の肥大などが観察され，異常の程度にはバリエーションがある．雄ウシの繁殖能力は低下しないとされている．フリーマーチンは，ヒツジやヤギなどでも確認されている[16]．ヒトでは，XX女性の外生殖器が男性化する仮性半陰陽の場合，胎児期に高濃度のアンドロジェンに暴露されることに起因することが多く[14]，フリーマーチンの成因と同様の可能性も示唆されている．

4）マウスY染色体の機能の系統差

マウスでは，XYの核型をもち*Sry*を欠損した個体が雌の表現型を示し妊孕性をもつことが知られている．ところが，正常なXYの核型をもちながら雌あるいは半陰陽となる事例もある．現存の実験用マウスは5亜種（*Mus musculus domesticus*，*M. m. bactrianus*，*M. m. musculus*，*M. m. castaneus*，*M. m. molossinus*）の野生マウスから育種されてきた．そして実験用マウスのさまざまな系統を比較すると*domesticus*（DOM）型か*molossinus*（MOL）型のY染色体をもち，後者が圧倒的に多いことがわかる．前述の通り，Y染色体は基本的には始祖となる雄から次世代の雄へ遺伝子の交差もなくそのまま受け継がれるため，ルーツをたどることができる．C57BL/6とよばれるマウス（世界でもっとも汎用されている系統）もまたMOL型のY染色体をもつ．ところがC57BL/6の遺伝的背景（常染色体とX染色体はC57BL/6）にイタリア・ティラノに由来する野生マウスのY染色体（DOM型）が挿入されるよう育種されたマウスでは，XYの核型であってもおよそ60%が完全に雌の表現型あるいは卵精巣をもつ半陰陽を呈する[17]．もちろん，始祖となったティラノマウスでこのような現象は起きず，実験動物用に育種されたマウスで元来DOM型のY染色体をもつ系統でもこのような現象は確認されていない．そこで，このDOM型の*Sry*の配列とMOL型の*Sry*の配列を比較すると前者のアミノ酸配列の方が短く，C57BL/6の遺伝的背景においてDOM型のY染色体から転写される*Sry*の発現が遅延すること，それに伴って*Sox9*の発現も遅延することが明らかにされた．このマウスにおける性転換機構はまだ十分に解明されたわけではないが，ほかの動物種においてもY染色体上の遺伝子とそれ以外の染色体上の遺伝子とのミスマッチによって半陰陽や間性が生じる可能性はあると思われる．

5）常染色体上の遺伝子変異と間性

生殖系列の異常は必ずしも性染色体の異常を伴うとはかぎらず，それ以外の要因によって遺伝的な性と表現型の性が一致しない例は多くある．マウスにおいて常染色体上にある*Dmrt1*をホモジェニックに欠損すると雌では正常な妊孕性を保持しているのに対し，雄ではセルトリ細胞に顕著な異常が生じ不妊となる．ヒトでは*DMRT1*にヘテロジェニックな変異があるとXY型であっても半陰陽となる場合がある[18]．

家畜ではヤギの間性（半陰陽と同義であるが家畜では「間性」という用語の方が用

いられる）が古くから知られており，間性を誘発する劣性遺伝子hは雄性無角遺伝子Pと関連して間性（XXの核型をもつものの半陰陽になる個体）が発生することが報告されてきた[19]．近年，ヤギの間性と無角の原因の候補領域が狭められ，1番染色体の長腕（1q43）に繰り返し配列を含む11.7 kbの欠失が間性を招くこと，そして欠失領域よりおよそ20 kb遠位にある*PISRT1*（polled intersex syndrome regulated transcript 1; 1.5 kbのnon-coding RNA）と欠失領域から200 kb遠位にある*FOXL2*（forkhead box L2）の転写が低下していることが明らかにされた[20]．*FOXL2*はヒトでは3番染色体長腕（3q23）に位置し，XXの核型をもつ女性ではヘテロジェニックな変異によって卵巣の機能不全があらわれ，マウスではホモジェニックな欠損によって卵巣が退行する．その後の研究で，成体マウスの卵巣においてのみ*Foxl2*をホモジェニックに欠損させると，卵母細胞と卵母細胞を取りまく顆粒膜細胞が消失し，そして驚くべきことにセルトリ細胞が発生することが報告された[21]．哺乳類では，二次性決定後に生殖腺の性が転換するはじめての研究となった．

一方，ブタではランドレース系に比較的多く間性が見出され，核型がXX，*Sry*陰性で雄性化する場合が頻度としては高い．現在，9番染色体短腕（9p1.2-p2.2）がその原因の候補領域と推定されているが，性分化や生殖にかかわる主要な常染色体上の遺伝子，*Sox9*，*SF1*，*Foxl2*，*Dmrt1*などはこの領域には座位しておらず，これらに代わる候補遺伝子の情報もない．半陰陽あるいは間性の原因は不明な場合が多い．

尾畑　やよい（おばた　やよい）

［参考文献］

1）諸橋憲一郎 編（2006）：♂と♀のバイオロジー．細胞工学，25, pp350-397，秀潤社，東京．

2）Sekido, R., Lovell-Badge, R. (2013)：Genetic control of testis development. *Sex. Dev.,* 7：21-32.

3）Hirst, C. E., Major, A. T., Smith, C. A. (2018)：Sex determination and gonadal sex differentiation in the chicken model. *Int. J. Dev. Biol.* 62 (1-2-3) :153-166.

4）Ge, C., Ye, J., Weber, C. *et al.* (2018)：The histone demethylase KDM6B regulates temperature-dependent sex determination in a turtle species. *Science.*, 360 (6389)：645-648.

5）Hattori, R. S., Murai, Y., Oura, M. *et al.* (2012)：A Y-linked anti-Müllerian hormone duplication takes over a critical role in sex determination. *Proc. Natl. Acad. Sci. USA.,* 109 (8)：2955-2959.

6) Matson, C. K., Zarkower, D. (2012)：Sex and the singular DM domain：insights into sexual regulation, evolution and plasticity. *Nat. Rev. Genet.*, 13 (3)：163-174.
7) Bellott, D. W., Hughes, J. F., Skaletsky, H. *et al.* (2014)：Mammalian Y chromosomes retain widely expressed dosage-sensitive regulators. *Nature.*, 508 (7497)：494-499.
8) Cortez, D., Marin, R., Toledo-Flores, D. *et al.* (2014)：Origins and functional evolution of Y chromosomes across mammals. *Nature.*, 508：488-493.
9) NCBI Genome Data Viewer：
https://www.ncbi.nlm.nih.gov/genome/?term=NC_000024.10%3A
10) 酒田祐佳，佐渡敬 (2012)：X染色体不活性化：RNAによるエピジェネティックな発生制御．*実験医学*，30 (18)，pp2908-2915，羊土社，東京．
11) Vernet, N., Mahadevaiah, S. K., Ellis, P. J. *et al.* (2012)：Spermatid development in XO male mice with varying Y chromosome short-arm gene content：evidence for a Y gene controlling the initiation of sperm morphogenesis. *Reproduction.*, 144 (4)：433-445.
12) Yamauchi, Y., Riel, J. M., Ruthig, V. A. *et al.* (2016)：Two genes substitute for the mouse Y chromosome for spermatogenesis and reproduction. *Science.*, 351 (6272)：514-516.
13) Colaco, S., Modi, D. (2018)：Genetics of the human Y chromosome and its association with male infertility. *Reprod. Biol. Endocrinol.*, 16 (1)：14.
14) Moore, K. L., Persaud, T. V. N. (2011)：ムーア人体発生学．第8版，瀬口春道，小林俊博，Garcia del Saz, E. 訳，医歯薬出版，東京．
15) Raudsepp, T., Das, P. J., Avila, F. *et al.* (2012)：The Pseudoautosomal Region and Sex Chromosome Aneuploidies in Domestic Species. *Sex Dev.*, 6 (1-3)：72-83.
16) 森 純一，金川弘司，浜名克己 編 (2001)：獣医繁殖学．第2版，文永堂出版，東京．
17) Taketo-Hosotani T., Nishioka Y., Nagamine C. M., Villalpando, I., *et al.* (1989)：Development and fertility of ovaries in the B6.YDOM sex-reversed female mouse. *Development*, 107 (1)：95-105.
18) Raymond, C. S., Murphy, M. W., O' Sullivan, M. G. *et al.* (2000)：Dmrt1, a gene related to worm and fly sexual regulators, is required for mammalian testis differentiation. *Genes Dev.*, 14 (20)：2587-2595.
19) 家畜繁殖学会 編 (1992)：新繁殖学辞典．文永堂出版，東京．
20) Pailhoux, E., Vigier, B., Chaffaux, S. *et al.* (2001)：A 11.7-kb deletion triggers intersexuality and polledness in goats. *Nat. Genet.*, 29 (4)：453-458.
21) Uhlenhaut, N. H., Jakob, S., Anlag, K. *et al.* (2009)：Somatic sex reprogramming of adult ovaries to testes by FOXL2 ablation. *Cell.*, 139 (6)：1130-1142.

3 性腺および副生殖器の性分化

はじめに

哺乳類の生殖系は，性腺，生殖管，外性器に分けられる．**性腺**（gonad）（**生殖原基**：gonadal primordium）は，中胚葉性の**中腎**（mesonephros）に接した**体腔上皮**（coelomic epithelium）が肥厚する（**生殖隆起**：genital ridgeとよぶ）ことにより形成される．生殖管は，中腎の基幹となる**ウォルフ管**（Wolffian duct）（**中腎管**：mesonephric ductのこと，将来の精巣上体・精管などに分化）と，新たにウォルフ管に沿って形成される**ミューラー管**（Müllerian ducts）（**中腎傍管**：paramesonephric ductとよばれる，将来の卵管・子宮などに分化）との雌雄の生殖管からなる．副生殖腺は，おもにこれらの生殖管の基部の組織と内胚葉性の**尿生殖洞**（urogenital sinus）から発生し，外性器は，おもに外胚葉性の**生殖結節**（genital tubercle）などから発生する（**図1**）．

哺乳類の性は，性腺の性で決まり，性腺の性は，Y性染色体上にコードされる**性決定遺伝子*Sry***（Sex-determining Region Y）の有無により決まる．哺乳類の性分化の概略は，*Sry*の作用により，未分化性腺から精巣へと分化誘導される．分化した精巣からは，**抗ミューラー管ホルモン**（anti-Müllerian hormone：AMH，**ミューラー管抑制因子**ともいう）と**アンドロジェン**（androgen）が分泌される．この2種類のホルモンにより，中腎内のミューラー管が退縮，ウォルフ管が発達する．アンドロジェンにより，前立腺などの副生殖腺，陰茎のような外性器の雄性化が誘導される．逆に，Y性染色体をもたない雌個体では，*Sry*が作用しないため，未分化性腺は卵巣へと分化する．その際，卵巣からは，AMH，**テストステロン**（testosterone）が産生されず，デフォルト経路としてミューラー管が発達，ウォルフ管は退行し，雌型の副生殖腺・内外性器が誘導される．なんらかの原因で，精巣からAMH，テストステロンが分泌されない場合でも，また性腺そのものが形成されない場合でも，生殖管や性器はすべて雌型となる．

ニワトリなどの哺乳類以外の脊椎動物では，ステロイドホルモン処理などにより性腺の性が完全に逆転することがよく知られている．しかし，哺乳類（有胎盤類）では，性腺の性決定そのものがステロイドホルモンの影響を受けることはない．このような

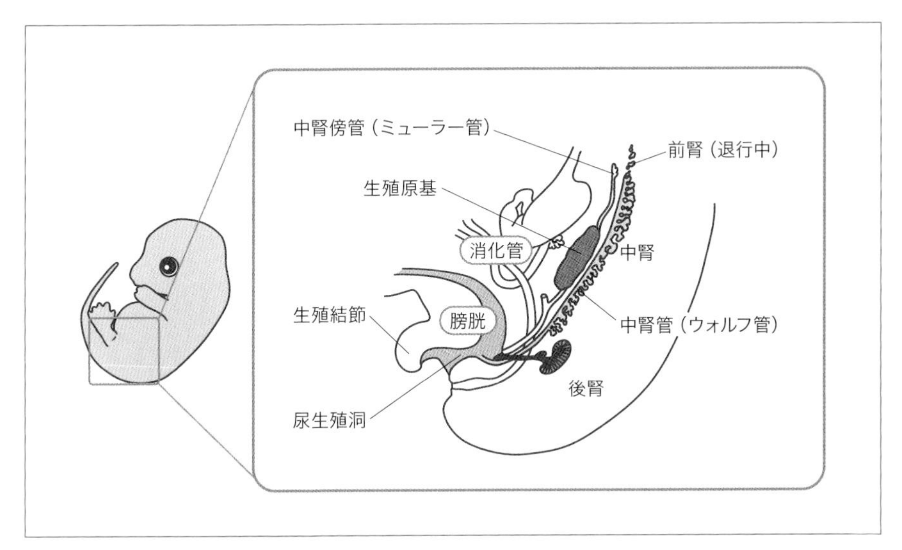

図1　哺乳類の生殖器系の発生
（右図：Carlson B.M. (1990): パッテン発生学 第5版，白井敏雄 訳，西村書店，新潟．より引用改変）

Sry による遺伝的な精巣決定と雄性ホルモンによる内外性器の性決定のしくみは，哺乳動物の胎子が，母体内で雌性ホルモン優勢の環境下で性決定を正常に進行するのに非常に理にかなっている．

生殖系の性分化過程は，①未分化期である生殖原基の形成過程，②*Sry* に依存した性腺の性分化の過程（一次性決定ともいう），③その後の分化した精巣，卵巣から分泌される性ホルモンに支配される生殖管，副生殖腺，外性器の分化過程（二次性決定）に区分できる．

3-1．生殖原基の形成過程

性成熟した精巣，卵巣は，生殖細胞を中心に，それを取り囲むように**支持細胞**（supporting cell）（雄では**セルトリ細胞**：Sertoli cell，雌では**顆粒層細胞**：granulosa cell）が存在し，その外側に基底膜，**ステロイド産生細胞**（steroidogenic cell）（**ライディヒ細胞**：Leydig cell と**内卵胞膜細胞**：internal theca cell）が位置する基本構造をもつ（**図2**）．**筋様細胞**（peritubular myoid cell）と**外卵胞膜細胞**（external theca cell）などの平滑筋様細胞も含め，これらの雌雄の性腺の体細胞は相同と考えることができる．

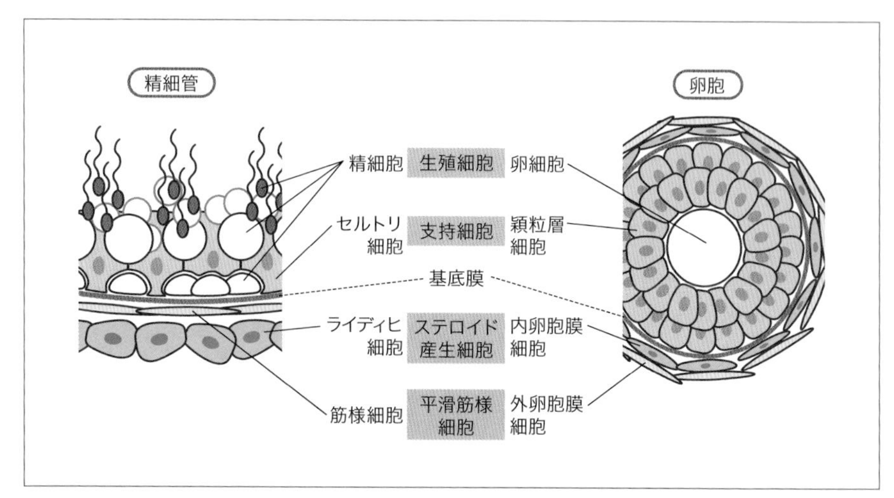

図2　性腺を構成するさまざまな細胞群の雌雄の相同性

これらの性腺の体細胞は，おもに体腔上皮に由来すると考えられており，体腔上皮と裏打ちする間葉系細胞の増殖に伴い，生殖原基は，胎子の胸部から腰部にわたって伸展する左右一対の **生殖隆起**（genital ridge）として発達する．この隆起は，中腎の内側で発達し，体腔側へ突出して，体腔上皮に覆われた肥厚として形成される（**図3A,B**）．

生殖原基の形成には，**WT1**（Wilms tumor 1．Znフィンガー型．Lys-Thr-Serの3アミノ酸の挿入の有無により＋KTSと－KTSの2種類のアイソフォームが存在）の－KTSアイソフォーム，**SF1/NR5A1**（steroidogenic factor-1/nuclear receptor subfamily 5A1．核内ホルモン受容体型．Ad4Bpとしても有名），**LHX9**（LIM homeobox protein 9．LIM型ホメオ蛋白），**EMX2**（empty spiracles homolog 2．ホメオボックス）などの転写因子が重要な機能を担っており，これらの因子を欠損したマウスでは生殖隆起が形成されない．

始原生殖細胞（primordial germ cell：PGC）は，腸間膜を経由して生殖隆起へ移動する．この時期の生殖隆起から，ケモカイン**SDF-1**（CXC chemokine stromal cell-derived factor-1）が分泌され，生殖細胞側の**CXCR4**（CXC chemokine receptor type 4．SDF-1受容体）を介して生殖隆起内へ移動する．

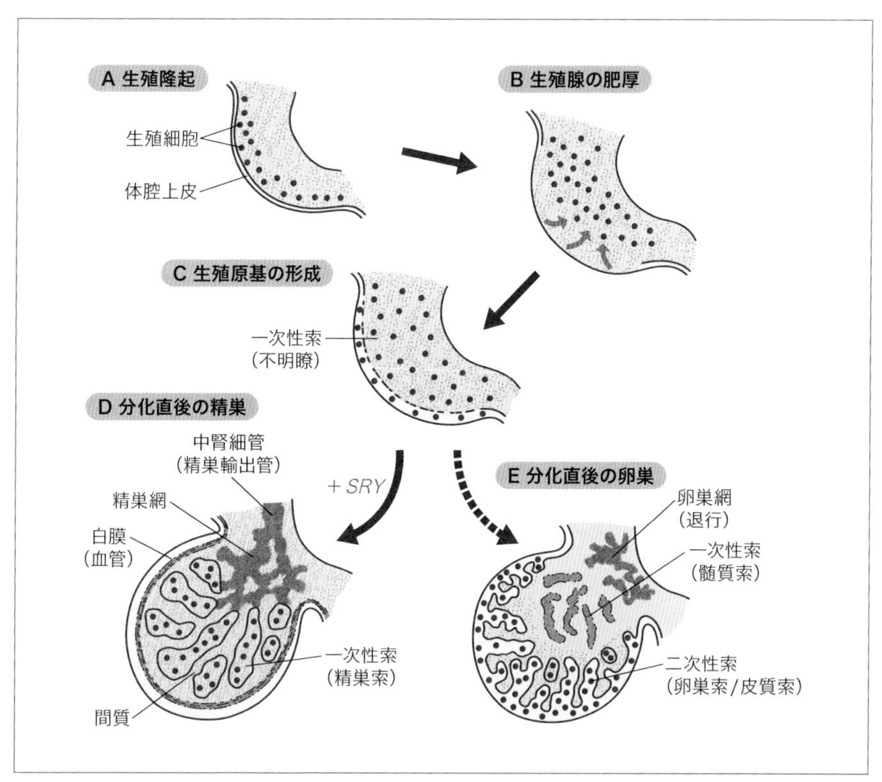

図3　哺乳類の性腺の形態形成
(Turnet C.D. (1996): General Endocrinology, 4th ed., Saunders, Philadelphia. より引用改変)

3-2. 性腺の性分化（支持細胞［セルトリ細胞］を主役とした性決定）精巣，卵巣への形態形成

未分化期の生殖原基は，形態的に雌雄差はなく，生殖細胞を含む体細胞の集積として認められる（**図3C**）．哺乳類では，性腺の精巣，卵巣への分化は，体細胞の支持細胞が中心的な役割を担う．この支持細胞が，雄型のセルトリ細胞か，あるいは雌型の顆粒層細胞に分化するかの選択により，性腺全体の性が決定される．つまり，分化したセルトリ細胞から分泌されるさまざまな雄性化シグナルが，間質細胞，筋様細胞などほかの体細胞群と，生殖細胞の性を雄型へと導く．

性分化期に入ると*Sry*によりセルトリ細胞が分化し，生殖細胞はセルトリ細胞に取り囲まれ明瞭な**精巣索**（testis cord）（**一次性索**：primary sex cord）を形成する（**図3D**）．

精巣索は，性分化初期では体腔上皮と連続しているものの，血管新生と白膜の形成に伴い，精巣索の体腔上皮との連絡が途切れる．これは体腔上皮から連続した**二次性索**（secondary sex cord）（卵巣索，皮質索ともいう）を形成する卵巣形成と明らかに異なる（**図3E**）．精巣索の中腎側は，**中腎細管**（mesonephric tubule）（のちの精巣輸出管）と連続することにより中腎管（ウォルフ管/のちの精巣上体，精管）へとつながる．精巣索の隙間を埋める間質にはライディヒ細胞が分化し，その後，精巣索は基底膜と筋様細胞により取り囲まれ，生殖細胞はG1期で停止し（前精原細胞），精巣の基本構造が完成する．

卵巣への形態形成の基本は，一次性索が形成され，その後，体腔上皮からの二次性索が発達することで，卵巣皮質が形成される（一次性索は，卵巣の髄質領域を形成）．精巣への短期間でダイナミックな形態形成と比較し，卵巣の分化では，二次性索，減数分裂，卵胞形成（原始卵胞の形成）の一連のタイミングは，動物種によりさまざまである．卵巣髄質となる一次性索の運命決定も，種間で大きな多様性を示す（**図4**）．妊娠期間の短いマウス，ラットでは，胎子期の卵巣は一次性索（本来は髄質に相当）から構成され，二次性索（皮質）の形成は胎生期では不明瞭である．マウスの卵巣形成の特徴は，ほかの動物と異なり一次性索内の多くの卵母細胞が消失せずに維持され，生後すぐに最初の卵胞発育（1st wave 卵胞）に寄与することである（卵巣型）．一方，1st wave以降にリクルートされる原始卵胞（性成熟後の性周期卵胞）は，生後にはじめて卵巣上皮からリクルートされた顆粒層細胞により構築されることが判明している．つまり，マウスでは，出生後になってからはじめて二次性索が誘導される（皮質領域の形成）ということになる．妊娠期間のより長いヤギ，ウシなどの卵巣では，胎生期に二次性索（皮質領域）を形成し，出生するかなり前に卵母細胞は顆粒層細胞に包まれた卵胞形成を開始する．これらの動物では，髄質（一次性索）内に存在する生殖細胞は少なく，すぐに消失する（退行型）．ブチハイエナの卵巣は，その髄質領域にライディヒ細胞に類似した雄型ステロイド産生細胞が発達する．また一部のモグラの卵巣は，雄における精巣の精細管形成よりも早く二次性索（皮質）の形成が始まり，その髄質の一次性索は精巣様構造に発達し，皮質に卵巣，髄質に精巣が共存した卵精巣様を呈する（精巣型）．ウマの卵巣は，かなり特殊な皮質構造を形成し，胎生期に卵巣の自由縁が凹み，卵胞は卵巣中央部に限局する（この領域からのみ排卵され，排卵窩とよぶ）（領域逆転型）．このように卵巣の一次性索に相当する髄質領域の

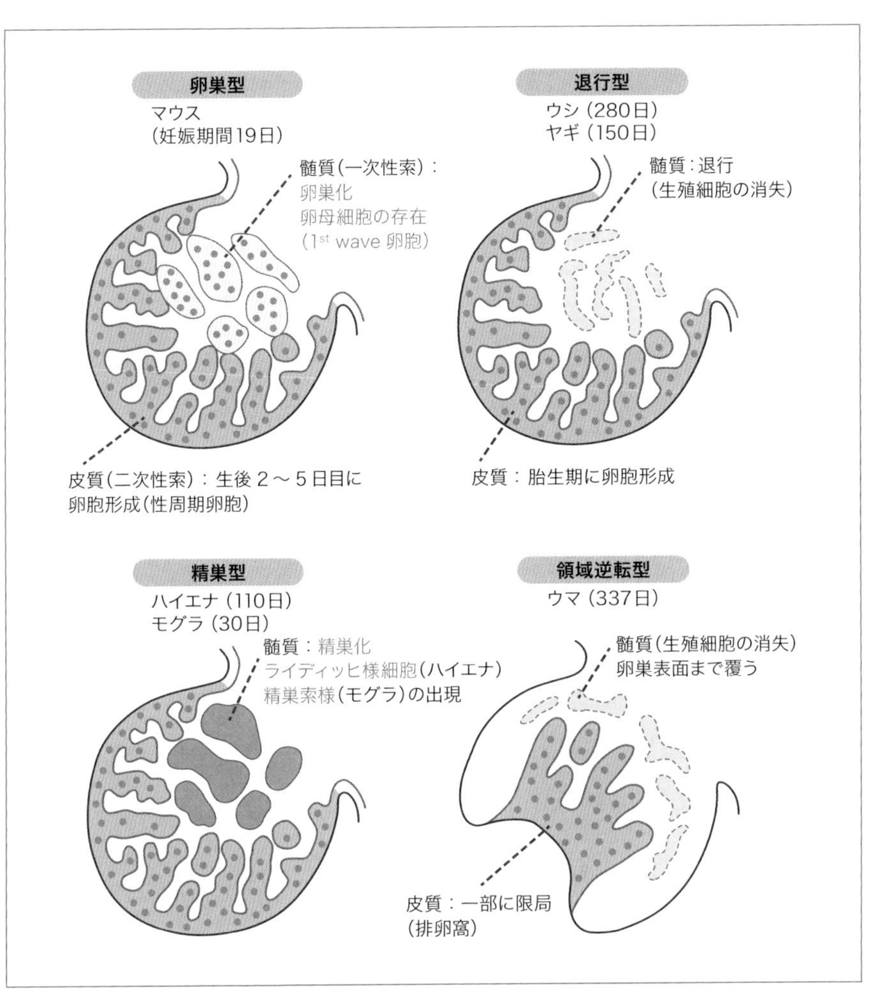

図4　胎子卵巣の髄質領域(一次性索)の発達過程の動物種による多様性

運命決定は，卵巣から精巣様まで，形態的にも多岐にわたり，各動物での繁殖戦略の多様性を反映しているものと考えられる．**卵原細胞**（**卵祖細胞**ともいう，oogonium）は，胎生期にその大部分が減数分裂を開始し，**卵母細胞**（oocyte）となる．卵原細胞の増殖は，減数分裂開始直前が高く，その増殖の持続期間も，動物種により大きな種差が認められる（ブタ，反芻獣では，卵母細胞での増殖期間が長く持続するが，マウス，ラットでは，性分化後すぐに減数分裂を開始する）．シスト様に連結した卵母細胞は，同期的に減数分裂を進行し，複糸期で休止する．卵母細胞のシストは，個々の卵母細胞が顆粒層細胞に包まれることにより完全分裂し，卵胞形成が起こる．哺乳動物においては，大部分の卵母細胞が出生前後の期間において退行性変化を示し，閉鎖卵胞となる．

1）精巣への分化機序

a. *Sry* による性決定とその臨界期

1990年に性決定遺伝子*SRY*が発見され[1)]，その翌年の1991年に*Sry*遺伝子を導入したトランスジェニックマウスのXX個体が雄性化したことにより，*Sry*が未分化生殖腺から精巣を誘導しうるY染色体上の唯一の遺伝子であることが証明された[2)]．*Sry*遺伝子は，HMG ボックス型の転写因子をコードし，*Sry*の発見に伴い，さまざまな*Sry*型のHMG boxを有する***SOX***（Sry-related HMG box）遺伝子も同時に見出された．哺乳動物間では，*Sry*のアミノ酸の一次構造は，HMG ボックス領域以外ではほとんど保存されていない．しかし，ヒト型，ヤギ型の*Sry*やほかの*Sry*型のHMG ボックス因子である*SOX9*，*SOX10*を性腺に過剰発現させた場合でも，XX精巣への性転換が誘導できる．この事実は，*Sry*にかぎらずほかの*SOX*因子でも精巣決定因子として機能できることを意味する．

未分化性腺全体に早い時期から強制的に*Sry*を発現させたマウスにおいても，時空間的なセルトリ細胞の分化パターンにまったく変化は認められず，下流の精巣の遺伝子発現パターン，精巣の形態形成の開始時期も早まることはない．熱ショック誘導型*Sry*マウスを利用した解析では，胎齢11.0～11.25日のたった6時間のあいだに*Sry*が作用しなければ，卵巣へと運命が決定づけられることが判明している[3)]．この結果は，この6時間のウインドウのあいだだけ，性的に未分化な状態が維持され，その後すぐに卵巣化プログラムが作動することを意味する．

*Sry*発現の上流因子としては，JMJD1a/KDM3a（H3K9脱メチル化酵素），**CBX2**/M33（chromobox 2：ポリコーム因子），SIX1/SIX4（sine oculis-related homeobox因子），**WT1**（＋KTS〈Lys-Thr-Ser〉アイソフォーム），**FOG2**/ ZFPM2（friend of Gata 2：GATA因子の補助因子）などの核内因子，**インスリン受容体**（insulin receptor），**MAP3K4**（mitogen-activated protein kinase kinase kinase 4）を介するシグナル経路がその発現誘導に作用することが判明している．これらの因子を欠失したマウスでは，生殖

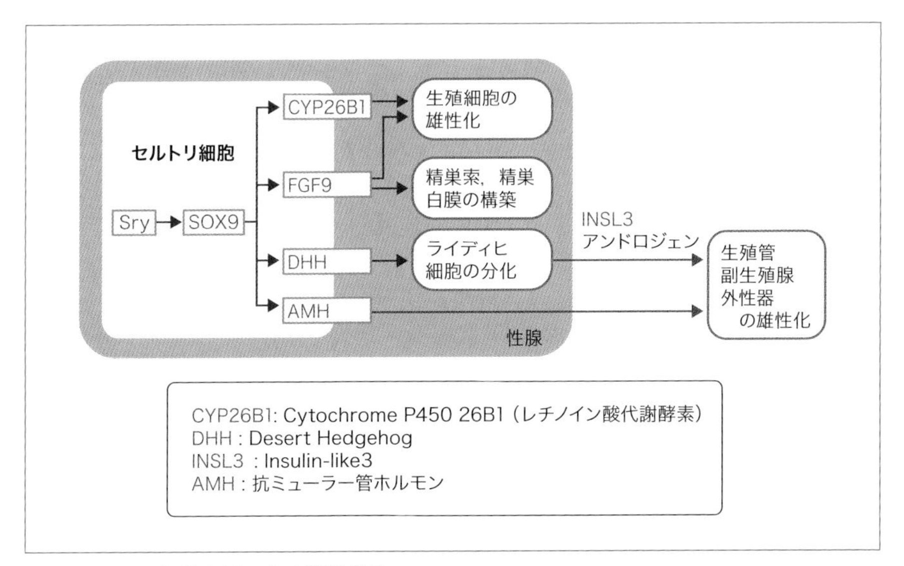

図5　セルトリ細胞主導による精巣分化

原基での*Sry*発現が低下し，XY卵巣の性転換を示す.

b. セルトリ細胞の分化

*Sry*は，どのようにして未分化な支持細胞を雄型のセルトリ細胞へと分化誘導するのであろうか？　*Sry*は，生殖原基の未分化な支持細胞において一過性に発現し，下流の***SOX9***（Sry-related HMG box-9）の発現を介して，セルトリ細胞へと分化誘導する．つまり，セルトリ細胞への分化の引き金は，*Sry*により直接*SOX9*発現を誘導することにより開始され，*Sry*発現の消失後でも*SOX9*がセルトリ細胞に恒常的に発現が維持され，*SOX9*によりセルトリ細胞の分化，精巣の形態形成が進行する（**図5**）．脊椎動物間で進化的に保存された精巣決定遺伝子である***DMRT1***（doublesex and mab-3 related transcription factor 1．DMドメイン転写因子．ショウジョウバエ，線虫の性分化因子doublesex 2とmab-3の相同遺伝子）は，哺乳類では，胎生期の性分化の過程には必須ではないが，その欠損マウスの精巣は，生後から精細管の構造が維持できず卵巣化する．*DMRT1*を強制発現させたマウス卵巣は精巣化することから，*DMRT1*の精巣の形成の機能は進化的に保存されている．

*Sry*発現後において，セルトリ細胞での*SOX9*の発現の維持には，*SOX9*の下流に位置する**FGF9**（fibroblast growth factor-9）により正に誘導され，WNTシグナル

（WNT4，β-catenin，後述）により負に制御される[4,5]．FGF9は，セルトリ細胞での*SOX9*の発現維持だけでなく，精巣特異的な形態形成（体腔上皮から未分化なセルトリ前駆細胞を供給，中腎側から血管新生と精巣白膜の血管構築）を誘導する．性分化初期のセルトリ細胞からは，ラミニン，コラーゲンなどの基底膜成分の合成，グリコーゲン合成などのエネルギー代謝も活性化することにより，精巣への形態形成がすみやかに進行する．

セルトリ細胞は，ライディヒ細胞の分化に作用する**DHH**（Desert Hedgehog）を分泌し，生殖細胞の減数分裂抑制に作用するCYP26B1（cytochrome P450 26B1）を発現する．これらDHH，CYP26B1は，おのおの間質細胞，生殖細胞を雄型へ誘導する．セルトリ細胞からの**抗ミューラー管ホルモン**（AMH）の分泌には，SOX9，SF1/NR5A1，GATA4，WT1（-KTS）がその発現に直接作用する．

c. ライディヒ細胞の分化

精巣への分化後すぐに間質領域にライディヒ細胞が出現する．胎子ライディヒ細胞の数は，その増殖を伴わずに急速に増加するため，胎生期の精巣の間質領域には，ステロイド産生細胞の未分化前駆細胞がプールとして維持されており，胎生期の後半までこの前駆細胞プールからライディヒ細胞が順次誘導されるものと想定される．この未分化なステロイド産生細胞からのライディヒ細胞への分化は，セルトリ細胞から分泌される**DHH**（Desert Hedgehog）により制御される．つまり，DHHを分泌できないXY性腺では，セルトリ細胞，精細管形成が誘導され，精巣へと分化するが，間質領域のライディヒ細胞の分化は抑制される．逆に，HedgehogシグナルをXX性腺で異所的に活性化させた場合，卵巣内にライディヒ細胞が異所的に出現し，精巣上体・精管が発達し，子宮の存在を除けばすべて性器は雄型となる．このXX性腺の外観は卵巣であり，陰嚢方向へ下降し，ライディヒ細胞が存在する以外は，ほぼ正常な卵巣へと発達する．これらの結果から，セルトリ細胞から分泌されるDHHが，間質細胞の性決定に必要十分な因子であることが示唆される．

ライディヒ細胞では，ステロイド合成能に機能する転写因子**SF1**/NR5A1と**DAX1**（dosage-sensitive sex reversal, adrenal hypoplasia critical region, on chromosome X）/NR0B1が発現する．SF1は，ステロイドホルモン産生に不可欠なステロイドP450酵素群の発現に深く関与し，ステロイド産生のマスター制御因子として機能する．***ARX***（aristaless related homeobox, X-linked；Paired型のホメオドメイン転写因子）は，当初，ヒト精巣性女性化症を伴う滑脳症の原因遺伝子として見出されたが，未分化な間質のライディッヒ前駆細胞集団の分化制御に重要な機能を担っている．Notchシグナルも，この間質の前駆細胞プールからライディヒ細胞への分化バランスの制御にかかわっている．

ライディヒ細胞からは，精巣下降を誘導するインスリン様因子**INSL3**（insulin-like 3）が分泌される．一部の哺乳類の精巣は，発生過程において精巣導帯（後述）により引っ張られることにより，腹腔外の皮下領域である陰嚢内に移動し，体幹より低い温度条件下で精子発生が進む．INSL3を欠いた雄マウスでは，精巣導帯が発達しないため**潜伏精巣**（cryptorchid）になる．

2）卵巣への分化の分子機序

精巣，セルトリ細胞に比べ，卵巣と顆粒層細胞の分化の分子機構は，いまだ十分に明らかではない．動物種によって，卵巣決定遺伝子の存在はあいまいで，現時点では未分化生殖性腺からの卵巣の分化は，胎生期のあいだは受動的であり，*Sry*が作用しなければ自律的に卵巣化プログラムが作動すると考えられている．

卵巣化の因子としては，**FOXL2**（forkhead box L2．Forkhead型）転写因子と**RSPO1**（R-spondin homolog），**WNT4**（wingless-related MMTV integration site 4），**β-catenin**などのWNT4シグナル，および**エストロジェン受容体**（estrogen receptor．ESR1,2）が知られている．

FOXL2は，ヤギにおいては卵巣決定遺伝子として機能し，*FOXL2*遺伝子近傍の11.7kbのゲノム断片の欠失である***PIS***（polled intersex syndrome）変異により，*FOXL2*の発現が低下し，*Sry*陰性のXX雄の性転換が誘導される[6]．ヒト*FOXL2*は，BPES症候群（ヒト頭蓋顔面異常，眼瞼異常を伴う早期卵巣不全症）の原因遺伝子としても知られる．*FoxL2*を欠損したマウスでは，胎子期の卵巣の形成に異常は認められないが，生後の卵胞形成が正常に進行せず，精巣化する[7]．*Esr1/2*（Estrogen receptor α/β）二重欠損マウスでは，XX卵巣が生後に精細管様の構造を形成し，*SOX9*陽性のセルトリ様細胞が出現することが知られている[8]．マウス顆粒層細胞において，FOXL2とESR1/2は直接的に協調して，*SOX9*発現を抑制している．

WNT4は，*SOX9*発現に対して抑制的に作用し，性分化初期より恒常活性型β-cateninを発現させたXY性腺では*SOX9*発現，精細管形成が抑制され，卵巣化する．*Rspo1*$^{-/-}$，*Wnt4*$^{-/-}$，*Ctnnb1*（β-catenin）$^{-/-}$XXマウスは，精巣への分化は正常であるが，卵巣ではステロイド産生細胞および精巣特異的な血管形成が異所的に誘導され，卵母細胞が消失する．

3）生殖細胞の性分化

哺乳類の精巣の生殖細胞は，生殖原基の性分化後，**前精原細胞**（prospermatogonium）であるG1期で分裂停止する．生後増殖を再開し，一部，**精子幹細胞**（spermatogenic stem cell）へと誘導され，恒常的に精子を産生する．一方卵巣では，ほぼすべての卵原細胞は胎生期に減数分裂に入り，卵母細胞へと分化する．メダカなどの一部の魚類では，生殖細胞の遺伝的な性により，性腺（体細胞）の性が決まることが知られている．しかし，マウスなどの哺乳類では，生殖細胞自体の遺伝的な性とは無関係に，体細胞の性に従って性分化が進行する．

生殖細胞の減数分裂の誘導因子（減数分裂促進因子）として，**レチノイン酸**（retinoic acid：RA）が知られている．マウスでは性分化期において，レチノイン酸合成酵素は性腺と近接する中腎組織で雌雄ともに強く発現している．雌では，デフォルト経路としてレチノイン酸が中腎などの周りの組織から卵巣内の卵母細胞に作用し，**STRA8**（retinoic acid gene 8）の発現が誘導され，減数分裂を開始し，ほぼすべての卵原細胞が卵母細胞へと導かれる[9]．一方雄では，分化したセルトリ細胞から*SOX9*の下流において精巣特異的にレチノイン酸代謝酵素**CYP26B1**（cytochrome P450 26B1）が高発現する．CYP26B1は，精巣内のレチノイン酸を分解し，生殖細胞でのSTRA8の発現が誘導されず，減数分裂の開始が抑制される．さらに，*SOX9*の下流因子であるFGF9が，直接生殖細胞に作用し，精原幹細胞因子**NANOS2**（nanos homolog 2）の発現を雄特異的に誘導する．NANOS2は，精巣内の生殖細胞のSTRA8発現を抑制，メチル化酵素である**DNMT3L**（DNA-methyltransferase 3-like）の発現を誘導し，減数分裂の抑制と同時に，ゲノムインプリンティングなどのクロマチン構造も含め，雄型の分化プログラムを進行させる．

3-3．生殖管（ウォルフ管とミューラー管）と副生殖腺の性分化

1）生殖管の初期形成

両性の生殖管は，生殖原基の形成期に，胎子の遺伝学的な性に関係なく形成され

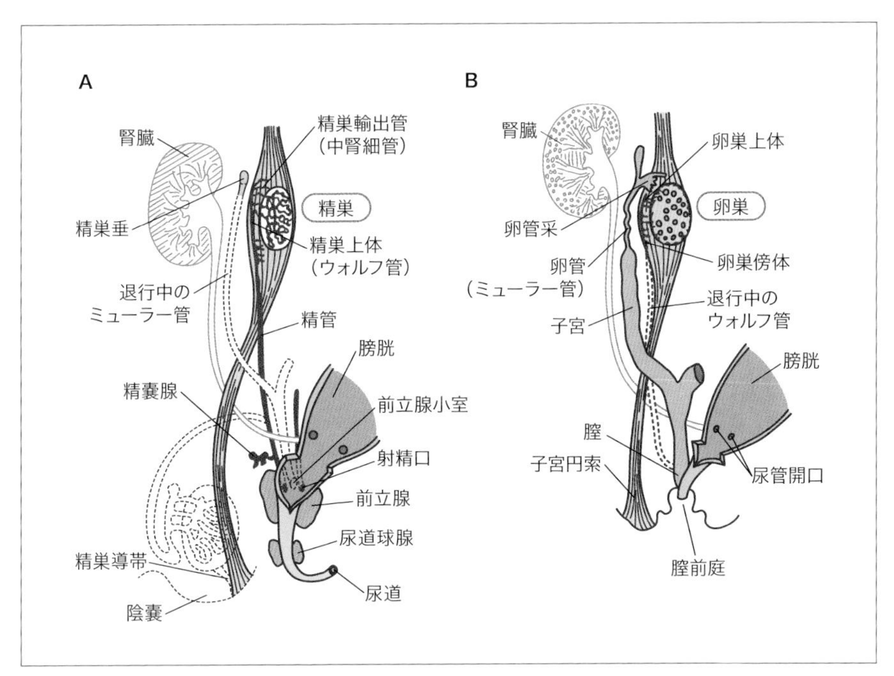

図6　雄 (A) と雌 (B) の生殖管，副生殖腺の性分化
Aの左下の点線図は精巣下降後の精巣の位置を示す.

る．雄型の生殖管は，尿管の基幹として発達する**中腎管** (**ウォルフ管**) がそのまま利用される (**図6A**)．ウォルフ管の外側には，**ミューラー管** (**中腎傍管**) が遅れて形成される．このミューラー管の形成は最初，生殖隆起の頭端の位置でウォルフ管の外側部位の体腔上皮の陥入によって起こり，これが同側のウォルフ管に周囲の間葉組織内へ盲管として深く入り込む．この頭側のミューラー管の開口部は，卵管采として出生後も体腔と連絡した体外への経路となる (**図6B**)．ミューラー管の尾側の盲端は，ウォルフ管の外側に沿って尾側方向へ伸長する．ウォルフ管は，尿管と分離し，ミューラー管は左右が正中で融合して，両生殖管ともに内胚葉性の**尿生殖洞** (のちの膀胱，尿道，雄では前立腺，尿道球腺と陰茎の一部，雌では腟の下部と腟の前庭腺に寄与) とつながる．

PAX2 (paired box gene 2．Paired型ホメオ蛋白)，**LHX1** (LIM homeobox protein 1．LIM型ホメオ蛋白)，**EMX2**などのホメオ型の転写因子は両生殖管の上皮に発現し，両生殖管の形成，維持に重要な役割を担う．

2）生殖管の性分化

生殖原基が精巣に分化した場合，セルトリ細胞から分泌される**抗ミューラー管ホルモン**（AMH）によりミューラー管のほとんどの部分が退行する（頭側端は，精巣垂，尾側端は前立腺小室として遺残）．ウォルフ管は，ライディヒ細胞から分泌されるテストステロンにより，精巣上体，精管，精嚢腺へと分化する．また，**テストステロン**は，尿生殖洞での**5α-リダクターゼ**（steroid 5α reductase：SRD5a）のはたらきにより，**ジヒドロテストステロン**（5α-dihydrotestosterone：DHT）へと変換され，DHTにより前立腺などの雄型の副生殖腺の形成や雄型の外生殖器が誘導される．中腎組織は，性腺の前後で退行し，性腺を頭尾軸方向に繋げる腹膜ヒダとなり，性腺を腹壁に支持する．尾側へのヒダは，鼠径部の体壁まで繋がった索（中腎鼠径索）を形成し，雄では**精巣導帯**（gubernaculum of testis）として，ライディヒ細胞から分泌されるインスリン様因子**INSL3**により**精巣下降**（testicular descent）に関与する（雌では子宮円索となる）．

一方，雌個体では生殖原基が卵巣に分化し，AMH，テストステロンが分泌されず，ミューラー管が発達し，ウォルフ管のほとんどの部分が退行する（雌ではウォルフ管の頭側端は卵巣上体，卵巣傍体，尾側端はガルトナー管として遺残）．**エストロジェン**（estrogen）の作用により，ミューラー管は卵管，子宮，膣前部へと発達する．さらにエストロジェンは外性器にも作用し，陰核，膣後部，膣前庭，外陰部の形成を誘導する．

a．雄の副生殖器の形成

雄胎子では，**ウォルフ管**の上部は，精巣上体を形成する．残りの尾側の中腎管は厚い筋壁が発達し，精管となる．ウォルフ管の尾側端は，食肉類を除いて，尿生殖洞との接合部付近で膨大部（精管膨大部，膨大部腺）を形成し，精嚢（精嚢腺）へと発達する．ウォルフ管と尿生殖洞の開口部は，射精口となる．尿生殖洞は，骨盤部と陰茎部の尿道に寄与し，骨盤部の尿道上皮の頭側（生殖管との結合部近く）の隆起により前立腺が生じる．骨盤部の尿道上皮の尾側からは（イヌ以外の家畜種，マウスにおいて）尿道球腺が生じる．

これらのウォルフ管，雄型の副生殖腺の発達は，すべてアンドロジェンの作用に依存する．アンドロジェンは，ウォルフ管の頭端部の間質領域での**InhibinβA**（Inhba）の発現を促し，精巣上体管の伸長とコイル化を誘導する．ウォルフ管でのEGFの発現，尿生殖洞での（FGF，WNTシグナルの場を提供する）ヘパラン硫酸プロテオグリカンの制御酵素スルファターゼ1（SULF1）の発現が，アンドロジェン依存的に制御されていることも判明している．さらに，尿生殖洞の性分化の過程で，さまざまなFGF，WNT関連因子が性に依存した発現パターンを示す．

FGFシグナルは，生殖管，副生殖腺の発達に重要な役割を担っており，**FGF8**は，ウォルフ管の頭部領域と精巣とをつなげる中腎細管（のちの精巣輸出管）の形成に必須であり，その欠損マウスは精巣輸出管，精巣上体が特異的に欠失する．**FGF10**は，ウォルフ管の基部，尿生殖洞の間葉系組織で発現し，その欠損マウスはウォルフ管からの精嚢腺の発達が抑制され，尿生殖洞からの前立腺，尿道球腺の形成も阻害される．IGF1，TGF β 2のおのおのの因子を欠損した雄マウスも，精巣上体，精管の発達異常を呈するが，アンドロジェンとの関係は不明である．FSH，LH受容体に類似したG蛋白共役型受容体LGR4（leucine-rich repeat-containing G protein-coupled receptor 4．GPR48ともよぶ）は，エストロジェン受容体 α（ESR1）の発現を誘導することにより，精巣上体の正常な発達を制御し，その欠損マウスは**精巣網**（rete testis）の拡張を伴う精巣上体の発達異常を呈する．

b. 雌の副生殖器の形成

雌胎子では，**ミューラー管**は，頭側端が卵管采，卵管となり，尾側端の融合部位は，子宮となる．動物種による解剖学的な子宮の基本形態は，左右のミューラー管の相対的な位置や融合の度合のちがいに起因する．ウサギでは，融合は管壁の外部のみで，子宮腔は別々に膣に開口する（重複子宮）．家畜では尾側端が融合し，融合部の壁が退行し，1本の融合した子宮体と独立した2つの子宮角をもつ（双角子宮）．ヒトを含む霊長類では，広範囲にわたって左右のミューラー管が融合し，融合壁が消失した結果，大きな1つの子宮体を形成する（単一子宮）．

ミューラー管の形成には，さまざまなWNTシグナルが関与しており，**WNT9b**はウォルフ管から分泌され，初期のミューラー管の伸長に必須の機能を担う．**WNT4**，**WNT7a**は，ミューラー管の発達，退縮に関与し，*Wnt4*欠損雌マウスではミューラー管が欠損し，*Wnt7a*の欠損雄マウスでは，AMH受容体の発現低下により，雄でもミューラー管の退縮が抑制される．

膣は，ミューラー管の末端と**尿生殖洞**との結合部位から派生する．両組織の融合した**膣板**（vaginal plate，**洞結節**：sinus nodeとよぶ）は，管腔化により膣の内腔を形成する．尿生殖洞と洞結節の内腔の隔壁は破れて開通し，隔壁は膣弁として残る（ヒトでは処女膜として残る）．膣前庭は，尿生殖洞の尾側領域より形成される．尿道原基と尿生殖洞から生じる上皮芽から，尿道と前庭腺が形成される．膣の前庭腺は，雄の前立腺と尿道球腺の相同器官となる．

レチノイン酸（RA）は，中腎内の生殖管の前後軸に沿った子宮の領域化に関与し，**レチノイン酸受容体**（retinoic acid receptor；RARα，RARβ，RARγ）をさまざまな組み合わせで二重欠損させたマウスでも，ウォルフ管，ミューラー管の全体の欠損，あるいは後部のみの欠損などさまざまなレベルでの形成異常と尿生殖洞の形態形成異常を呈する．

性腺，生殖管，尿生殖洞の性分化の過程の性分化関連因子群のかかわりを簡単にまとめた模式図を**図7**に示す．

金井　克晃（かない　よしあきら）

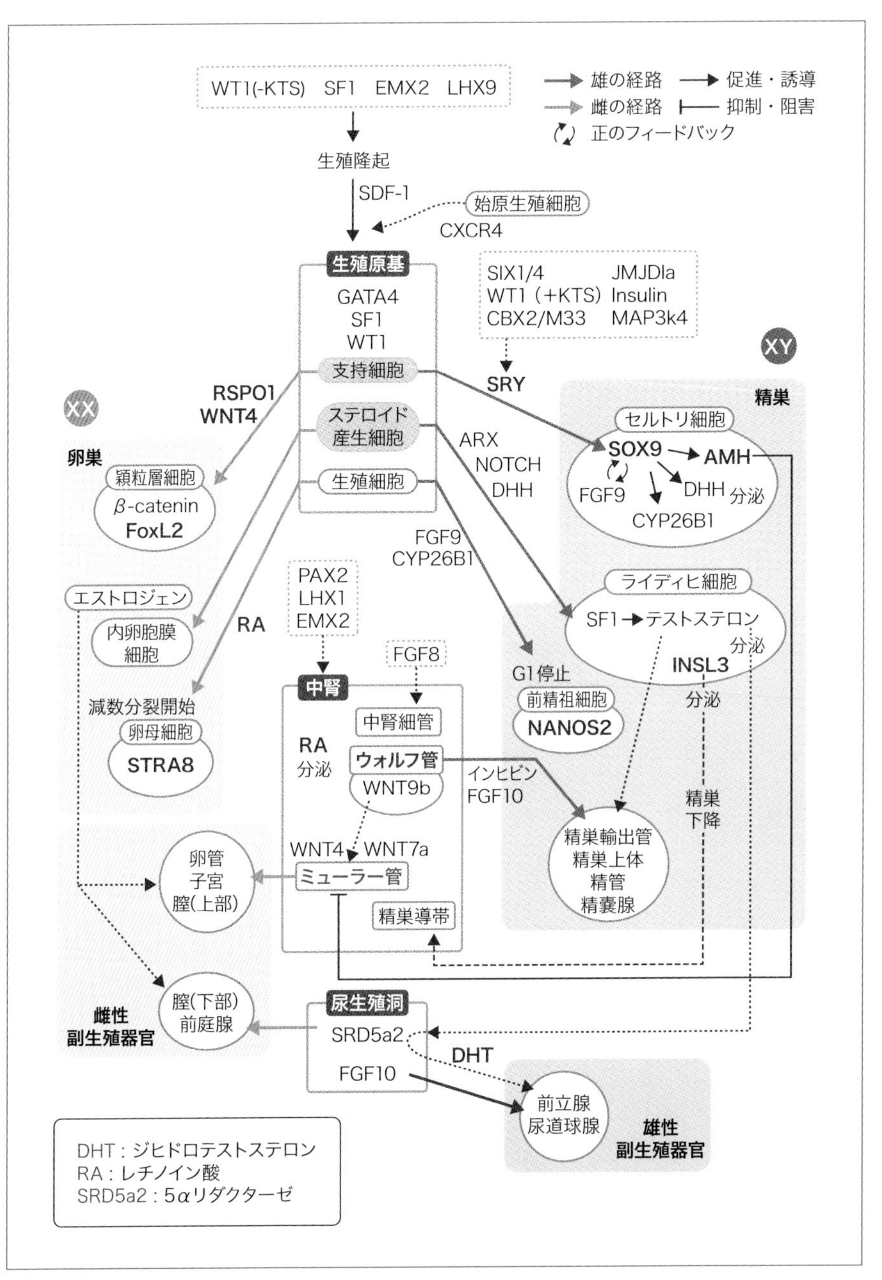

図7　哺乳類の生殖系の性分化の分子機序

（出典）

[参考文献]

1) Sinclair, A.H., Berta, P., Palmer, M.S. *et al.* (1990)：A gene from the human sexdetermining region encodes a protein with homology to a conserved DNA-binding motif. *Nature*, 346：240-244.
2) Koopman, P., Gubbay, J., Vivian, N. *et al.* (1991)：Male development of chromosomally female mice transgenic for Sry. *Nature*, 351：117-121.
3) Hiramatsu, R., Matoba, S., Kanai-Azuma, M., *et al.* (2009)：A critical time window of Sry action in gonadal sex determination in mice. *Development*, 136：129-138.
4) Hiramatsu, R., Harikae, K., Tsunekawa, N. *et al.* (2010)：FGF signaling directs a center-to-pole expansion of tubulogenesis in mouse testis differentiation. *Development*, 137：303-312.
5) Kim, Y., Kobayashi, A., Sekido, R., *et al.* (2006)：Fgf9 and Wnt4 act as antagonistic signals to regulate mammalian sex determination. *PLoS Biol* ., 4：e187.
6) Pailhoux, E., Vigier, B., Chaffaux, S. *et al.* (2001)：A 11.7-kb deletion triggers intersexuality and polledness in goats. *Nat. Genet*., 29：453-8.
7) Uhlenhaut, N.H., Jakob, S., Anlag, K., *et al.* (2009)：Somatic sex reprogramming of adult ovaries to testes by FOXL2 ablation. *Cell*, 139：1130-1142.
8) Couse, J.F., Hewitt, S.C., Bunch, D.O. *et al.* (1999)：Postnatal sex reversal of the ovaries in mice lacking estrogen receptors alpha and beta. *Science*, 286：2328-2331.
9) Bowles, J., Knight, D., Smith, C. *et al.* (2006)：Retinoid signaling determines germ cell fate in mice. *Science*, 312：596-600.

[参考図書]

・的場章悟，平松竜司，金井克晃 (2006)：哺乳類の性決定遺伝子 *Sry*. 特集　雄と雌の生物学 - 生物の多様な性分化のしくみ，諸橋憲一郎 監，細胞工学，25 (4)，pp.369-373，秀潤社，東京 .
・金井克晃 (2011)：生殖腺，生物機能モデルと新しいリソース，リサーチツール：series モデル動物利用マニュアル，小幡裕一，城石俊彦，芹田忠夫，ほか 編，pp.152-166，エル・アイ・シー，東京.
・篠村麻衣，張替香生子，金井克晃 (2013)：哺乳類の性分化と性的可塑性．特集　性決定分化の制御システム，田中実，諸橋憲一郎 監，細胞工学，32 (2) pp.151-157，秀潤社，東京.
・金井克晃，平松竜司 (2019)：哺乳類の生殖腺の性，遺伝子から解き明かす性の不思議な世界，田中実 編，pp.267-306．一色出版，東京 .

4 中枢神経系の性分化

はじめに

内外の生殖器の発達が完了し，性成熟を迎えた個体が正常な生殖機能を維持するためには，中枢神経系すなわち「脳」が重要な役割を担う．脳は生殖にかかわる神経内分泌系および生殖行動を制御するためのいわば「司令塔」である．脳には雌雄差があり，これにより雌雄の動物がそれぞれの性に特徴的な行動や内分泌動態を示す．哺乳類の中枢神経系は，生殖器と同様に雌型がデフォルト（基本型）であり，胎子期や新生子期などの発達期の性ステロイドの影響により脱雌性化して雄型になると考えられる．本項では，おもに生殖にかかわる神経内分泌系と性行動に雌雄差をもたらす「**中枢神経系の性分化**（sexual differentiation of the central nervus system）」に焦点をあて，そのメカニズムについて述べる．

4-1．視床下部－下垂体－性腺軸の性

哺乳類において，雌は種に特有の間隔で周期的に**排卵**（ovulation）を繰り返す．一方で，雄にはこのような周期性はなく，たえず精子をつくり続ける．これは雌雄の配偶子の役割のちがいによる．すなわち，雌性配偶子である卵子は，受精後の発生に必要な栄養をはじめ，細胞の維持・分裂を支える細胞内小器官などを細胞質に保持するために大きな細胞となる．一方，雄性配偶子である精子には，遺伝情報を次世代に受けわたすためのDNAを，卵子との受精の場まで運ぶ機動力が必要である．よって，大きな細胞ではかえって運動性を保つ妨げとなる．また，受精を完了するためには数多く（数千万～1億個/mL）の精子が必要である．このように，配偶子の役割は雌雄によって大きく異なるため，卵子は数少ないが大きく，一方で精子は小さいが多数であるという特徴をもつ．このような役割のちがいを考えれば，卵子が十分に成長するための期間として雌は**性周期**（sexual cycle）を有し，雄は周期性をもたず精子をたゆまず形成し続けるという性差は理にかなったものである．

1）ホルモン分泌動態の性差

卵巣や精巣の正常な機能は，「**視床下部－下垂体－性腺軸**（hypothalamic-pituitary-gonadal〈HPG〉axis）」の一連の神経内分泌機構によって維持される．雌性動物のみが性周期をもつのは，視床下部－下垂体－性腺軸のフィードバック機構に性差があるためである．視床下部から下垂体門脈血に分泌される**性腺刺激ホルモン放出ホルモン**（gonadotropin releasing hormone：GnRH）により下垂体前葉からの**性腺刺激ホルモン**（gonadotropin）が放出され，これにより性腺からの**性ステロイドホルモン**（sex steroid hormone）分泌が刺激される．性ステロイドホルモンは視床下部にフィードバックしてGnRH分泌を調節することで，正常な生殖機能が維持される．性腺刺激ホルモンには，**黄体形成ホルモン**（luteinizing hormone：LH）と**卵胞刺激ホルモン**（follicular stimulating hormone：FSH）があるが，FSH分泌は**インヒビン**（inhibin）による抑制を受けているため，GnRHの分泌の指標としては，GnRH分泌動態を直接反映するLH分泌が用いられることが多い．一般に，雄には性ステロイドホルモンによるGnRH分泌に対する抑制的な効果，すなわち**負のフィードバック**（negative feedback）のみが存在し，雌では正および負のフィードバックの両方が存在する（**図1A**）．これが生殖を制御する中枢の雄雌間でのおもなちがいである．雄においては，精巣から分泌される**アンドロジェン**（androgen，アンドロジェンは雄性ステロイドホルモンの総称であり，生体内でのおもなアンドロジェンは**テストステロン**〈testosterone〉である）の視床下部への負のフィードバックにより，GnRH分泌は抑制され，結果的に性腺刺激ホルモン分泌が抑制される．このことは，雄の動物の精巣を除去するとLH分泌が上昇し，さらにこのような動物にアンドロジェンを代償投与するとLH分泌が抑制されることから明らかである．負のフィードバックにより，血中テストステロン濃度が過度に上昇したり低下したりすることなく，つねにほぼ一定の血中濃度に保たれる．このようにアンドロジェンは，上位中枢へ精巣の活動状態を伝えるメッセンジャーの役割を果たしている．

雌の哺乳類では，発育過程にある卵胞から分泌される**エストロジェン**（estrogen，エストロジェンは雌性ステロイドホルモンの総称であり，生体内でのおもなエストロジェンはエストラジオール〈estradiol〉である）が血中に低濃度に存在するときには，雄の場合と同様，上位中枢に対して負のフィードバック効果を示し，GnRH分泌やLH分泌を抑制する．ところが，卵胞発育が十分に発育し成熟卵胞になると，血中エ

A

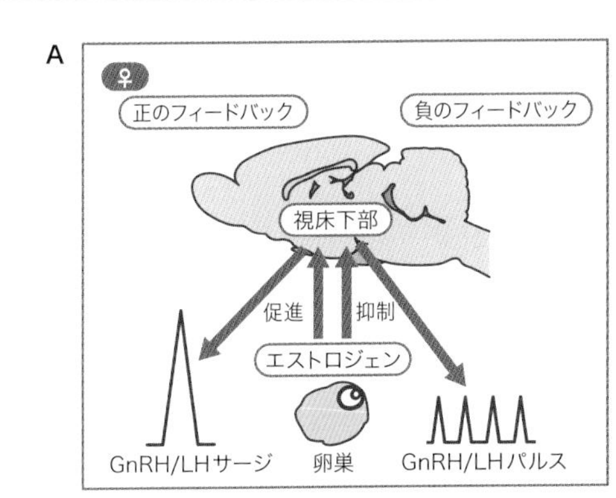

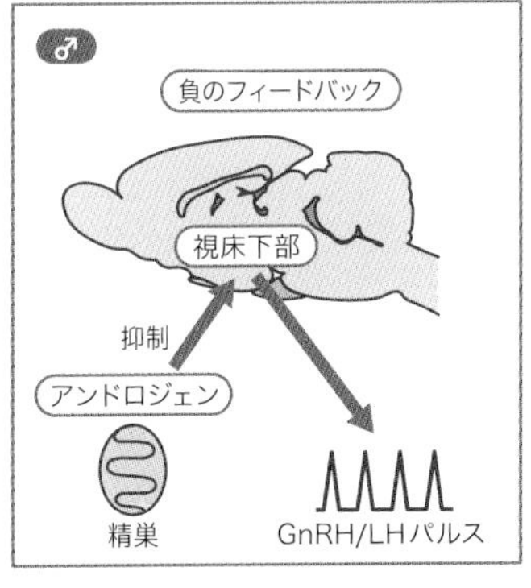

B

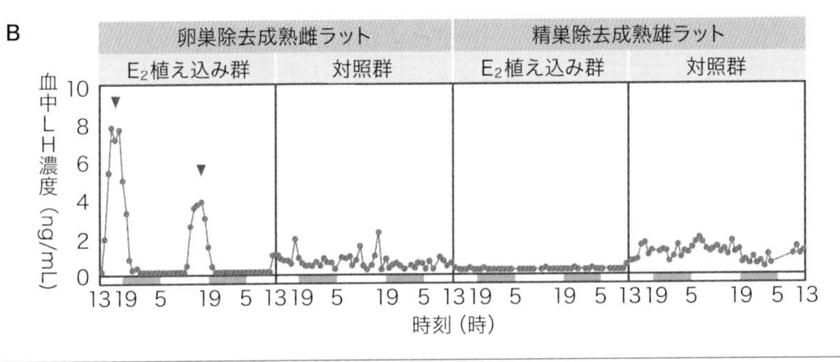

図1　哺乳類の視床下部ー下垂体ー性腺軸の性分化（ラットの例）

A：雌ラットでは発育中の卵胞から分泌されるエストロジェンは視床下部に抑制的に作用し（負のフィードバック），性腺刺激ホルモン放出ホルモン（GnRH）ひいては黄体形成ホルモン（LH）のパルス状分泌を抑制するが，卵胞が成熟して血中エストロジェン濃度が上昇すると，一転してGnRH/LH分泌に対して促進的に作用し（正のフィードバック），GnRH/LHサージを誘起し，排卵を引き起こす．一方，雄ラットでは精巣から分泌されるアンドロジェンは負のフィードバックによりGnRH/LHのパルス状分泌を抑制するが，雌のような正のフィードバック作用はない．

B：成熟雌雄ラットに性腺除去を施し，高濃度のエストロジェンを投与したときのLH分泌動態の雌雄差．成熟した雌ラットに性腺除去を施し，エストロジェンの1種であるエストラジオール（E_2）を充填したシリコンカプセルを皮下に植え込み持続的に血中エストロジェン濃度を高く保つと，午後5時頃にピークをもつLHサージが連日誘起される（左側）が，雄ラットではLHサージが誘起されない（右から2番目）．空のシリコンチューブを植え込んだ対照群では，LHサージはみられない．それぞれのパネルは各個体（各群より1個体ずつ例示）の血中LH濃度の48時間の変化を1時間おきに示す．横軸の白い棒は明期を，グレーの棒は暗期を示す．

ストロジェン濃度が高まり，一転して**正のフィードバック**（positive feedback）機構が作動し，GnRHの大量分泌を促進し，LHの大量放出（**LHサージ**：LH-surge）を引き起こす．つまり，エストロジェンの血中濃度の上昇により，十分に発育した卵胞が卵巣内に存在することを視床下部が感知し，排卵を促すためのGnRHひいてはLHサージが引き起こされる．

性成熟後の雌のラットの卵巣を摘出し外因性に高濃度のエストロジェンを投与すると，LHサージを誘起することができる．ところが，雄ラットの場合，同様の処置（精巣除去＋エストロジェン）を施しても，LHサージが誘起されることはない（**図1B**）．このことは，性成熟後の雄と雌ラットの脳が機能的に異なること，すなわち脳が性分化していることを示している．雌とは異なり，雄ラットでは高濃度エストロジェンによる正のフィードバックによるGnRH/LHサージを誘起するための中枢機能が不可逆に失われていることを示す例である．

一方で，GnRH/LHサージ中枢の性分化には種差があり，たとえば成熟した雄のサルやヤギに精巣除去を施し高濃度のエストロジェンを投与すると，サージ様のLH分泌の上昇がみられる．ただし，雌に比べてタイミングが遅れたり，サージピークが小さいことなどから，サルやヤギではGnRH/LHサージ中枢には脳の性分化が部分的であると考えられる．齧歯類とサルやヤギのGnRH/LHサージ中枢の性分化のちがいをもたらす機序については，後述の「キスペプチンニューロンとGnRH/LH分泌の性差」の項目で詳述する．

2）視床下部－下垂体－性腺軸の性分化

排卵周期を制御する「視床下部－下垂体－性腺軸」の性分化は，発達期の脳へのステロイドの感作の雌雄差により引き起こされる．視床下部－下垂体－性腺軸の性分化に関する研究報告は，古くは19世紀初頭にさかのぼり，雌ラットから採取した卵巣を成熟した雌ラットの皮下に移植した場合は排卵が起こるが，去勢した成熟雄ラットの皮下に移植した場合は排卵が起こらないことが示された．その後1930年代に，出生日に精巣除去を施した雄ラットに卵巣を移植した場合には，排卵が起こることが示され，出生時期の精巣由来のアンドロジェンが**脳の雄性化**（masclinization of the brain）もしくは**脱雌性化**（defeminization of the brain）の鍵をにぎると考えられた．実際，誕生前後の雌ラットにアンドロジェンを投与すると，成長したあとに高濃度のエストロジェンを投与してもLHサージが誘起できない．一方で，出生直後（1時間以内）の雄ラットの精巣を除去すれば，成長後に高濃度のエストロジェン投与によってLHサージが誘起できることが報告された．これらのことから，脳の基本形は雌型であり，雄ラットでもLHサージを起こす機能がもともとそなわっているが，出生前後に精巣から分泌されるアンドロジェンにさらされることによって，脳が不可逆に雄型に分化し，LHサージの中枢が機能しなくなると考えられる．

3）キスペプチンニューロンとGnRH/LH分泌の性差

*Kiss1*遺伝子にコードされるペプチドである**キスペプチン**（kisspeptin）は，2001年にそれまで**孤児受容体**（orphan receptor）であった**GPR54**（G protein-coupled receptor 54）の内因性リガンドとして発見され，当初は**メタスチン**（metastin）と命名された．2003年に，成人になっても性成熟を示さないヒトの一部に，GPR54をコードする遺伝子に突然変異があることが発見され，さらにGPR54をノックアウトしたマウスでは**性成熟（春機発動**，puberty）が起こらず，性腺が著しく萎縮することが報告された．これらの報告から，キスペプチンとその受容体GPR54が生殖機能に極めて重要であることが明らかとなった．その後，キスペプチンがGnRHや性腺刺激ホルモンの放出を強力に促進することや，GnRHニューロンにGPR54遺伝子が発現していることが明らかとなった．さらに，キスペプチンをコードする*Kiss1*遺伝子をノックアウトしたラットにおいて，LHおよびFSH分泌が消失することが報告された．これらのことから，キスペプチンはGnRH分泌を直接刺激することにより，視床下部－下垂体－性腺軸を制御する最上位の中枢であることが明らかとなった．現在では，ブタやウシ，ヤギなどの家畜をはじめ，**交尾排卵動物**（reflex ovulator）であるスンクスにおいても，キスペプチン－GPR54系が生殖機能を最上位から制御していることが明らかになり，この系が動物種を超えてGnRH分泌の制御を介して生殖を制御すると考えられている．

雌のマウスやラットの脳内において，キスペプチンニューロンの細胞体はおもに2つの神経核に分かれて分布している．1つは視床下部の前方に位置する**前腹側室周囲核**（anteroventral periventricular nucleus：AVPV）であり，もう1つは**視床下部弓状核**（hapothalamic arcuate nucleus）である（**図2A**）．一方，雄のAVPVには同ニューロンはほとんど認められない．この2つの集団のうちAVPVに局在するキスペプチンニューロンがGnRH/LHサージ中枢として排卵を制御すると考えられる．AVPVは，古くから**性的二型核**（sexually dimorphic nuclei）（後述）の1つとして知られてきた．雌のAVPVは雄よりも大きく，AVPVを電気破壊した雌ラットではLHサージが起こ

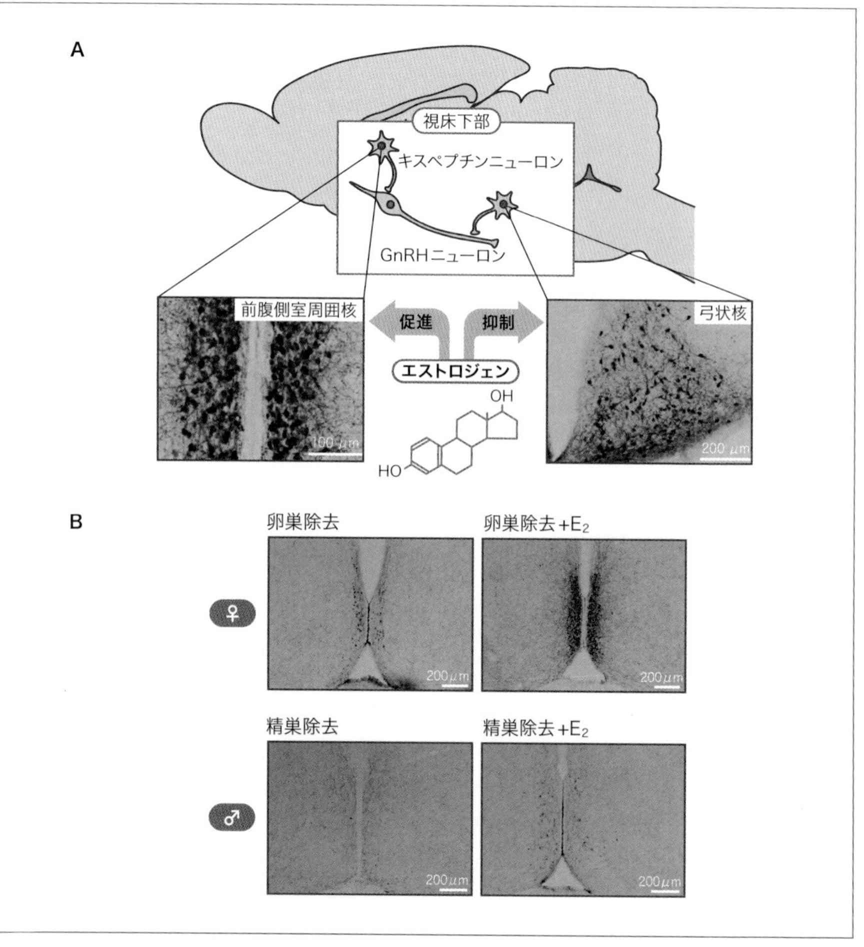

図2　ラットにおけるキスペプチンニューロンの脳内分布（A）およびエストロジェンのキスペプチン発現に対する効果の雌雄差（B）

A：雌ラットにおいて，キスペプチン免疫陽性細胞は，視床下部前方の前腹側室周囲核（AVPV）および後方の視床下部弓状核の2つの神経核に認められる．エストロジェンは，AVPVのキスペプチン発現に対して促進的にはたらくが，一方で弓状核でのキスペプチン発現に対しては抑制的に作用する．

B：卵巣除去ラット（左上）に高濃度のエストラジオール（E_2）を処置すると，AVPVのキスペプチン発現が促進され，多数のキスペプチンニューロンが認められるようになる（右上）．一方，雄ラットにおいては（下段），精巣除去後に高濃度のE_2を処置しても，雌ラットと異なり，AVPVにおけるキスペプチン発現はほとんど認められない．

（参考文献1より引用改変）

らない．また，雌ラットではエストロジェン処置によりAVPVのキスペプチン発現が増加するが，雄ラットのAVPVではエストロジェンを処置してもキスペプチン発現がほとんど認められない（**図2B**）．キスペプチンが強いGnRH/LH放出促進効果をもつことを考え合わせると，雄ラットにおいてGnRH/LHサージが起こらないのは，雄のAVPVにおけるキスペプチン発現が抑制されているためであると考えられる．

キスペプチンニューロンにはエストロジェン受容体αが存在し，また*Kiss1*遺伝子の発現は性ステロイドホルモンによる調節を受けている．興味深いことに，AVPVにおける*Kiss1* mRNAおよびその産物であるキスペプチン発現はエストロジェンによって促進される一方で，弓状核におけるこれらの発現はエストロジェンにより抑制される（**図2A**）．これまでのさまざまな研究成果によって，AVPVでのキスペプチンニューロンがエストロジェンによる正のフィードバックを仲介してGnRH/LHサージを誘起し，ひいては排卵を誘起する最上位の中枢であることが示されている．雄のラットやマウスにおいて，GnRH/LHサージ中枢が機能しないことは先に述べたが，脳内のキスペプチンニューロンに注目することにより，これまで不明であった脳の性分化のメカニズムが徐々に明らかになってきた．

雄ラットにおいて，出生後1時間以内に精巣除去を施し，成体になったあとに発情前期レベルのエストロジェンを投与するとLHサージを誘起することができる（**図3A**）．このような雄個体の脳内で，雌と同様AVPVに多数のキスペプチンニューロンが認められる（**図3a**）．一方，出生後5日以内の雌ラットにアンドロジェンもしくはエストロジェンを投与すると，成体になったあとに高濃度のエストロジェンを投与してもAVPVのキスペプチン発現の増加は認められず，LHサージも誘起できない（**図3Dおよび3d**）．これらを総括すると齧歯類におけるGnRH/LHサージ中枢の性分化メカニズムは以下のように考えられる．すなわち，雄では，出生前後（周産期）のアンドロジェンがエストロジェンに変換されたあと（後述の「芳香化仮説」参照），AVPVのキスペプチンニューロンに作用し，ここでのキスペプチン発現が不可逆に抑制される（**図4**）．このため雄では，成体になった後に高濃度のエストロジェンを投与されてもキスペプチンが発現できず，その結果としてGnRH/LHサージが起こらないと考えられる．

先に述べたように，サルやヤギでは成熟した雄個体でも去勢後に高濃度のエストロジェンを処置すると，サージ様のLH上昇を誘起することができる（**図4**）．キスペプ

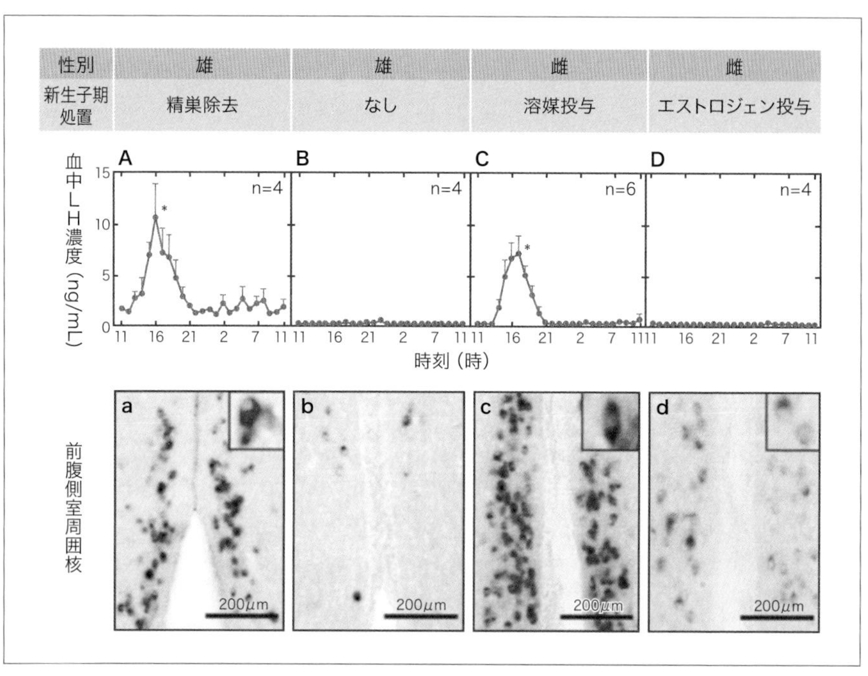

図3　出生直後の性ステロイドホルモン環境が雌雄ラットにおける黄体形成ホルモン（LH）サージと前腹側室周囲核の*Kiss1*遺伝子発現に及ぼす影響

出生後1時間以内に精巣を除去した雄ラットでは，成熟後の高濃度エストロジェン処置によりLHサージを誘起できる（**A**）．本来雄ラットでは，成熟後に去勢してエストロジェンを処置しても，LHサージは誘起されない（**B**）．新生子期に溶媒を投与された対照群の雌ラットでは，高濃度エストロジェン処置により，LHサージを誘起されるが（**C**），生後5日以内にエストロジェンを単回投与すると，成熟後に高濃度エストロジェンを投与してもLHサージを誘起できなくなる（**D**）．出生直後に精巣除去された雄（**a**）および溶媒投与雌ラット（**c**）では，前腹側室周囲核（AVPV）に多数の*Kiss1*遺伝子発現が認められるが，新生子期にエストロジェンを投与された雌（**d**）や成熟後に去勢された雄ラット（**b**）では，AVPVにおける*Kiss1*発現はほとんど認められない．

（参考文献2より引用改変）

チンニューロンを観察すると，雄の**視索前野**（preoptic area：POA．齧歯類のAVPVと相同の神経核）において，エストロジェン処置により*Kiss1*発現細胞数が増加し，さらに*Kiss1*発現細胞の活性化が認められる．雌個体においても，高濃度エストロジェンの曝露によりLHサージが起こるとともに，POAでの*Kiss1*発現細胞数の増加と活性化が認められることから，POAのキスペプチンニューロンがサル・ヤギにおけるGnRH/LHサージ中枢であると考えられる．ただし，雄ヤギやサルではエスト

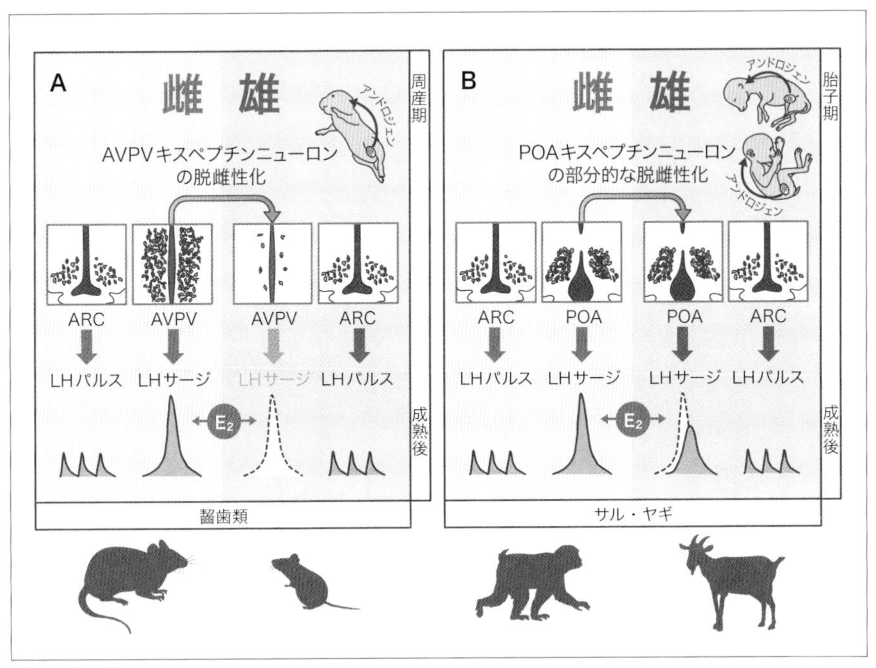

図4　性腺刺激ホルモン放出ホルモン（GnRH）/ 黄体形成ホルモン（LH）サージ中枢の性分化機序の種差

A：ラットやマウスなどの齧歯類において，雄では周産期に精巣から分泌されるアンドロジェンの感作により，前腹側室周囲核（AVPV）におけるキスペプチン発現が不可逆に抑制される（脱雌性化）．このため雄では，成体になった後に高濃度のエストロジェン（E_2）を投与しても，AVPVにキスペプチンニューロンはほとんどみられず，その結果としてGnRH/LHサージが起こらないと考えられる．一方，視床下部弓状核（ARC）においては，キスペプチンニューロンの数に性差はほとんどなく，LHパルスは雌雄ともにみられる．

B：サルやヤギにおいては，成熟した雄個体でも去勢後に高濃度のエストロジェンを処置すると，LHサージを誘起することができる．これらの動物では，雌雄ともに高濃度のE_2処置により視索前野（POA：齧歯類のAVPVと相同の神経核）におけるキスペプチン発現細胞数が増加する．ただし，雄ではE_2処置後のPOAにおけるキスペプチン遺伝子発現細胞数が雌個体と比べて少なく，LHサージのピークが雌より小さく，タイミングも少し遅れて起こることから，サルやヤギではキスペプチンニューロンが胎子期の雄性ステロイドの感作によって，部分的な脱雌性化を起こしていると考えられる．

（参考文献6より引用改変）

ロジェン処置後のPOAにおける*Kiss1*発現細胞数は雌個体と比べて少なく，LHサージのタイミングが雌より遅れて起こることから，サルやヤギではキスペプチンニューロンが胎子期のアンドロジェンの感作によって，部分的に脱雌性化を起こしていると考えられる（**図4**）．

弓状核のキスペプチンニューロンについては，これまで調べられた動物種において性差はほとんど認められない．成熟後の雌雄個体において，弓状核の*Kiss1* mRNAおよびキスペプチン発現は，AVPV（種によってはPOA）の場合とは逆に，性腺除去により増加し，エストロジェンやアンドロジェンによって抑制されることから，弓状核のキスペプチンニューロンは，雌雄の動物においてGnRH/LHパルスに対する性ステロイドの負のフィードバックを仲介するニューロンであると考えられる（**図2A**および**図4**）．最近の研究により，雌雄ラットを生後10日間にわたって高濃度のエストロジェンに感作させると，AVPVに加えて弓状核におけるキスペプチンニューロンが不可逆に消失し，パルス状のLH分泌が著しく抑制されることがわかってきた．脳の発達期に性ステロイドやエストロジェン様環境ホルモンに曝露された個体では，生殖機能不全が起こることが古くから知られているが，その機序に*Kiss1*発現の不可逆な抑制が関与している可能性もある．

ウシやブタなどの家畜については，キスペプチンニューロンの性差についての報告はないが，雌ウシや雌ブタのPOAには，エストロジェン依存性にキスペプチン発現が増加することから，これらの家畜でもまたPOAのキスペプチンニューロンが，排卵を制御するGnRH/LHサージ中枢であると考えられる．

4-2．性行動の性分化

1）雌雄における性行動のちがい

動物はその性に特有の行動を示すことがあり，その大部分は生殖にかかわる行動である．雌雄がそれぞれの性に特徴的な内外生殖器の形態や機能を完成させたとしても，それだけでは次世代を担う子を得ることはできない．雄が雌に対し交尾にいたる一連の**性行動**（sexual behavior）を示し，これに応えて雌が交尾を許容する性行動を示すことではじめて受精が可能となり，妊娠・分娩という一連の生殖の過程を完了できる．とりわけ，重要家畜であるウシでは，性行動は雌の発情を確認し，人工授精のタイミングを見きわめる指標となる点できわめて重要である．ウシのおもな性行動には，雄型の性行動である**乗駕（マウント，**mount）と，雌型の性行動である**スタンディング**（standing）（ほかのウシに乗駕されて静止している状態で“被乗駕行動”ともいう）とがある．

性行動の性差をもたらすメカニズムについては，おもにラットなど齧歯類のモデルを用いた研究が精力的に行われてきた．雌ラットやマウスの性行動の1つに，**ロードシス**（lordosis）とよばれる行動がある（**図5A**）．これは，発情した雌が雄にマウントされたとき，動きをとめて背柱を湾曲させて身を反らせることで雄を許容する行動である．ロードシスは，雌の背側への圧刺激に応じて起こる反射行動であり，エストロジェン依存性に引き起こされる．よって，性周期中のラットでは，血中エストロジェン濃度が高まる排卵直前の時期，すなわち発情前期の午後から夜中にかけて活発なロードシスを示す（**図5B**および**5C**）．一方，発情休止期のラットや卵巣を除去されたラットは，血中エストロジェン濃度が低いため，ロードシス反射をほとんど示さない．卵巣除去した雌ラットに高濃度のエストロジェンを投与すると，ロードシス反射を示すようになる．また，ラットやマウスでは，**プロジェステロン**（progesterone）がエストロジェンによるロードシス反射を増強することも知られている．

エストロジェン受容体（estrogen receptor）α（ERα）ノックアウトマウスでは，エストロジェンを処置してもロードシスを示さないことから，エストロジェンは脳内のERαと結合し，その作用を発現することにより，ロードシス反射を誘起すると考えられる．ERαに加えて，ERβもまたロードシスの誘起に関与するという報告もある．発情している雌ラットの性行動として，ロードシス以外に**イヤーウィグリング**（ear-wiggling．耳を細かく震わせる行動）や**ホッピング**（hopping．ぴょんぴょんと飛びはねる行動）も雄を誘う勧誘行動として知られており，これらの行動もまたエストロジェン依存性に起こる．このように，雌ラットにおいて性行動と排卵はともに成熟卵胞から分泌される高濃度エストロジェンによって同期して引き起こされる．妊娠が成立するための理にかなった機構といえよう．

ロードシスを制御する脳領域として，視床下部腹内側核（ventromedial hypothalamus：VMH）に存在する神経が重要なはたらきをしていると考えられる．実際，VMHの外腹側部には多数のERαが認められ，この神経核にエストロジェンを植え込むと，ロードシスの発現が促される．

去勢した雄ラットに，エストロジェンを投与してもロードシスを示す頻度は雌に比べて著しく低く，示した場合でも雌ほど明瞭な行動ではない．これは，雄ラットの脳内の**中隔**（septum）とよばれる領域に，ロードシスに対する抑制系が存在するためであると考えられる．実際に，去勢雄ラットの中隔外側部の電気破壊や腹側部の切断を

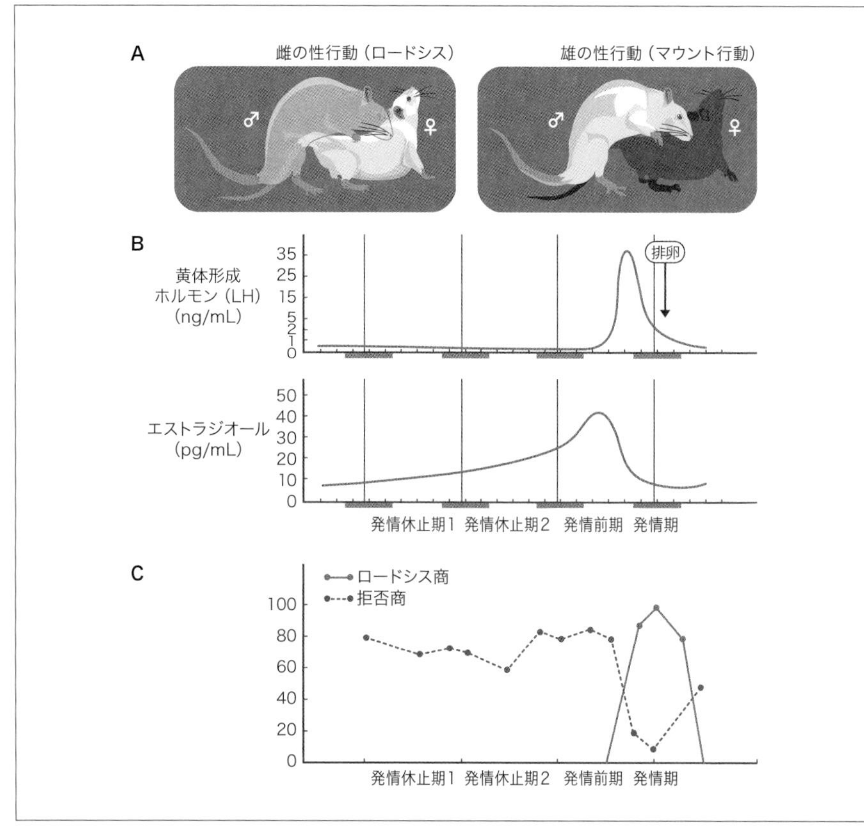

図5　雌雄ラットの性行動（A）と4日の排卵周期を示す雌ラットにおける血中ホルモン濃度の変動（B）とロードシス商および拒否商（C）との関連

A：雌雄ラットにおける性行動．雄にマウントされたとき，雌ラットは動きを止めて背柱を湾曲させて身を反らし，雄を許容する行動（ロードシス）を示す．

B：雌ラットの発情周期中の血中黄体形成ホルモン（LH）およびエストラジオール濃度の変化．発情休止期2日目から発情前期にかけて，卵胞発育に伴い血中エストラジオール濃度が上昇すると，正のフィードバックによりLHの大量放出（LHサージ）が起こり，排卵が誘起される．横棒 ▬ は暗期を示す

（参考文献3より引用改変）

C：高濃度のエストラジオールの感作に反応し，雌ラットは発情前期午後から発情期の前半にかけて雄のマウントに対して高頻度でロードシスを示し，雌への拒否率は激減する．一方，血中エストラジオール濃度が低い発情休止期には，雌ラットはロードシスをほとんど示さず，拒否率が著しく増加する．ロードシス行動を数値化するときは，雄ラットからの一定回数（たとえば10回）のマウントに対してロードシスを示した割合に100を乗じて示すことが多く，これをロードシス商（lordosis quotient：LQ）とよぶ．

（参考文献4より引用改変）

施すと，エストロジェン処置によって雌のように高頻度のロードシスを示すようになる．また，**背側縫線核**（dorsal raphe nucleus）を起始核とする**セロトニンニューロン**（serotonine neuron）はロードシスの発現に抑制的に作用する．雄ラットの背側縫線核を破壊したり，脳内にセロトニン合成阻害剤を投与すると，ロードシスの増加が認められる．これらのことは，雄の脳内にもロードシスを起こすための機構がそなわっているが，発達期に脳が脱雌性化することにより，ロードシスに対する強い抑制系が形成されることを示している．

成熟雄ラットにみられる乗駕（マウント）行動（**図5A**）や**交尾行動**（mating behavior）など一連の雄型の性行動は，精巣由来の**アンドロジェン**の作用により引き起こされる．雄ラットは雌ラットを追いかけて，外陰部の辺りのにおいを嗅ぎ，雌に対してマウントし，雌が許容した場合（高エストロジェンによる発情状態），膣内への**外性器の挿入**（intromission）を繰り返し，**射精**（ejaculation）にいたる．

雄の性行動を制御する脳領域として，POAが中心的な役割を果たすと考えられている．ラットやサルにおいて，POAの性的二型核（後述）を破壊すると雄性行動が顕著に抑制される．また，去勢した雄ラットのPOAにアンドロジェンを植え込むと，雄の性行動を促すことができることから，アンドロジェンはPOAの神経に作用して雄性行動を誘起すると考えられる．さらに，**嗅球**や**扁桃体**を破壊した雄ラットでは，性行動が抑制されることから，雄の性行動の発現には嗅覚からの情報伝達も重要であり，嗅覚情報はPOAや中核などに伝わり，雄の性行動を誘起すると考えられる．

2）性行動の性分化機序

性成熟後の雄では，精巣からアンドロジェンの一種である**テストステロン**（testosterone）がつねに分泌され続けているため，発情した雌ラットに出会えばいつでもマウント行動を示す．前述のように，成熟した雌ラットでは血中エストロジェン濃度が高い発情前期に，ロードシスなどの雌型の性行動が誘起される．このように，性的に成熟した雌雄いずれの個体においても，性ステロイドホルモンが性行動を起こすための中心的な役割をもつ．

一方で，正常な雌雄の性行動を示すためには，あらかじめ雌は雌型の脳を，雄は雄型の脳を完成させていることが必要である．たとえば，成熟後の雄ラットの精巣を除去し，高濃度のエストロジェンを人為的に投与しても，雌のように高頻度にロードシス反射を示すことはない．同様に，卵巣除去を施した成熟ラットにアンドロジェンを投与しても，雄型の性行動を誘起することはできない．これは，前述のGnRH/LH分泌にみられる性差と同様に，不可逆的な脳の性差がすでに形成されているからである．ただし，興味深いことに，発情期の雌ウシは雌型の性行動であるスタンディングに加えて，本来雄型の性行動であるマウント行動を頻繁に示すことが知られており，動物種によっては，性行動をつかさどる脳の性分化の完成度が異なるものと考えられる．

雌雄の行動に性差をもたらす性分化のメカニズムは，おもにラットのロードシスやマウント行動を指標とした研究によって詳細に検討されてきた．ラットでは，性行動の性分化は，誕生前後の数日に起こると考えられている．ラットの場合，この時期の精巣由来のアンドロジェン感作により雄の脳は**脱雌性化・雄性化**し，性成熟後のテストステロンに反応して雄型の性行動を示すようになる．

雌ラットに対し，出生直後にアンドロジェンもしくはエストロジェンを投与すると，雌型の性行動が抑制される（エストロジェンの作用については，後述の芳香化仮説を参照のこと）．つまり，脳の発達期に性ステロイドの感作を受けた雌ラットは，成熟した後に高濃度のエストロジェンを投与されてもロードシスをほとんど示さず，アンドロジェンを処置されればマウントなどの雄型の性行動を示すようになる．これは，発達期において性ステロイドにより雌ラットの脳が**脱雌性化・雄性化**したためである．

雄ラットの場合，出生前日から出生後5日までの時期に精巣を除去し，成熟後に高濃度のエストロジェンを投与すると，雌と同程度に高頻度のロードシスを示すようになる．また，このような動物ではアンドロジェンを投与しても，雄型の性行動の発現は抑制される．このことは，発達期の脳が性ステロイドに曝露されなければ，基本型の雌型の脳のまま維持されるが，発達期にアンドロジェンの感作を受けることにより，脳の雄性化が起こることを示している．雄ラットのマウント行動を制御する中枢の雄性化には，出生後よりもむしろ出生前のアンドロジェン感作が重要であるとされる．

成熟した雄ラットに去勢を施し高濃度のエストロジェンを処理すれば、低頻度とはいえロードシスを誘起することができる．このことは，前述のGnRH/LHサージ機構の性分化（雄ラットではLHサージはまったく起こらない）とは異なり，性行動を制御する中枢が完全に性分化していないことを示す．また前述のように，発情した雌ウシが雄型のマウント行動を示すこともよく知られている．性行動を制御する中枢についても，性分化の完成度に種差があると考えられる．

4-3．中枢神経系の形態的性差

1）性的二型核

脳内のいくつかの神経核の大きさには，明確な性差がみられる．とくに視床下部では，生殖機能の制御に重要な役割をもつと考えられる複数の神経核に性差がみられ，おもにラットを用いた研究により，これら神経核の役割や性差形成のメカニズムが研究されてきた．1970年代には，Gorskiらがラットの**POA**に顕著な性差があることを報告し，この神経核をPOAの**性的二型核**（sexually dimorphic nucleus of the POA: SDN-POA）と名づけた（**図6**）．雄ラットのPOAは雌に比べて大きく，細胞数が多い．前述のように，雄のラットやサルにおいて，SDN-POAは雄型の性行動を制御する重要な神経核である．ヒツジのSDN-POAもまた雄で雌より大きく，この性差が性的嗜好性に関与しているとの報告がある．さらにヒト男性においてSDN-POAに相当する神経核である前視床下部間質核（INAH）の大きさは，女性より大きいことが報告されている．

ラットにおいて，POAの近傍にある**AVPV**も性的二型核の1つとしてよく知られ，雌ラットのAVPVの方が雄に比べて大きく，脳室に沿って神経細胞が密に分布する．**AVPV-POA領域**は，古くから排卵の制御に重要であることが示唆されてきた．たとえば，卵巣除去を施した雌ラットの脳内のさまざまな部位にエストロジェンを植え込むと，AVPV-POA近傍にエストロジェンを植え込んだ場合にLHサージが誘起される．このことから，AVPV-POA領域が正のフィードバック効果を示すためのエストロジェンの作用部位であると考えられてきた．現在では，前述のように，雌のラットやマウスのAVPVにのみ存在する多数の**キスペプチンニューロン**（kisspeptin neuron）が，正のフィードバックを担う**GnRH/LHサージ中枢**（GnRH/LH-surge center）として排卵を制御すると考えられている．AVPVのキスペプチンニューロン数に著しい性差が発見されたことは，これまで神経核の大きさのちがいで述べられてきた性的二型核を機能的に理解するうえで，大きな進歩であった．AVPVには，**ドパミンニューロン**（dopamine neuron）をはじめとしてほかのニューロンにも性差があることが古くから報告されており，それらも機能的な性差に関与している可能性もある．

視床下部には，そのほかにも性差が認められる神経核がある．雄ラットの**VMH**

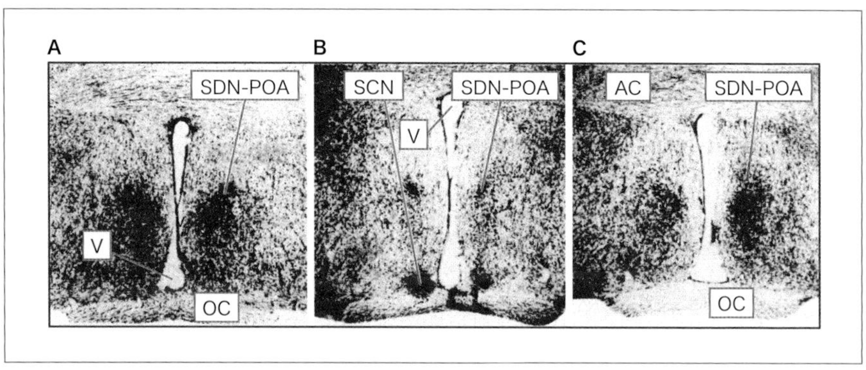

図6　ラットの視索前野（POA）の性的二型核（SDN-POA）
POAは視床下部前方の第三脳室（V）の側方，視交叉（OC）の背側に存在する神経核であり，雄ラット（**A**）のPOAは雌ラット（**B**）に比べて大きく，細胞数が多い．このため性的な二型性を示す代表的な神経核SDN-POAとして知られている．出生直後の雌ラットにアンドロジェンの一種であるテストステロンを投与するとPOAの大きさが雄ラットと同様に大きくなることから（**C**），出生後のアンドロジェンへの感作が性的二型核の形成に重要であると考えられる．
（Nelson R.J.（2016）より引用）

は，雌よりも大きいことが報告されている．前述のようにVMHは雌ラットのロードシスの発現に重要な神経核であることが示唆されている．

2）性的二型核の形成機序

性的二型核は，発達期の性ステロイドホルモンの感作によって形成される．たとえば，出生直後の雌ラットにアンドロジェンを投与すると，POAの体積が増加し細胞数が増える（**図6C**）．一方で，AVPVでは同様のアンドロジェン処置により細胞数が減少し体積が減少する．これらの性的二型核の形成は，**アポトーシス**（apoptosis）とよばれる細胞死による部分が大きい．たとえば出生後5日にエストロジェンを投与された雌ラットのこれらの神経核をみると，投与の24時間後には，AVPVではアポトーシスを起こす細胞数が増加し，POAでは逆に減少する．これらのことから，アンドロジェンがエストロジェンに変換されて（後述の「芳香化仮説」参照）各神経核に作用し，POAにおいてはアポトーシスを阻害し，AVPVではアポトーシスを誘起することによって，これらの神経核の性差を形成すると考えられる．雄ラットやマウスにおいて，発達期の性ステロイド感作によりAVPVのキスペプチン発現が著しく抑制されることは前述の通りであるが，これがアポトーシスを介したメカニズムによるかどうかは明らかではない．

4-4．ステロイドによる中枢神経系の性決定

1）芳香化仮説

ラットやマウスなどの齧歯類を用いた実験により，出生前後の雄個体の精巣から分泌されるアンドロジェンは脳に直接作用して脱雌性化や雄性化をもたらすのではなく，エストロジェンに変換されたあとに作用すると考えられている．これがいわゆる「**芳香化仮説**（aromatization hypothesis）」である．発達期の精巣から分泌されるテストステロンは脳に到達し，脳内に豊富に存在する芳香化酵素によって**エストラジオール**（estradiol）に変換されたあとにエストロジェン受容体と結合し，脳の脱雌性化を引き起こすことが確かめられている．たとえば，芳香化酵素の作用を受けないアンドロジェンの一種である**5α-ジヒドロテストステロン**（5α-dihydrotestosterone: 5α-DHT）を出生直後の雌ラットに投与しても，脳の脱雌性化が起こらない．また，生まれて数日以内の雌ラットにエストロジェンを投与することによって脳が脱雌性化することが示されている．さらに，エストロジェン受容体αを欠損したマウスでは，脳の脱雌性化が起こらないことが確かめられている．また，遺伝子の変異により機能的な**アンドロジェン受容体**（androgen receptor）を欠損した**Tfm**（testicular feminization mutationの略，精巣性女性化症）ラットでも，雄では性腺刺激ホルモン分泌や性行動の脱雌性化が起こる．これらの事実から，少なくともラットやマウスの場合「脳の性分化」を引き起こす作用をもつ最終的な性ステロイドホルモンは**エストロジェン**であると考えられる．いわゆる女性ホルモンであるエストロジェンが脳の**脱雌性化**を引き起こす物質であることは一見意外なことかもしれないが，雌雄ラットともに脳内には芳香化酵素や**エストロジェン受容体**が豊富に存在し，それらの発達期の脳内分布が**性的二型核**とおおむね一致することから，いずれの性の動物にとってもエストロジェンが性分化に重要な役割をもつことは間違いない．

妊娠期の母親由来のエストロジェンや雌個体の卵巣から分泌されるわずかなエストロジェンは，胎子の肝臓で多量につくられる蛋白質である**α-フェトプロテイン**（α-fetoprotein）によってトラップされるため，脳内に入ることができないと考えられている．α-フェトプロテインは，別名**α-fetoglobulin**ともよばれ，エストロジェン

との親和性が高い血漿蛋白であるため，血液中でエストロジェンと強く結合する．本来，脂溶性のステロイドホルモンであるエストロジェンは細胞膜や**血液脳関門**（blood-brain barrier）を容易に通過するため，脳の実質に容易に到達できるが，α-フェトプロテインと結合したエストロジェンはこれらを通過することができず脳の実質に到達することができない．このため，脳にエストロジェンは作用せず，よって中枢の脱雌性化はおこらないと考えられている．実験的に外因性のエストロジェンを投与すると脳の脱雌性化が引き起こされるが，これはα-フェトプロテインがトラップできる量を超えてエストロジェンが体内に存在するため，エストロジェンが脳に到達し，その作用を発揮できるためであると考えられる．

ラットやマウスなどの齧歯類だけでなく，ヒツジにおいても精巣由来のアンドロジェンがエストロジェンに転換されて，脳を脱雌性化させるおもな因子として作用することが示唆されている．たとえば，妊娠期の母ヒツジにエストロジェンを投与すると，誕生した雌個体ではエストロジェンの正のフィードバックによるLHサージが起こらなくなる．つまり，ヒツジでもラットと同様に，発達期の脳にエストロジェンが作用し，不可逆にGnRH/LHサージ中枢の機能を阻害することができる．

一方で，脳の雄性化には，むしろ芳香化を受けないアンドロジェンそのものの作用が重要であることが報告されている．たとえば，モルモットやアカゲザルにおいて，芳香化を受けないアンドロジェンである**5α-DHT**を用いた実験により，妊娠期におけるアンドロジェンへの感作が雄型の性行動の形成に必要であることが確かめられている．とくにヒトの場合，脳の性分化を担う最終的な物質がエストロジェンであるかどうかを確定するのは困難である．芳香化酵素，あるいはエストロジェン受容体α遺伝子の突然変異によってエストロジェンの作用が欠損した男性でも，とくにジェンダーアイデンティティに影響がみられない例も報告されている．このことは，エストロジェンがヒトにおいては必ずしも脳の雄性化を担う決定的な因子でない可能性を示している．

2）中枢神経系の性分化の臨界期

性ステロイドホルモンに対して感受性が高く，その感作により脳の性分化が起こる時期を「**臨界期**（critical period）」とよぶ．妊娠期間が20～22日であるラットの臨界期は，出生前後の数日間，すなわち受胎後18～27日（妊娠期18日～出生後5日）であ

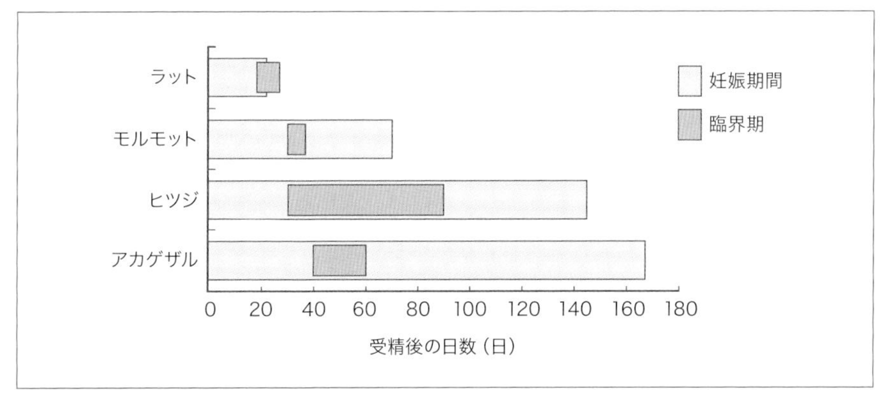

図7　さまざまな動物種における妊娠期間と中枢神経系の性分化の臨界期

性ステロイドホルモンの感作により，内分泌系や性行動を制御する中枢神経系に性分化が起こる時期（臨界期）は，妊娠期間が短く出生後も中枢神経系が発達するラットでは出生前後にわたるが，妊娠期間が長い動物種では妊娠初期から中期にかけてである．

（参考文献5をもとに作成）

ると考えられる（**図7**）．実際に，臨界期を過ぎた出生後10日以降の雌ラットに性ステロイドホルモンを投与しても，もはや性行動やLHサージ中枢の脱雌性化を起こすことはできない．このように，臨界期を過ぎると脳での性ステロイドホルモンへの感受性は失われると考えられる．妊娠期が長い動物種では，中枢の性分化の臨界期は妊娠初期から妊娠中期であると考えられている．たとえば，妊娠期間が65～70日のモルモットでは受胎後30～37日が，妊娠期間が145～155日のヒツジでは受胎後30日～90日くらい，また妊娠期間が146～180日のアカゲザルでは受胎後40日～60日ぐらいが性分化の臨界期であると考えられている．ヒトの脳の性分化の臨界期の詳細は不明であるが，男性の胎児では受胎後12～22週にかけて精巣から大量のアンドロジェンが分泌され，この時期が内外の生殖器の男性化に加えて，脳の性分化に関与している可能性が高い．

これらの動物種による臨界期のちがいは，妊娠期間の長さのちがいによるものであり，本質的なちがいではない．ラットの場合は，出生時には視床下部の性的二型核の性分化はほとんど起こっておらず，おもに出生後の性ステロイドの感作によりこの性分化が引き起こされる．一方，妊娠期間の長い動物では，妊娠期間中に中枢神経系の性分化が完了する．いずれの種においても，中枢神経系が発達する時期に性ステロイドへの感受性が高く，この時期のステロイドの作用により脳の性差形成が起こると考えられる．妊娠期間が短いラットやマウスの場合は，出生後も数日は臨界期が続くため，出生後の性ステロイド処理が容易であり，このため多くの研究成果が蓄積されてきた．

ラットにおいて，雄の胎子では胎生期17日目から出生前ににかけて精巣からアンドロジェンが分泌され，胎生期18日目に1つ目のピークを示すこと，さらに誕生直後の0時間から約4時間かけてアンドロジェンが分泌され，出生後約2時間に2つ目のピークがあると報告されている．一方，この内因性アンドロジェン分泌が高い時期を超えて，少なくとも出生後約5日までは外因性のアンドロジェンやエストロジェンに対する感受性をもつ時期が続くことが示すように，無処置の雄個体において生理的に起こる脳の脱雌性化の時期と，外因性のステロイドに感受性を示す臨界期とは必ずしも一致しない．また，ラットにおいて性行動や内分泌系の脱雌性化を引き起こすには出生後のステロイド感作が重要であるが，一方で性行動の雄型化を起こすには誕生前のアンドロジェン感作が重要であると指摘されている．おそらく，ラットにおける誕生前のアンドロジェンのピークは雄の性行動を司る中枢を完成させ，出生後のアンドロジェンは脱雌性化を完成させると思われる．

さらに，ラットを用いた実験によれば，性行動中枢の脱雌性化に比べて，GnRH/LHサージ中枢の脱雌性化は，低用量のエストロジェン投与によって起こることが示されている．すなわち，出生後の低用量エストロジェン処置によってLHサージがみられない雌ラットでも，正常なロードシスを示すことができる．また，出生後5日に精巣除去された雄ラットは，成熟後にエストロジェンを投与すると雌と同程度のロードシスを示すことができるが，LHサージを起こすことはできない．このように，GnRH/LHサージと性行動を制御する中枢の性分化を引き起こすための性ステロイドの必要量や臨界期は異なると考えられる．

3）中枢神経系の性分化のまとめ

生殖にかかわる性分化の概要を**図8**にまとめて示す．哺乳類の性は，性染色体（雌ではXX型，雄ではXY型）により決定する．雄では胎子期におけるY染色体上の性決定遺伝子（*Sry*）の発現をきっかけとして，未分化の性腺が精巣へと分化するが，雌では未分化性腺はそのまま発達し卵巣になる．雌では，胎子期（もしくは周産期）

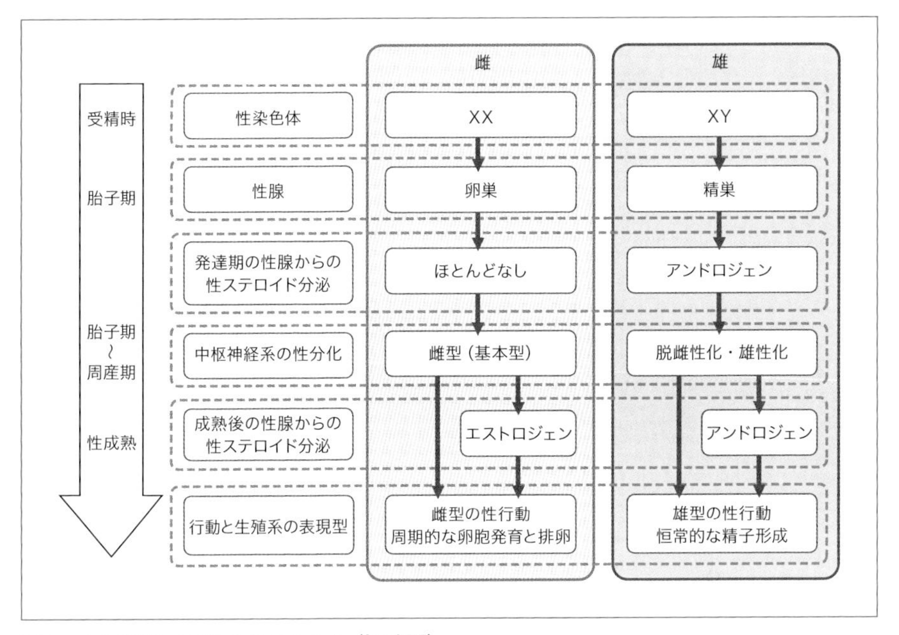

図8　中枢神経系の性分化のまとめ（概略図）

哺乳類の性は，性染色体（雌ではXX型，雄ではXY型）により決定する．雌では胎子期に未分化性腺はそのまま発達し卵巣になるが，雄ではY染色体上の性決定遺伝子（*Sry*）の作用により，未分化の性腺が精巣へと分化する．雌では，発達期の卵巣からのステロイドホルモン分泌はほとんどなく，中枢神経系は基本型の雌型のまま発達し性成熟にいたる．成熟後には，性腺刺激ホルモンの作用により卵胞が発育し，ここから分泌される高濃度の血中エストロジェンが脳に作用し雌型の性行動を誘起するとともに，視床下部への正のフィードバック作用により性腺刺激ホルモン放出ホルモン（GnRH）/黄体形成ホルモン（LH）サージを引き起こし，排卵が起こる．雌では，このような性周期（排卵周期）を繰り返す．雄の場合，発達期の精巣から分泌されるアンドロジェンの作用により，中枢神経系が不可逆に脱雌性化・雄性化し，雄型の脳が完成する．成熟後の雄においては，性腺刺激ホルモンの作用によりアンドロジェン（テストステロン）が恒常的に分泌され，精子形成を促すとともに雄型の性行動を引き起こす．

の卵巣からのステロイドホルモン分泌はほとんどなく，中枢神経系は基本型（デフォルト）である雌型のまま発達し性成熟にいたる．自然排卵動物の雌では，性成熟後にGnRH/ゴナドトロピンパルスの分泌が活発になり卵胞発育が促される．これに伴い血中エストロジェン濃度が上昇すると，高濃度の血中エストロジェンは脳に作用し雌型の性行動を誘起するとともに，視床下部のGnRH/LHサージ中枢への正のフィードバック作用によりLHサージを引き起こし，排卵にいたる．雌では動物種により特有の長さで，性周期（排卵周期）を繰り返す．雄の場合，周産期（齧歯類）もしくは胎子期（妊娠期間が長い動物）の精巣から分泌されるアンドロジェンが脳に作用し，中枢神経系を不可逆に脱雌性化・雄性化させ，雄型の脳が完成する．成熟後の雄においては，GnRH/ゴナドトロピンパルスにより精巣からのアンドロジェン分泌が持続的に促される．よって，雄の性腺刺激ホルモンやアンドロジェンの分泌には，雌のような周期性がない．アンドロジェンは精子形成を促すとともに，雄型の性行動を引き起こす．ただし，一部の動物種（霊長類やヤギ）では，雄個体においても去勢を施し，高濃度のエストロジェンを処置すれば，GnRH/LHサージ中枢を活性化することができる．

4-5. 生殖にかかわらない行動の性差

生殖とは一見関係ない行動に，性差がみられることがある．たとえば，子ザルの遊びに着目した場合，雄の子ザルはおいかけっこなどのやんちゃな遊びを好んで行うが，雌の子ザルではそのような行動を示す頻度が低いことが報告されている．妊娠中の母親にアンドロジェンを投与したとき，その胎子が雌であれば，外部生殖器が雄と雌の中間型である半陰陽の子ザルが生まれる．興味深いことに，そのような個体の遊びのパターンもまた雌雄の中間型を示す．このことから，遊びのパターンもまた基本形は雌型であり，胎生期のアンドロジェンによって雄型になることを示唆している．

成熟したイヌの放尿行動には明らかな性差がみられる．性成熟前の子イヌは，雌雄にかかわらず立ち姿勢で放尿するが，性成熟後の雄イヌは片足を上げた特徴的な姿勢で放尿するようになる．これに対して，雌イヌはそのような行動を示さず，しゃがんだ姿勢で放尿する．このような性差は広くイヌ科の動物にみられる．放尿行動の性差をもたらす因子もまた，胎子期におけるアンドロジェンであることが確かめられている．遺伝的には雌の個体において，妊娠期の母親にアンドロジェンを投与し，さらに新生子期にアンドロジェンを投与すると，雄型の放尿行動を示すようになるからである．このように，生殖に直接かかわらない行動を制御する中枢もまた基本型は雌型であり，発達期の脳への性ステロイドの感作によって雄型へと分化すると考えられる．

束村　博子（つかむら　ひろこ）

[参考文献]

1) Adachi, S., Yamada, S., Takatsu, S. *et al.* (2007) : Involvement of anteroventral periventricular metastin/kisspeptin neurons in estrogen positive feedback action on luteinizing hormone release in female rats. *J. Reprod. Develop.*, 53 (2) : 367-378.
2) Homma, T., Sakakibara, M., Yamada, S. *et al.* (2009) : Significance of neonatal testicular sex steroids to defeminize anteroventral periventricular kisspeptin neurons and the GnRH/LH-surge system in male rats. *Biol. Reprod.*, 81 (6) : 1216-1225.
3) Smith M.S., Freeman, M.E., Neill, J.D. (1975) : The control of progesterone secretion during the estrous cycle and early pseudopregnancy in the rat : prolactin, gonadotropin, and steroid levels associated with rescue of the corpus luteum of pseudopregnancy. *Endocrinology.*, 96 (1) : 219-226.
4) Hardy, D.F. (1972) : Sexual behavior in continuously cycling rats. *Behaviour.*, 41 (3), 288-297.
5) MacLusky, N.J. and Naftolin, F. (1981) : Sexual differentiation of the central nervous system, *Science* 20 : 1294-1302.
6) Tsukamura, H., Homma, T., Tomikawa, J. *et al.* (2010) : Sexual differentiation of kisspeptin neurons responsible for sex difference in gonadotropin release in rats. *Ann. N.Y. Acad. Sci.*, 1200 : 95-103.

[参考図書]

・山内兄人・新井康光編著 (2006) :「脳の性分化」裳華房, 東京 .
・Nelson, R. J.Rnndy J. , Kriegsfeld , L. J. (2016) : An Introduction to Behavioral Endocrinology, 5th ed. Sinauer Associates, Inc. Sunderland, Massachusetts.
・Knobil, E., Neill, J.D. *et al.* (2015) : Knobil and Neill's Physiology of Reproduction 5th ed., (Plant, T. M., Zeleznik, A. J. eds.), Elsevier, London.
・Tsukamura, H., Maeda K.-I., Uenoyama, Y. (2018) : Fetal/perinatal programming causing sexual dimorphism of the kisspeptin–GnRH neuronal network. In : The GnRH Neuron and its Control. (Herbison, A. E., Plant, T. M. eds), pp. 43-60, Wiley.

第5章
生殖各期の生理

1. 性成熟
2. 性周期
3. 受精
4. 初期発生
5. 着床，妊娠維持および分娩
6. 泌乳

1 性成熟

1-1. 性成熟の指標

雌では発情を伴った排卵が開始し，雄では交尾行動を伴った射精が可能にならなければ生殖は行えない．このように生殖が可能になる時期と状態は生物学的に明瞭に定義でき，これを**性成熟（春機発動：puberty）**という．なお，プロジェステロンにあらかじめさらされていないヒツジの雌では，排卵前の血中エストロジェンの濃度上昇による発情があらわれない場合がある．その場合は発情を伴わない**無発情排卵**（silent ovulation）でまず黄体が形成され，次の排卵期に発情が伴う．したがって，上述の定義によれば，初回排卵と性成熟は必ずしも一致しない場合がある．

飼育動物では繁殖成功率を考慮して，性成熟後しばらく経過してから実際の繁殖活動を行わせることが多いため，「性的に十分成熟した」という意味にこの言葉が使われることがある．しかし，この場合はすでに性成熟に達したあとなので，性成熟という定義にはなじまない．たとえば繁殖適齢のような別の語を用いるべきである．

1）性成熟の時期

表1には，各種動物の性成熟と繁殖適齢を，そのほかいくつかの妊娠にかかわる数値とともに記した．齧歯類は性成熟に早く達する，いわゆる早熟な動物の代表であり，一方，霊長類は晩熟な動物の代表である．霊長類のコモンマーモセットは成体重が約300 gでラットとあまり変わらないが，性成熟には少なくとも6～12ヵ月を要し，約35日で性成熟を迎えるラットとは著しい対照をなす．このような著しい差がもたらされる理由は明らかにされていない．

個体が性成熟にいたる経過は，**胎子期**（fetal period），**新生子期**（neonatal period），**乳子期**（infantile period），**幼若期**（juvenile period）または**前性成熟期**（prepubertal period）などに分けられる．性成熟の前後をさす言葉として**性成熟期**（peripubertal period）という語句も用いられる．性成熟という語句で，期間をあらわす場合もある．ヒトの性成熟期は思春期，春機発動期などと表現されるが，女性では月経の開始を意味する**初潮**（menarche）が性成熟の指標として用いられることが多い．雌ラットなどの齧歯類で

表1　各種動物の性成熟，繁殖適齢および妊娠に関する数値*

		ウシ	ウマ	ブタ	ヒツジ	ヤギ	イヌ	ネコ	ラット
雄	繁殖適齢(月)	12	18～24	12	9～12	9～12	12	12	80(日)
	性成熟(月)	6～10	12	5～8	7～8	8	6～8	6～15	60(日)
雌	性成熟(月)	6～10	12～18	5～8	4～15	4～15	6～9	6～15	35(日)
	繁殖適齢(月)	14～22	24～48	8～10	9～18	12～18	12～18	12～18	60(日)
	繁殖季節	周年	春～秋 まれに周年	周年	秋～冬から 周年まで	秋～冬から 周年まで	年2回	年2, 3回	周年
	妊娠期間(日)	280	338	114	150	151	63	63	21
	分娩後発情回帰(日)	10～20 (80 %は無発情) 28～36 (55 %は無発情)	4～16	離乳後 3～7 (分娩後2～3日のものは無排卵)	次繁殖期	次繁殖期	次繁殖期	次繁殖期	分娩翌日***
	分娩後初排卵	60日以後初回発情期	25～30日	離乳後初回発情時	品種と管理法により異なる	初回発情時	初回発情時	初回発情時	初回発情時

*: 品種と個体差あり．**:交尾しないと9～10日，交尾すれば4日以内．***: 早朝に分娩すればその日の夜．

（参考文献1より引用改変）

は膣の開口が指標の1つとして用いられるが，膣の開口と排卵は必ずしも一致しない場合がある．雄ラットではペニスの亀頭の形状が性成熟に伴って変化することが知られており，外見上の性成熟の指標となる．

2）性成熟の雌雄差

哺乳類の雌は，妊娠・哺乳という大きな負担に耐えなくてはならないため，生殖機能のみが先行して成熟することは，親にとっても子にとっても好ましいことではない．そのため性成熟は体成長，身体の諸機能の成熟と一致して起きるようにしくまれている．一方雄では，ハーレム型の生殖集団をもつ動物に典型的にみられるように，生殖活動への参加には雄同士の競争を経過しなければならない場合が多いため，性成熟に達することがただちに生殖活動の開始を意味しない．また，雄の生殖活動には雌にみられる妊娠・哺乳のような負担がないため，性成熟の時期は必ずしも厳密に設定されている必要はないと考えられる．それにもかかわらず雄の性成熟の時期が雌と比較的一致しているのは，性成熟にいたる機構のなかに雌と共通する部分が含まれるためであろう．

1-2. 性腺の成熟

1）雄

雄では生殖原基が精巣に分化したあとに，ライディヒ細胞が分泌するアンドロジェンによって外部生殖器や副生殖器，性中枢が雄へと分化することが明らかにされている．すなわち，胎子の精巣はすでに内分泌機能を有している．一方，雄の生殖細胞が**精原細胞**（**精祖細胞**ともいう）から精子までに分化するためには一定の期間を要する．たとえば，ラットでは出生直後から減数分裂を開始するが，精細管腔に精子が認められるのは約45日齢である．輸精管に精子が認められるのはその約2週間後である．雌の性成熟の日齢から考えると，ラット，マウスなどの性成熟の時期はむしろ精子形成に要する期間が制限要因になっていると思われる．

2）雌

卵巣では出生前に**卵原細胞**（**卵祖細胞**ともいう）が活発に体細胞分裂を行い数を増やすが，やがて終了し，減数分裂を開始して第一分裂前期で停止する．減数分裂を再開するのは多くの動物で性成熟後であり，卵子の発達に要する期間は性成熟の制限要因にはならない．

3）未成熟動物

未成熟動物の性腺，下垂体は，性成熟のはるか以前に，性成熟後に示すのと同様の機能を獲得している．たとえば，幼若期のラットの未成熟な卵巣を，卵巣を除去した成熟雌ラットに移植すると周期的に活動を営み，排卵も正常に起きる．さらに前性成熟期の雌ラット（20日齢）にFSH作用をもつ**馬絨毛性性腺刺激ホルモン**（equine chorionic gonadotropin：eCG）を投与すると3日後に排卵する．このことから性成熟（ラットでは約35日）以前に，性腺刺激ホルモン（GTH）サージを引き起こすための神経機構が成立していることがわかる．つまり，性成熟の到来は性腺刺激ホルモンの分泌を制御しているGnRHがいつ成熟型の分泌を開始できるかによっている．

1-3. 出生後から性成熟までのホルモンレベルの変化

性腺機能を賦活化するためには，2つの性腺刺激ホルモン（LH，FSH）が必要不可欠である．動物種にもよるが，胎子期末期から新生子期は，性腺刺激ホルモンレベルは成熟動物に匹敵するほど高い．その後いったん低下し（prepubertal hiatus），性成熟期の前に再び上昇を開始する．このとき，LHのパルス状分泌の頻度とその振幅が増加することがアカゲザルで報告されている．その際に，午前と午後で比較すると午後にパルスの振幅の増加が著しい．このような日内変動は性成熟後には不明瞭になる（**図1**）．

そのほかにも，成長ホルモン（GH）が性成熟前から増加することが知られている．GHはアンドロジェンとともに骨や筋の成長を促進する．下垂体からの甲状腺刺激ホルモンの分泌も増加し，代謝を高めるとともに体成長を促進する．

ヒトや類人猿およびマカカ属を含む霊長類では，性腺の成熟に先立ち，**副腎皮質性思春期徴候**（adrenarche）とよばれる副腎皮質の分泌がさかんになる時期がある．このときに分泌が増加するのはコルチゾールではなくアンドロジェン作用の弱いデヒドロエピアンドロステロン（DHEA）で，骨成長などにかかわっている．

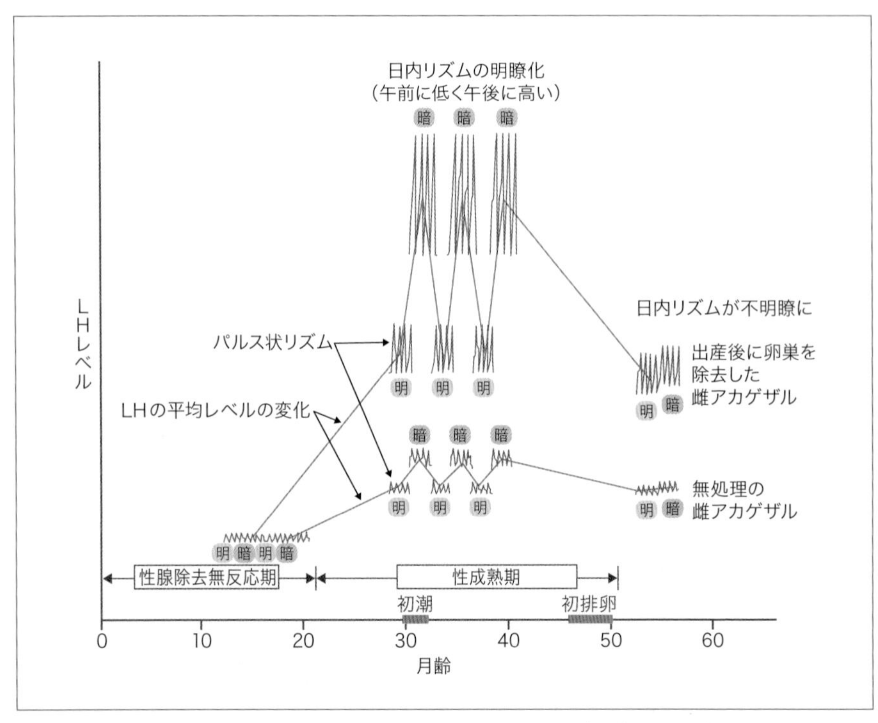

図1　雌アカゲザルの性成熟期にみられる黄体形成ホルモン（LH）分泌の変化

LHはパルス状の分泌パターンを示す．視床下部におけるGnRHの分泌についても同様の変化が起きている．また，月齢，明期／暗期，卵巣の有無によって基底レベルは著しく異なっている．とくに卵巣を摘出した性成熟期の動物では，全体のレベルが著しく高く，午前・午後の差も著しい．

（参考文献2より引用改変）

1-4. 性成熟の開始機構

1）ゴナドスタット説

前述のように，新生子期の性腺は性腺刺激ホルモンに反応して，成熟動物に匹敵する高いレベルのステロイドホルモンを分泌できる能力をもち，胎子期末期の下垂体はすでにGnRHに反応してゴナドトロピンを分泌できる．このようなことから，性成熟には性中枢による神経支配機構の成熟が重要であることは明らかである．

卵巣，あるいは精巣を摘出すると性腺刺激ホルモンの分泌が高まるが，エストロジェンあるいはアンドロジェンを投与することでこの変化が抑制される．このことから，去勢後の性腺刺激ホルモン分泌亢進は，性ステロイドのネガティブフィードバック作用が減弱したためと解釈される．この去勢後の性腺刺激ホルモン分泌亢進を抑制する性ステロイドの用量を性成熟の前後の動物で比較すると，性成熟後は著しく高用量の性ステロイドが必要になり，性ステロイドホルモンのネガティブフィードバック作用の閾値が性成熟を境に高まっていることがわかる．すなわち，より高いレベルの性腺刺激ホルモンと性ステロイドの平衡関係が成り立っている．この現象に基づき，視床下部に性腺静止機構の存在を仮定して，その感受性が低下する（リセットされる）ことが性成熟の到来を決めている要因であるという考えが提案された（**ゴナドスタット説；gonadostat theory**）[3]．この説に従えば，性成熟前の動物の卵巣を摘出すれば，いつでも性腺刺激ホルモン分泌が亢進しなければならない．しかしながら霊長類では卵巣摘出に無反応の長い期間があることが判明した（たとえばアカゲザルの雌では生後30～120週にわたって卵巣摘出に無反応の期間が存在し，おそらくヒトでは3～14歳程度の時期がこれにあたる）（**図2**）．さらにはラットでもこのような変化が（実際には初回のLHサージが起こったあとに，つまり性成熟に達してから）起きていることが確かめられ，ゴナドスタット説では性成熟の到来は説明できないと考えられるようになった．

2）神経機構の変化

現在では，性成熟の到来機構はGnRHの分泌を支配している神経機構の変化によるものと考えられている．ラットにおいても新生子期にはむしろ活発な内分泌活動が認められ，幼若期にはいったん抑制されて性成熟の中断期に入り，性成熟前期，性成熟期へといたる．時間軸の絶対的長さは異なるが，霊長類でも齧歯類でも同様な経過が認められる．

性成熟が通常より早く訪れた子どもの脳では，視床下部灰白隆起，乳頭体あるいは松果体に腫瘍などの異常が認められる場合が多い．ラットでは扁桃内側核あるいはそこから視床下部へと投射される線維である分界条を破壊すると性成熟が早まる．これとは対照的に扁桃の皮質核―内側核を慢性的に電気刺激すると膣開口が遅れる．これらのことから，扁桃は性成熟に対して抑制的役割を果たしていると考えられている．

GnRHニューロンには当初エストロジェンのレセプターがないとされていた．その後，エストロジェンのレセプターにはER α とER β の2種類あることが明らかにされ，GnRHニューロンにはER β が存在することが報告されている．GnRHニューロ

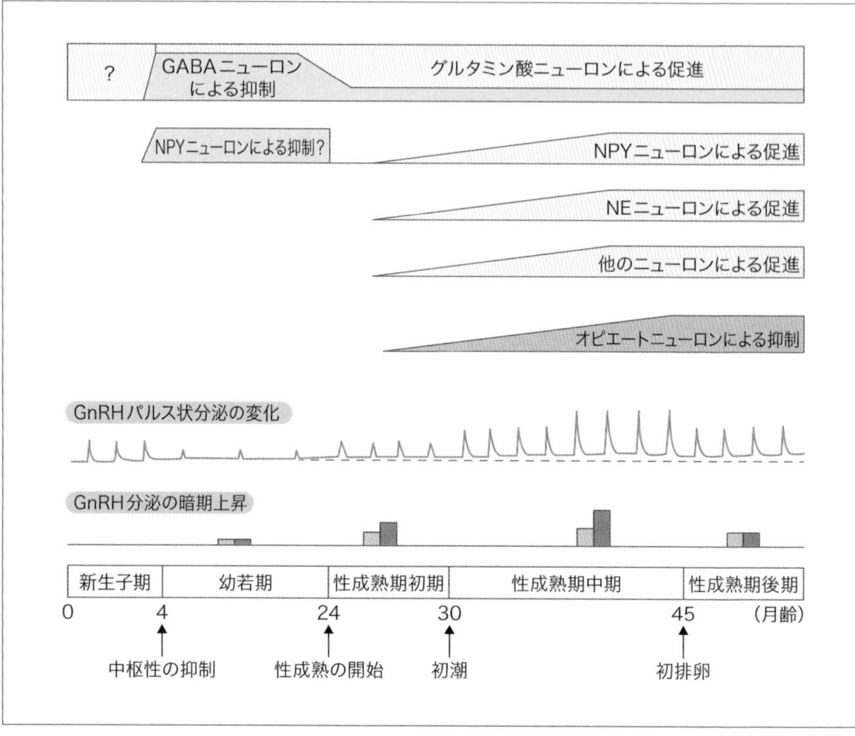

図2　雌のアカゲザルにおけるGnRHと神経伝達物質の性成熟に伴う変化

GnRHニューロンの分泌活動は新生子期には活発であるが，幼若期にはGAVAニューロンによって抑制される．性成熟の開始にあたり，GAVAニューロンによる抑制が減少するとともにグルタミン酸ニューロンによる促進が増加する結果，GnRH分泌のパルス頻度，振幅ともに増加することにより基底分泌が上昇し性成熟が開始する．それに加え，GnRH分泌が夜間に上昇する日内変動が明瞭になってくる．性成熟開始後にはNPYやNEなどのニューロンがGnRH分泌調節に関与するようになることによってGnRHパルスの振幅と基底レベルが増加して，初排卵へと向かう．夜間のGnRH分泌の上昇は成熟とともに減少する．オピエートニューロンなどの抑制系の調節が加わるためだと考えられる．雄では，GnRH分泌系はすでに新生子期にできあがっていると考えられるが，幼若期にはやはり抑制される．性成熟前の雄ではNPYニューロンが抑制しているようである．

(参考文献4より引用改変)

ンの分泌活動に影響をもつ抑制性のニューロンとして，GABAニューロン，オピオイドニューロンが知られており，これらのニューロンはエストロジェンのレセプターER α を発現し，エストロジェンのネガティブフィードバック調節を仲介している．性成熟には，これらの抑制系ニューロンによる抑制からの解除が関与している．

一方，性成熟に伴って，雌ではエストロジェンに対するポジティブフィードバックの成立が認められる．これには促進性ニューロンとしてのキスペプチン，ノルエピネフリン，ニューロペプチドY，興奮性アミノ酸ニューロンなどの関与が報告されている．近年，視床下部において，キスペプチンニューロンはGnRHニューロンを促進的に調節する主体であり，齧歯類の雌においてキスペプチンニューロンの細胞体が前腹側室周囲核（AVPV）と視床下部弓状核（ARC）に存在することが明らかにされた[5)]．AVPVのキスペプチンニューロンがエストロジェンによるポジティブフィードバックを受けてGnRHのサージ状分泌を誘起し，ARCのキスペプチンニューロンを含む神経群がGnRHのパルス状分泌を形成することから[6)]，春機発動においてもキスペプチンニューロンが関与していることは間違いないが，春機発動にはさらに上位の神経機構が存在すると考えられる[7)]．さらに，EGFファミリーのTGF-αが視床下部あるいは正中隆起のグリア細胞に発現しており，GnRH分泌促進作用があること，性成熟前の中断期にその発現が低下することなどから，グリア細胞を介したGnRH分泌の制御も存在することが推察されている．また，2000年にGnRH分泌を抑制する新たな神経ペプチドGnIHがウズラの視床下部から発見された．その後GnIHと構造が類似する同族のペプチドが哺乳動物を含む他の脊椎動物にも存在していることが明らかにされ，さらに，甲状腺機能低下による春機発動遅延にGnIHによるGnRHの抑制が関わっていることが示された．これらの制御系のネットワークが成熟し，性成熟にいたるものと考えられる[8)]．

3）動物種によるちがい

性成熟機構はヒツジにおいてよく調べられているが，性成熟にいたる経過は，齧歯類，霊長類とは本質的に異なるようで，明確な性成熟の中断はみられず，出生直後から連続的経過で性成熟に達する．おそらく，反芻動物家畜はすべてこのような経過をとり，このことが，次に述べるこれらの動物で性成熟と体成長の相関が強いという現象の根拠になっているようである．

1-5. 体成長との相関

性成熟と体成長の相関は，ヒト（**図3**），実験動物，家畜でしばしば指摘される．体成長の増加が性成熟の前に起こり，あたかもその体成長の増加が性成熟を導く生理的変化を開始させているように解釈できる現象である．この相関関係は，妊娠・哺乳と

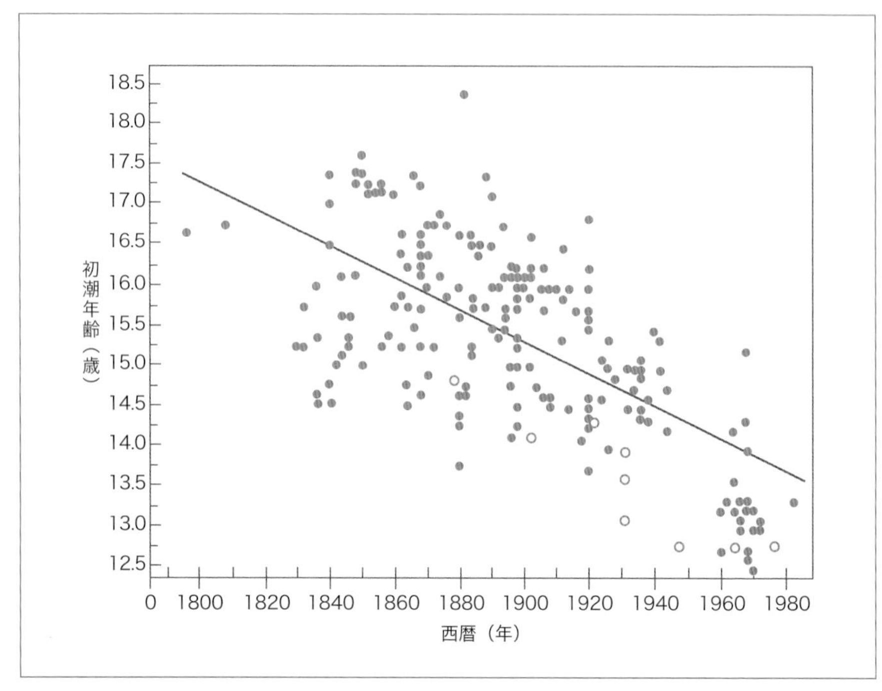

図3　1790年から1980年までのアメリカ（○）とヨーロッパ（●）におけるヒトの平均初潮年齢の変化

直線は各点を元に描いた回帰直線である．10年に3，4ヵ月の割合で初潮年齢が低下して，1980年以降は12.3歳でほぼ安定している．発展途上国ではこのような初潮年齢の低下はみられず，このあいだの栄養状態の改善が大きな要因の1つと考えられる．

（参考文献9より引用改変）

いう重い負担を伴う哺乳類の生殖活動にはきわめて都合がよく合目的性があるので，以前から性成熟の開始には「代謝シグナル」が存在すると考えられてきた．この代謝シグナルが，前述したGnRH分泌調節にかかわる神経機構に作用して，性成熟をもたらすという考えである．

1994年に肥満マウスの研究から，脂肪組織が分泌するポリペプチドホルモンである**レプチン**（leptin）の存在が明らかにされた．レプチンの血中濃度は体脂肪の蓄積量とよく相関しており，摂食を抑制する作用がある．一方，マウスにレプチンを投与すると性成熟が早まることが明らかにされている．したがってレプチンは，脂肪蓄積量を内分泌情報に変換するホルモンとして，いわゆる代謝シグナルの少なくとも一部を担っている可能性が高い．

代謝シグナルの一部は，栄養素の摂取に関する情報によってもたらされていると考えて相違ない．実際にウシでは，栄養水準と性成熟の到来時期に明らかな相関があることが示されている．

1-6. 性成熟を調節する環境要因

複数の神経情報がGnRHニューロンの分泌活動の制御を通じて，性成熟の誘起に関与していることは確かである．さまざまな環境要因（日長，気温，ストレス，フェロモン，社会関係など）が感覚性の入力によって，性成熟に影響を与えることが知られている．

松果体は**メラトニン**（melatonin）を分泌するが，このホルモンは暗期に高く，明期に低い概日リズムをもって分泌される．また，暗期に光を与えるとその間分泌が抑制される．明暗情報が性成熟に影響をもつことを示すさまざまな実験事実が示されており，メラトニンが明暗情報を仲介している可能性は高い．ラットで松果体を除去すると雌雄ともに性成熟を早めるので，メラトニンは性成熟には抑制的に作用していると考えられる．

ヨークシャーなどの大型の系統のブタは200日程度で性成熟に達するが（メイシャンなど中国の小型の系統には，90日程度で性成熟に達するものもいる），雄ブタが近くにいない場合は，性成熟が数週間遅れる．雄ブタの性成熟促進効果の大部分は尿で代替できる．ウシ，ヒツジ，ヤギなどでもこのような現象が観察されるが，ブタほど顕著ではない．マウスでも，異なる系統の雄の尿のにおいに未成熟雌マウスをさらすと，性成熟の時期が数日促進される．一方，南米原産のコモンマーモセットやアフリカ原産のハダカデバネズミでは，優性の雌が尿を介して，ほかの雌の性成熟を抑制する．雌のこのような効果は，鋤鼻器を介して副嗅球により受容される**フェロモン**（pheromone）によりもたらされると考えられる．

渡辺　元（わたなべ　げん）

[参考文献]

1）Laing J.A. (1970): Fertility and infertility in the domestic animals. Aetiology, diagnosis and treatment. Williams & Wilkins Co.
2）Terasawa E, Nass T.E., Yeoman R.R., *et al.* (1983): Hypothalamic control of puberty in the female rhesus macaque. Neuroendocrine aspects of reproduction. ORPRC

symposia on primate reproductive biology. Norman R.L.: 149-182, Academic Press.
3) MM Grumbach, PC Sizonennko, ML Aubert, Control of the onset of puberty, 1990,Williams & Wilkins.
4) Ei Terasawa, David L. Fernandez I, Neurobiological mechanisms of the onset of puberty in primates, *Endocrine Reviews* 22(1): 111–151, 2001.
5) Jenny Clarkson, Wah Chin Boon, Evan R. Simpson, and Allan E. Herbison. (2009): Postnatal Development of an Estradiol-Kisspeptin positive feedback mechanism implicated in puberty onset, *Endocrinology* 150: 3214–3220.
6) Maeda K., Adachi S., Inoue K., *et al*. (2007): Metastin/Kisspeptin and control of estrous cycle in rats. *Reviews in Endocrine and Metabolic Disorders*. 8: 21–29.
7) Kauffman A. S. (2010): Coming of age in the Kisspeptin era: Sex differences, development, and puberty. *Mol Cell Endocrinol*., 324(1–2): 51-63.
8) Tsutsui K., Son Y. L., Kiyohara M., *et al*. (2018): Discovery of GnIH and Its role in hypothyroidism-induced delayed puberty. *Endocrinology*., 159(1): 62–68.
9) Wyshak G, Frisch R.E. (1982): Evidence for a secular trend in age of menarche. *New England Journal of Medicine*. 306(17): 1033-1035.

[参考図書]

・Knobil and Neill's Physiology of Reproduction (third edition), edited by J.D. Neill *et al*., 2006, Elsevier Inc., Amsterdam.

2 性周期

はじめに

性成熟に達した哺乳類の雌は，受精・着床が起こらず妊娠が成立しなければ動物固有の期間で一定数の卵母細胞を**排卵**（ovulation）する．成熟卵胞の発達，卵母細胞の成熟と排卵，**黄体**（corpus luteum）の形成および退行が周期的に繰り返される．この周期を**性周期**（sexual cycle）という．卵巣から分泌される**エストラジオール**（estradiol）の作用によって誘起される発情行動を伴うことから**発情周期**（estrous cycle），また**黄体退行**（luteolysis）に伴う**プロジェステロン**（progesterone）分泌の低下によって起こる霊長類特有の子宮からの出血（月経出血）の現象から**月経周期**（menstrual cycle）ともいう．

発情周期のステージは，**発情前期**（proestrus），**発情期**（estrus），**発情後期**（metestrus），**発情休止期**（diestrus）に分けられ，月経周期でいう**卵胞期**（follicular phase）は，発情前期，発情期，発情後期に一致し，**黄体期**（luteal phase）は発情休止期に相当する．発情前期から発情後期までの卵胞期とは，黄体の退行に伴って卵胞が成長し始めて排卵にいたるまでの期間をいい，成熟卵胞からエストラジオールの分泌が急激に増加して，GnRHサージジェネレーターを介して下垂体**ゴナドトロフ**（gonadotroph）からのLHサージを誘起する．排卵したあとの破裂卵胞には，血液やリンパ液で満たされた黄体が形成され（黄体形成期），顆粒層細胞や**内卵胞膜細胞**（theca interna cell）が分化した**黄体細胞**（luteal cell）からプロジェステロンがさかんに分泌される（黄体開花期）．妊娠が成立しなければ血中プロジェステロン濃度が急速に減少して黄体は退行し（黄体退行期），次の卵胞期が始まる．これら卵巣から分泌されるステロイドホルモンによって子宮および膣にそれぞれ特徴的な卵胞相および黄体相の変化をもたらす．

2-1. 性周期のタイプと血中ホルモン動態

動物によって性周期の長さや様式は異なっている．周年繁殖動物であるウシやブタの性周期は21日，季節繁殖動物であるヒツジでは17日，ヤギでは20日と長い．これに対しラット，マウス，ハムスターなど齧歯類では4～5日と短い性周期が繰り返される．霊長類以外の動物では卵胞期に比べると黄体期が長いが，霊長類の卵胞期と黄体期はほぼ同じ長さを示す．ウシ，ウマ，ヒツジなど草食動物，ヒト，チンパンジーなど霊長類では，**卵胞発育波**（follicular wave）で選抜された**主席卵胞**（dominant follicle）が排卵にいたり，排卵後の破裂卵胞は妊娠成立のいかんにかかわらず黄体化する．妊娠が成立しなければ黄体は退行し，排卵にいたる次の卵胞の発育が始まる．これを**完全性周期**（complete estrous cycle）という．

このような完全性周期動物に対して，ラット，マウス，ハムスターなどでは，妊娠が成立しなければ機能的な黄体が形成されないために黄体期に相当する期間が存在しない．これを**不完全性周期**（incomplete estrous cycle）という．

また，ウサギ，ネコなどでは卵胞が次々と成長し，卵巣ではつねに排卵可能な成熟卵胞が存在していて持続的な発情を示す．このような動物では性周期といえる周期は存在せず，交尾によって排卵が起こる（交尾排卵動物）．交尾排卵動物は不完全性周期に分類される．

このように動物種固有の性周期を生み出しているのが，下垂体ゴナドトロフから分泌されるLHとFSHであり，卵巣で生成されるエストラジオール，プロジェステロンである（**図1**）．インヒビンは動物によって分泌相が異なるので後述する．LHとFSHが性周期の各ステージで形態的・機能的に変化する卵胞の発達を制御している．この**性腺刺激ホルモン**（gonadotropin）刺激によって卵巣の卵胞あるいは黄体では，エストラジオール，プロジェステロン，**インヒビン**（inhibin）などのホルモンが生成・分泌される．成長した成熟卵胞からさかんに分泌されるエストラジオールが**視床下部ー下垂体系**（hypothalamic-pituitary system）に対してネガティブフィードバック作用からポジティブフィードバック作用に変わり，LHサージが誘起される．排卵前のエストラジオールの分泌の増加はすべての動物で共通にみられる．しかし，そのエストラジオールの分泌相，LHサージの持続時間，LHサージから排卵までの時間およびプロジェステロンの分泌相は動物によって異なっている（**表1**）．

1）完全性周期動物

a．草食動物タイプ

ウシ，ヒツジ，ウマ，ヤギ，モルモットなどにみられるタイプで，1回の性周期中に排卵にいたる主席卵胞を含めて2～3回の卵胞発育波（follicular wave）がある．

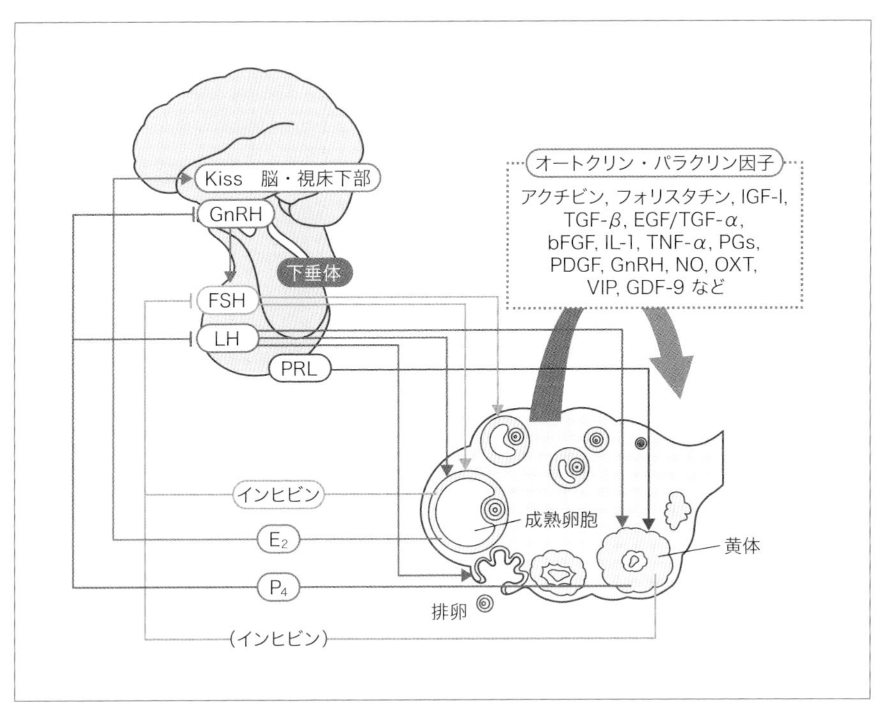

図1　性周期における脳・視床下部ー下垂体ー卵巣軸と卵巣の調節因子

草食動物や齧歯類ではインヒビンは顆粒層細胞から分泌されるが，霊長類では黄体細胞から分泌されるためカッコで示している．卵巣からは脳－視床下部－下垂体へフィードバックするエンドクリン因子のほかに，ローカルで作用するオートクリン・パラクリン因子が生成されており，ゴナドトロピンの作用を補完するように機能する．↓：促進，⊥：抑制．

E_2：エストラジオール，P_4：プロジェステロン

表1　動物の性周期と排卵

	性周期の長さ（日）	卵胞期（日）	発情期間（時）	黄体期（日）	排卵時期（LHサージからの時間）	排卵数
ヒツジ	17	3～6	24～36	14～15	約24h	1～4
ヤギ	20	3～4	24～36	17	約20h	1～5
ブタ	21	3～6	48～72	16～17	約40h	6～15
ウシ	21	3～6	18～19	16～17	約24h	1
ウマ	22	3～8	96～192	14～19	（発情終了前の24～48h）	1
ラット	4～5				約12h	10～14

これは卵胞から分泌されるインヒビンの減少に呼応して，**下垂体前葉**（anterior pituitary）からのFSH分泌が増加し卵胞発育が促されることによる．ウシでは黄体形成期から黄体開花期にかけて2回の卵胞発育波が出現する．最初複数の小型および中型の卵胞が発育を開始し，やがてそのなかから1個の卵胞が選抜されて主席卵胞として発育を続ける．しかし，LHサージが起こらないため排卵にいたらず，卵胞は退行するので**潜在的卵胞発育波**（latent follicular wave）という．第2の潜在的卵胞発育波が発生する黄体開花期では，先に排卵して形成された黄体から分泌されるプロジェステロンが**GnRHパルスジェネレーター**（GnRH pulse generator）を強く抑制しているために，卵胞発育を維持するのに十分な量のゴナドトロピンが供給されず，生成されるエストラジオールは高くはない．

プロジェステロン分泌は黄体形成期から増加が始まり，開花期には高い血中濃度で推移し，黄体退行期には急激な減少がみられる（**図2**）．黄体退行期に出現する第3の卵胞発育波から選抜された主席卵胞がエストラジオール分泌の増加を伴いながらそのまま成長を続け，LHサージを誘導して排卵にいたる．黄体形成期から黄体開花期にかけて出現する卵胞発育波から選抜された主席卵胞については，**プロスタグランジン $F_{2\alpha}$**（prostaglandin $F_{2\alpha}$：$PGF_{2\alpha}$）の投与によってプロジェステロン生成の低下を誘導して黄体を退行させると排卵に導くことができる．

b. 霊長類タイプ

ヒト，チンパンジー，ゴリラなどにみられるタイプで，草食動物でみられる潜在的卵胞発育波が出現しない．草食動物とは異なり，黄体からプロジェステロンだけでなくエストラジオールやインヒビンもつねに分泌されているため，黄体期ではLHとFSHの分泌は強く抑制されている（**図3**）．この時期，血中FSH濃度は低いため卵胞発育はない．黄体退行期に入ると，血中プロジェステロン濃度は草食動物と異なり徐々に減少していき，その減少と一致して下垂体ゴナドトロフからのFSHとLHのパルス的分泌が増加し始め，これによって卵胞発育が促される．卵胞期では血中インヒビン濃度は低いので，血中FSHはやや高い濃度で推移する．はじめは複数の卵胞が発育するが，比較的初期に選抜された主席卵胞が発育を維持して排卵にいたる．

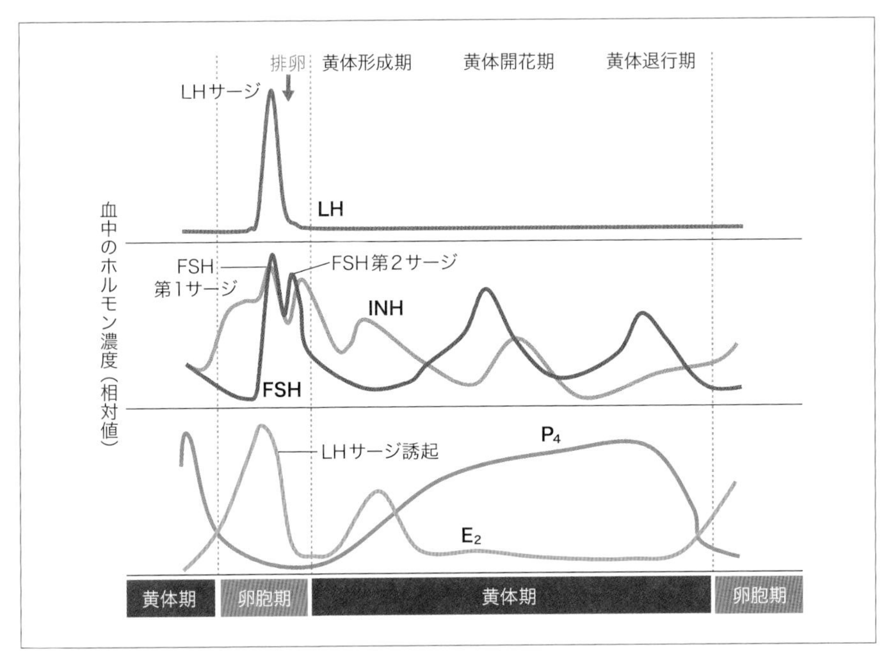

図2　ウシの発情周期におけるホルモン動態

LHとFSHは排卵前にサージとして大量に分泌されるが，齧歯類と同様にFSHは第2のサージがそのあとに続く．黄体期の形成期から開花期にかけてFSH分泌が増加し，2回の主席卵胞の発育と平行して血中エストラジオール濃度の増加がみられる．このFSH濃度の変化は，卵胞から分泌されるインヒビンによるものである．血中プロジェステロン濃度は黄体形成期から増加が始まり，開花期には高い濃度で推移し，黄体退行期には急激な減少がみられる．

E_2：エストラジオール，P_4：プロジェステロン，INH：インヒビン．

2）不完全性周期動物

a．齧歯類タイプ

マウス，ラット，ハムスターなどにみられるタイプで，草食動物や霊長類のように卵胞期や黄体期が繰り返される完全性周期とは異なり，明瞭な黄体期が存在しない．性周期中にLHサージとともにFSHも排卵前に大量に分泌されるが，FSHはそのサージから約15時間後に，草食動物と同様に第2のサージがみられる．これは排卵によってインヒビンを分泌していた卵胞が消失して，インヒビンによるFSH分泌抑制が解除されたことによる（**図4**）．発情周期の発情後期や発情休止期では卵胞から分泌されるインヒビンの濃度が高いために，下垂体からのFSH分泌は抑制されていて，周期全体を通してみるとFSHとインヒビンの濃度はほぼ逆相関を示す．LHサージ誘

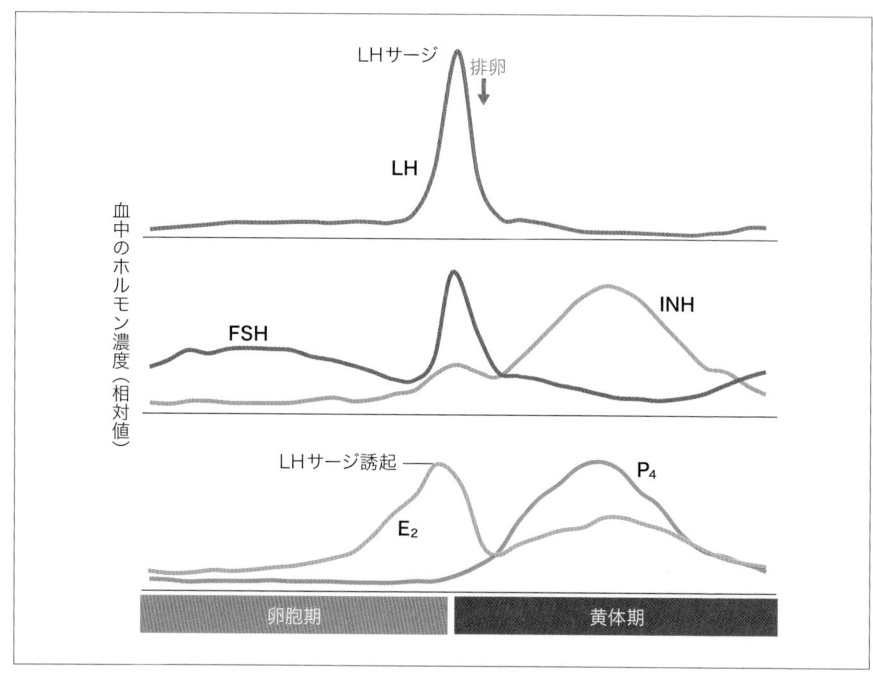

図3　ヒトの月経周期におけるホルモン動態

黄体期に黄体細胞から分泌されるプロジェステロンとインヒビンの濃度が高く，LHとFSHの分泌は強く抑制されている．卵胞期では血中インヒビン濃度は低いので，血中FSHはやや高い濃度で推移する．霊長類で特徴的なのは，黄体期でも血中エストラジオールの濃度が高いことである．この時期，血中FSH濃度は低いため卵胞発育はない．

E_2：エストラジオール，P_4：プロジェステロン，INH：インヒビン．

起の原因となる卵胞期に出現する血中エストロジェン濃度の増加はすべての動物でみられるが，齧歯類ではその時間が短い．

LHサージのあとに出現するプロジェステロンはピークとしてみられ，完全性周期動物でみられるような持続した分泌相ではないために黄体期は存在しない．これは交尾刺激がない状態で排卵して形成された黄体（性周期黄体）にはプロジェステロン分泌機能がないために，短時間で黄体細胞の機能が消失することによる．プロジェステロンの分泌が持続しないのは，黄体細胞で発現する**20α-水酸化ステロイドデヒドロゲナーゼ**（20α-hydroxysteroid dehydrogenase：20α-HSD）によって，プロジェステロンから生物活性のない20α-ジヒドロプロジェステロンが生成されることによる．この酵素の発現は**プロラクチン**（prolactin）により抑制される．

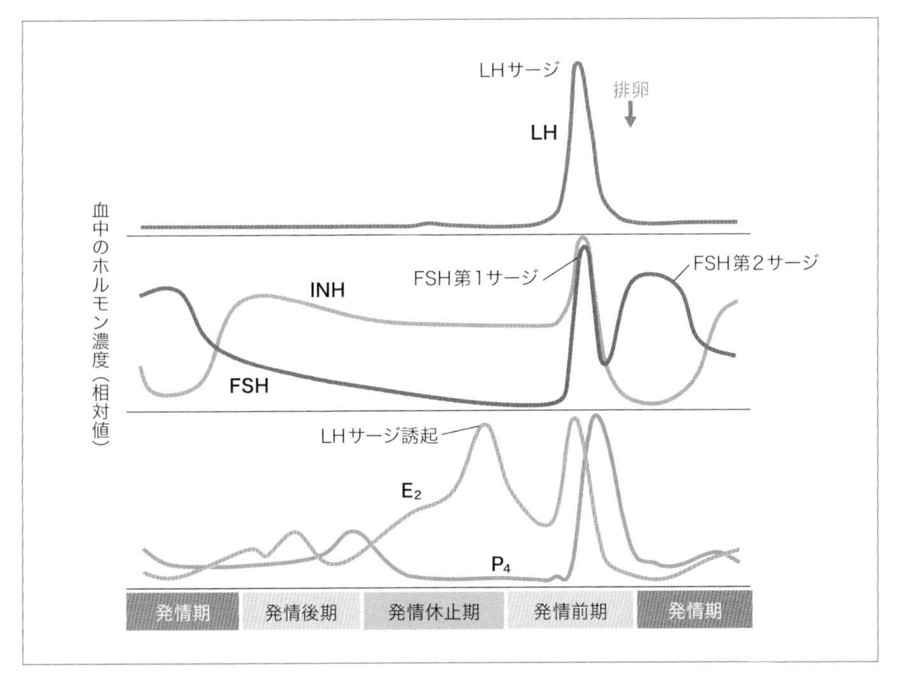

図4　ゴールデンハムスターの発情周期における血中ホルモンの動態

血中プロジェステロンはピークとしてみられ，機能的黄体は形成されないため性周期は4～5日と短い．排卵後，LHサージと同時にFSHも大量に分泌されるが，そのあとに第2のFSH濃度の増加がある．

E_2：エストラジオール，P_4：プロジェステロン，INH：インヒビン．

しかし，発情期に交尾刺激または子宮頸管に機械的な刺激を加えると，生成されたプロジェステロンは異化されることはなく，完全性周期動物の黄体期に相当するプロジェステロン分泌相が出現する．このようにして形成された黄体は妊娠黄体に比べると短い期間で機能を消失する．この黄体期を偽妊娠という．偽妊娠期間は，ラットでは12～14日，ハムスターで8～10日である．偽妊娠によるプロジェステロン分泌相の出現は，下垂体前葉から1日2回のサージ的に分泌されたプロラクチンによる．妊娠を伴わない交尾刺激を受けると，神経－内分泌反射によってプロラクチン分泌が誘導されて，上述のように20α-HSDの発現が阻止される．生成されたプロジェステロンは異化されることなく分泌され，黄体が機能化して偽妊娠状態が誘導されることになる．

b. 交尾排卵動物タイプ

ウサギ，ネコ，フェレット，ミンクなどの動物でみられる卵胞発育様式で，交尾による刺激が神経系を介して視床下部の興奮を誘起し，GnRHのサージ的分泌を介してLHが大量に分泌され，排卵が起こる．ウサギではつねに卵胞の発育と退行を繰り返し，卵巣につねに排卵可能な卵胞が存在する．これに対して，ネコではかぎられたある季節に卵巣で成熟卵胞が発育し，交尾によって排卵が起こる．交尾刺激後，ウサギでは約10時間，ネコで24～30時間，フェレットで約30時間経って排卵する．

2-2. 性周期中の卵巣の機能的・形態的変化

1）卵胞発育

卵胞は卵母細胞とそれを取り囲む卵胞上皮細胞およびその周囲の間質から成り，発育段階によって**原始卵胞**（primary follicle），発育卵胞および成熟卵胞（**グラーフ卵胞**〈Graafian follicle〉あるいは胞状卵胞）に分類される．血中のゴナドトロピン濃度の上昇に伴って一定数の原始卵胞が発育を開始し，卵胞上皮細胞はさかんに細胞分裂を繰り返して増殖し，立方形の重層上皮となった**顆粒層細胞**（granulosa cell）へと変化する．正常な**卵胞発育**（follicular development）では，卵子の成長と成熟，顆粒層細胞と内卵胞膜細胞の増殖と成熟が卵胞単位で起こる．顆粒層細胞の最外側は**基底膜**（basement membrane）によって血管が分布する外界から隔離されており，微生物などの侵入を防ぐという特殊な形態的特徴をもつ（**図5**）．

卵胞が発育するのに伴って顆粒層細胞は増殖が進み，やがてその一部に空隙を生じ，お互いにつながって**卵胞腔**（follicular antrum）を形成し**卵胞液**（follicular fluid）を貯留するようになり，卵巣表面に突出して排卵を待つ状態になる．このような卵胞の形態的な変化に伴って，顆粒層細胞や内卵胞膜細胞にも機能的変化が誘導される．下垂体ゴナドトロフからのゴナドトロピンのパルス的分泌が増加して顆粒層細胞の成熟が進むと，細胞間の低分子物質の移動にかかわる**ギャップジャンクション**（gap junction）の形成が進み，細胞の成熟化はいちだんと加速されて，エストロジェン生成の増加や**LH受容体**（LH receptor）発現の増加を経てLHサージを迎えることになる．原始卵胞から成長期卵胞へのリクルートおよび一定の成長によって，成熟卵胞が性周期ごとに生産される．しかし，大多数の原始卵胞は発育せずに退行消滅するか，あるいは発育を開始してもさまざまなステージで99％以上の卵胞が閉鎖退行の運命をたどる（**図6**）．選抜された主席卵胞だけがLHサージによって排卵する．

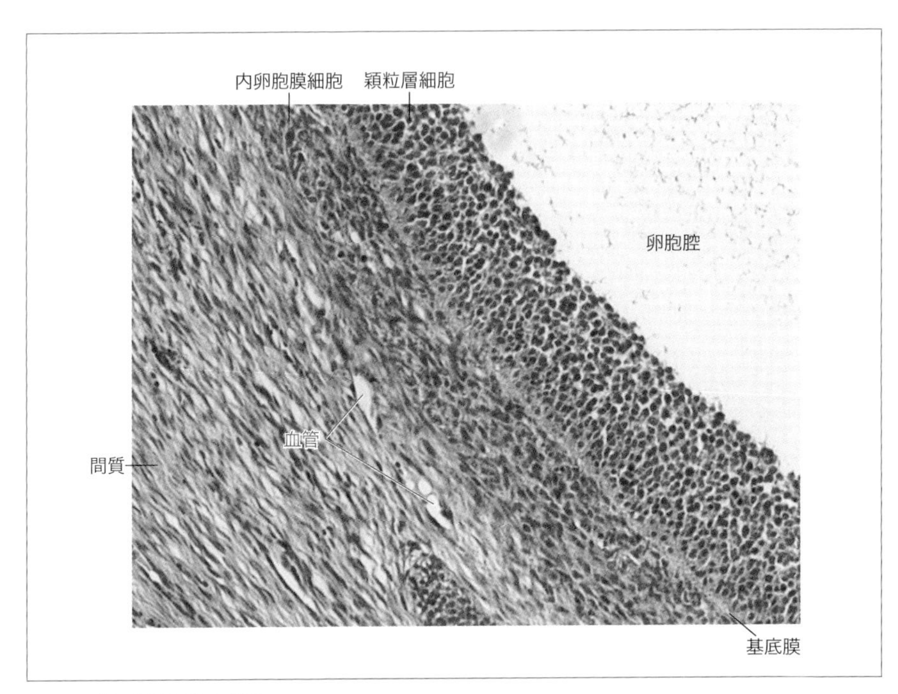

図5　ブタ成熟卵胞の構造

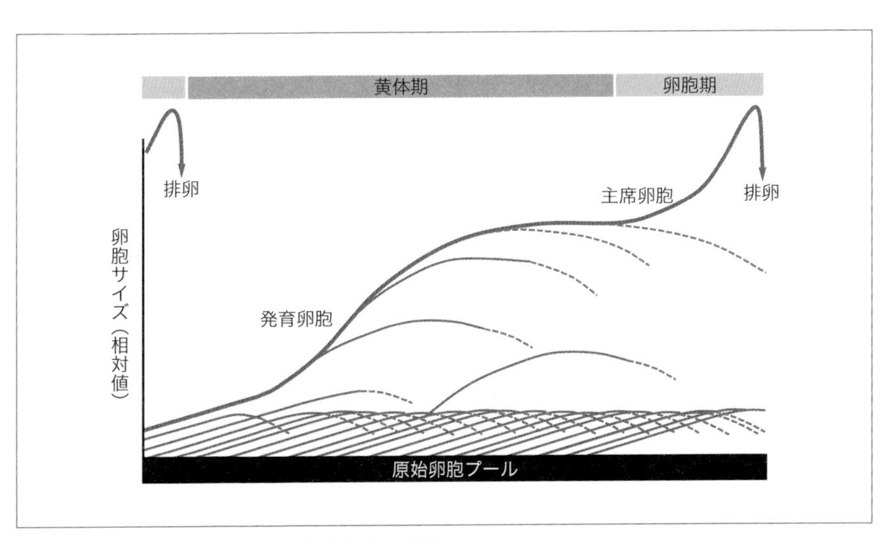

図6　モルモットの卵胞発育と主席卵胞の選抜

太い実線は選抜された主席卵胞，細い実線は正常卵胞の発育，点線は卵胞の退行をそれぞれ示す．

2）排卵

排卵前になると成熟卵胞からのエストラジオールの分泌がさかんになり，脳－視床下部の**KiSSニューロン**（KiSS neuron）を介した**GnRHサージジェネレーター**（GnRH-surge generator）の活動が上昇し，GnRHによって刺激された下垂体ゴナドトロフからのLHの大量放出が発生する．卵巣では卵胞の発育に伴って卵母細胞は成熟する能力を徐々に獲得していき，LHサージによって刺激を受けた顆粒層細胞を介して卵母細胞は減数分裂を再開する（卵核胞崩壊）．この卵母細胞は成熟して第一極体を放出し，二次卵母細胞となって排卵される．

LHサージの持続時間は動物によって異なり，マウス，ラット，ウサギでは4～8時間と短く，ウシやヒツジでは10～16時間であるが，サルやヒトでは48時間にもおよぶ．霊長類ではLHサージの持続時間が短いと，卵成熟が誘導されずプロジェステロン生成も少なく，その結果黄体は短命に終わる．このように排卵後の顆粒層細胞や内卵胞膜細胞の機能的黄体化には，ある程度の持続したLHの刺激が必要である．LHサージから，マウス，ラット，ウサギなどでは約12時間後，ウシ，ヒツジなどでは約24時間後，ブタでは約40時間後に**排卵**（ovulation）が起こる．

排卵が近づくと，卵巣表面に近い卵胞膜で虚血性の変化が起こり，その部分は半透明となって**卵胞斑**（follicular stigma）を形成する．この卵胞斑が開裂すると**卵丘細胞**（cumulus cell）に取り囲まれた**卵母細胞**（oocyte）が放出される．1回の排卵で放出される卵母細胞の数は，品種や系統によっても異なるが，ヒツジ，ヤギが1～5個，ブタで6～15個，ウシやウマでは1個，ラットでは10～14個である．したがって一生のあいだで排卵される卵母細胞の数は，多くの動物が数百個以内，多胎であるブタでも数千個程度である．

3）黄体の形成と退行

LHサージによって排卵が近づくと顆粒層細胞でのエストロジェン合成が減少し，プロジェステロン合成が増加して黄体細胞へと分化する（**図7**）．黄体細胞は顆粒層細胞に由来する大型の細胞（顆粒層黄体細胞）と内卵胞膜細胞に由来する小型の細胞（卵胞膜黄体細胞）からなる．排卵された直後の破裂卵胞は卵胞内に出血が起こり（出血体という），内卵胞膜細胞が血管新生を伴って破裂卵胞内に侵入して黄体細胞になり，顆粒層細胞由来の黄体細胞とともに卵胞腔を充填して球形あるいは卵円形の黄体

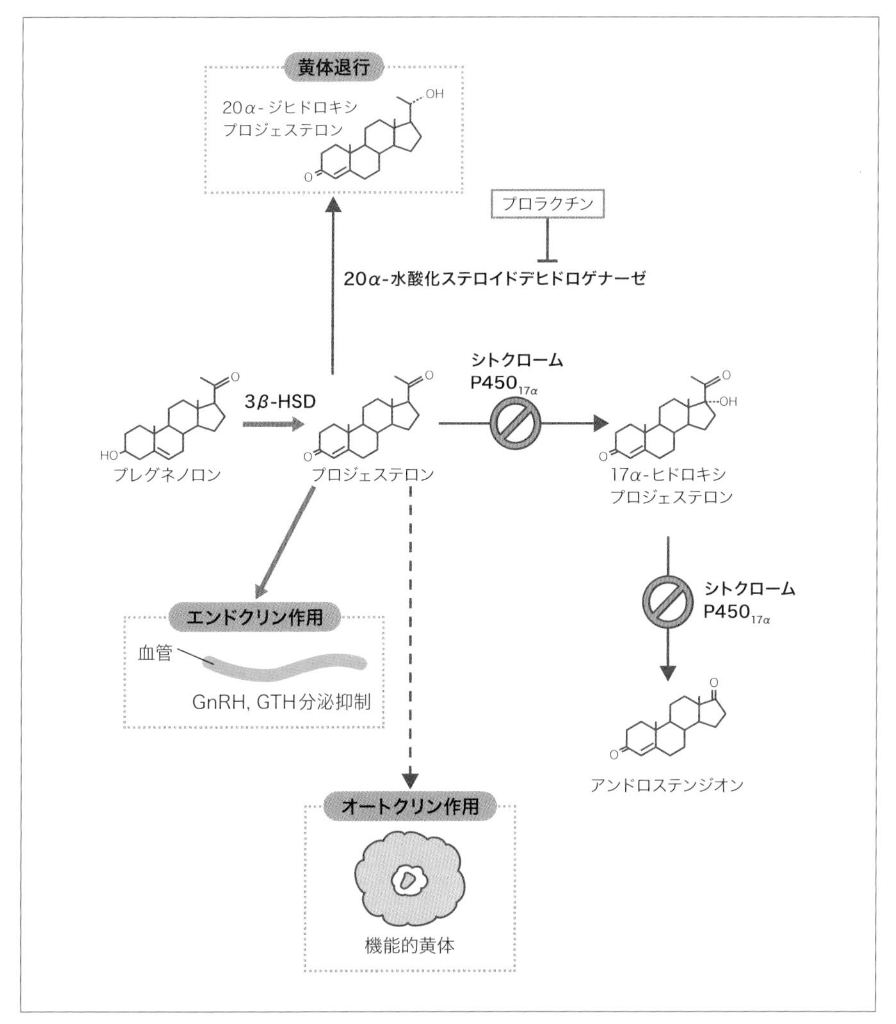

図7　黄体細胞への分化に伴うプロジェステロン分泌の増加と20α-ジヒドロゲステロン生成による黄体退行

シトクロームP450$_{17\alpha}$の酵素活性が低下することによりプロジェステロンからアンドロジェンへの転換が行われなくなり，黄体からのプロジェステロン分泌が増加する．プロジェステロンは20α-水酸化ステロイドデヒドロゲナーゼによって活性がない20α-ジヒドロゲステロンへ代謝され黄体は退行する．

を形成する．黄体は黄体細胞のほかに，血管内皮細胞，線維芽細胞，マクロファージを含む免疫系細胞などの細胞集団である．

黄体期は形態的・機能的には，黄体形成期，黄体開花期，および黄体退行期に分けられる．ウシ，ヒツジ，ブタでは排卵後7～8日，ウマで8～9日をかけて黄体は形成され，**黄体形成**（luteinization）と平行してプロジェステロン分泌は最大に達し，黄体開花期では血中プロジェステロン濃度は高いレベルで推移する．妊娠が成立すれば黄体はいっそう発育して妊娠黄体としてこの状態が持続する．しかし妊娠が成立しなければ，黄体（性周期黄体）の退行は，ウシ，ウマ，ブタでは排卵後14～15日，ヒツジで12～14日に始まり，急速に機能を失う（黄体退行期）．退行期の黄体では，黄体細胞間に結合組織が入り込んで増殖し白色の組織（白体）となって変化する．

黄体細胞が機能性を維持するにはプロジェステロンが不可欠である．黄体細胞では**プロジェステロン受容体**（progesterone receptor）が発現していて，細胞自身が生成したプロジェステロンを利用して細胞の機能を維持している．しかし，前に述べたように黄体にはプロジェステロンを異化する酵素が発現して，黄体の機能に深く関与している．黄体退行の原因はプロジェステロン生成の減少である．その生成の減少をもたらす要因としては，黄体退行期でのLHのパルス頻度の減少，エストロジェン分泌増加に伴うLH分泌抑制（ネガティブフィードバック），子宮や黄体で生成される$PGF_{2\alpha}$，黄体退行期に好中球や**マクロファージ**（macrophage）から分泌される**腫瘍壊死因子-α**（tumor necrosis factor-α）や**インターフェロン**（interferon）による黄体細胞の**アポトーシス**（apoptosis）などが考えられている．黄体退行因子である$PGF_{2\alpha}$は妊娠が成立しない場合に子宮から分泌されるが，霊長類では黄体内で生成される．

山内　伸彦（やまうち　のぶひこ）

[参考図書]

・高橋迪雄 監，塩田邦郎，西原真杉，森裕司 編（1999）：哺乳類の生殖生物学．学窓社，東京．
・佐藤英明 編（2011）：新動物生殖学．朝倉書店，東京．
・星修三，山内亮 編（1990）：家畜臨床繁殖学．朝倉書店，東京．
・Cupps P.T.（1991）：Reproduction in domestic animals, 4th ed. Academic Press, New York.
・Adashi E.Y., Rock J.A., and Rosenwaks Z. eds.（1996）：Reproductive endocrinology,

Surgery, and Technology Vol.1. The reproductive axis（p103-339）, Reproductive steroid hormones（p477-626）, Lippincott-Raven Publishers, Baltimore.
・Knobil E. and Neill J.D. eds.（1994）：The Physiology of reproduction, 2nd ed. Reven Press, San Diego.

3 受精

はじめに

受精（fertilization）とは**雌性配偶子**（female gamete）である**卵子**（ovum）に**雄性配偶子**（male gamete）である**精子**（sperm）が入り込み，両者の核が合体して**接合子**（zygote）である**胚**（embryo）となる過程をさす．射出された精子が卵子と受精するためには，卵子と接する以前に種々の変化が起こる必要があり，本項ではそれらを含めた受精過程について述べる．

3-1. 精子の移動

1）移動の要因

交尾により精子は，膣（反芻類，ウサギ）または子宮頸管（ウマ，ブタ，齧歯類）に射出される．雌の発情時期は排卵より数時間～数十時間前であるため，精子は卵子より先に雌性生殖道内に送り込まれることになる．この後，精子は子宮を経由して**子宮卵管接合部**（uterotubal junction：UTJ）から卵管に入り，受精部位である**卵管膨大部**（oviductal ampulla）までの長距離を移動する（**図1**）．このような精子の移動には，精子自身の運動に加えて雌性生殖道の運動による精子輸送機能が重要な役割を果たしている．また，精子がUTJを通過して卵管に入るためには精子表面の特定の膜蛋白質の存在が必要であり，この蛋白質自身や，その正常な発現に関与する因子に異常があると精子はUTJを通過できない[1]．したがって子宮上端から**卵管峡部**（oviductal isthmus）への移動にはUTJと精子の相互作用が必要であると考えられる．UTJを通過した精子は卵管峡部下部において管上皮細胞の繊毛内に頭部を挿入した状態で貯留されて受精能獲得に伴う変化を進める．次いで鞭毛超活性化運動の開始により卵管上皮から遊離して卵管膨大部に向けて移動するが，この移動には精子の強い推進力（鞭毛超活性化運動）および卵管峡部での膨大部方向への蠕動運動と内腔液の流動（精子輸送）が重要である[2]．

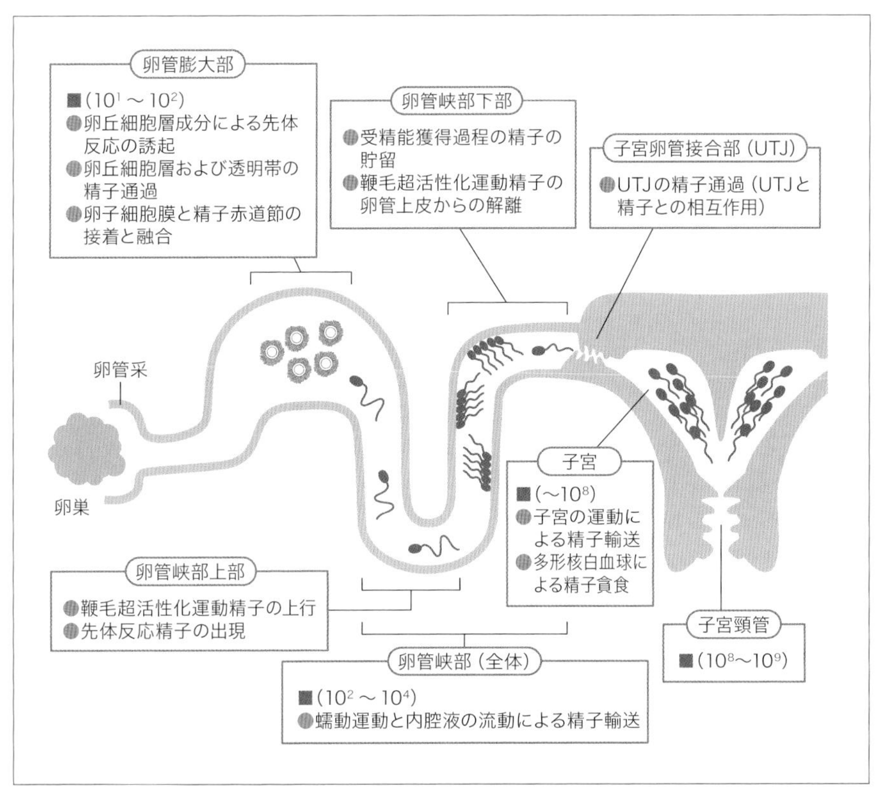

図1　精子の移動と数の変化
各部位のおよその精子数のオーダーを■で，特徴的な現象を●で示した．

2）数の変化

1回の射出精子数は，動物種により0.5億から数十億ほどである．精子は**子宮頸管**(uterine cervix)やUTJといった狭く複雑な構造部位の通過のたびに急激に数を減らし，卵管へ到達する精子は数万以下，最終的に卵管膨大部にいたる数は数十から数百程度と，ごく一部である(**図1**)．卵管膨大部へ到達できなかった大量の射出精子は，一部は膣から体外に排出され，生殖道内に残っている余剰精子は子宮内の多形核白血球(polymorphonuclear leukocyte：PMN)により貪食される．ブタでは子宮内のPMNは黄体期にはほとんど存在しないが，発情期には数億，交尾後には数十億にまで増加する．この多量のPMNの貪食により，早くも交尾4時間後には子宮内の精子は交尾直後の数%にまで減少する．

3-2. 受精に先立つ精子の変化

精巣上体での成熟変化を経た哺乳類の精子は運動能力や潜在的な受精能力を備えているが，それらの能力を発揮できない状態で精巣上体の終末（尾）部に貯蔵されている．また交尾時に雌性生殖道内に射出されると，雄性副生殖腺や雌性生殖道の分泌液の作用を受けて鞭毛運動を開始して前進運動を示すようになるが，この段階でも卵子とすぐに受精できない．卵子との受精を開始するためには精子は雌性生殖道内で**受精能獲得**（capacitation）とよばれる一連の多様な変化を経なければならない．受精能獲得は1951年に哺乳類特有の生命現象として発見された．受精能獲得時に起こるさまざまな変化（鞭毛超活性化運動および先体反応が発生するまでの変化）には，精子表面での変化と精子内での変化がある．なお，研究者によっては，鞭毛超活性化運動や先体反応を前述の変化に引き続いて起こる現象として受精能獲得に含めることもある[3]．

1）受精能獲得

a. 精子表面での変化

精子表面でのおもな変化は**受精能獲得抑制因子**（decapacitation factor）の解離で，受精能獲得過程の比較的早い段階で起こる．受精能獲得抑制因子としては，細胞膜の分子を覆う被覆蛋白質（精巣上体糖蛋白質のASF，精嚢腺蛋白質のSVS2など）および細胞膜脂質（コレステロール）が見出されている．細胞膜からのコレステロールの解離には，細胞膜の内部に分布するコレステロールを表層へ移動させるための反応（細胞膜内でのリン脂質の移動や活性酸素類によるオキシステロールの産生）およびコレステロールの可溶化反応（雌性生殖道液成分のアルブミンや高密度リポプロテインとの複合体形成）が必要である．このようなコレステロールの解離は細胞膜の流動性を上昇させる．また後述の細胞内シグナル伝達機構の活性化に伴う細胞膜電位の過分極も重要な変化であり，これには細胞膜のNa^+/K^+-ATPaseや精子特異的なK^+チャネル（K-Sper）の活動が関与している．

b. 精子内での変化

精子内での変化の中心は，細胞内シグナル伝達機構「**環状アデノシン一リン酸**（cyclic adenosine 3´,5´-monophosphate, cAMP）**ー蛋白質リン酸化**（protein phosphorylation）**反応経**

路」の活性化である．このシグナル伝達機構の活性化因子は炭酸水素イオン（HCO_3^-）であり，精子周囲のHCO_3^-濃度は，射出前の精巣上体内では1 mM未満であるのに対して，射出後の雌性生殖道内ではその10倍以上である．このような高濃度のHCO_3^-は細胞膜のイオン運搬体（Na^+-HCO_3^-共役運搬体，HCO_3^-/Cl^-交換体）の活動により精子内に取り込まれ，その結果，細胞内のHCO_3^-濃度は高められる．またこの上昇には炭酸脱水酵素が加速する炭酸と二酸化炭素との平衡化反応（$H^+ + HCO_3^- \Leftrightarrow CO_2 + H_2O$）やコレステロール含量の低下に伴う細胞膜の変化も関与している．細胞内で増加したHCO_3^-は可溶化型アデニル酸シクラーゼ（ADCY10，精子の主要なアイソフォーム）に直接結合することで，そのcAMP合成活性を上昇させる．精子内で増加したcAMPはプロテインキナーゼA（PKA）を活性化することでさまざまな基質蛋白質のセリン・スレオニンリン酸化を行う．次いでプロテインチロシンキナーゼの活性化とプロテインチロシンホスファターゼの不活性化を介して種々の細胞膜レセプター，細胞内シグナル伝達因子，各種の酵素などのチロシンリン酸化状態を上昇させ，それらの分布や機能を変化させる．また精子での受精能獲得の進行とともに，細胞内ではCa^{2+}濃度の上昇，pHの上昇，および活性酸素類の産生が観察される．

2）鞭毛超活性化運動

卵管峡部において鞭毛での受精能獲得に伴う変化を経た精子は，鞭毛の主部および中片部での運動様式を**超活性化運動**（hyperactivation）とよばれる振幅の大きい，左右非対称性の運動に変化させる．これにより精子は粘液中でも前進できるような強い推進力を獲得する．この推進力により卵管峡部の管上皮細胞からの解離，卵管膨大部への移動，および卵丘細胞層や透明帯の通過が促進される（**図1**）．なお粘性の低い培養液中では鞭毛超活性化精子は旋回運動や激しい8の字運動を示す（**動画Web4**）．受精能獲得精子において鞭毛超活性化運動の開始を導く反応は鞭毛内での急速なCa^{2+}濃度の上昇である．このCa^{2+}濃度の上昇メカニズム[4, 5]には動物種間差が存在するが，研究の進んだマウス精子では細胞膜の精子特異的なpH感受性Ca^{2+}チャネル（CatSper）を介した細胞外Ca^{2+}の流入，およびイオンチャネル内蔵型受容体（イノシトール三リン酸受容体）を介した細胞内ストア（頸部の余剰核膜）からのCa^{2+}の放出が中核的な役割を果たすと報告されている．

3）先体反応

頭部は精子特有の構造物の**先体**（acrosome）を備えている．先体は辺縁部，主部および赤道節に区分され，それらはいずれも三重膜（外側から順に細胞膜，先体外膜および先体内膜）構造を示し，先体外膜と先体内膜のあいだにヒアルロニダーゼ，セリンプロテアーゼなど種々の酵素を含む先体内容物を格納している．**先体反応**（acrosome reaction）は受精能獲得に伴う頭部での変化を経た精子で起こる先体内容物の特殊な開口分泌で，辺縁部および主部の細胞膜と先体外膜が頭部内Ca^{2+}濃度の急速な上昇に反応して部分的断裂と融合を行うことで始まる．Ca^{2+}濃度の急速な上昇には細胞外および細胞内ストア（先体外膜）に由来するCa^{2+}が関与しているが，そのCa^{2+}がSNARE蛋白質と相互作用することが先体反応の発生に必要であるとの説が有力視されている[6]．

先体反応を完了した精子の先体（辺縁部と主部）では先体内膜が露出しているのに対して，赤道節では三重膜構造が維持され，先体外膜と先体内膜とのあいだには先体内容物が保持されている．また，透明帯通過後に卵細胞膜と接着して膜融合する際に機能する分子（IZUMO1）は先体反応とともに赤道節に移動するが，このような機能性分子の頭部内での再配置は先体反応の新たな役割として注目されている[7]．

「受精能獲得精子が先体反応を起こす雌性生殖道の部位は卵管膨大部である」とする説が長年信じられてきた．先体反応にはリガンド誘起反応と自発的反応が存在するが，前者では卵管膨大部の卵丘細胞層のプロジェステロン（P_4）がリガンドであり，この説を支持している（**図1**）．しかし，最近ライブイメージング技術を用いた観察により，マウス精子の多くは卵管膨大部に到達する前に（卵管峡部上部で）（**図1**），先体反応を完遂するとの報告がなされた[8]．雌の体内で受精する哺乳類精子が先体反応を起こす部位については，動物種間差を考慮しながら検討をさらに継続することが必要である．

3-3. 精子と卵子の接近

1）卵子の移動

哺乳類の排卵卵子の周囲には，**透明帯**（zona pellucida）とよばれる糖蛋白質のカプセルと，さらにその外側に卵丘細胞層とよばれるヒアルロン酸を主成分とする粘度の高い基質が存在している．この卵丘細胞層の高い粘度は，卵子が卵管采に付着し卵管内に取り込まれるのに役立つ．齧歯類では，卵巣は袋状の卵巣嚢内に存在し，卵子は卵巣嚢を満たす液の流れに乗って卵管内に取り込まれる．いずれの場合も，卵管内では上皮の線毛運動，卵管の蠕動運動，卵管液の流れなどによってすみやかに膨大部に運ばれる．この時期，膨大部－峡部接合部（ampullary-isthmic junction）は閉じて狭くなっており，卵子は卵管膨大部にとどまる．

2）卵丘細胞層および透明帯の精子の通過

先体内容物に含まれる種々の酵素は先体反応後も超活性化運動精子の表面にとどまり，卵丘細胞層の通過時にはピアルロニダーゼがヒアルロン酸を主成分とする粘性基質を分解し，超活性化運動精子が卵子に接近するのを促進すると考えられている．しかしマウス精子ではピアルロニダーゼ活性は卵丘細胞層をもつ卵子との受精に必須でないことから，マウスでは超活性化運動により生じる強力な推進力のほうが精子の卵丘細胞層の通過に重要であると推察される．

次に精子は透明帯に強く接着したのちにそれを通過するが，精子と透明帯の接着には種特異性があり，一般に精子は異種動物の透明帯を通過できない．したがって透明帯には種特異的な精子レセプター（マウスでは糖蛋白質ZP2）が，先体反応精子には種特異的な透明帯との結合因子が存在すると想定される．精子は先体内容物に由来するセリンプロテアーゼ（マウスではアクロシン，PRSS21など）の作用と鞭毛超活性化運動による強い推進力で，透明帯に小孔を開けながら通過すると考えられている．なお，マウスでは卵子が受精後にZP2を自身のプロテアーゼで切断し，透明帯の精子との強い接着能力を喪失させ，多精子受精の発生を防いでいる．

3）精子と卵子との融合

精子の先体赤道節は，卵子の囲卵腔で細胞膜と接着する．この際にマウスで機能する精子の分子はIZUMO1，卵子の分子はJUNOである．接着した精子は赤道節で卵子の細胞膜と融合をはじめ，卵表面の繊毛のはたらきにより卵細胞質内に取り込まれる．受精を完遂した卵子の細胞膜はJUNOを消失させて精子との接着能力を失うが，これにより多精子受精の発生を抑制している．

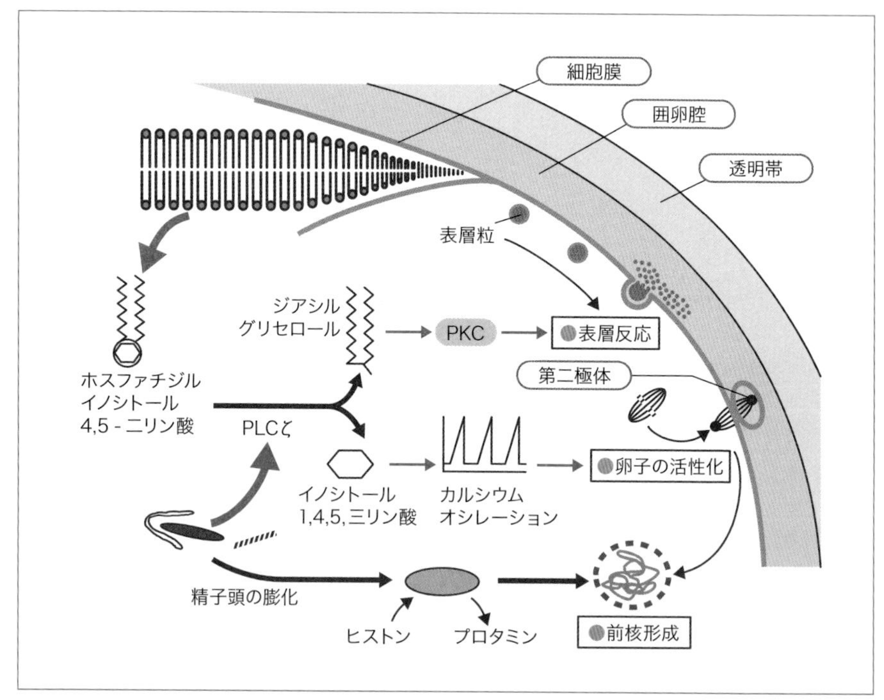

図2　精子侵入後の卵子内に起こる変化
主な変化を●で示した.

3-4. 卵子内の変化

精子の侵入によって，卵子には表層反応と減数分裂再開という2つの劇的な変化が起こる．これらの変化は，侵入した精子がもつホスホリパーゼCゼータ（PLC ζ）が，卵子の細胞膜に存在するイノシトールリン脂質をジアシルグリセロール（DG）とイノシトール三リン酸（IP3）に分解することによって引き起こされる（**図2**）.

1）表層反応

排卵卵子の細胞膜直下には，種々の酵素を含む**表層粒**（cortical granule）が存在する．精子侵入によって産生されたDGはプロテインキナーゼC（PKC）を活性化し，これが表層粒の内容物を，**開口分泌**（exocytosis）により卵子と透明帯のすきまである**囲卵腔**（perivitelline space）に放出させる．これを**表層反応**（cortical reaction）とよぶ（**図2**）.

放出された酵素は透明帯の糖蛋白質から糖鎖の除去や蛋白質の変性を起こし，その結果，それ以降は精子の透明帯通過は阻害される．また，多量の開口分泌により卵細胞膜の成分も変化し，精子の卵細胞膜への融合も抑制される．これらの変化はそれぞれ**透明帯反応**（zonareaction），**卵黄ブロック**（vitellin block）とよばれ，複数の精子が卵に進入する，いわゆる**多精子受精**（polyspermy）を防ぐのに役立っている．マウスでは前述の通り，透明帯反応でZP2が切断され，卵黄ブロックにより卵細胞膜からJUNOが消失する．しかし，哺乳類ではこれらの機構は不完全であり，多量の精子が存在すると複数の精子が進入しうるため，哺乳類では卵管膨大部へ到達する精子数を少なく制限することも，多精子受精を抑制する大きな要因となる．

2）卵子の活性化

排卵卵子は減数分裂を第二分裂中期で停止しているが，この状態の維持には，姉妹染色分体の分離抑制に関与する**セキュリン**（securin）や染色体の凝縮を起こす**M期促進因子**（M-phase promoting factor：MPF）の活性を調節する**サイクリンB**（cyclin B）の存在が重要である．これらが分解されると第二減数分裂中期停止は解除され，第二極体が放出され，染色体は脱凝縮して核が形成される．この現象は**卵子の活性化**（oocyte activation）とよばれる（**図2**）．したがって，排卵卵子では精子侵入までセキュリンやサイクリン Bの分解が抑制されており，この分解制御にはEmi2という蛋白質が中心的にはたらいている．精子侵入により産生されたIP3は，細胞内のCa^{2+}貯蔵部位である小胞体からCa^{2+}を分泌させ，これにより卵細胞質中では数十秒間のCa^{2+}濃度の一過性上昇が10～20分ごとに繰り返され，これが数時間にわたり続くようになる．これを**カルシウムオシレーション**（calcium oscillation）とよぶ．このCa^{2+}は卵細胞質内のリン酸化酵素であるCa^{2+}/カルモジュリン依存性キナーゼII（CaMKII）を活性化し，CaMKIIはEmi2の分解を促す結果，セキュリンとサイクリンBが順次分解され，MPF活性は低下して卵子は活性化される．

3）精子頭部の変化

精子のDNAは，ヒストン（histone）ではなく，**プロタミン**（protamine）と結合しており，プロタミンは隣り合うプロタミンと二硫化結合によって結合し，体細胞核のDNAとは異なる高度に凝縮した構造でDNAを束ねている．未受精卵の細胞質には高濃度の還元型グルタチオン（GSH）が存在し，この高い還元能によって卵子内に進入した精子のプロタミンの二硫化結合が切れ，DNAがゆるみ精子頭部は膨化する（**図2**）．DNAに結合していたプロタミンはヒストンに置換され，体細胞同様のヌクレオソーム構造をとるようになる．ヒストンと置換されたDNAは，卵子のDNAと同様の制御下に置かれ，MPF活性低下に伴いDNAは脱凝縮する．

4）前核の形成

精子侵入を受けた卵内では，3時間後頃には脱凝縮した卵子由来のDNAと膨化した精子頭由来のDNAの周囲に別々に核膜が形成され，これらの半数体の核はそれぞれ**雌性前核**（female pronucleus），**雄性前核**（male pronucleus）とよばれ，前核の存在する時期は**前核期**（pronuclear stage）とよばれる．これらの前核は，形成直後は直径が小さいが，しだいに大きくなり，マウスでは精子進入の7時間後頃，ウシでは10時間後頃からほぼ同時にDNAの複製が開始される．すなわち受精卵の最初のDNA複製は雌雄のゲノムごとに別々に行われ，このあいだに両前核はしだいに卵子の中央に移動して両前核の合体の直前に複製を終了する．前核の合体をもって受精過程は完了する．

原山　洋（はらやま　ひろし），内藤　邦彦（ないとう　くにひこ）

[参考文献]

1）Ikawa M., Inoue N., Benham A.M., *et al.* (2010): Fertilization: a sperm's journey to and interaction with the oocyte. *J. Clin. Invest.*, 120(4): 984-994.
2）Hino T., Yanagimachi R. (2019): Active peristaltic movements and fluid production of the mouse oviduct: their roles in fluid and sperm transport and fertilization. *Biol. Reprod.*, 101(1): 40-49.
3）Gervasi M.G., Visconti P.E. (2016): Chang's meaning of capacitation: A molecular perspective. *Mol. Reprod. Dev.*, 83(10): 860-874.
4）Harayama H. (2018): Flagellar hyperactivation of bull and boar spermatozoa. *Reprod. Med. Biol.*, 17(4): 442-448.
5）Hwang J.Y., Mannowetz N., Zhang Y. *et al.* (2019): Dual sensing of physiologic pH and calcium by EFCAB9 regulates sperm motility. *Cell.*, 177(6): 1480-1494.
6）Tomes CN. (2015): The proteins of exocytosis: lessons from the sperm model. *Biochem J.*, 465(3): 359-370.
7）Okabe M. (2018): Sperm-egg interaction and fertilization: past, present, and future.

Biol Reprod., 99(1): 134-146.
8) Muro Y., Hasuwa H., Isotani A. *et al.* (2016): Behavior of mouse spermatozoa in the female reproductive tract from soon after mating to the beginning of fertilization. *Biol Reprod.*, 94(4): 80.

4 初期発生

はじめに

哺乳類では，胚が子宮に着床する以前の発生過程を一般に**初期発生**（early development）と称する．本項では，受精後，着床に至る前までの初期発生過程にみられる現象を解説する．

4-1. 初期卵割

1）初期胚の移動

受精過程が完了するとただちに染色体凝縮，核膜消失が起こり第一分裂へと移行する．したがって，哺乳類の初期胚には1個の核をもつ時期はほとんど存在しない．第一分裂が終了し，細胞が2つになった段階は2細胞期（two-cell stage），分裂の結果生じたそれぞれの細胞は**割球**（blastomere）とよばれる．以後，細胞分裂に伴って割球は数を増し，割球数に応じて4細胞期，8細胞期などと称する．胚は卵管の膨大部－峡部接合部付近に約1日とどまったあと，2細胞期胚になる頃卵管峡部へ移行し，細胞分裂を行いながらしだいに下降していく．この卵管による胚輸送には卵管筋による蠕動運動，卵管上皮細胞の線毛運動，卵管液の流動などが関与する．胚は，多くの動物種で8細胞期以降となる排卵の約3日後に子宮に入るが，ブタではやや早く4細胞期であり，逆にウマや食肉類では遅い．

2）初期卵割の特徴

この時期の分裂は通常の体細胞分裂とは異なり，細胞は体積を増すことなく分裂を繰り返す．このため分裂により各細胞の体積はしだいに小さくなり，胚全体の体積は排卵時とほとんど変わらない．また，体細胞では分裂終了から次の分裂までに20～30時間を要するのに対し，初期胚の分裂の間隔は短い．第一分裂は，卵子活性化，精子頭変形，および両前核の合体といった特殊な時期を含むため20～28時間と比較的長いが，それ以外は多くは約12時間である．さらに，体細胞の分裂には増殖因子（growth factor）を必要とするが，初期胚の体外培養では，増殖因子を添加しなくて

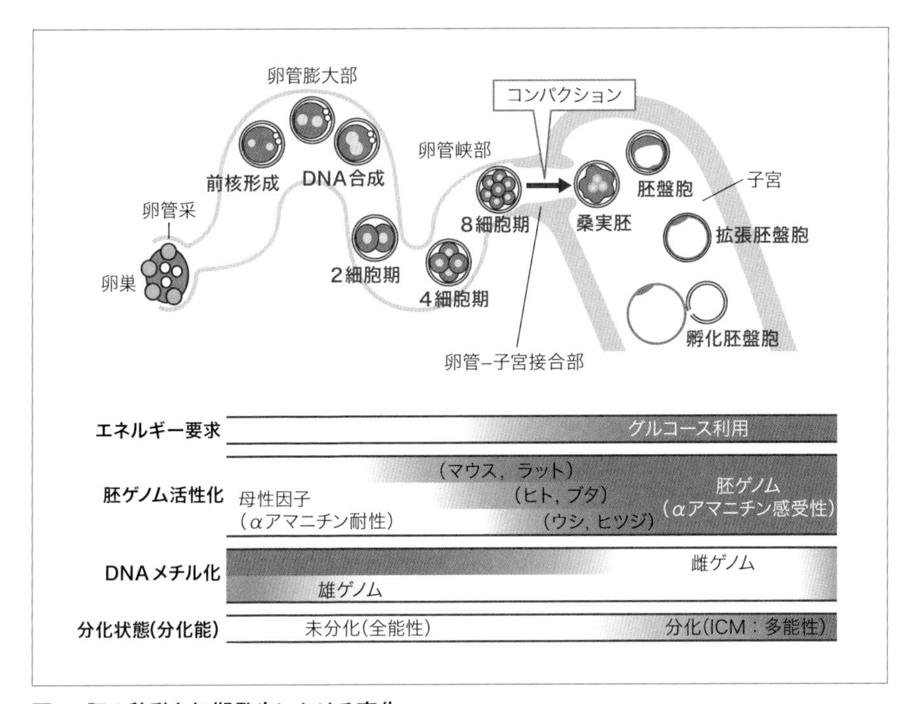

図1　胚の移動と初期発生における変化

も細胞分裂を継続できる．これらの相違から，初期発生の細胞分裂は体細胞分裂と区別し，**卵割**（cleavage）とよばれる．

3）エネルギー要求

哺乳類の初期胚は，体外発生する動物種の胚と大きく異なり，発生の最初から外部からのエネルギー供給が必要である．一般に8細胞期以前の胚は，解糖系のホスホフルクトキナーゼ活性をまったくもたず，またヘキソキナーゼ活性も非常に低いため，体細胞ではよいエネルギー源となるグルコースを利用できない．8細胞期以前の初期胚には，これらの酵素より下流の解糖系やTCAサイクルの代謝産物をエネルギー源として供給する必要があり，実験的に乳酸，ピルビン酸，ホスホエノールピルビン酸，オキザロ酢酸はよいエネルギー源となることが示されている．8細胞期以降の胚ではこれらの酵素活性は上昇しており，グルコースがよいエネルギー源となる[1]（**図1**）．

4-2. 遺伝子発現制御

1）胚ゲノムの活性化

減数分裂過程の卵，および受精直後の胚では転写が行われておらず，このあいだに必要な蛋白質の発現は翻訳レベルで制御される．哺乳類の成長卵は，細胞質内に翻訳されない安定な状態のmRNAや不活性蛋白質など，多くの**母性因子**（maternal factor）を蓄えており，これらは必要に応じてそれぞれ翻訳，活性化され機能を発現する．したがってこの時期の卵では，mRNAの存在は蛋白質の発現とは必ずしも一致しないことがある．また，初期胚の発生が，当初は母性因子によって制御されることは，mRNA合成阻害剤のαアマニチンなどにより転写を抑制しても一定の段階までは発生が進行することで裏づけられる．

母性因子は発生に伴い徐々に減少し，胚自身のゲノムからの転写が起こるようになる．これを**胚ゲノム活性化**（zygotic gene activationまたはembryonic genome activation, ZGAまたはEGA）とよぶ．多くの動物種においては，前核期のDNA複製中にZGA/EGAがわずかに起こり始める．その後，大規模なZGA/EGAが起こると母性因子依存性の発生から胚自身のゲノム依存性へと切り替わる．この変化は，**母性・胚性転移**（maternal to zygotic transition）とよばれ，齧歯類では2細胞期，ヒト，ブタでは4～8細胞期，ウシ，ヒツジでは8細胞期に起こる（**図1**）．受精直後からαアマニチン処理された胚が発生を停止するのはこの時期であり，また，種々の環境要因に対する感受性がきわめて高く，体外培養において胚発生が停止しやすい時期としても知られている．

ZGA/EGAおよびその後の着床前初期発生期では，発生に伴って遺伝子発現パターンが大きく変化することがマイクロアレイやRNAシーケンスなどの網羅的解析手法によって明らかにされている．これまでにヒト，マウス，ウシ，ブタなどさまざまな動物の胚におけるトランスクリプトーム解析のデータが一般に公開されて利用可能となっている．

2）初期胚のエピゲノム変化

初期胚は胎子および胎盤のすべての細胞に分化する能力，すなわち**全能性**（totipotency）をもつ．初期胚と同じゲノムをもつ体細胞がこの能力をもたないのは，クロマチンへの後天的な修飾により遺伝子発現が制御されているためである．この修飾には，DNAのシトシン－グアニンと連続する配列（CpG配列）のシトシンに対するメチル化，およびDNAと結合してクロマチンを形成する**ヒストン**（histone）のメチル化，アセチル化，リン酸化などの化学修飾がある．このDNA配列の変化を伴わない後天的修飾は**エピジェネティック修飾**（epigenetic modification）とよばれる．全能性をもたない細胞のゲノムから，これらのエピジェネティック修飾が除かれ，全能性を獲得する過程は**ゲノムの初期化**あるいは**リプログラミング**（reprogramming）とよばれる．

これまでに調べられたほとんどの哺乳類において，受精後，雄ゲノムは数時間のうちに能動的に脱メチル化され，雄性前核内でDNA複製が開始する時点では，ほぼゲノム全体が脱メチル化された状態となる．一方，雌ゲノムではこのような能動的な脱メチル化が起こらないが，DNA複製により新たに合成されたDNAがメチル化されないことによる受動的な脱メチル化が起こり，細胞分裂に伴って徐々にメチル化レベルが低下していく（**図1**）．ヒストンのアセチル化修飾に関しては，雌ゲノムでは，卵胞内で第一減数分裂前期で停止している未成熟卵では高アセチル化状態だが，減数分裂の開始に伴いほぼすべてのアセチル化修飾が除去され，未受精卵では脱アセチル化状態となる．受精後は高アセチル化状態となり，初期発生過程では胚盤胞までこの状態が維持される．精子のDNAはプロタミンが結合しておりヒストンはわずかしか存在しないが，受精直後にプロタミンがヒストンに置き換わり，その後さまざまな修飾を受ける．このような雌雄両ゲノムのDNAの脱メチル化，およびヒストン修飾の変化が初期胚のゲノムのリプログラミングと関連すると考えられている．

受精後の着床前初期発生過程におけるエピジェネティック修飾では，とくにヒストンH3のアセチル化とメチル化について多数の動物種で調べられている．1990年代後半から2010年代前半にかけては特異抗体を用いた免疫染色法により，グローバルな修飾状態が調べられ，発生段階に伴ってさまざまな修飾が変化していることが示された．その後，2010年代中頃から，クロマチン免疫沈降法と次世代シーケンスを組み合わせた手法（chromatin immunoprecipitation sequencing；ChIP-Seq）により，修飾されている領域をゲノム全体にわたって特定するという解析が行われている．2019年現在ではまだ一部の動物種で数種類の修飾しか解析がなされていないが，その結果，同じ哺乳類でありながら，例えばマウスとヒトでは修飾のパターンが異なっているケースなどもみられ[2,3]，その後の幅広い解析結果が待たれている．

4-3. コンパクション

1）初期胚の形態変化

マウスでは8細胞期，ヒト，ウシでは16細胞期頃から，それまで球形であった割球間の結合が強まって互いに密着し，胚全体が1つの塊となる**コンパクション**（compaction）という現象を起こす．この状態になった胚を**桑実胚**（morula）とよぶ．コンパクション以前の胚は，透明帯を除去すると各割球は分離可能であるが，桑実胚は透明帯を除去してもそれぞれの細胞に分離することはできない．コンパクションは，各割球の細胞膜上の細胞接着因子である**E-カドヘリン**（cadherin）どうしが互いに結合し，**接着帯**（zonula adherens）とよばれる構造を細胞接着面に形成した状態である．E-カドヘリンは排卵卵子から存在しており，この変化はE-カドヘリンの結合性の変化によって制御される．E-カドヘリンの細胞内ドメインに結合している蛋白質のカテニンが，卵細胞質内のPKCによってリン酸化されることがE-カドヘリンの結合性を変化させコンパクションを起こすと考えられており，人為的にPKCの活性化を調節すると，コンパクションの時期を変化させることができる．

コンパクションを起こした胚では，接着帯の上端部に**密着結合**（tight junction）が形成される．マウスでは，接着帯形成の1～2時間後から密着結合の構成蛋白質がしだいに接着帯の上端部に発現し始め，約24時間後には密着結合が完成する．これにより胚内部と外部は完全に遮断され，液体も通過できなくなる．胚外部に面した1層の細胞では，胚内部側の細胞膜にNa^+/K^+ポンプが局在するようになり，胚内部にNa^+が放出され蓄積する結果，浸透圧により胚内部に水分が流入し，やがて桑実胚内部には液体がたまり腔ができてくる．腔ができた胚を**胚盤胞**（blastocyst），また，この腔を**胚盤胞腔**（blastocyst cavityまたはblastocoel）とよぶ．マウスでは，5回目の分裂後の後期32細胞期のときに胚盤胞が形成される（**図2**）．

胚盤胞の胚外部に面した1層の細胞を，**栄養外胚葉**（trophoectoderm：TE）とよぶ．なお，内部の細胞は互いにギャップ結合（gap junction）をもち，塊となって1ヵ所に偏在するようになるが，これを**内部細胞塊**（inner cell mass：ICM）とよぶ．哺乳類の初期胚の細胞は，少なくとも8細胞期までは全能性をもつと考えられるが，TEの細胞は胎子へは分化せず胎盤への分化能のみをもつ．一方，ICMの細胞は胎子のすべての細胞に分化する能力をもつが胎盤を形成する能力はもたず，この能力は**多能性**

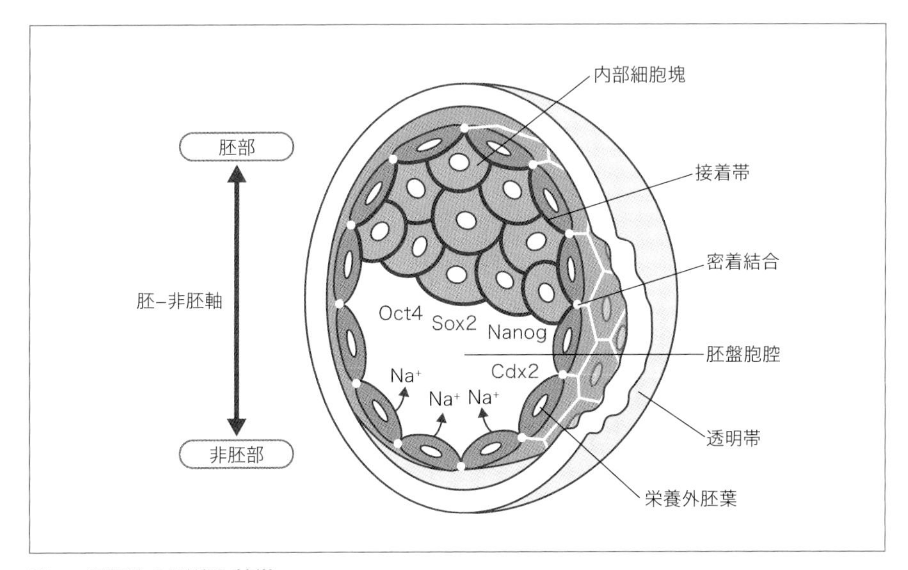

図2　胚盤胞の形態と特徴

(pluripotency) とよばれる.

胚盤胞腔は時間に伴って液が増すため，胚盤胞はしだいに大きくなり透明帯を押し広げ，囲卵腔は完全にみえなくなる．この状態が**拡張胚盤胞** (expanded blastocyst) である．やがて多くの動物種で，おもに機械的な圧力によって透明帯に亀裂が生じ，胚は透明帯を破って脱出するが，この過程には酵素活性も関与する．この現象を**孵化** (hatching) とよび，孵化した胚盤胞は**孵化胚盤胞** (hatched blastocyst) とよばれる．孵化胚盤胞は子宮内膜と直接接触することが可能となり，着床へと向かう.

2）初期胚の分化制御

マウスの2，4，8細胞期胚の1つの割球を除去しても正常な子が産まれ，これらの割球を別の胚に移植すれば全能性を示す．さらに2つの胚を合わせたキメラも正常な1匹の子となる．このように哺乳類の胚では，8細胞期までの割球には分化はみられずすべて等価と考えられており，哺乳類胚に生じる明らかな細胞分化は，胚盤胞におけるICMとTEの分化である．また胚盤胞になるまで，胚全体として対称で方向性はないと考えられるが，胚盤胞になるとICMが存在する胚部 (embryonic part) と,反対側の非胚部（abembryonic part）という方向性が生じ，これによって哺乳類の胚にはじめて胚－非胚軸（embryonic-abembryonic axis）という軸が形成される（**図2**）．

胚盤胞におけるICMとTEの分化に大きくかかわる因子が同定されており，ICMの分化にはたらく因子として転写因子の**Oct4**，**Sox2**，**Nanog**が，一方TEへの分化に関与する因子として**Cdx2**があげられる．これらはいずれも，それぞれICM，TEに特異的に発現し，正常な機能をもつICM，TEの分化に必要である．また，Oct4，Sox2，NanogはICMの多能性を維持するために中心的機能をもち，細胞の多分化能の指標としても使用される．なお，これらの因子を胚の一部の細胞に過剰に発現させても，その細胞のICMやTEへの分化率は変わらないことが示されており，これらの因子はICMとTEの最初の分化決定にははたらいていないと考えられる．

各割球がICMとTEのどちらへ分化するかの最初の決定は，胚のなかでのその割球の位置と極性の有無が関与する．コンパクションにより，細胞膜は接着帯の生じない胚の外側に面した部分（**頂端側**：apical side）と，接着帯の生じる内側に面した部分（**基底側**：basal side）に区分される．これに伴い細胞質内にも極性が生じ，この極性を**頂端側－基底側極性**（apicobasal polarity）とよぶ．マウスではコンパクション直後はすべての割球が胚の外側に面しており，極性をもっている．その後，細胞分裂により細胞数が増えると，胚の外側に面した細胞と胚内部に位置する細胞ができる．胚の外側に面した細胞はほかの細胞と接しない細胞膜をもち，また接着帯をもつので，細胞膜と細胞質の極性が維持される．一方，胚内部に位置する細胞は細胞膜のすべての面が接着帯をもち，極性を維持できなくなる．これにより，極性を維持した細胞と，極性を維持できない細胞という分化がはじめて生じ，前者はTEへ，後者はICMへ分化すると考えられている[4,5]．

内藤　邦彦（ないとう　くにひこ），青木　不学（あおき　ふがく）

［参考文献］

1）豊田　裕 (2001)：胚の発生調節機構，妊娠の生物学，中山徹也，牧野恒久，高橋迪雄 監，pp116-130，永井書店，大阪．
2）Du, Z., Zheng, H., Huang, B. *et al*. (2017): Allelic reprogramming of 3D chromatin architecture during early mammalian development. *Nature*, 547(7662): 232-235.

3) Xia, W., Xu, J., Yu, G. *et al.* (2019): Resetting histone modifications during human parental-to-zygotic transition. *Science*, 365(6451): 353-360.
4) Fujimori T. (2010): Preimplantation development of mouse: a view from cellular behavior. *Dev. Growth Differ.*, 52: 253-262.
5) Sasaki H. (2010): Mechanisms of trophoectoderm fate specification in preimplantation mouse development. *Dev. Growth Differ.*, 52: 263-273.

5 着床，妊娠維持および分娩

妊娠の制御機構に関する内分泌学的研究やそのほかの生殖生物学の成果をもとにした，体外受精と胚移植技術の開発により，ヒトの不妊治療は格段の進歩を遂げてきた．しかし，移植した胚の着床率に関していえば，依然として向上がみられないという現実がある．同様の問題は，ウシやブタなどの家畜生産の現場でもみられ，年々低下する着床率（受胎率）が潜在的な経済的損失を招いているとして，問題視されている．着床を含む，哺乳類の妊娠過程の制御機構に関する理解がより深まれば，これらの問題解決の糸口もみえてくるであろう．繁殖生物学の貢献がもっとも期待される分野の1つである．

5-1. 着床

胚盤胞（blastocyst）まで発生しながら子宮に到達した胚は，**子宮内膜**（endometrium）上皮に密着し（**対位**：apposition），子宮内膜との多様な相互作用の結果，子宮内膜細胞と**接着**（attachment）する．ヒトなどの種では，胚はさらに子宮内膜間質層まで**浸潤**（penetrationまたはinvasion）し，胚全体が子宮内膜間質に入り込む．その後，胚盤胞の外壁を形成していた**栄養外胚葉**（trophoectoderm：TE）から種に固有の様式をもつ**胎盤**（placenta）が形成される．この胚盤胞の子宮内膜への密着から，胎盤のおよその原型が形成されるまでの一連の過程が**着床**（implantation）と称される．なお，ヒトや家畜では胚の着床をもって妊娠の成立とするのが一般的であるが，マウスやラットなどの実験動物では，交尾が確認された当日を妊娠第1日目と数える．

1）着床の様式

着床の1つの目的は，子宮内膜上皮細胞あるいは間質層に胚を物理的に固定することであるが，**図1**にあげたように，その戦略にはさまざまなバリエーションがある[1, 2]．これは，後述する胎盤の形状とも深く関係し，進化の過程で種特有の着床機構が獲得されてきたことを伺わせる．

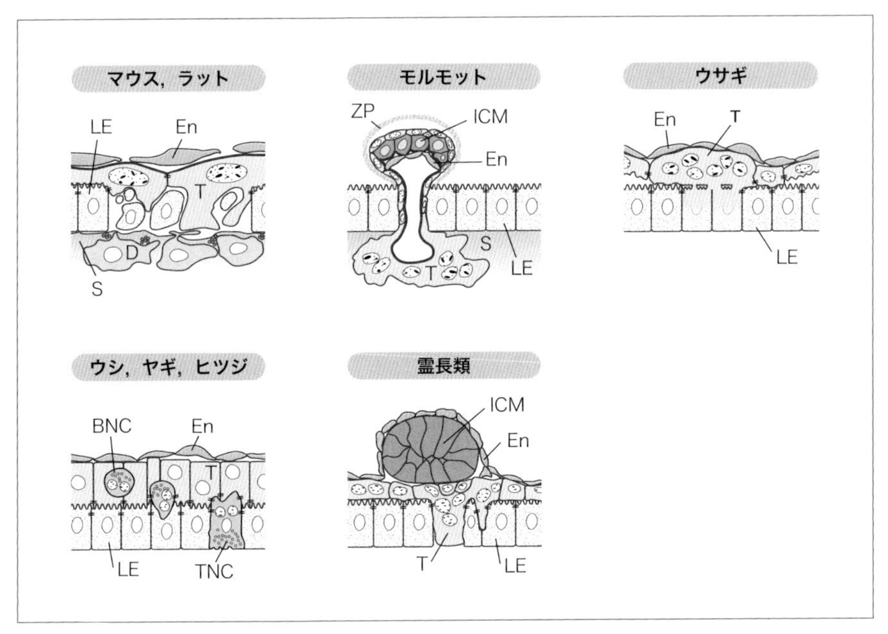

図1　哺乳類胚着床過程の多様性

BNC，二核細胞（binucleate cell）；D，脱落膜細胞（decidual cell）；En，原始内胚葉（primitive endoderm）；ICM，内部細胞塊（inner cell mass）；LE，管腔上皮細胞（luminal epithelium）；S，子宮間質（stroma）；T，栄養膜細胞（trophoblast）；TNC，三核細胞（trinucleate cell）；ZP，透明帯（zona pellucida）．

（文献1および2より一部改変して引用）

a. マウス，ラット

透明帯から脱出した胚盤胞のTEは，子宮管腔の閉鎖に伴い，子宮内膜の管腔上皮細胞に押しつけられるように密着する．密着した胚盤胞は子宮間質細胞の**脱落膜**（decidua）への分化を促す．TEと密着した部分の管腔上皮細胞がアポトーシスを起こした後に，多倍体化した**栄養膜細胞**（trophoblast cell）の食作用で除去される．一方，脱落膜化した間質細胞は管腔上皮細胞下にあった基底膜を貫通し，周囲の間質を再構築する．最終的に，胚周囲の管腔上皮細胞はすべて消失し，脱落膜が胚を納める容器となる．

b. モルモット

テンジクネズミ科に属するモルモットは，マウスやラットとは大きく異なる着床様式をもつ．この種の胚盤胞では，**内部細胞塊**の対極の位置に**合胞体性栄養膜細胞**

(syncytiotrophoblast) からなるimplantation coneが形成され，透明帯越しに細胞突起を伸ばして管腔上皮細胞に接着する．この細胞突起は管腔上皮細胞下の基底膜も通過しながら胚盤胞全体を引き込み，結果的に透明帯から脱出した胚盤胞全体が間質細胞層にもぐり込むことになる．また，マウスやラットの場合と異なり，胚盤胞が間質細胞層内に完全に移行した後に脱落膜形成が始まる．

c. ウサギ

ウサギ胚盤胞では，合胞体性栄養膜細胞の集合体であるtrophoblastic knobがTEにあらわれる．trophoblastic knobは管腔上皮細胞に接着し，さらに管腔上皮細胞とのあいだで細胞融合を起こす．この栄養膜細胞〜管腔上皮細胞合胞体が「くさび」となり，胚が間質に浸潤する．

d. ウシ，ヤギ，ヒツジ

ウシ，ヤギ，ヒツジなどの反芻動物では脱落膜が形成されず，胚盤胞は子宮内膜管腔上皮細胞上にとどまる．これらの種では，TEのなかに，胎盤性ラクトジェンなどを発現する**二核細胞** (binucleate cell) が出現する．二核細胞の一部がさらに管腔上皮細胞とのあいだで細胞融合を起こし，三核のヘテロカリオンとなる．

e. 霊長類

霊長類の胚盤胞は，内部細胞塊が存在する側で子宮内膜に密着するが，内部細胞塊の近傍にまず合胞体性栄養膜細胞が形成される．この細胞が管腔上皮細胞のあいだに侵入し，基底膜を貫通する．

2) ステロイドホルモンによる着床ウィンドウの制御

着床の成功には，着床の準備が整った胚盤胞と，それを受け入れる態勢に変化した子宮が揃い，両者のあいだで複雑な相互作用が行われることが必須である．子宮が胚を受け入れられる期間はかぎられており，その期間は**子宮の受容期** (period of uterinereceptivity)，または，**着床ウィンドウ** (window of implantation) とよばれている[3)]．着床ウィンドウの形成は，卵巣の**黄体**が放出する**プロジェステロン** (P_4) と**エストロジェン** (E_2) によって制御されている．P_4は，これまで解析されたすべての種において必要であったが，ハムスター，モルモット，ウサギ，ブタ，アカゲザルなどでは，卵巣由来のE_2は着床の成立に必要ではないことがわかっている．ただしこれらの種では，胚がつくるE_2が重要な役割を果たしていると考えられている．また，ヒトで

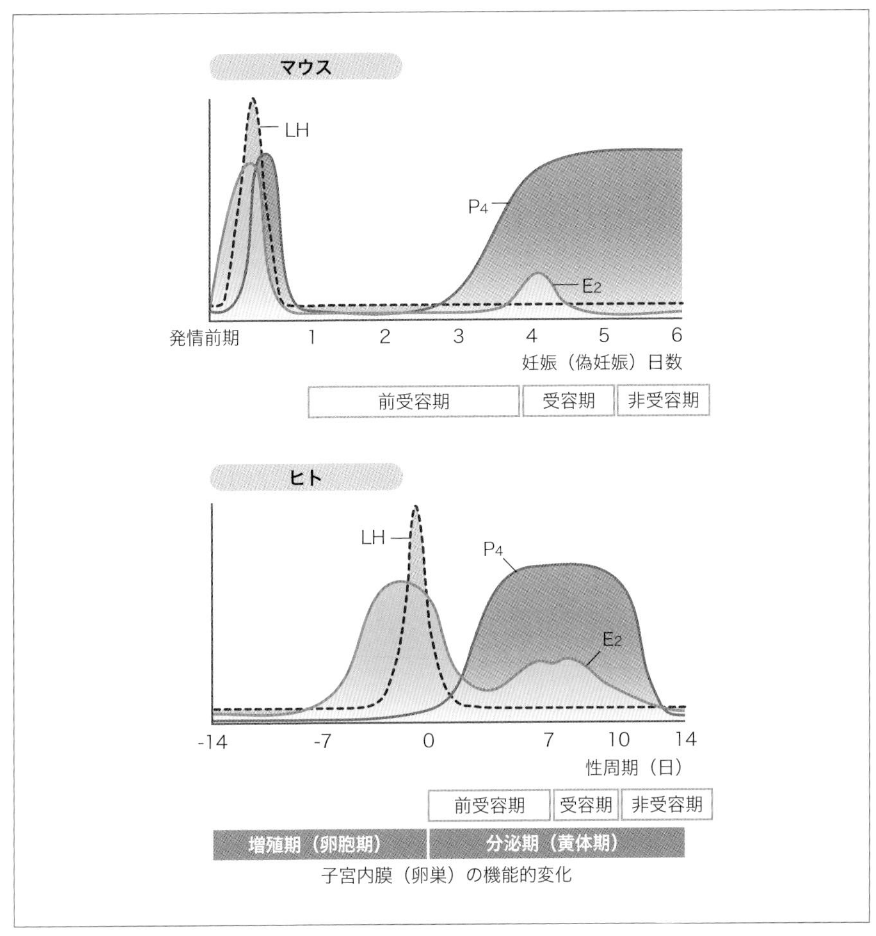

図2　マウスとヒトにおける着床ウィンドウのホルモン制御
排卵を誘発するLHサージが着床のホルモン制御の起点となる．LH，黄体形成ホルモン；E_2，エストロジェン；P_4，プロジェステロン．

（文献4より改変して引用）

も着床期に血中E_2濃度が上昇するが，これが着床に必須であるのかどうかを直接示すデータは得られていない．

図2にマウスとヒトの血中ホルモン濃度の変化と子宮の状態の関係を示した．着床の受け入れ態勢をもとに，子宮の状態は**前受容期**（pre-receptive），**受容期**（receptive），**非受容期**（refractory）の3つの相に区別することができる．非受容期の子宮は胚に

とってはむしろ好ましくない環境で，この時期の子宮に胚を移植すると胚は死滅する．マウスでは，排卵前のE_2サージの影響で，妊娠1日目に子宮内膜の管腔上皮細胞の増殖が誘導され，この効果は妊娠2日目まで継続する．妊娠3日目になると排卵した卵胞から形成された黄体がP_4を分泌し，血中濃度が上昇し始め，この影響で子宮内膜間質細胞の増殖が誘導される．妊娠4日目の朝にE_2の濃度がわずかに上昇すると子宮は受容期に入り，胚盤胞の受け入れが可能となる．このとき間質細胞の増殖はより促進される一方，妊娠4日目の午後には管腔上皮細胞は分化し，胚盤胞の着床にそなえる．この受容期への移行にE_2濃度の上昇は不可欠である．もし受容期に胚盤胞が着床すれば，胚からのシグナルに応答して内膜細胞のさかんな増殖と脱落膜細胞への分化が誘導されて胎盤形成へと進行するが，着床のない場合には受容期は約1日しか続かず，妊娠5日目の午後までには子宮は非受容期に入る．受容期から非受容期への移行を制御するしくみは今のところよくわかっていない．ヒトでは28～30日間の性周期が増殖期（卵胞期）と分泌期（黄体期）の2つの相に分けられるが，LHサージによる排卵（0日）からおよそ7日間が前受容期とされている．その後子宮は受容期に入り，排卵後10日までのおよそ3日間受容期が続く．またヒトでは，排卵前のE_2の作用で脱落膜形成が始まっており，もし受容期に着床がなければ，形成された脱落膜は維持されずに退化・崩壊して**月経**（menstruation）となる．

3）遅延着床

着床がステロイドホルモンの支配下にあることは，**遅延着床**（delayed implantation）とよばれる現象を，人為的に誘導する実験系を用いて証明された．遅延着床は**胚休眠**（embryonic diapause）ともよばれ，およそ100種類もの哺乳類でみられる生理的な現象である．マウスやラットでは，妊娠4日目のE_2の上昇が起こる前に卵巣を摘出し，P_4を継続的に投与して血中濃度が低下しないようにすると，着床が起こらずに，胚盤胞は透明帯から脱出した状態で，発生が停止したまま子宮管腔内で生存し続ける．この状態の動物に，生理的濃度と同程度になるようにE_2を一度注射すると受容期に移行し，胚は着床してその後正常に発生する．この際，投与するE_2の濃度が重要で，その濃度により受容期の期間が変動することが示されている．

4) E_2刺激の下流で作用する因子

P_4およびE_2の受容体には，**PRA**と**PRB**および**ERα**と**ERβ**のそれぞれ2つのアイソフォームが存在するが，子宮ではPRA, ERαがそれぞれP_4，E_2のシグナル伝達に重要である．ERαは子宮内膜間質および管腔上皮のいずれの細胞でも発現しているため，E_2は直接これらの細胞に作用していると考えられていた．しかし近年，管腔上皮でERαを欠損しても，妊娠1日目のE_2に応答した増殖が起こることが示された．すなわち，間質細胞がE_2の刺激を受容し，それによって産生される因子（IGF1がそのおもなもの）に応答して管腔上皮細胞の増殖が誘導される．

E_2刺激により受容期に移行した子宮では，微絨毛の退縮とピノポードとよばれる大きな細胞質突起の出現といった形態変化に加え，サイトカイン，接着因子，ホメオドメイン蛋白質，脂質メディエーターなど，さまざまな因子の発現に変化がみられる．これらはそれぞれに着床成立に重要な役割を果たしていることがわかりつつある．以下に，そのごく一部を紹介する．

a. 白血病抑制因子（LIF）

着床の成立の際に，E_2刺激の下流ではたらくもっとも重要な因子に**白血病抑制因子**（leukemia inhibitory factor：LIF）があげられる．マウス子宮において，LIFは妊娠4日目の朝にまず子宮腺で発現し，同日午後に胚盤胞が子宮内膜に接着する頃，その周囲の間質で発現するようになる．LIFを欠損するマウスの子宮では着床が起こらないが，LIFを投与すれば着床の異常は解消され，着床した胚は正常に発生する．LIFシグナルの伝達に必要なgp130の機能阻害でも着床の異常がみられることからも，LIFシグナルの着床における重要性がわかる．さらに，「3) 遅延着床」の項で述べた手法で遅延着床を起こしたマウスにLIFを単回投与するだけで，着床を誘起できることが示されている．すなわち，この結果からE_2による子宮の受容能の獲得（受容期への移行）は，子宮腺におけるLIFの発現を誘導することで果たされていることが強く示唆される[5]．

b. MUC1

ムチン（mucin）は糖を多量に含む糖蛋白質で，胚盤胞と子宮内膜管腔上皮細胞との相互作用を阻害する障壁になっていると考えられている．ムチンコア蛋白質の1つ**MUC1**は管腔上皮細胞の頂端側細胞膜上に存在するが，受容期に移行したマウスの子宮ではその発現が低下する．ヒトでは受容期の発現低下がみられないが，*in vitro*

でヒト胚盤胞と子宮内膜上皮細胞を共培養すると，胚盤胞周辺のMUC1が分解されることから，ヒトにおいてもMUC1の消失が着床の成立に必要である可能性がある．

c. Msx1

ホメオボックス遺伝子の1つ**Msx1**は，妊娠4日目朝のマウス子宮内膜上皮で発現が上昇し，受容期の終了に伴い，または胚盤胞の着床があると，その発現が消失する．LIF欠損マウスの子宮では，上昇したMsx1の発現が低下せず高いレベルのまま維持されることから，子宮の受容期移行との関連が予測されていた．近年，Msx1は管腔上皮細胞におけるWnt5aの発現を介してE-カドヘリン/βカテニン複合体の形成を促進し，上皮細胞の細胞極性を維持していること，LIFがMsx1の発現を抑制し，それにより管腔上皮細胞の極性が乱れることで胚盤胞の着床を起こりやすくしていることがわかった．

5）受容期の子宮内膜と胚盤胞の相互作用

着床が成立するためには，胚盤胞もその準備が整っている（活性化されている）必要がある[6]．胚盤胞の活性化には，子宮内膜との相互作用の存在が想定されるが，その全容は明らかにされていない．活性化された胚盤胞で発現が誘導される遺伝子を網羅的に検索した結果，同定されたさまざまな遺伝子のなかで，**ヘパリン結合EGF様増殖因子**（heparin-binding EGF-like growth factor：HB-EGF）が注目されている．HB-EGFは胚盤胞の接着が起こる約4時間前に，胚盤胞が対位した部位の管腔上皮細胞で特異的に発現が上昇する．活性化した胚盤胞ではHB-EGF受容体のErbB1およびErbB4が発現しており，それらを介して胚盤胞にシグナルが伝達される．また，HB-EGFは胚盤胞でも発現しており，それが管腔上皮細胞におけるHB-EGF自身の遺伝子発現を誘導することが示された．このように，HB-EGFは，子宮内膜と胚盤胞の相互作用を仲介する因子の1つである．

ここであげたのは着床に関連する因子のごく一部で，ほかにも，着床にかかわる多くの因子とその機能がわかっている．それらについては，総説[4,7,8]を参考にしてほしい．

5-2. 胎盤

単孔類を除く大部分の哺乳類では，胚盤胞の着床後，母体と胎子間の栄養交換・ガ

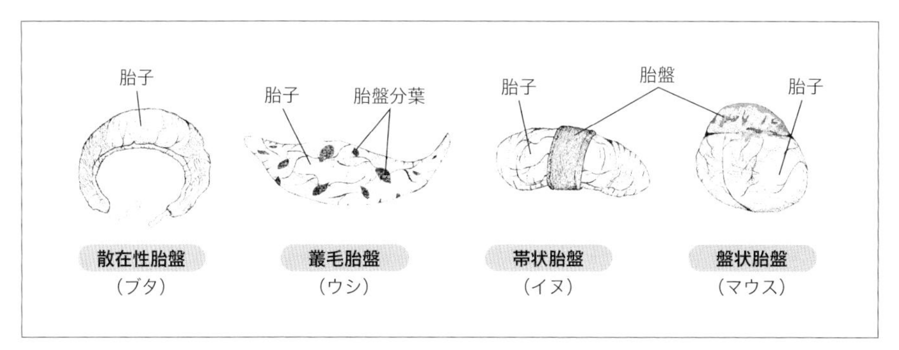

図3　絨毛の分布様式に基づいた哺乳類胎盤の分類
ブタの胎盤（絨毛）は絨毛膜上に散在しており，この図では胎膜上の点として表れている．
（作図：権田尚子〈基生研〉）

ス交換の場である胎盤が形成され，妊娠期間中の胎子の生存が保証される．有袋類においても，原始的な胎盤である絨毛膜卵嚢胎盤（chorio-vitelline placenta）が形成される．

真獣類の胎盤は，胚盤胞に由来する細胞で構成される**胎子胎盤**と，母体子宮細胞に由来する細胞で構成される**母体胎盤**とに分けられる．胎子胎盤は漿膜に由来し，TEから派生する各種の**栄養膜細胞**（trophoblast cell）と，血管内皮細胞などの内部細胞塊由来の細胞からつくられる**絨毛膜**（chorion）がその主体である．一方の母体胎盤を構成するのは，子宮内膜由来の細胞であり，マウスやラットなどでは脱落膜細胞が大部分を占める．胎盤は種によって大きく異なるさまざまなかたちをとる（**図3**）[9]．

1）真獣類における胎盤の分類：絨毛の分布による分類

種に特異的でさまざまな形態をとる胎盤は，絨毛の分布様式によって，**散在性胎盤**（diffuse placenta），**叢毛胎盤**（cotyledonary placenta），**帯状胎盤**（zonary placenta），**盤状胎盤**（discoid placenta）に分類される．ただしこの分類は，必ずしも系統進化上の類縁関係を反映するものではない．

a．散在性胎盤

ウマやブタなどにみられる胎盤で，絨毛が絨毛膜全体に散在し，ウマでは絨毛膜の全体に，ブタでは絨毛膜の両端以外の領域に絨毛が分布する．ウマの胎盤では，絨毛膜の一部の領域（chorionic gridleとよばれる部分）で栄養膜細胞が子宮内膜上皮側へ侵入し，**子宮内膜杯**（endometrial cup）を形成して馬絨毛性性腺刺激ホルモン（eCG）を生産する．子宮内膜杯の周辺ではさかんな免疫反応が観察され，妊娠100～140日頃には母体の免疫細胞により破壊され子宮内膜杯は消失する．

b. 叢毛胎盤

ウシ，ヒツジなどの反芻類にみられる胎盤で，子宮内膜表面に形成される隆起物（caruncle，**子宮小丘**．宮阜，小阜ともいう）に対応する位置に絨毛が分布する**胎盤分葉**（cothyledon）が形成される．胎盤分葉以外の領域の絨毛膜には絨毛は存在せず，この部分には子宮腺が開口している．子宮小宮と胎盤分葉は，ボタンをはめるようにかみあい，絨毛膜を子宮内膜に固定する．さらに，反芻類のTEで特異的に出現する二核細胞が子宮内膜上皮細胞と融合して，三核細胞を形成する．

c. 帯状胎盤

イヌやネコにみられる胎盤で，絨毛膜の中央部分を帯状に取り囲むように絨毛が分布する．

d. 盤状胎盤

ヒト，サル，マウス，ラットなどにみられる胎盤で，絨毛が絨毛膜の一極に集合して円盤状に形成される．絨毛は母体組織（脱落膜）に侵入しており，母体組織との結合は，ほかの形状の胎盤と比較してもっとも強い．盤状胎盤は単一の胎盤とはかぎらず，たとえばアカゲザルでは胎子あたり2つの盤状胎盤が形成される．

2）胎盤の分類：絨毛と母体組織の結合様式による分類

胎盤で母体から胎子へ効率よく酸素を供給するためには，両者の血液を物理的になるべく近い位置関係におくことが重要となる．哺乳類ではそのためにさまざまな様式がとられており，この様式（絨毛が母体とどのように結合しているか）に基づいて，胎盤を以下の4種類に分類することができる（**図4**）．

a. 上皮絨毛性胎盤

上皮絨毛性胎盤（epitheliochorial placenta）または**上皮漿膜性胎盤**ともよばれる．ウマやブタにみられる胎盤で，絨毛の最外層である栄養膜細胞が，子宮の管腔上皮細胞と密着する様式で，子宮内膜間質や母体血管への栄養膜細胞の浸潤は起こらない．母体血液と胎子血液のあいだには，母体側，胎子側ともに3層ずつの細胞層（血管内皮細胞/結合組織/管腔上皮細胞または栄養膜細胞）が存在し障壁がもっとも高い．

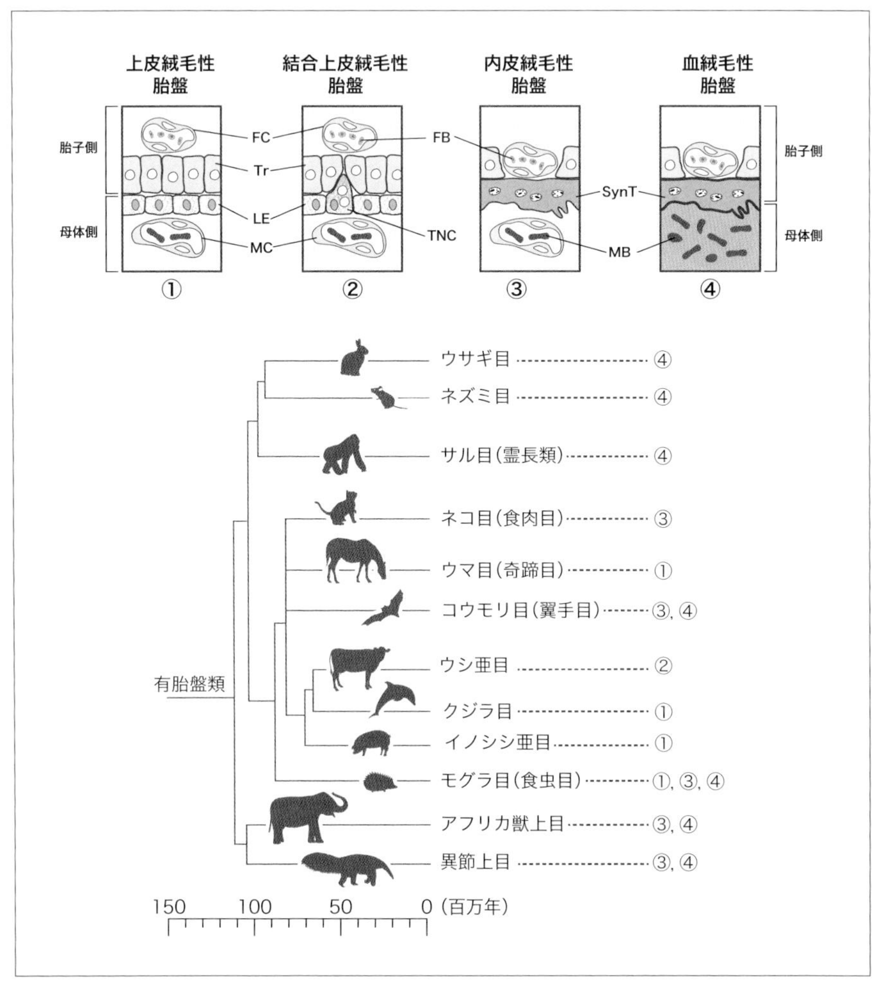

図4 胎子ー母体間の結合様式に基づいた哺乳類胎盤の分類およびおおまかな哺乳類進化系統樹と胎盤様式の分布

FB, 胎子血球細胞；FC, 胎子血管；LE, 子宮内膜管腔上皮細胞；MB,母体血球細胞；MC, 母体血管；SynT, 合胞体性栄養膜細胞；TNC, 三核細胞；Tr, 栄養膜細胞.

（文献10より改変して引用）

b. 結合上皮絨毛性胎盤

結合上皮絨毛性胎盤（synepitheliochorial placenta）または**結合組織漿膜胎盤**ともよばれる．ウシ，ヒツジなどの反芻類にみられる胎盤で，上皮絨毛性胎盤とよく似た様式である．栄養膜細胞の一部が二核細胞に分化し，これがさらに子宮の管腔上皮細胞と融合することで三核細胞を形成する．母体血液～胎子血液の位置関係は，上皮絨毛性胎盤のそれと同様である．

c．内皮絨毛性胎盤

内皮絨毛性胎盤（endotheliochorial placenta）または**内皮漿膜性胎盤**ともよばれる．イヌやネコにみられる胎盤で，母体側の子宮管腔上皮細胞は消失し，母体血管は，その周囲の結合組織を介して，合胞体化した胎子栄養膜細胞に接する．

d．血絨毛性胎盤

血絨毛性胎盤（hemochorial placenta）または**血液漿膜胎盤**ともよばれる．ヒトやマウスなどにみられる胎盤で，母体側は血管内皮細胞も存在せず，栄養膜細胞が直接母体血液と接している．ヒトでは合胞体性栄養膜細胞が絨毛の最外層にあり母体血液に直接触れているが，マウスでは胎子血管を2層の合胞体性栄養膜細胞が取り囲み，さらにその外側（母体血側）に合胞体化していない栄養膜細胞が不連続に存在している．

前述のような，哺乳類胎盤の多様性が生まれた背景には，ゲノムに挿入された外来DNAの利用があるのではないかという議論がなされている．胎盤の合胞体性栄養膜細胞は，単核の栄養膜細胞が融合することで形成される．ヒトやマウスではこの細胞融合に必須の遺伝子が同定され，**シンシチン**（Syncytin）と命名された．シンシチンはレトロウイルスのエンベロープ蛋白質をコードする遺伝子と高い相同性を示し，ゲノムに挿入されたレトロウイルスゲノム由来の遺伝子と考えられている．おもしろいことに，ヒトとマウスのシンシチンは共通の祖先に由来する遺伝子ではなく，両系統が分岐したのちに，それぞれで感染したレトロウイルスに由来する遺伝子のようである．ウシでもウシ固有のシンシチンが発見されており，二核細胞でその発現が認められる[10)]．哺乳類が，感染したウイルスのゲノムをそれぞれに利用して，独自の形状の胎盤をつくり上げてきた進化の過程が伺われる．

3）栄養膜幹細胞

マウスおよびラットの胚盤胞から，胎盤を構成する各種の栄養膜細胞に分化する能力を保持した培養株である**栄養膜幹細胞**（**TS細胞**）が樹立されている[11, 12)]．また，近年，ヒトTS細胞の樹立も報告された[13)]．これらの細胞は，胎盤形成やその機能にかかわる遺伝子の機能解析に重要であるばかりでなく，着床過程における胚盤胞側の応答機序の解析にも有用であることが期待される．

5-3. 母体の妊娠認識

性周期黄体は一般に2週間で退行するため，妊娠が成立するためには，黄体の寿命を延長する必要がある．胚の出すシグナルを母体が感知して黄体の寿命を延長する機構は母体の**妊娠認識**（pregnancy recognition）とよばれる．霊長類以外では子宮を摘出すると黄体の寿命が延長することが知られており，子宮内膜が産生する**プロスタグランジン**$F_{2\alpha}$（prostaglandin $F_{2\alpha}$：$PGF_{2\alpha}$）が性周期黄体の退行に必要であるため，この$PGF_{2\alpha}$の産生・分泌を抑制する因子が母体の妊娠認識にはたらく．

ウシ，ヒツジなど反芻類の胚の栄養膜細胞からは着床の数日前から**トロホブラスチン**（trophoblastin）あるいは**インターフェロンタウ**（IFNTまたはIFN-τ）とよばれる蛋白質が産生される．IFNTは子宮内膜のE_2レセプターやオキシトシンレセプターを制御することによって，子宮から産生される$PGF_{2\alpha}$のパルス状分泌を阻害し，これにより性周期黄体の退行は抑制される．したがって反芻類ではIFNTが母体の妊娠認識にはたらくと考えられる．また，ブタでは受精後11～12日目の胚の栄養膜細胞よりE_2が分泌される．これにより子宮内膜が産生する$PGF_{2\alpha}$の黄体退行作用が抑制されると同時に，卵巣に作用して黄体刺激作用を発揮する．これにより黄体の寿命が延長されるので，ブタの妊娠認識にはたらく因子はこの胚が産生するE_2と考えられる．

一方，霊長類では子宮を摘出しても性周期黄体の寿命は延長しないため，$PGF_{2\alpha}$の産生抑制に依存しない黄体の寿命延長の機構が必要である．ヒトやサルではハッチング後の早い時期に栄養膜細胞から**絨毛性性腺刺激ホルモン**（chorionic gonadotropin：CG）が分泌され，ヒトでは**hCG**，サルでは**mCG**とよばれる．このCGは黄体に直接作用し，ステロイド合成促進作用を発揮して黄体機能を維持するため，これが妊娠認識に作用すると考えられる．

5-4. 妊娠維持

着床後，形成される胎盤を通して母体から栄養素や酸素供給を受けることで胚は成長し，各種臓器が構造的かつ機能的に発達していく．**表1**に示すように，各動物種の妊娠期間や胎子の成長速度はさまざまであるが，全哺乳動物種においてこの妊娠過程は内分泌系により厳密に制御されている[15～17]．

妊娠の成立に必須の役割を担ったP_4はその後，中期から後期にかけての妊娠維持

表1　各種動物の妊娠と胎子関係の数値[14)]

	妊娠期間（日）	分娩各期（時間）	産子数	出生時体重	胎子体長（日齢：cm）
ウシ	280 (278〜292)	Ⅰ：2-6 Ⅱ：0.5〜2.0 Ⅲ：6〜12	1	18〜45 kg	30：1.3 50：3.9 70：9.4 90：16.4 120：27.1 150：36.8 215：70.0 245：82.0
ウマ	338 (301〜349)	Ⅰ：1〜4 Ⅱ：0.2〜0.5 Ⅲ：1	1	9〜40 kg	
ヤギ	151		1〜3	3〜5 kg	
ヒツジ	150 (147〜155)	Ⅰ：2〜6 Ⅱ：0.5〜2.0 Ⅲ：0.5〜8	1〜2	4〜5 kg	34：3.1 42：5.4 58：12.0 74：19.2 94：28.2 104：33.0 140：44.0
ブタ	114 (111〜119)	Ⅰ：2〜12 Ⅱ：2.5〜3.0 Ⅲ：1〜4	6〜12	1〜1.5 kg	30：2.5 60：11.4 80：20.3 90：22.1 106：24.1 114：27.9
イヌ	63 (58〜68)		1〜12	100〜300 g	35：3.5* 40：6.5 45：8.6 50：10.7 55：14.4 60：15.8 63：16.5
ネコ	63 (62〜65)		1〜8	110〜120 g	
アカゲザル	160〜170		1	230〜470 g	
モルモット	68 (60〜72)		3 (1〜6)	90 g	
ウサギ	31 (30〜35)		10 (8〜12)	30〜70 g	13.5：1.0 15.5：1.4 16.5：2.2 18.5：3.4 19.5：3.7 21.5：4.9 23.5：5.3 29.5：9.5
ハムスター	16 (15〜18)		7 (5〜10)	2 g	
ラット	22 (22〜24)		9 (7〜14)	5〜6 g	
マウス	19 (18〜22)		8 (6〜12)	1〜3 g	

＊：ビーグル犬の値

においても同じく最重要因子である．活発なP_4産生は黄体に因るが，いくつかの動物種では胎盤も分泌源としてはたらき，両組織の相対的貢献度には動物種差がある（たとえばマウス，ラットでは全期間を通して黄体が必須であるが，霊長類では胎盤が完全に代償する）．黄体刺激因子として，下垂体や胎盤に由来しともに相同性の高い分子であるLHとCG，プロラクチンと胎盤性ラクトジェン（placental lactogen：PL）があげられる．これらの発現と作用も動物種や妊娠時期に依存して異なる．胎盤が主導的にP_4産生を担う動物種では，黄体や下垂体は不要となる．P_4の内分泌作用は主として子宮内膜における増殖や発育促進，平滑筋の収縮抑制や頸部の緊密化（いわゆる**P_4ブロック**）である[18, 19]．これらの作用は同じく黄体や胎盤から分泌され

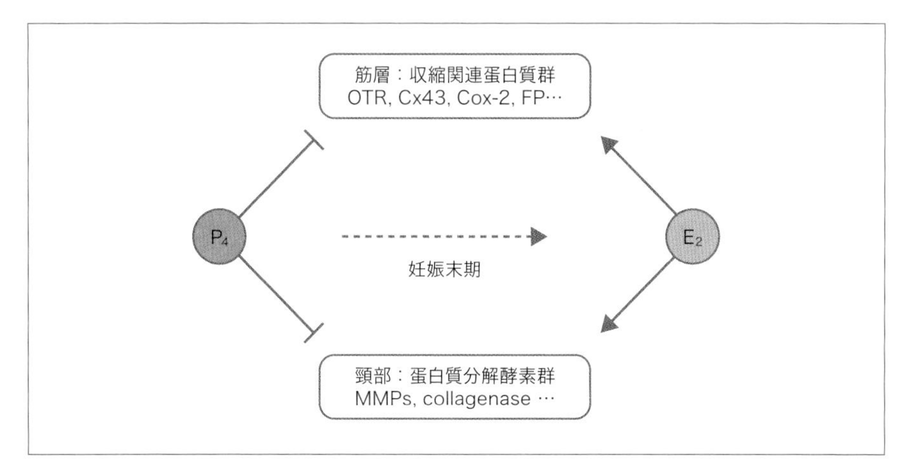

図5　妊娠維持と分娩誘発におけるP_4とE_2の拮抗作用
妊娠後半期に急激に成長する胎子を子宮腔内に保持するために，P_4は積極的に平滑筋の弛緩と頸部の緊密化を図る．末期に近づくとE_2の合成・作用が高まり，P_4作用に拮抗して，筋収縮と頸部熟化を促進する．

る性ステロイドホルモンのE_2の作用と密接に関連している．初期から中期にかけての少量のE_2は内膜や筋層の増殖・分化に対しては協調的にはたらくが，分泌が増大する末期では筋収縮や頸部の熟化に対して拮抗的に作用する（**図5**）．

妊娠において母体の免疫系のはたらきも重要であり，内分泌系とも相互作用する[16]．父型の遺伝子をもつ胚は母体にとって異物と認識されるので，**免疫学的寛容**が起こる．また産業動物分野では大きな問題となるが，感染等による炎症性物質の過剰な産生は，正常な内分泌機能や子宮筋抑制機能を阻害し，流産や早産につながる．

5-5. 分娩

正常な一定期間の妊娠維持は，胎子が各種ホメオスタシス機能，神経・運動機能を自力で発揮できるレベルにまで各臓器が発達・成熟するために重要である．同時に，適切なタイミングで終結させないと，妊娠末期に胎子は急速に肥大化するため，産道からの娩出が困難になり，胎子と母体の両方にとって重篤な事態となる．妊娠維持から分娩誘起への時間的に正しい切り替えは，胎生動物種の生殖の最後の重要過程である．

分娩の機構に関してはさまざまなモデル動物や視点からの研究がなされてきており[17〜20]，多くの動物種に共通する基本的概略を**図6**に示した．母体の子宮・胎盤・

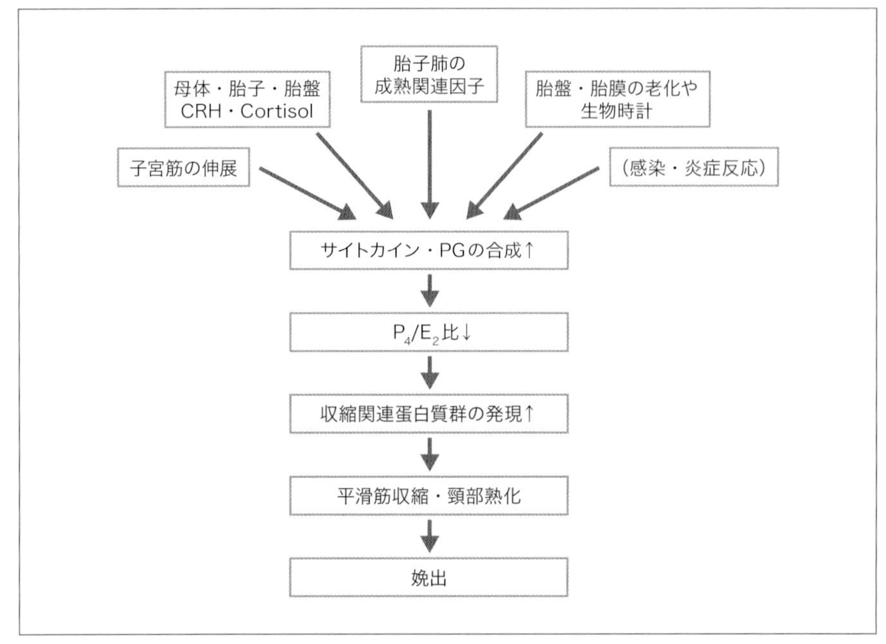

図6　分娩のカスケード機構

まず生理的あるいは病理的な複数のトリガー因子が作用し，子宮や胎盤でのサイトカインやPG合成に収束され，以後いくつかの段階的反応を経て分娩にいたる．実際はより多くの因子が多岐に相互作用しながら（フィードバック機構も含む），多元的に進行していくきわめて複雑な過程である．

胎膜・卵巣・下垂体・視床下部，胎子の下垂体・副腎・肺などの多数の臓器が，経時的に変調する内分泌（P_4，E_2，オキシトシン，リラキシンほか多数）・傍分泌・神経系（ファーガソン反射ほか）的相互作用によって分娩は遂行される．分娩を開始するトリガー因子は複数ある．生理的には胎子の成長による子宮筋の伸展，胎子の栄養素・酸素不足によるストレスと胎子・母体の視床下部・下垂体・副腎軸の賦活化，胎子肺の成熟関連因子（サーファクタント蛋白質Aなど），胎膜・胎盤の老化もしくは生物時計などであり，病理的には感染や過剰な炎症などがある．これらは胎盤や子宮でのサイトカインやPG合成を引き起こし，次いで黄体退行を伴うP_4/E_2比の低下につながる．これらは子宮筋の各種**収縮関連物質**の発現を増強することで静止モードから一気に収縮モードに切り替わり，頸部の熟化と相まって産道から胎子が娩出される．分娩はこのように**カスケード反応**で進行し，一旦開始すると中途で止まることはない．これらの過程は正のフィードバック機構を伴い，多元的であり，さらに重複性や代償性がある．

分娩は，子宮頸管が開口して産道が形成されるまでの開口期（第Ⅰ期），胎子が娩出されるまでの産出期（第Ⅱ期），および胎子の付属物（後産）が娩出されるまでの後産期（第Ⅲ期）に区分される（**表1**参照）．

田中　智（たなか　さとし），久留主　志朗（くるす　しろう）

[参考文献]

1) Carson, D.D., Bagchi, I., Dey, S.K. *et al*. (2000): Embryo implantation. *Dev. Biol.* , 223:217-237.
2) Wooding, F.B.P. (1992): Current topic: The synepitheliochorial placenta of ruminants:Binucleate cell fusions and hormone production. *Placenta* , 13: 101-113.
3) Yoshinaga, K. (1988): Uterine receptivity for blastocyst implantation. *Ann. N Y Acad. Sci.* , 41: 424-431.
4) Wang, H., Dey, S.K. (2006): Roadmap to embryo implantation: Clues from mouse models. *Nat. Rev. Genet.* , 7: 185-199.
5) Chen, J.R., Cheng, J.G., Shatzer, T., *et al*. (2000): Leukemia inhibitory factorcan substitute for nidatory estrogen and is essential to inducing a receptiveuterus for implantation but is not essential for subsequent embryogenesis. *Endocrinology*. 141: 4365-4372.
6) Paria, B.C., Huet-Hudson, Y.M., Dey, S.K. (1993): Blastocyst's state of activity determines the "window" of implantation in the receptive mouse uterus. *Proc. Natl. Acad. Sci. USA* , 90: 10159-10162.
7) Cha, J., Sun, X., Dey, S.K. (2012): Mechanisms of implantation: Strategies for successfulpregnancy. *Nat. Med.* , 18: 1754-1767.
8) Zhang, S., Kong, S., Lu, J., Wang, Q. *et al*. (2013): Deciphering the molecular basis of uterine receptivity. *Mol. Reprod. Dev.*,80: 8-21.
9) Benirschke, K.: Comparative placentation. (http://placentation.ucsd.edu/homefs.html).
10) Cornelis, G., Heidmann, O., Degrelle, S.A., *et al*. (2013): Captured retroviralenvelope syncytin gene associated with the unique placental structure of higher ruminants. *Proc. Natl. Acad. Sci. USA* , 110: E828-837.
11) Tanaka, S., Kunath, T., Hadjantonakis, A.K., *et al*. (1998): Promotion of trophoblast stem cell proliferation by Fgf4. *Science* , 282: 2072-2075.
12) Asanoma, K., Rumi, M.A., Kent, L.N., *et al*. (2011): FGF4-dependentstem cells derived from rat blastocysts differentiate along the trophoblast lineage, *Dev. Biol.* ,

351; 110-119.

13) Okae, H., Toh, H., Sato, T., *et al*. (2018): Derivation of Human Trophoblast Stem Cells. *Cell Stem Cell*, 22: 50-63.

14) 森純一（1988）：妊娠および分娩．新家畜繁殖学，鈴木善祐，横山昭 ほか，128-157，朝倉書店，東京都．

15) 塩田邦郎，津曲茂久（1999）：妊娠の維持、分娩．哺乳類の生殖生物学，高橋迪雄 監，177-184，192-198，学窓社，東京都．

16) 今川和彦（2011）：妊娠と分娩．新動物生殖学，佐藤英明 編，120-141，朝倉書店，東京都．

17) Mesiano, S., DeFranco, E., Muglia, L.J. (2015): Parturition. In: Physiology of Reproduction, 4th ed., Plant, T.M., Zeleznik, A.J. ed., 1875-1925, Academic Press, New York.

18) Renthal, N.E., Williams, K.C., Montalbano, A.P. *et al*. (2015): Molecular regulation of parturition: A myometrial perspective. *Cold Spring Harb Perspect Med*. 5(11): a023069.

19) Wu, S.-P., Li, R., DeMayo, F.J. (2018): Progesterone receptor regulation of uterine adaptation for pregnancy. *Trend Endocrinol Metab*. 29: 481-491.

20) Mendelson, C.R., Montalbano, A.P., Gao, L. (2017): Fetal-to-maternal signaling in the timing of birth. *J. Steroid Biochem. Mol. Biol*. 170: 19-27.

6 泌乳

6-1. 分娩後の母子の行動と哺乳

泌乳（lactation）は哺乳類の新生子の成長に必須である．通常，哺乳類の母親の泌乳量はその新生子を育てるのに十分な量だけしか期待できない．ところが，乳牛は泌乳量を目的形質として選抜・育種されてきたために，新生子の生育に必要な量をはるかに超えるものとなった．また，地域は限定されるがヤギ，ヒツジ，スイギュウ，ラクダやウマも搾乳動物として利用されている．

泌乳は分娩から始まる．泌乳開始期は，それまで妊娠を育んできた生殖器の回復や生殖周期の再開など，次の妊娠に向けての時期でもある（**図1**）．とくに次の妊娠のためには子宮形態と子宮機能の回復が欠かせないが，その期間は動物種によって著しく異なる（**表1**）．一般に，分娩後の搾乳頻度が高ければ子宮筋の頻繁な収縮（後述）によって子宮回復が早まる．

哺乳類の新生子は成体に類似した形態で娩出される．ところが，分娩時における新生子の発達の度合いは動物種によって大きく異なる．イヌ，ネコ，マウス，ラットやブタなど，営巣を行い巣のなかで分娩とその後の哺乳を行う動物種では，新生子は視

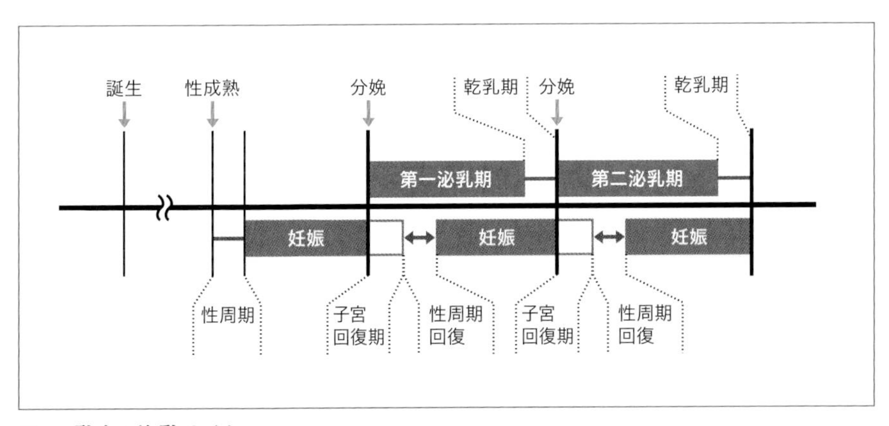

図1　乳牛の泌乳サイクル

泌乳量は分娩後2ヵ月ぐらいまで増え続ける．泌乳期（約310日）は分娩後の子宮回復期や性周期回復期にあたる．

表1　分娩後の子宮回復や性周期の再開に要する時間

動物種	子宮回復に要する日数	性周期開始に要する日数
ヒト	40～45	4～24ヵ月(L)
肉牛(繁殖牛)	30	50～60日(L)
乳牛	45～50	18～25日
ヒツジ	30	180日(SDB)
ラクダ	30～50	25～40日または約1年(L)
イヌ	90	150日
ウマ	21～28	5～12日
ブタ	28～30	7日(L)

L：泌乳による卵巣機能の抑制.
SDB：短日性繁殖動物（春に分娩するが，その後秋まで性周期は停止する）.

覚の未発達や歩行のおぼつかない未成熟なままで出生するので，新生子の生存は母性行動に強く依存している．しかし，未発達な新生子であっても，娩出直後から自発的に母親の乳頭に向かい，吸乳を開始する．一方，ウマやウシなどの群居性の草食動物では，新生子は比較的よく発達した形態で出生し，娩出後，数分から数時間で立ち上がり歩行を行う．

後産（胎盤）が排出されると，ウシやブタでは後産を食べる習性がある．また，ブタや齧歯類では，分娩後の環境の不備やヒトが新生子に触れたりすると新生子を食べる「子食い」の習性もある．

6-2. 乳腺の発達

1）乳腺の数と位置

泌乳は哺乳類の生殖にとって重要な生理現象の1つであり，泌乳を司る**乳腺**（mammary gland）は哺乳類に特異的な臓器であることから，副生殖腺の1つに分類される．乳腺は左右対をなし，霊長類やゾウなどでは胸部，翼手類では腋窩，ウマ，ウシ，ヤギなど有蹄類の多くは鼠径部，食肉類，ブタ，ウサギ，齧歯類などでは腋窩から鼠径部にかけてそれぞれ存在する．その数も，霊長類，ヒツジ，ヤギ，ウマやゾウなどの1対から，ウシやラクダの2対，ブタ，イヌ，ウサギ，ラットやマウスのよう

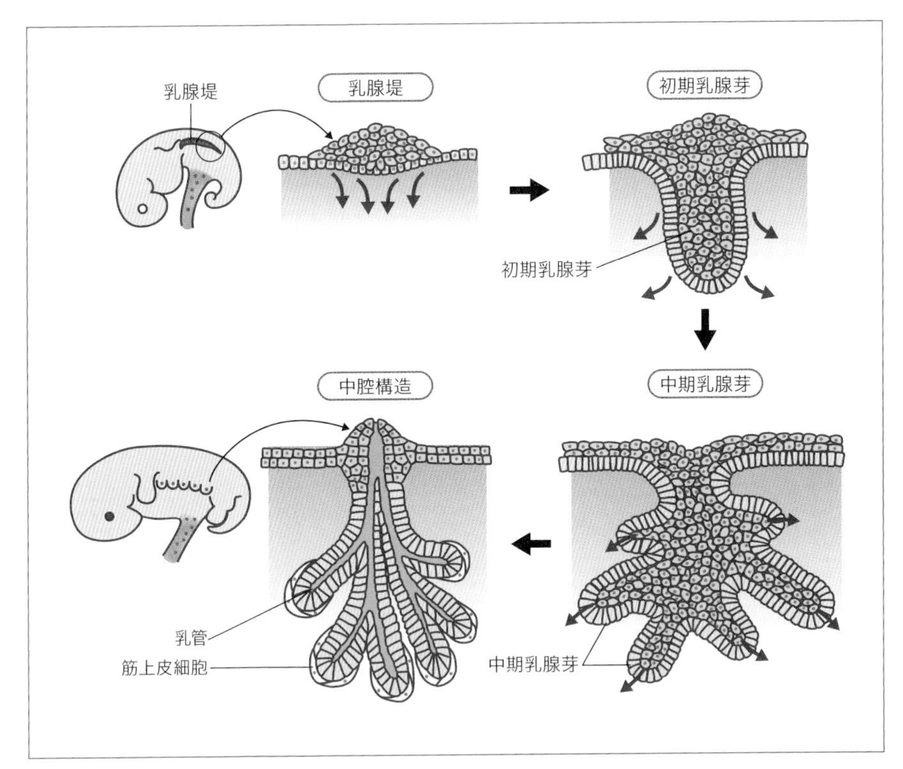

図2　乳腺の分化と発達

に4 ～ 12対もっている動物種もいる．ウシとヒツジは同じ反芻類で，解剖学的にも非常に似ている．ところが，ウシは単胎動物で乳腺が2対（4乳腺）あるのに対し，ヒツジは2頭以上分娩する品種があるにもかかわらず，乳腺は1対（2乳腺）しかない．一方，哺乳類の雄にも乳腺があるが，マウス，ラットやウマの雄，カモノハシなどの単孔類には乳腺がない．

2）乳腺の発生と発達

乳腺の発生は，ウシでは妊娠25日頃に始まる（**図2**）．まず，胎子の腹側表層に近い位置に2列の**乳腺堤**（mammary ridge）としてあらわれる．次に，表皮性細胞は細胞分裂を繰り返し，内部（間葉系）組織へ伸長していき，**初期乳腺芽**（primary mammary bud）となる．齧歯類での初期乳腺芽の形成は胎生10日から始まる．乳腺の発達する哺乳類では，このときの乳腺芽の数と部位が，成体にみられる乳腺の数と位置になる．初期乳腺芽は内部に向かってさらに増殖を繰り返し，枝様構造の**中期乳腺芽**（secondary mammary bud）へと発達する．枝様状に発達した中期乳腺芽は乳腺上皮細胞へと発達し，**中腔構造**（canalization）をとり，そのまわりに筋上皮細胞が配置される**乳管構造**（lactiferous duct）へと発達し続ける．ウシの胎生6ヵ月頃までに，体表にはすでに乳頭構造が形成されるが，それ以降誕生まで乳腺の発達はみられない．新生子が誕生するとすぐ，未熟な乳管構造は退縮してしまう．この時期から性成熟以前まで，乳腺の発達はほかの体成長に伴った変化であり**等成長**（isometric growth）とよばれる．

性成熟期に達すると，乳腺は一気に発達し始め，この時期の成長は**対比成長**（allometric growth）とよばれる．とくに性周期が始まったばかり，あるいは直後の第二，三性周期での乳腺の発達は著しい．まず，エストロジェンの影響により乳管はますます枝状に伸びていく．さらに，黄体期プロジェステロンにより枝状の先端が乳汁を合成するブドウの実のような形態の**乳腺胞**（alveolus）へと発達する．エストロジェンだけでも乳管構造が形成されるが，エストロジェンとともにプロラクチンや**成長ホルモン**（somatotropin, growth hormone：GH）の存在下では乳管構造がさらに発達する．

3）乳腺の完成

乳汁を分泌しうる乳腺胞への発達は，妊娠後期まで待たなければならない．ウシの分娩前2～3ヵ月の胎子の成長が著しくなる頃，個々の乳腺胞はブドウの房のような**乳腺小葉**（lobulealveolar system）へと発達する（**図3**）．実際，分娩時のウシの乳房は乳腺胞と乳腺小葉構造だけで9割以上を占めてしまう．乳腺の発育にはエストロジェン，プロジェステロン，副腎皮質ホルモン（コルチコイド），プロラクチン，成長ホルモンやインスリンが必要である．また，霊長類，ヒツジ，ウシ，ラット，マウスの胎盤からは**胎盤性ラクトジェン**（PL）が分泌され，下垂体プロラクチンのように乳腺に直接作用することが知られている．しかし，この蛋白性ホルモンはウサギ，イヌやブタの胎盤中には見出されない．多くの動物種で，胎盤性ラクトジェンの血中値とそのときの乳腺重量や乳腺細胞中mRNA量とのあいだには高い相関がみられることから，これらの動物では胎盤性ラクトジェンが妊娠中の乳腺発達に大きな役割を果たしていることがわかる．一方，胎盤性ラクトジェンが胎盤中で生産されない動物では，

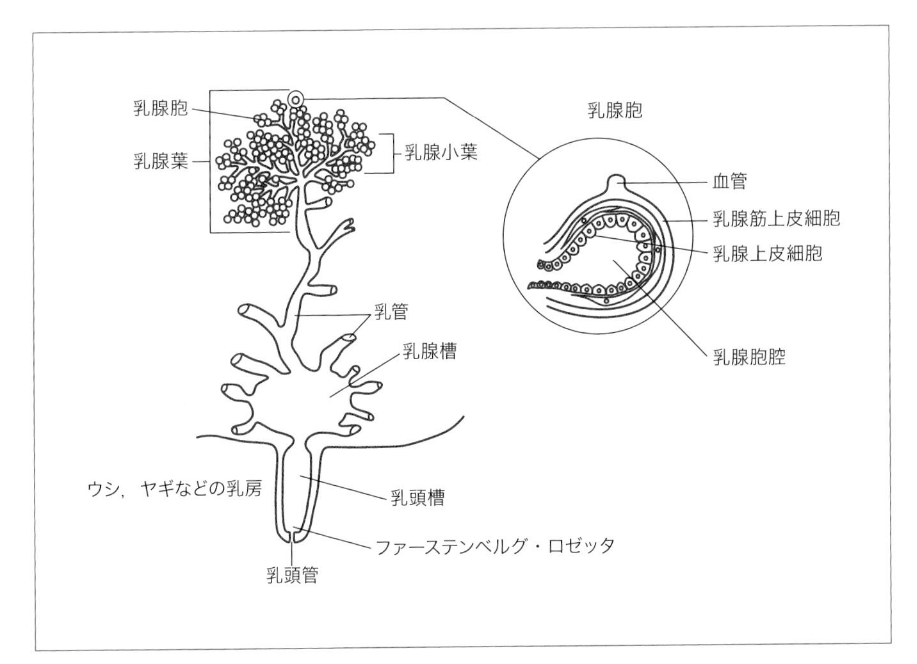

図3　乳腺の構造

下垂体性プロラクチンが妊娠中の乳腺の発達を制御している．これらのホルモンは**乳腺上皮細胞**（mammary epithelial cell）での乳汁の合成に欠かせないもので，分娩前に急激に増加する．そのため，分娩の発来は乳腺の乳汁分泌能の獲得とも一致する．

6-3. 乳腺構造

1）反芻類の乳腺

ウシ，ヒツジやヤギなどで，乳腺は**乳房**（udder）とよばれる．2対あるウシの乳腺はそれぞれが構造的に独立している（**図3**）．さらに，体の右側と左側の乳房には，それぞれが独立した血管が形成されている．いずれの場合でも乳汁と血流が直接交わることはないが，たとえば右後方の乳腺に抗生物質などの処置をすると血流を介し，最終的にはほかの乳房へも到達する．ところが，1つの乳腺が損傷してもほかの3つの乳腺は機能し続けることができる．

乳牛では後方に比べ，前2つの乳腺は多少小さめにできている．実際，それらの乳汁の合成・分泌は全体の約40%を占め，ほかの60%は後方2つの乳腺が占めている．

また，乳房は約10～20 kgの乳汁を貯蔵しておくことができる．高泌乳牛の場合，30 kg以上の乳汁の貯蔵が可能である．乳汁だけではなく，血液や支持組織の重量を合わせると，乳房は約40～50 kgの重量をもった体外器官といえる．

2）乳腺の内部構造

乳腺胞は乳腺における乳汁の合成を行うユニットであり，乳汁を貯蔵しておくところでもある．乳汁1 kgの生産には約130 kgの血液が乳腺に供給される必要がある．乳腺胞内に存在する乳腺上皮細胞には，①乳汁をつくるために必要な構成要素を血液から吸収する，②乳汁の構成成分を合成する，③乳腺胞腔内に乳汁成分を分泌する，といった3つの機能がある．個々の乳腺胞には血管がはりめぐらされており，またそれらは**乳腺筋上皮細胞**（myoepithelial cell）に覆われている（**図3**）．乳腺胞で合成された乳汁は，この乳腺筋上皮細胞の収縮によって乳腺胞から押し出され，乳管を通り，最終的には乳頭に到達する．乳頭近くの乳頭管内には**ファーステンベルグ・ロゼッタ**（Furstenberg's rosette）とよばれる部分があり，ここには抗バクテリア蛋白質やケラチンが存在する．さらに，乳頭の先にはリング状の括約筋があり，この括約筋の収縮により乳頭管が閉じることによってバクテリアなどの侵入を防いでいる．注意すべきは，搾乳終了後，この括約筋によって乳頭管がすばやく閉じないことである．時間としては約15分以上，場合によっては約1時間ほど閉じることはない．

6-4. 初乳と免疫移行

分娩後数日間の乳汁を**初乳**（colostrum）という．初乳は蛋白質，とくに免疫グロブリン（抗体，乳汁の80％をIgG1が占める）の濃度が高く，それは母親の血中濃度の約10倍にも達する．これは妊娠末期に乳腺上皮細胞が血中免疫グロブリンを積極的に取り込むからである．新生子は初乳を飲むことにより母親から免疫グロブリンをもらい受け，それは生後一定期間，新生子腸管より選択的に吸収されてリンパ液や血液中に入る．このしくみによって新生子は自己の免疫機能が機能するまでの一定期間保護される．また，初乳摂取の重要性は胎盤の形態によって異なる．上皮絨毛性胎盤をもつブタやウマ，結合上皮絨毛性胎盤をもつ反芻動物での初乳獲得は新生子の生存に必須である．内皮絨毛性胎盤のイヌやネコは，妊娠中に胎盤を介して免疫グロブリンが胎子に移行するが，生後数日間の初乳摂取が新生子の成長に影響を与える．一方，血絨毛性胎盤をもつ霊長類やげっ歯類は妊娠中に胎盤を介して十分な免疫グロブリンが胎子に移行する．

新生子の腸管による免疫グロブリンの選択的な取り込みは**腸管閉鎖**（gut closure）によって終息する．ブタでの腸管閉鎖は生後2～3日から始まり，反芻動物では生後4～5日から始まる．腸管閉鎖後は，新生子の消化管内のpHや消化酵素の出現のためにほかの栄養素と同様に免疫グロブリンも消化・吸収される．初乳期を過ぎた乳汁中にはIgA型の免疫グロブリンが増加するが，このグロブリンは吸収されずに消化管内に存在し，細菌（とくに大腸菌群）から腸粘膜上皮を保護するのに役立っている．

初乳には免疫グロブリンだけではなく，インスリン様成長因子（IGF-1，IGF-2），epidermal growth factor（EGF）やtransforming growth factor（TGF-α，TGF-β）などのさまざまなホルモンやサイトカインが豊富に存在する．近年，初乳後の常乳中にもさまざまな活性ペプチドが存在することも明らかになってきた．これらのペプチドには，抗高血圧症（anti-hypertensive），抗血液凝固（anti-thrombotic），免疫機能活性因子（immuno-stimulation）などの作用が発見された．さらに，乳汁蛋白質のカゼインやラクトアルブミンには弱いモルヒネ様機能（casomorphins）があることもみつけられている．これらには消化管運動性の低下作用もあるので，抗下痢様作用をもつとも考えられるようになった．

6-5. 乳組成（milk composition）

哺乳類種それぞれの乳汁は，新生子の栄養要求に一致する．各動物種のおもな乳汁の組成を**表2**に記した．乳汁特異的な栄養素である乳糖や蛋白質のカゼインは，乳腺上皮細胞のみで合成される．水棲の哺乳動物の乳汁は脂質の含有率が高く，乳糖の含有量は低い．これらの新生子は乳糖を消化できないが，豊富な脂質の取り込みは新生子の体温維持・調節にも役立っている．乳牛では1泌乳期に7,000 kg生産した場合，乳糖325.4 kg，乳脂肪252.4 kg，蛋白質230.2 kg，ビタミン・ミネラル52.6 kgの固形分計860.6 kgに相当する．これを肉牛に換算すると約2.5頭分になる．

1）炭水化物

乳汁中の炭水化物は，グルコースとガラクトースからなる乳糖とよばれるものである．乳腺での乳糖の合成に必要なグルコースは，すべて血流から供給されなければな

表2　各種動物の乳汁組織

動物種	水分（%）	乳糖（%）	乳脂肪（%）	蛋白質（%）	エネルギー（kcal/100g）
ヒト	87	7.1	4.5	0.9	72
ウシ	87	4.6	3.9	3.2	74
スイギュウ	83	4.8	7.4	3.8	101
ヤギ	87	4.3	4.5	3.2	70
ロバ	88	7.4	1.4	2.0	44
ゾウ	78	4.7	11.6	5.0	143
ラット	79	2.6	10.3	8.4	137
コウモリ	60	3.4	18.0	12.1	223
オットセイ	35	0.1	53.0	9.0	516

らない．血流からのグルコースは乳腺上皮細胞で，トリグリセライド合成のためにグリセロールに転換されるか，乳糖の産生のためにガラクトースに転換される．乳腺上皮細胞自体がグルコースを合成できないため，乳汁の合成は血流からのグルコースが律速因子になってしまう．さらに，乳糖の合成が低下すれば乳汁合成・乳量が低下することを意味する．

2）蛋白質

乳汁にはさまざまな蛋白質が含まれているが，その80%以上はカゼインとよばれる蛋白質であり，乳腺だけがカゼインを合成できる．カゼインにはさまざまなアイソフォームが存在するが，すべてのカゼインは負の電荷をもつ．このためカルシウムと結合することができ，乳汁中のカルシウム含量を安定させるはたらきをもつ．

3）脂質

乳汁中の脂質の90%以上はトリグリセライドであり，残りの10%以下はコレステロールとリン脂質である．乳汁中の脂質は，①食事・エサや母体の脂肪組織から供給されるか，あるいは②乳腺上皮細胞で合成される．乳汁中の長鎖脂肪酸は血流から供給され，短鎖のものは乳腺上皮細胞で合成される．また，乳汁中ではエサのなかに不飽和脂肪酸が含まれていても，第一胃のバクテリアのために多くは飽和脂肪酸に転換されてしまう．

6-6. 乳汁合成と排出

1）乳汁合成（milk synthesis）

妊娠中の高プロジェステロンは乳糖合成酵素の単量体であるラクトアルブミンの生成を抑える．そのため，一般に乳腺細胞での乳汁合成は分娩直前に起こる血中プロジェステロンの低下によって始まる．マウスやラットの乳腺細胞では，プロジェステロンの消退と副腎皮質ホルモン（コルチコイド）によってプロラクチン受容体数が増加し，乳腺細胞の機能が高まる．

乳腺細胞では，分娩前後からプロラクチンやオキシトシンの作用により乳汁合成が始まる．そのため，乳汁合成には下垂体ホルモンは不可欠である．下垂体除去後のラットでは乳汁合成をプロラクチンとACTHで維持することができるが，他の動物種では同じホルモンが制御しているとはかぎらない．ラット，ウサギやヒトの乳汁合成維持はプロラクチンに対する依存度が高く，ヤギやウシではおもに成長ホルモンによって制御されている．また，乳腺細胞で合成された乳汁は乳腺胞腔内に貯留される．実際，乳牛の搾乳と搾乳のあいだには乳汁の70～80％は乳腺胞腔内や近隣の乳管に貯留されている．

2）乳汁排出（milk letdown）

乳汁排出は乳腺胞腔内や乳管に貯留されている乳汁が体外に排出されることをいう．これは下垂体後葉からのオキシトシンの作用によるが，このホルモンの分泌には乳頭への吸（搾）乳刺激や吸乳中の乳子に由来する「におい」なども影響を与える．すなわち，乳頭に加えられた吸（搾）乳刺激は，求心性神経を上行して視床下部に達し，最終的には下垂体後葉からのオキシトシンの分泌を促す．このホルモンは血流によって乳腺に達し，乳腺胞内に存在する乳腺筋上皮細胞を収縮させるために乳腺胞の内圧が高まり，乳腺胞内に貯留していた乳汁が乳管，乳頭槽に押し出され，乳頭管から体外へ排泄される（**図4**）．

乳牛などが警戒感，ストレスや恐怖などを感じるとエピネフリン（アドレナリン）やノルエピネフリンが副腎髄質から分泌される．これらのホルモンは乳腺筋上皮細胞

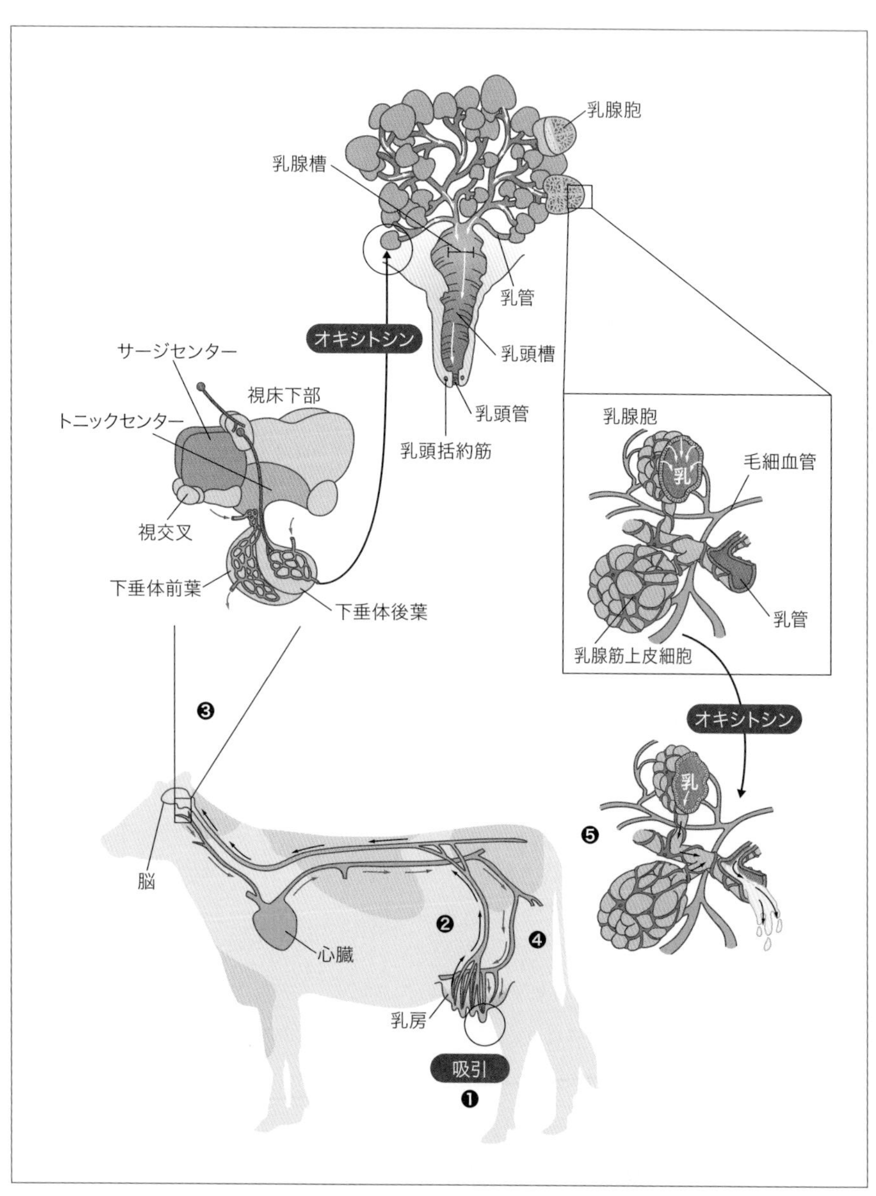

図4　乳汁排出

乳頭に加えられた吸乳刺激は（❶），求心性神経を上行して視床下部に達し（❷），下垂体後葉からオキシトシンの分泌を促す（❸）．オキシトシンは血流によって乳腺に達し（❹），乳腺胞および乳管壁に存在する乳腺筋上皮細胞を収縮させ（❺），乳汁が乳管乳頭槽に押し出され，乳頭管から体外へ排出される．

に達し，オキシトシンの作用を減弱させる．このため乳腺筋上皮細胞は弛緩し乳汁排出が一気に少なくなってしまう．

乳汁の分泌（合成と排出）は，内分泌系と神経系の協調作用によって維持されている．乳量は乳腺胞内の乳腺細胞の数とその分泌活性によって決まり，乳汁成分は乳量の変化に伴って変化する．乳汁分泌量は開始時から多いわけではなく，分娩後次第に増加し，乳牛では分娩後50～70日ごろに最大となる．野生動物では新生子が離乳可能な時期になると乳量は下降し始める．

3）乳腺の退縮と回復

新生子の成長とともに乳汁への依存度が低くなると，新生子の吸入回数が低下し，乳腺胞内での乳汁貯留による内圧が高まる．その結果，乳腺上皮細胞の乳汁合成機能が低下する．この内圧による機能の低下は2～4日以内でも起こってしまい，乳腺上皮細胞は機能性退縮を起こし，乳汁の合成が止まる．もし次の妊娠の分娩が近づけば，これらの乳腺上皮細胞ではプロラクチンや副腎皮質ホルモン，胎盤性ラクトジェンが増加し，再び乳汁の合成と分泌が可能になる．さらに，この乳腺退縮・回復期にはリンパ球やマクロファージが乳腺組織内に侵入するが，これらの免疫細胞は次の乳汁分泌期のIgGの産生に貢献する．

4）分娩後の初発情と初排卵

分娩後，初発情（発情回帰）や初排卵が起こるまでの日数は動物種によって異なる．一般に，動物は哺乳期間中には排卵を伴う発情にはいたらないことが多く，離乳後に発情をあらわす．また，霊長類や有蹄類では，分娩後の子宮の回復に約40日かかるので，その期間内に排卵や交尾があったとしても妊娠にいたることは少ない．ウシ，ヤギやヒツジでは分娩後2～3週間で初回排卵が起こるが，このときには発情を伴わない無発情排卵である．乳牛では分娩後約35日頃に，肉牛では離乳後10日以内にみられるが，分娩後の初回発情は通常の発情周期20～22日とは異なり7～12日といった短いものが多い．乳牛は分娩後4～5日頃から新生子と引き離し搾乳に入るが，肉牛は新生子と約2～6ヵ月間一緒に過ごす．そのあいだは吸乳刺激によりオキシトシンやプロラクチンの発現が高く，発情回帰までにはいたらない．ブタでは分娩後1～3日で発情を示すものもいるが，排卵を伴うことは少ない．

6-7. 乳腺と乳にかかわる病気

1）乳房炎

バクテリアによる乳房の炎症であり乳牛にもっとも多く発症するが，ブタやヒトにも発症する．症状は軽い方から，乳汁の体細胞数の増加，乳汁異常，乳房の異常とウシ自体の異常（発熱やショック）へと進んでしまう．**乳房炎**（mastitis）にかかった乳房は腫れ，赤みがかり，熱をもっているだけではなく，軽く触られただけでも痛がる．このようにはっきりと症状を出すものもいるが，炎症が症状として出てこない不（非）顕性（無症状性）乳牛のほうがはるかに多く，牛乳の生産性を落としている．乳房炎は抗生物質で治療しなければならない．しっかりと治療されない場合は，乳腺細胞そのものにダメージを与えてしまうのみならず，重篤なケースでは死にいたることもある．

2）低カルシウム症

乳蛋白質のカゼインの大量合成と負の電荷の中和は，血流からのカルシウムに依存している．泌乳初期は流出するカルシウムを補うため，腸管吸収や破骨細胞が活性化され低カルシウム症にはならない．ところが，乳量が増す分娩後50～70日頃までには血流から乳腺へのカルシウム流入が増加するため，乳牛のなかには**低カルシウム症**（hypocalcemia）にいたり，授乳熱（乳熱）を発症するものがいる．この症状は，まず平滑筋の収縮不全による食欲不振と排尿障害から始まり，進行すると骨格筋の収縮不全で起立不能（ダウナー症候群へ移行）になってしまう．産褥性心筋変性までに進行すると高熱が出ることもあり，最悪の場合は心不全にいたる．低カルシウム症は，静脈にカルシウムを直接注入することで治療できる．

3）乳糖不耐症

牛乳は非常に高い栄養を供給するが，すべてのヒトがその恩恵を受けるわけではない．とくに，十分な乳糖分解酵素を発現できないヒトでは，牛乳を飲んだあとに下痢や消化管にガスがたまったり，吐き気をもよおす場合も出てくる．アジア人種の約9%，また米国の黒人の約70%にこの症状が出るといわれるが，白人での頻度は2～8%にとどまる．**乳糖不耐症**（lactose intolerance）を起こすヒトは，牛乳の替わりに乳糖を含まない乳製品や，ヨーグルトなどの乳糖発酵食品などを摂取するとよい．

4）牛乳アレルギー

牛乳アレルギー（milk allergy）は，症状が似ているため乳糖不耐症にまちがわれやすいが，これは牛乳中の蛋白因子に対する抗体反応（IgE）に起因するものである．このアレルギーに対して，どの蛋白因子に原因があるか，まだ完全には証明されていないが，カゼインとβ-ラクトグロブリンが候補としてあがっている．また，乳糖不耐症が大人の症候であるのに対し，牛乳アレルギーは乳幼児の1％以下に発症する．

今川　和彦（いまかわ　かずひこ）

[参考図書]

・Senger, P.,L.（2003）：Pathways to pregnancy and parturition. 2nd edition, Current Conception, Inc.

第6章

家畜繁殖の人為的支配

1. 人工授精・体外受精・顕微授精
2. ウシの胚移植技術
3. 哺乳動物胚および卵子の凍結保存
4. クローン動物・キメラ動物
5. 遺伝子改変動物

1 人工授精・体外受精・顕微授精

はじめに

新しい生命は，受精によって始まると考えられる．繁殖行動，内分泌，また細胞生化学的メカニズムにいたるまで，さまざまなレベルでバリアが設けられているのも，正常な受精と個体発生を保証するためである（**5章-3「受精と初期発生」の項参照**）．一方，この受精現象を人為的に支配するためには，これらのバリアをさまざまなかたちで取り除く必要があり，それぞれの目的に応じた技術が発達してきた．もっとも自然状態に近いのが**人工授精**であり，次に**体外受精**，そしてもっとも単純化した技術が**顕微授精**である（**図1**）．これらの受精補助技術にはそれぞれ一長一短があるが（**表1**），いずれの技術も生殖学・発生生物学の基礎研究に加え，ヒトの不妊治療，希少動物の繁殖，家畜における品種改良，伝染病の予防などに役立っている．

なお，「受精」と「授精」は異なる意味をもつ．後者は精子を「授ける」ことを示す．英語でもそれぞれ，fertilization と insemination として区別されている．

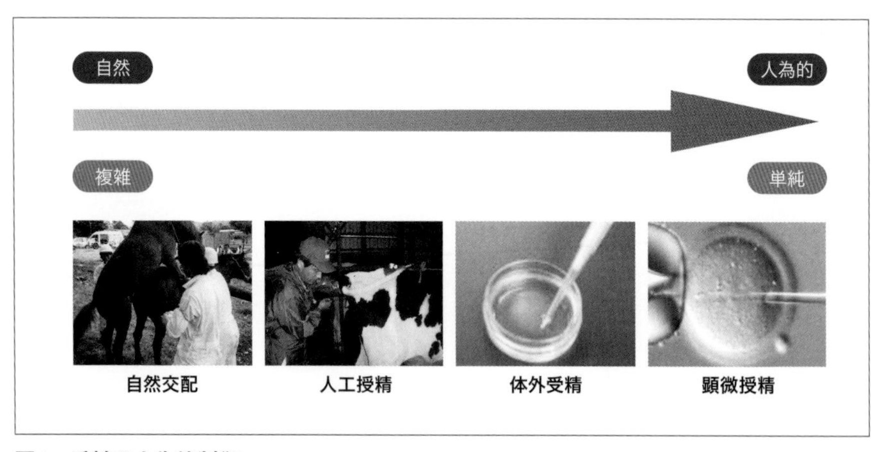

図1　受精の人為的制御
自然の受精現象は，繁殖行動，内分泌環境，細胞生化学などマクロから分子レベルまで複雑な要因が関与する．そこで，受精を単純化し，人為的に制御する技術が発達した．

表1　補助的受精技術の比較

	人工授精	体外受精	顕微授精
受精の場	体内	体外	体外
産子を得るための胚移植	必要なし	必要	必要
用いる精子あるいは精細胞	おもに射出精子	射出精子（家畜）あるいは精巣上体精子	射出精子，精巣上体精子，精巣精子，精巣精細胞
精子前培養	必要なし（精子選別はすることがある）	必要	必要なし
精子の運動性	必要	必要	必要なし
必要な培養液	精子選抜用（培養液の場合）	体外受精用培養液および胚培養培養液	胚培養培養液および胚体外操作培養液（Hepes緩衝液など）
必要なおもな器具・機械	人工授精器具	炭酸ガスインキュベーター 実体顕微鏡 培養容器（シャーレなど）	マイクロマニピュレーター 倒立顕微鏡 炭酸ガスインキュベーター 実体顕微鏡 培養容器（シャーレなど）

1-1. 人工授精

人工授精（artificial insemination）とは，雄から人為的に精液を採取（semen collection）して，その精液を専用の器具を用いて雌の生殖器内に注入することをいう．人工授精は，人為的に精液の採取が可能であれば，容易に利用できる技術であり，ウシ，ウマ，ブタ，ヒツジ，ヤギ，イヌ，ネコ，ニワトリなどの家畜，ヒト，多くの野生動物において広く利用されている．日常的に利用されているのが家畜であり，なかでもウシがもっとも多い．人工授精を行うためには，精液の採取，検査，希釈，凍結，保存，輸送が必要である．

人工授精の技術開発の歴史は次のとおりである[1]．1780年，イタリアのスパランツアニ（Spallanzani）が人工授精により子イヌをはじめて産ませたことに始まる．1907年，ロシアのイワノフ（Ivanov）が精液の採取，保存，注入などの技術開発を行い，種々の家畜で成功した．1900年代はウマの人工授精技術の実用化が進んだ．わが国では，1912年，イワノフ研究室で学んだ石川日出鶴丸（京都大学）が帰国し，ウマの人工授精の研究を行いウマの改良に貢献した．1930年代に入るとアメリカ，デンマークにおいてウシの人工授精が本格的に普及するようになり，人工膣

表2　おもな家畜の精液量，精子濃度および総精子数

家畜の種類	1回の射出精液量 (mL)	精子濃度 (億／mL)	総精子数 (億)
ウシ	4～9 (7)*	13～26 (19)	89～207 (90)
ウマ	50～200 (80)	0.8～5 (2.5)	40～200 (100)
ヒツジ	0.2～2.0 (1.0)	20～50 (30)	20～50 (30)
ヤギ	0.5～2.0 (1.0)	10～35 (20)	10～35 (20)
ブタ	150～500 (250)	0.4～7.3 (2.5)	50～1,400 (400)
イヌ	2～20 (10)	0.2～0.7 (0.5)	3～10 (7.5)
ニワトリ	0.2～1.5 (0.7)	20～50 (35)	10～40 (25)

*（　）は平均値

（川上（1998）[2]より引用改変）

（artificial vagina）や精液の保存液（Phillips と Lardy, 1939）が開発され，精液の長時間保存が可能になった．第二次世界大戦後，人工授精の家畜改良への利用が本格化し，1952年，ポルジ（Polge）とローソン（Rowson）によってグリセリンを用いたウシ精液の凍結保存法が発見され，これを契機に凍結精液の利用が進み，人工授精技術の普及と家畜改良への利用が急速に進展した．わが国においては，1950年，家畜改良増殖法が制定され，ウシの凍結精液の研究が開始し，人工授精技術が普及した．今日，わが国では乳牛および肉牛のほとんどは人工授精によって生まれており，人工授精技術がもっとも普及している国の1つである．

人工授精を行うためには，まず精液を人為的に採取しなければならない．良質な精液を採取するためには，雄の健康状態，疾病の有無（とくに伝染性の疾病），遺伝病の有無などを必ず調べておく必要がある．また，精液の採取のための調教を十分に行う必要がある．精液の採取は，人工膣法，電気刺激法，精管膨大部マッサージ法，手掌圧迫法がある．ウシでは人工膣法，ブタでは手掌圧迫法が広く用いられている．採取した精液は，肉眼的検査（精液量，色，臭気，粘稠度，浸透圧など）と顕微鏡的検査（精子数，運動性，形態，異物の有無など）を行う．精液量，精子数および精子濃度は，家畜の種類，品種，年齢，健康状態などによって差がある（**表2**）[2]．人工授精は，精液を希釈して受胎に必要な精子数に調整して実施する．たとえば，ウシでは一般に週2回の精液採取を行い，1回あたり2回射出させるため，成熟した雄ウシでは，射出精液量10～13mL，精子数10～12億，総精子数100～160億である．人工授精1回あたり2000万～5000万の精子を用いるため，1回の精液採取で数十頭～数百頭の人工授精が可能である．また，ウシでは凍結した精液が使用されるのが一般的で，広域に流通している．

家畜における人工授精の利用効果のなかでもっとも重要なことは，1回の射精で多数の雌に授精することができることから，優れた遺伝的能力を有する雄の精液を用いれば改良速度が速くなることである．一方，家畜の人工授精の欠点は，品質や遺伝的に不良な精液を誤って使用すれば多大な悪影響を引き起こすということである．したがって家畜において業務として精液採取や授精を行うためには，家畜人工授精師の資格が必要である．

最近，ウシの人工授精ではX精子とY精子をDNA含量の差（Y精子がX精子より約3.8%少ない）を利用して分離した性選別精液の利用が急速に増えており，とくに乳牛ではX精子を85～90%含む精液が用いられ，雌子ウシが90%の確率で生産されている[3]．今後乳牛では，性選別精液が主として人工授精に用いられるようになると考えられている．

1-2. 体外受精

体外受精は，体外へ取り出した未受精卵子（卵母細胞）と精子を用いて，体外で受精をさせる技術である．しかし精巣上体内あるいは射出直後の精子は，受精能をもたないため，雌性生殖器内で進行する精子の**受精能獲得**も体外で再現しなければならない．1959年に子宮から回収した精子（受精能獲得済み）を用いて受精が成功し（ウサギ）[4]，1963年にはじめて体外で受精能を獲得した**精巣上体精子**で受精が成功した（ゴールデンハムスター）[5]（産子獲得は1992年）．おもな動物の体外受精による産子獲得を**表3**にまとめた．動物の種類や精子の由来（精巣上体あるいは射出，新鮮あるいは凍結など）によって，培養液，**精子前培養**時間，媒精時の精子濃度などを最適化することが重要である．

1）家畜の体外受精の概要と意義

家畜における体外受精は，食肉処理場で回収した卵巣，または生体の卵巣から採取した未受精卵子（卵母細胞）と精子を用いて，体外受精させて産子を生産する技術で

表3　体外受精および顕微授精による最初の産子の報告（年）

動物種	体外受精	顕微授精	動物種	体外受精	顕微授精
ウサギ	1959	1989	ブタ	1986	2000
マウス	1970	1995*	ヒツジ	1986	1996
ラット	1974	2000	ヤギ	1985	2003
ゴールデンハムスター	1992	2002	ヒト	1978	1992
マストミス		2003	ヒヒ	1984	2010
イヌ	2015		アカゲザル	1984	2002
ネコ	1988	1998	カニクイザル	1984	2002
ウマ	1991	1998	マーモセット	1988	2014
ウシ	1982	1990			

*円形精子細胞による産子の報告は1994.

ある．家畜における体外受精の技術は，ウシでは1982年にBracketteらが最初の産子生産を報告し，ヤギ（1985），ヒツジ（1986），ブタ（1986），ウマ（1991）でそれぞれ産子が生産されている[3)].

今日，体外受精技術がもっとも実用的に利用されている家畜はウシである．食肉処理された黒毛和種の卵巣から卵子を採取して純粋の黒毛和種の受精卵を生産し，その受精卵を乳牛に受精卵移植して子ウシの生産がさかんに行われている（**図2**）．最近は，生体卵子吸引法（ovum pick up, OPU）[7)]により生体の卵巣から卵子を採取して体外受精により受精卵を生産する方法の利用も増えている．ウシの体外受精は，受精卵を安価にかつ大量に生産でき，とくに高品質の牛肉生産に効果的に利用されている．さらにOPUによる体外受精では，高能力の雌ウシから繰り返し卵子を採取して，後継牛や候補種雄牛の生産など育種改良を目的とした利用が増えてきている．ウシ以外の家畜においては実用的な利用は多くない．

2）家畜の体外受精の実際

ウシの体外受精を例とした体外受精の手順は次のとおりである（**図3, 4**）．体外受精を行うためには卵子の準備と精子の準備が必要である．卵子は食肉処理場において卵巣を回収して実験室にもち帰り，直径3～6mmの卵胞から注射器を用いて卵胞液

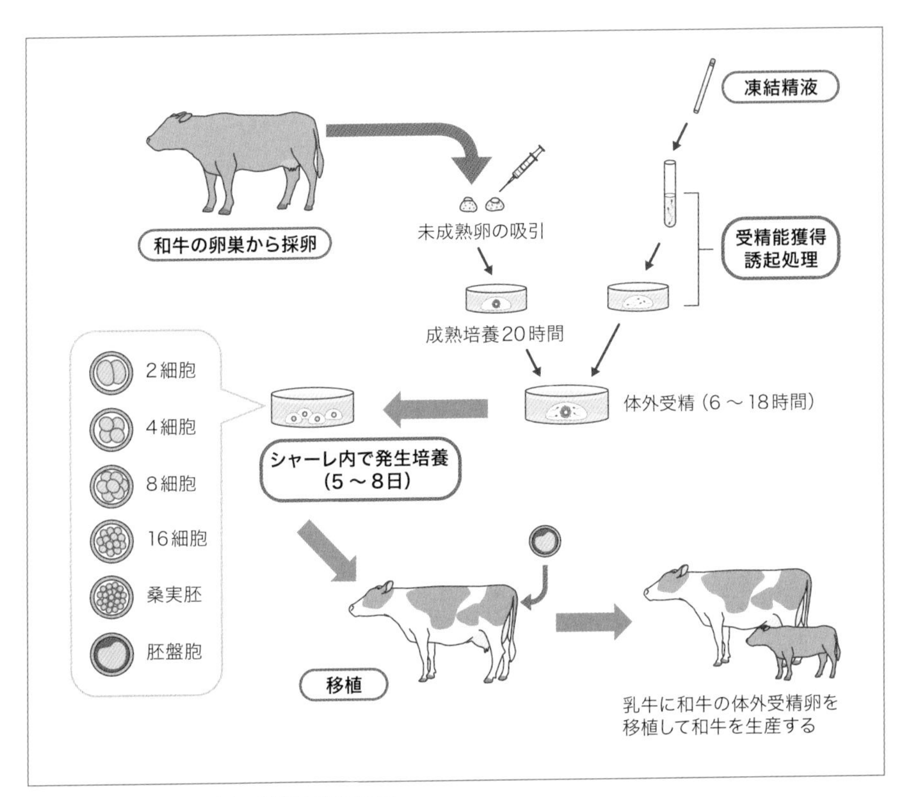

図2　ウシにおける体外受精技術の利用
黒毛和種の体外受精卵の乳牛への移植による肉牛生産.

とともに吸引採取する．採取した卵子は培養液（5％の割合で血清を添加したTCM199）の中で20～24時間成熟培養を行う．OPU法による卵子採取は，超音波診断装置の探触子（プローブ）を膣内に挿入し，卵巣の画像を映し出し，吸引用の針を卵巣に穿刺して卵胞液とともに卵子を吸引採取する（**図5**）．あらかじめホルモン剤を投与して卵胞を排卵直前まで成熟させて採取すると成熟卵子を採取することができ成熟培養の必要がない．

体外受精に用いる精子は，一般に凍結精液が用いられる．融解した精液をパーコール溶液で洗浄して凍結媒液，凍害防止剤，死滅精子などを除去する．その後，ヘパリンとカフェインあるいはヒポタウリンを添加した溶液で処理して受精能獲得誘起処理を行う．受精能獲得誘起処理した精子濃度を1mLあたり300～500万に調整した精

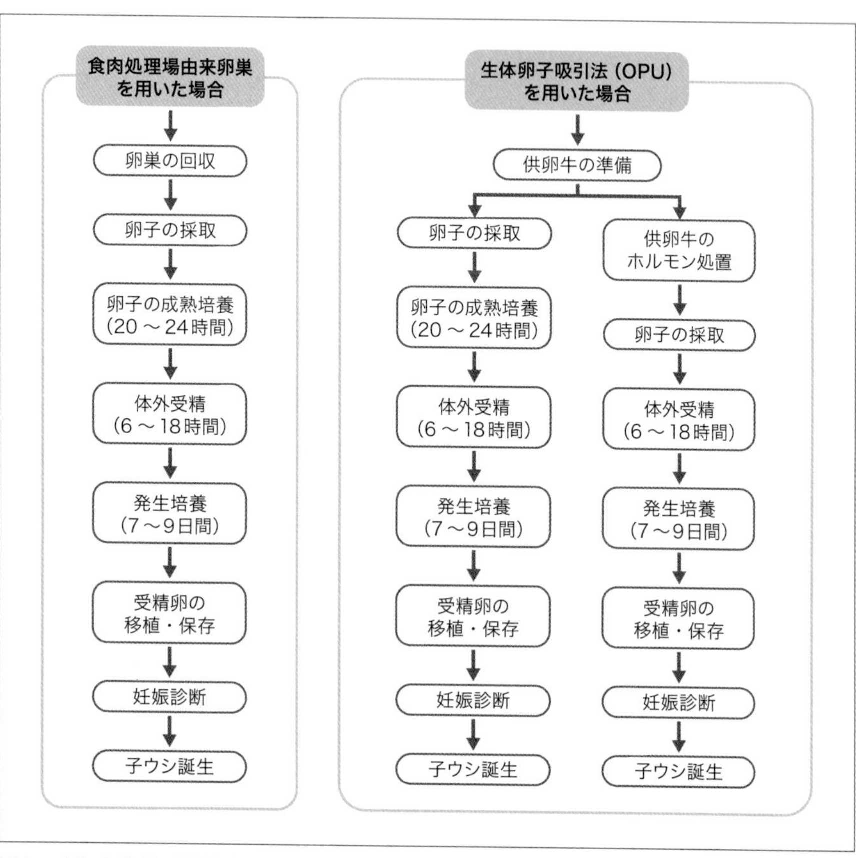

図3　ウシの体外受精技術の流れ

子浮遊液に成熟卵子（卵子－卵丘細胞複合体）を入れて体外受精を6～18時間行う（媒精）．媒精を終了した卵子は，血清や**血清アルブミン**を添加した培養液（SOF, TCM199, CR1など）で7～9日間培養して胚盤胞に発育させる．受精卵の培養は，プラスチックシャーレに50～100 μLの微小滴（マイクロドロップ）をつくり，それをミネラルオイルで覆って，炭酸ガスインキュベータ内で行う．卵子の成熟培養を行う場合は5%CO_2，95%空気，38.5℃で，発生培養の場合は，5%CO_2，5%O_2濃度，38.5℃の条件で培養することが多い．最近は受精卵を1個ずつ培養できる専用シャーレがあり，個別に受精卵の発生状況を観察できる．さらに，タイムラップスカメラを利用すると経時的に受精卵の発育状況を観察できる．このように体外受精技術および

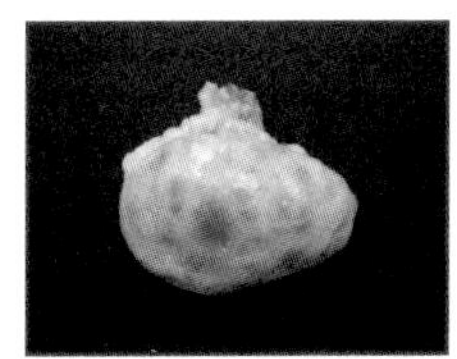
ウシ卵巣

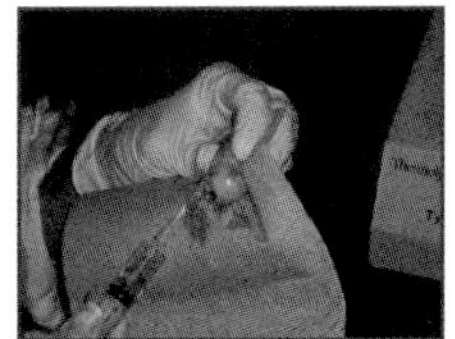
卵子の吸引

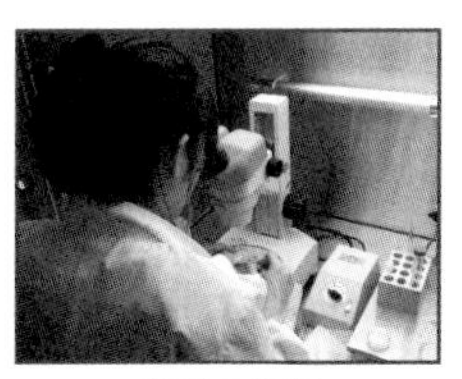
卵子の検索

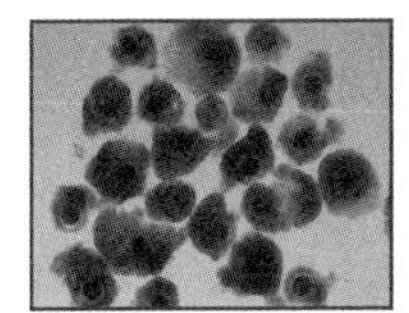
未成熟卵子
（卵丘細胞の緊縮）

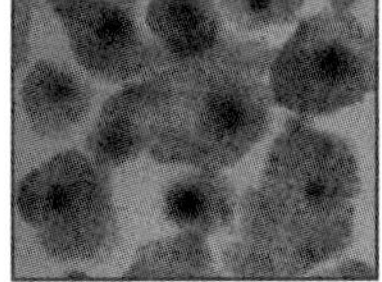
成熟培養（20時間後）
（卵丘細胞の膨化）

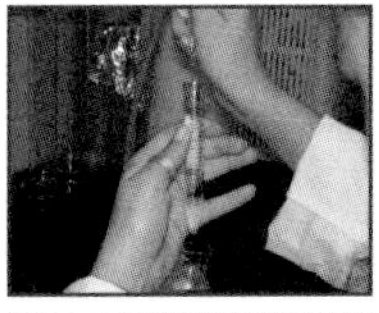
精子の受精能獲得処理

体外受精用培地

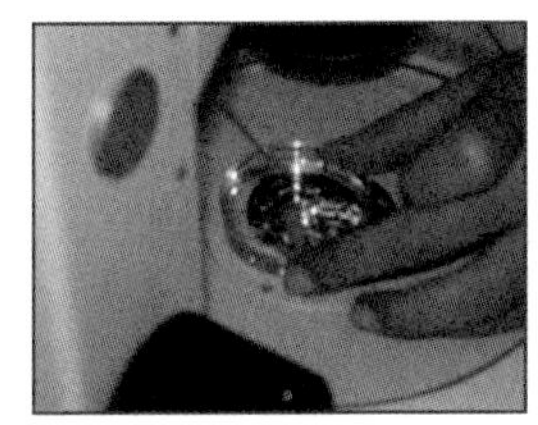
発生培養

培養中の卵子・胚

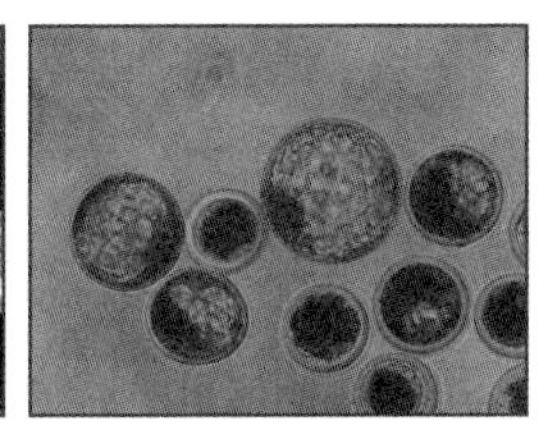
拡張胚盤胞

図4　ウシの体外受精の流れ

周辺技術の発展により，最近はホルスタイン種育成牛からOPUにより卵子を採取し，性選別精液（X精子）を用いて体外受精により受精卵を生産して雌子ウシを効率的に生産する手法の利用が急速に増えている．

ウシの体外受精卵は，体外受精後7～8日目に発生した胚盤胞～拡張胚盤胞が受卵牛に移植されることが多い．体外受精卵の受胎率は体内受精卵に比べて低く，受胎性の向上が課題となっている．とくに凍結保存した体外受精卵の受胎率向上が重要な課題となっている．

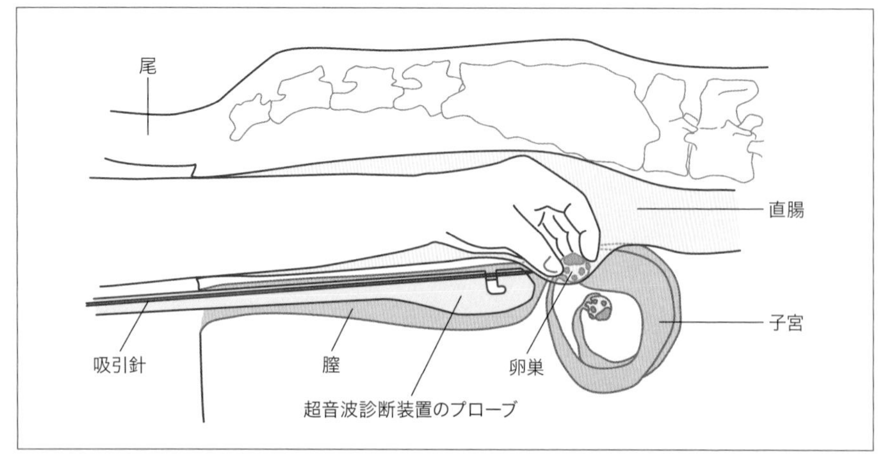

図5　ウシの生体卵子吸引法の概要
超音波診断装置の探触子（プローブ）を膣内に挿入し，直腸内に挿入した手でプローブのガラス面に卵巣を固定して卵巣の画像を超音波診断装置のモニターに映し出す．プローブに付属したガイド内に吸引の針を挿入し，膣壁を貫いて卵胞を穿刺して卵胞液とともに卵子を吸引採取する．

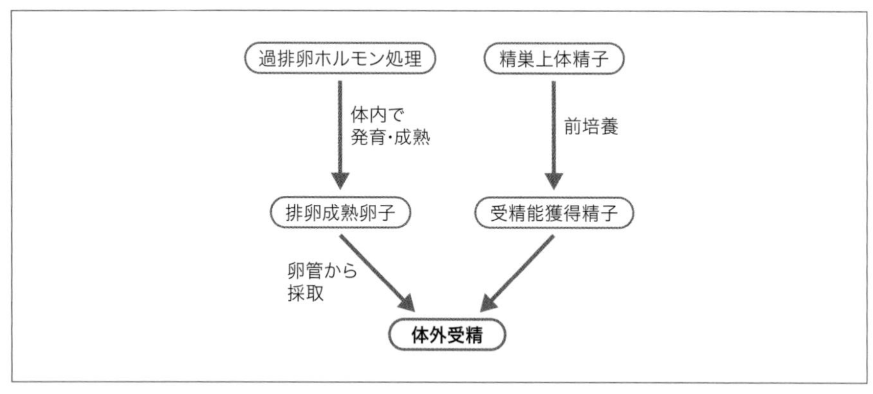

図6　マウス，ラットの体外受精技術の流れ

3）齧歯類実験動物（マウス，ラット）の体外受精

家畜と異なり，マウスやラットなど齧歯類実験動物の体外受精は，精巣上体精子を用いる．これは射出精子の採取が困難であることがおもな理由である．なお，イヌ・ネコや霊長類の実験動物では射出精子を用いることが多い．卵子は，過排卵処理後に卵管から採取するのが一般的である（**図6，7**）．体外受精および胚培養液は，プラス

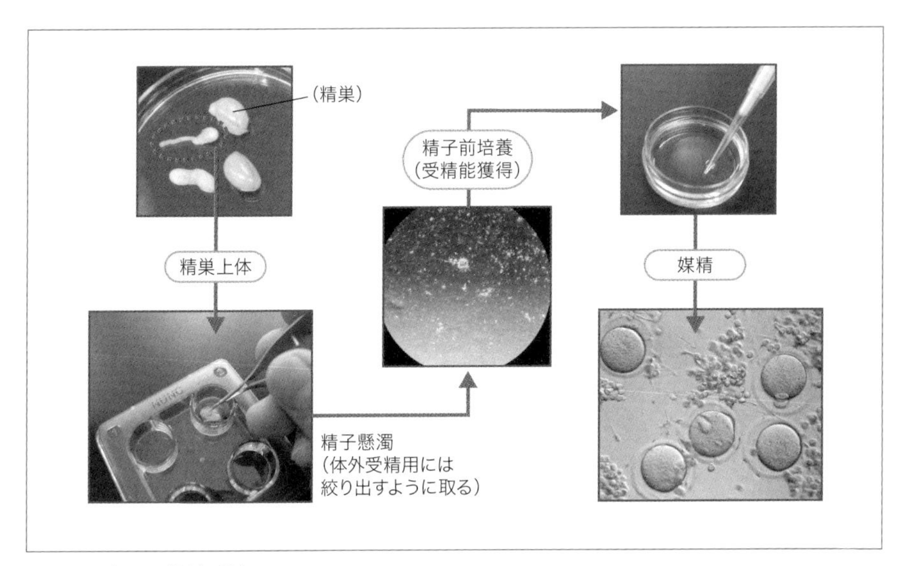

図7　マウスの体外受精

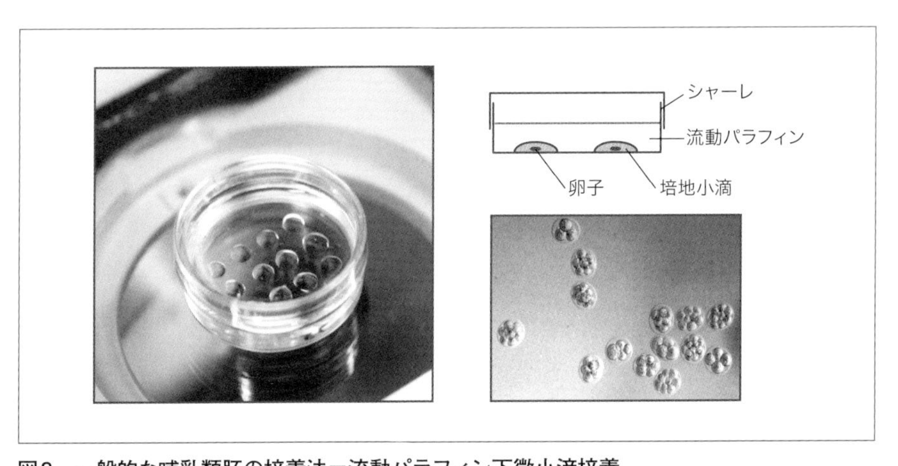

図8　一般的な哺乳類胚の培養法＝流動パラフィン下微小滴培養
操作と観察が容易であり，胚の発生は良好（autocrine および paracrine）である．

チックシャーレ底に微小滴（50 ～ 500 μL程度）を置き，それをオイル（ミネラルオイルやシリコンオイル）で覆い，あらかじめ炭酸ガスインキュベーター内で平衡にしておく（**図8**）．5% CO_2，37℃の条件で体外受精と胚培養を行う．

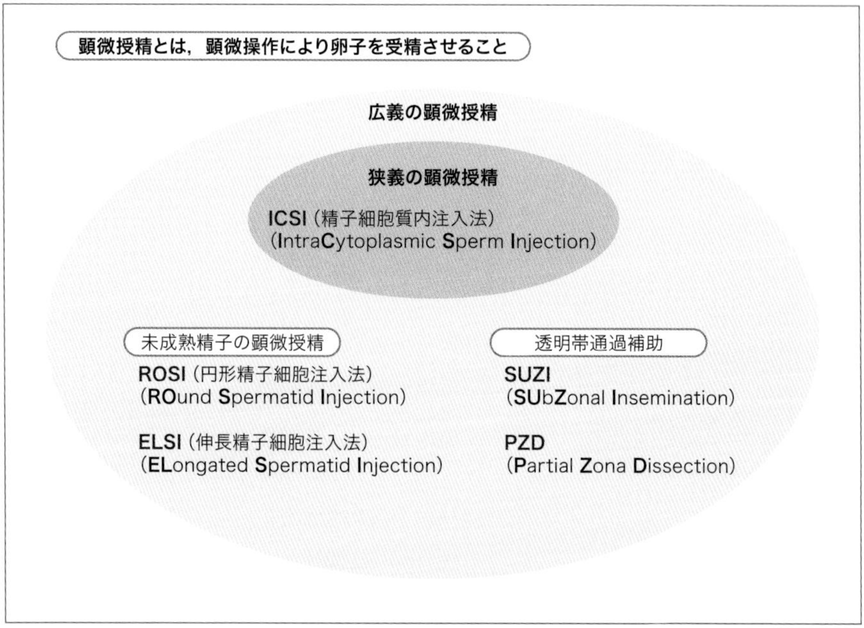

顕微授精とは，顕微操作により卵子を受精させること

広義の顕微授精

狭義の顕微授精

ICSI（精子細胞質内注入法）
(IntraCytoplasmic Sperm Injection)

未成熟精子の顕微授精

ROSI（円形精子細胞注入法）
(ROund Spermatid Injection)

ELSI（伸長精子細胞注入法）
(ELongated Spermatid Injection)

透明帯通過補助

SUZI
(SUbZonal Insemination)

PZD
(Partial Zona Dissection)

図9　顕微授精

1-3. 顕微授精

1）顕微授精の特徴および意義

顕微授精は，顕微操作によって卵子を受精させる技術である．狭義の顕微授精は，**精子細胞質内注入法**（Intracytoplasmic Sperm Injection：ICSI）であるが，広義の顕微授精には，精子透明帯通過補助技術および未成熟精子（精細胞）を用いた顕微授精が含まれる（**図9**）．精子を直接卵子へ導入するICSIは，精子の受精能獲得および運動能の必要はないため，精子に卵子活性化能があれば受精現象は完了する．また現在では未成熟精子（**精細胞**：speramtogenic cell）を用いた顕微授精も実施されている．これはとくにマウスなどの実験動物で開発・改良されてきた技術であり，**伸長精子細胞**，**円形精子細胞**，**二次精母細胞**，そして**一次精母細胞**を用いて産子が得られている[8)]．ラット，ウサギ，ヒト，マーモセット，アカゲザルなどでも精子細胞を用いた産子の報告がある．

哺乳類の卵子，精子そして受精卵（胚）は，それぞれの種に固有の生物学的および物理学的性質がある．このため，顕微授精技術も，各動物種に応じた技術開発が進んだ．最初に1976年に顕微授精が成功（**前核形成**）したゴールデンハムスター[9]は，胚培養技術の発達が遅れ，体外受精由来の産子を得るのに約30年かかった．一方，胚が**体外発生停止**をしにくい動物であるウサギ，ウシやヒトでは，顕微授精由来産子が早くから得られている．また，マウスの卵子は注入に弱いため，ピエゾマイクロマニピュレーターという特殊な装置を用いることによってICSIが一般化した[10]．各動物種の顕微授精による産子の作出を**表3**にまとめた．

顕微授精は，不動精子や未成熟精子でも受精が可能なので，ほかの受精補助技術に比べて，その応用範囲がきわめて広いのが特徴である．すなわち，不妊治療や遺伝資源保存以外にも，体外操作生殖細胞由来あるいは異種移植精巣由来精子による産子獲得，トランスジェニック動物の作出，若齢雄を用いた育種の迅速化などが可能になる[8]．

小倉　淳郎（おぐら　あつお），堂地　修（どうち　おさむ）

[参考文献]

1）橋爪　力（1998）：人工授精技術の発展の歴史．家畜人工授精講習会テキスト（家畜人工授精編），信國卓史，假屋堯由，金田義宏，太田凱久，正木淳二　編，pp.290-293，日本家畜人工授精協会，東京．
2）川上栄一（1998）：精子および精液．最新家畜臨床繁殖学，山内　亮　監修，pp. 8-23，朝倉書店，東京．
3）濱野晴三（2015）：X 精子・Y 精子の選別分取処理．家畜人工授精講習会テキスト（家畜人工授精編），岩田尚孝，河原崎達雄，高橋芳行，堂地　修，濱野晴三，平田統一，吉岡耕治　編，pp.302-304，日本家畜人工授精協会，東京．
4）Chang, M.C. (1959): Fertilization of rabbit ova in vitro. *Nature*, 184:466-467.
5）Yanagimachi, R., Chang, M. C. (1963): Fertilization of hamster eggs in vitro. *Nature*, 200: 281-282.
6）Brackett, B. G., (2001): Advances in Animal In Vitro Fertilization. In: Assisted Fertilization and Nuclear Transfer in Mammals. (Wolf, D.P., Zelinski-Wooten, M. eds.), pp21-51, Humana Press, New jersey.
7）Pieterse, M.C., Kappen, K.A., Kruip T.A. *et al*. (1988): Aspiration of bovine oocytes during transvaginal ultrasound scanning of the ovaries. *Theriogenology*, 30:751-62.2.
8）Ogura, A., Ogonuki, N., Miki, H. *et al.* (2005): Microinsemination and nuclear transfer using male germ cells. *Int. Rev. Cytol.*, 246: 189-229.
9）Uehara, T., Yanagimachi, R. (1976) Microsurgical injection of spermatozoa into

hamster eggs with subsequent transformation of sperm nuclei into male pronuclei. *Biol Reprod.*, 15: 467-470.

10) Kimura, Y., Yanagimachi, R. (1995) Intracytoplasmic sperm injection in the mouse. *Biol Reprod.*, 52: 709-720.

2 ウシの胚移植技術

はじめに

胚移植（embryo transfer：ET）の歴史は古く，19世紀後半にさかのぼる．1891年，Heapeはウサギの卵管から胚を採取し，別の個体に移植して産子を得ることに世界ではじめて成功した[1]．その後，20世紀に入り，さまざまな動物種において胚移植の成功例が報告された（**表1**）．

このように胚移植技術はさまざまな動物種において実施され，基礎的研究や技術開発に利用されている．現在では胚移植は畜産分野のみならず，実験動物学や生殖医療などさまざまな分野で利用されており，数ある生殖技術のなかでもっともスタンダードな技術の1つとして定着している．また，胚移植技術は過剰排卵誘起技術や体外受精，凍結保存技術とともに発展してきており，本項では胚移植の歴史を振り返りつつ畜産分野においてもっとも経済的効果が高く，もっとも普及している，ウシにおける胚移植技術の実際，現場での実用化，ならびに現在の課題と今後の展望について概説する．

表1　胚移植が成功した最初の報告

報告年	動物種	文献	報告年	動物種	文献
1891	ウサギ	Heape	1951	ブタ	Kvasnickii
1933	ラット	Nicolas	1964	ウシ(頸部)	Mutter *et al.*
1934	ヒツジ	Warwick *et al.*	1968	フェレット	Chang
1934	ヤギ*	Warwick *et al.*	1974	ウマ	Oguri & Tsutsumi
1942	マウス	Fekete & Little	1976	ヒヒ	Kraemer *et al.*
1949	ウシ†	Umbaugh	1978	ヒト‡	Steptoe & Edwards
1949	ヤギ	Warwick & Berry	1978	ネコ	Schriver & Kraemer
1951	ウシ	Willett *et al.*	1979	イヌ	Kinney *et al.*

*再移植，†流産，‡体外受精後再移植

（文献[2]より引用）

2-1. 胚移植技術の発展

胚移植研究の黎明期であった20世紀前半は，下垂体と卵巣との関係が明らかにされた時代であり，人工授精技術が飛躍的に向上するとともに，卵子の体外培養に関する研究が始まった時期でもある．当時，体内で受精した胚を卵管，子宮から回収し，別の個体に移植する研究が行われていたが，現在では基礎的な知識である胚と**レシピエント（受胚動物）**の同期化が十分に理解されていなかったため，移植の成功率は非常に低いものであった．しかし，まだ体外受精が成功していない時代背景であったにもかかわらず，家畜での技術的応用は雌の選抜淘汰という育種学的見地から非常に有益であると考えられるようになっていった．家畜では，1934年にヒツジおよびヤギではじめて胚移植に成功し，続いて1949年にウシでも成功例が報告されている（**表1**）．この時期と前後して，**馬絨毛性性腺刺激ホルモン**（equine chorionic gonadotropin：eCG）が1930年に発見されており[3]，のちにウシを含む多くの家畜や動物種で過剰排卵を誘起するために有効なホルモンとして確認された．この発見は，過剰排卵誘起技術を確実に発展させ，生殖研究や生殖技術の発展に貢献することになる．

20世紀後半に入ると，過剰排卵誘起技術や体外での卵母細胞・胚培養，凍結保存技術などの生殖技術が飛躍的に向上することになる．1959年にChangらが世界ではじめてウサギの体外受精由来産子作出に成功して以来，数々の動物種で成功例が報告された（**6章-1「人工授精・体外受精・顕微授精」の項参考**）．家畜の体外受精においては精子の受精能獲得が困難をきわめていたが，1977年にIritaniらはついにウシの体外受精に成功し[4]，続く1978年にはブタの体外受精にも成功している．さらに，胚移植の発展に大きな影響を与えた技術は胚の凍結保存技術である．1972年にWhittinghamらはマウス胚で**緩慢凍結法**（0.3-2℃/分で冷却）による凍結保存に成功し[5]，1985年にはRallらが簡便かつ短時間で胚を凍結保存する方法として**ガラス化凍結法**（vitrification）によってマウス胚の凍結保存に成功した[6]（**6章-3「哺乳動物胚および卵子の凍結保存」の項参考**）．その後，1992年にウシ胚でも同方法による胚凍結保存に成功している．現在，ガラス化凍結法はヒトの生殖補助医療では基幹技術となっている．一方，家畜においてはまだ普及定着技術とはなっていないが，技術開発は続いており，今後畜産現場でも利用される可能性は高い．これら胚凍結保存技術の発展は，良質の余剰胚を半永久的に保存することを可能にしただけでなく，胚を遠距離輸送する手段として有効であることが示されている．このような体外受精技術，凍結保存技術の進歩は，胚移植技術の利用に大きく貢献している．

最初の胚移植の成功から約130年を経た現在では胚移植技術は産業界に浸透し，技術そのものはほぼ確立したといえる．そればかりか，核移植技術を利用したクローンヒツジの作出[7]やそれに続くクローンウシの成功など新技術は続々と開発されている．さらに，2006年のマウス，それに続く2007年のヒト[8]の人工多能性幹細胞（induced pluripotent stem cell：iPS細胞）の樹立は生殖技術にも新たに大きな可能性をもたらした．これらの技術は優良個体の遺伝的形質の保存や品種改良の促進，希少動物種の保存，再生医療などに大きく貢献することが期待されているが，それと同時にこれら技術を用いて作出した操作胚を個体に発生させる技術としてますます胚移植技術が重要な基幹技術として再認識されている．

2-2. ウシの胚移植技術

胚移植技術では，遺伝的形質の優れた個体から多くの卵子を回収し，その胚を遺伝的形質の劣る個体に移植して産子を得ることで，効率よく優良な遺伝的形質を有する個体を増やすことが可能である．とくに一腹産子数が少なく，生涯において多くの産子を得ることができないウシでは非常に効果的で，本来生涯において10頭前後しか産子が得られないところが，過剰排卵誘起処置や体外受精，胚移植などの繁殖技術を組み合わせることにより，理論上1頭の優秀な雌個体から100頭以上の優れた個体を得ることが可能となる．このような背景のもとにウシの胚移植の普及が進められてきた．

前述のように，*in vivo*で受精した家畜胚移植の最初の成功例は1930年代に報告されているが，1964年，Mutterらが非外科的胚移植による子ウシの生産に成功したことで，ウシ胚移植が実用化に向けて動き始めた．1973年にはWilmutらが凍結胚を用いて産子を得ることに成功し，さらに1981年にBrackettらが体外受精で得られた胚から子ウシ生産に成功したことで，胚移植技術は人工授精技術とともに実用化技術としての道筋がつけられた．

その後，胚操作における技術革新に伴い，1つの遺伝形質を多数に分配する技術開発が模索されるようになる．すなわち，1つの初期胚の割球を分断または分離して多数の胚を作出する方法やほかの胚から核を移植する方法など（核移植胚），マイクロマニピュレーションを用いたさまざまな技術が考案された．また，食肉処理場で廃棄される卵巣を有効利用して未成熟卵母細胞を回収し，体外成熟・受精・発生させて胚を生産し，これを胚移植して子ウシを生産するシステムが確立している．

ウシ胚移植技術は2016年の時点で，世界において体内由来胚と体外受精胚は総計160万個以上移植に供されている．地域別にみると，もっとも移植胚数が多いのは北米であり，年間75万個が供されている．それに次いで南米で年間42万個が，ヨーロッパでは21万個の胚が移植に供されている．アジアでは年間約20万個の胚が移植されている．ここ20年の推移をみると，1997年では全世界で年間約50万個の胚が使用されていたが，2016年では3倍以上に伸びている．これはおもに南北アメリカでの使用の伸びによるものであり，北米では4倍，南米では17倍もの伸び率である．以上のことから，ウシの胚移植技術は世界各地の畜産現場で繁殖技術として受け入れられ，定着・普及が進んでいることがわかる（**図1**）[9]．

一方，わが国では大学施設や畜産試験場で基礎研究が積み重ねられ，非外科的胚回収法や移植法の開発などが精力的に進められてきた．胚移植の研究は1940年代に始まり，1964年に農林水産省畜産試験場の杉江が世界ではじめて頸管迂回法による非外科的方法による胚移植に成功し，その後，ウシの胚移植技術は日本各地の同畜産試験場および農林水産省種畜牧場を中心として各公立試験場で取り組まれるようになった．平成27年の農林水産省の統計によると，年間10万頭のウシが胚移植のレシピエントとして使用され，2万頭の子ウシが胚移植により生産されるにいたっている．わが国における胚移植における受胎率の内訳をみると，新鮮胚の１卵移植における受胎率は50％であるのに対し，凍結1卵移植では45％である．体外受精卵では新鮮1卵移植で36％，凍結1卵移植では37％であり，体外受精卵は体内由来胚よりも受胎率は低い傾向である．胚を効率的に利用するという目的のため国内では凍結胚移植が主流であるが，新鮮胚と比較して受胎率が低い傾向があり，受胎率向上のための模索が続けられている．

2-3. 胚移植技術を支えるホルモン制御メカニズム

1）ホルモン制御機構

胚移植実施のためには供試胚とレシピエントとの同期化や過剰排卵誘起処置などさまざまな周辺技術が必須である．これらの技術の開発はウシの生殖内分泌学の発展，

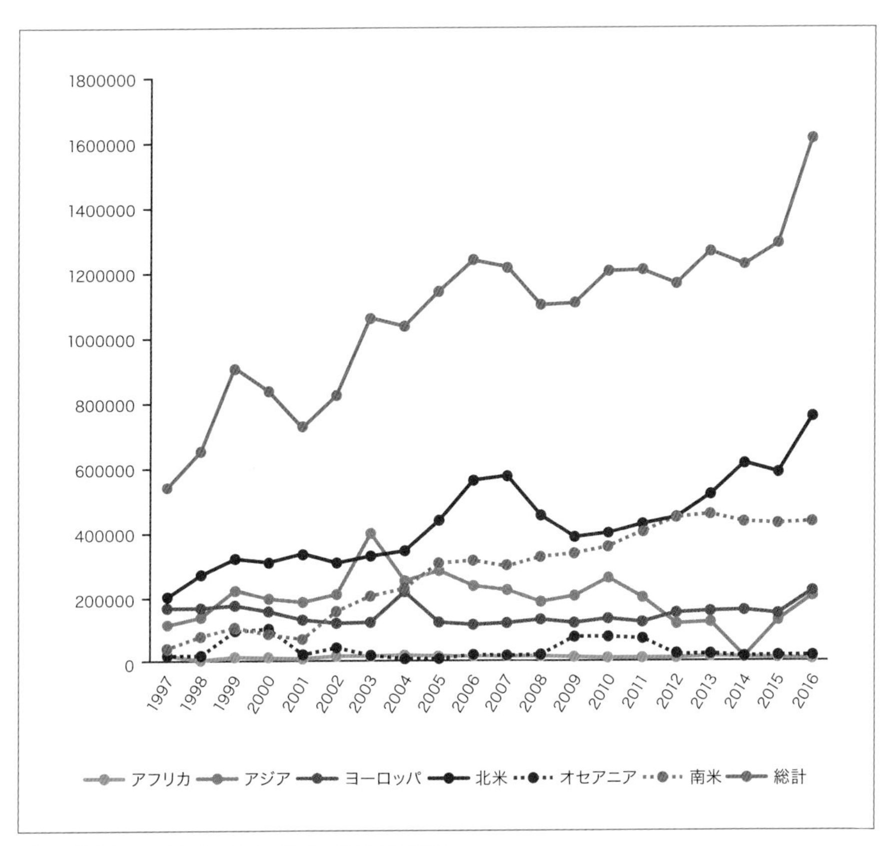

図1　世界における体内胚・体外受精胚移植数

とくに視床下部−下垂体−性腺軸のホルモン制御メカニズムの解明によりもたらされた．ウシの発情周期は21日前後であり，発情終了後排卵が生じる．排卵後の卵胞は黄体に変化し，妊娠に必要なプロジェステロン（P_4）を分泌する．妊娠が成立しなかった場合，子宮からの$PGF_{2\alpha}$により黄体は退行し，次の排卵に向けて下垂体からの卵胞刺激ホルモン（FSH）の分泌を受けて複数個の新しい卵胞が発育を開始する．発育卵胞からはエストラジオール17β（E_2）とともに，インヒビンが分泌され，下垂体からのFSH分泌を抑制し1個の卵胞（**主席卵胞**：dominant follicle）が選抜されて排卵する．

ウシの場合，このような卵胞の形成は1発情周期内に2ないし3回繰り返され，こ

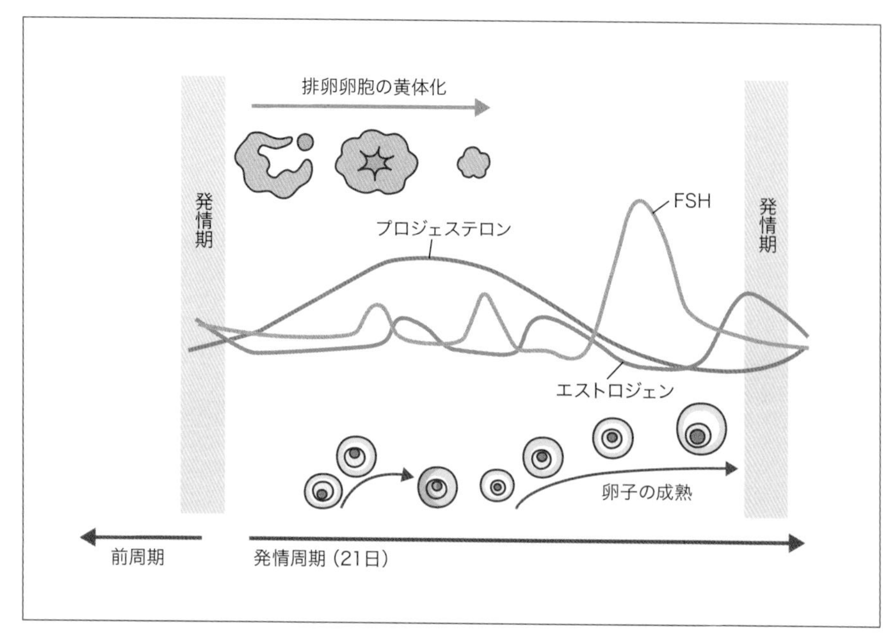

図2　ウシの発情周期とホルモンの変化

れらは**卵胞波**（follicular wave）といわれている．黄体が存在しているあいだの卵胞波で形成される主席卵胞は排卵することなく退行する（**図2**）．このような卵巣の動的変化の理解は発情の同期化や過剰排卵誘起処置の改良に大きく貢献した．

2）妊娠認識

ウシにおいて胚（**受胎産物**）は子宮に到達・透明帯から脱出した後，マウスやヒトのように速やかに子宮内膜に着床することはなく，しばらくのあいだ子宮腔内で内膜と非接触状態で成長を続ける．ウシの場合，着床が生じるのは受精後約1ヵ月であり，母体－胚（受胎産物）のあいだに直接的な接触がない状態で発情を回避する必要がある．このため受胎産物は**インターフェロンタウ**といわれるシグナル蛋白質を分泌し，子宮からの$PGF_{2\alpha}$分泌を抑制し黄体の退行を防ぐと考えられている（**5章-5「着床，妊娠維持および分娩」の項参考**）．インターフェロンタウが作用し黄体退行を防ぐためには$PGF_{2\alpha}$分泌開始シグナル以前である必要がある．ウシにおいて，子宮からの胚の除去，あるいは，受胎産物の分泌物または受胎産物のホモジネートを子宮内

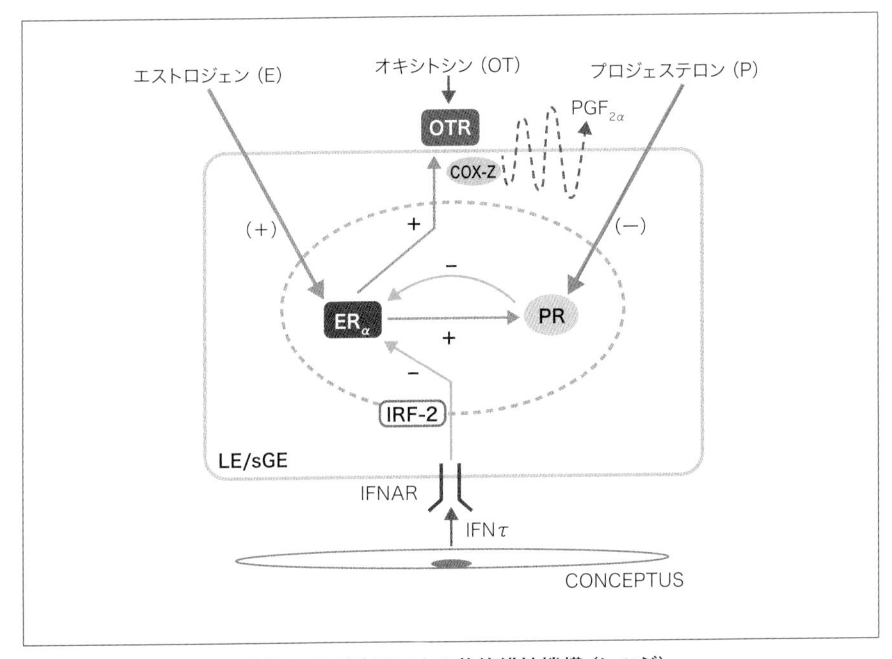

図3　黄体退行ホルモン制御および胎子による黄体維持機構（ヒツジ）
（Spencer T.E. and Bazer F.W. (2004) *Reprod. Biol. Endocrinol.*, 2:49, より引用）

に投与することによって発情回帰遅延がみられるかという研究によって，受胎産物由来のシグナルが発情周期中のいつ頃必要なのかについて検討が行われている[10]．この報告によると，その時期は発情後16～18日であることが示されており，この時期に受胎産物由来のシグナルにより母体の妊娠認識が行われ，黄体退行回避が行われている．この結果は，胚移植は16日以前にしか実施できないことを示唆している．

このインターフェロンの$PGF_{2\alpha}$分泌抑制メカニズムについては，ヒツジおよびウシで明らかとなっている．ヒツジにおいて，黄体からのプロジェステロンに子宮内膜が長期感作されると，エストロジェンレセプター（ER α）の発現が上昇し，これにエストロジェンが反応して，オキシトシンレセプター（OTR）の発現上昇を引き起こす．これに黄体からのオキシトシン（OT）が反応して，$PGF_{2\alpha}$の分泌が開始し，黄体退行を引き起こす．ヒツジにおいてインターフェロンタウはER αの発現を抑制することによりこの黄体退行につながる一連のプロセスを遮断する（**図3**）．一方，ウシでは発情周期後期において子宮内膜で分泌される腫瘍壊死因子（TNF α）が子宮内膜からの$PGF_{2\alpha}$分泌を開始し，この$PGF_{2\alpha}$が黄体に作用してOT分泌を上昇させる．次にこのOTは子宮に作用してさらなる$PGF_{2\alpha}$分泌を促し，このポジティブフィードバックが黄体退行を引き起こすと考えられている．ウシにおいて，インターフェロンタウは子宮内膜に作用し，$PGF_{2\alpha}$合成酵素の発現を抑制することにより，黄体退行プロセスを阻害する[11]．

2-4. ウシ胚移植技術の詳細

前述のように世界中では現在年間160万個の胚が移植に供されている．わが国においても年間10万頭のウシが胚移植のレシピエントとして用いられ，2万頭の子ウシが胚移植によって生産されている．このようにわが国においても胚移植はウシの繁殖技術の1つとして定着しており，これを理解することは家畜繁殖学を学ぶうえで非常に重要である．本項では一連の胚移植技術について説明を加える．

ウシの胚移植に必要な技術は①移植胚の確保（胚の生産技術），②胚の凍結保存，③胚を雌ウシに移植する技術からなる（**図4**）．これらの手法について概説する．

1）胚の生産技術

a. 過剰排卵処置による体内由来胚の生産

ウシは通常1年間に1頭しか分娩せず，通常の性周期内において卵巣内で発育する卵胞は1個ないし2個にかぎられる．そこで優秀な雌ウシから多くの胚を回収するために，過剰排卵誘起法は必要不可欠な技術である．過剰排卵誘起法は卵胞形成を促進する性腺刺激ホルモンを投与して，卵巣内で一時期に多数の卵胞を発育させる技術である．

当初多卵胞成長のために用いられたのは馬絨毛性性腺刺激ホルモン（eCG）であったが，投与後の血中半減期が長く，品質の高い胚の回収効率に問題があったため，のちにブタ下垂体由来の**卵胞刺激ホルモン**（FSH）が広く使われるようになった．一般的に発情後8～13日から3～4日間1日2回FSH投与量を漸減しながら筋肉内に注射する．投与開始後48時間で$PGF_{2\alpha}$を投与して黄体を退行させると，$PGF_{2\alpha}$投与約48時間後に発情が発現し，半日後に人工授精を行い，子宮から胚を回収する．この手法では処置開始前の発情を観察する必要があり，また発情後8～13日のあいだで処置を開始しなければならないので，スケジュールの決定が煩雑となる．また，処置

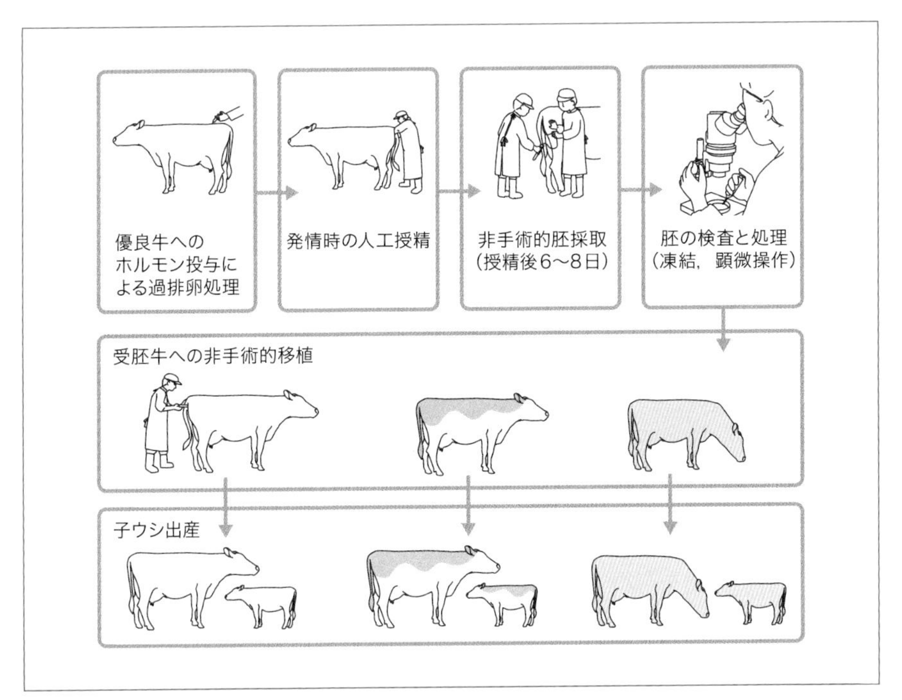

図4　ウシの胚移植
（畜産草地研究所HP「写真で見る繁殖技術」牛の受精卵移植のマニュアルより引用）

開始時に卵胞波によっては優勢卵胞が存在し，過剰排卵処置の効率が著しく低下する．これらの欠点を補うため，現在さまざまなホルモン処置によって過剰排卵誘起法が簡略化されている．その一例を**図5**に示した．発情周期の任意の時期に膣留置型プロジェステロン製剤を膣内に留置するとともにエストラジオール製剤（安息香酸エストラジオール）を投与し，卵胞波をリセットする（day 0）．新しい卵胞波が開始するday 4からFSHの漸減投与（1日2回，3日間）を開始する．FSH投与開始48時間後に$PGF_{2\alpha}$製剤を投与するとともにプロジェステロン製剤を抜去し，発情後人工授精を行い，胚を回収する．このほかにもエストラジオール製剤の代わりにGnRH製剤を用いた方法や受精前に排卵誘起のためにGnRH製剤を用いる方法もあり，さまざまな過剰排卵誘起処置法が畜産現場で使用されている．

授精後約1週間で胚を生体から非外科的手法により回収する．この時期に胚は桑実胚～胚盤胞期に発生しており，子宮内腔に存在している．回収方法は非外科的に子宮

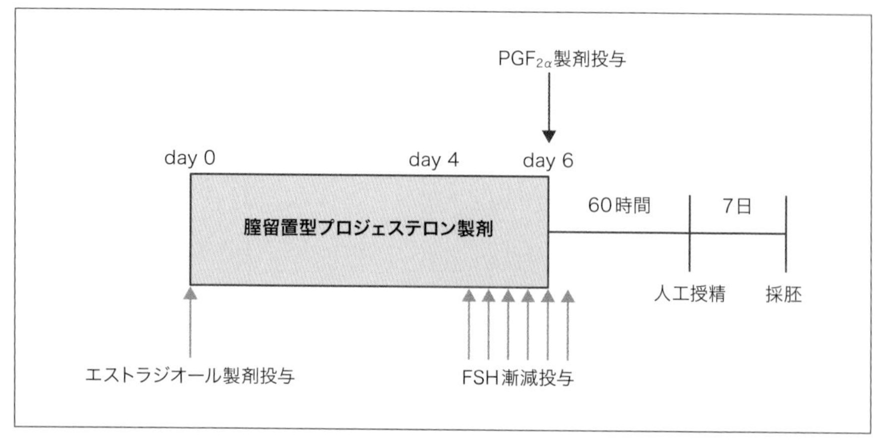

図5　各種ホルモンを利用したウシ過剰排卵誘起法

を洗浄することにより行われている．まず，尾椎硬膜外に局所麻酔を施し，直腸の蠕動運動を抑制する．直腸壁を介して2 wayバルーンカテーテルを膣および頸管を経由して子宮内に挿入し，子宮角先端で拡張させる．そののち灌流液（市販されているものや血清を添加した生理食塩水など）を注入および排出を数回繰り返すことで各子宮角を灌流する．回収した灌流液中にある胚はナイロンメッシュなどでろ過し，実体顕微鏡下で採取する（**図6**）．

b. 食肉センター由来卵巣から胚生産を行う方法

前述の過剰排卵誘起処置はある個体から多数の胚を作出するためには効果的であるが，1度に採取可能な数は5～15個程度にかぎられる．また，過剰排卵誘起処置があまり有効に作用しない個体も存在し，一般に経産乳牛などでは採胚効率が非常に低い．そのほかの移植供試胚の生産方法として考えられたのは，食肉センターで廃棄されている卵巣を使用する方法である．卵巣を回収した後，その表面上にある卵胞から未成熟卵母細胞を吸引採取する．これを体外環境下で成熟・受精・培養（*in vitro* maturation, fertilization and culture：IVM/F/C）することにより胚を生産する．体外培養法として顆粒膜細胞や卵管上皮細胞との共培養や低酸素培養（5%以下）が用いられており，これらの方法によって，回収した未成熟卵母細胞の約30～40%が胚盤胞期胚に発生する．

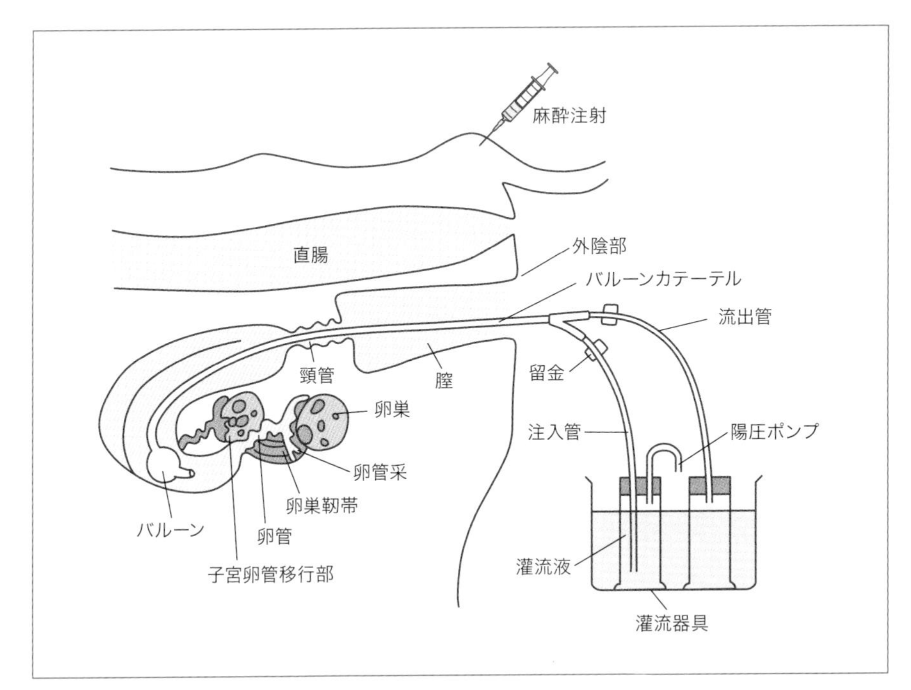

図6　バルーンカテーテルによる胚の採取

（「家畜の繁殖と育種」農業図書より引用）

c. 体内由来卵母細胞から胚生産を行う方法（経膣採卵法）

前述は食肉センター由来卵巣から卵母細胞を回収して体外で胚生産を行う方法であるが，近年では生体の卵巣から直接非外科的に卵母細胞を採取し，体外でIVM/F/Cし胚生産を行う方法が確立している．超音波画像診断装置の端子を膣内に挿入して，卵巣内の卵胞を画像で確認し，その端子に取り付けられた吸引用穿刺針を画像をみながら卵胞に穿刺して卵母細胞を吸引・回収する方法であり（**経膣採卵法**：ovum pick up：OPU），ヒトの生殖補助医療における卵母細胞採取法と類似している．従来の過剰排卵周期処置・人工授精・子宮洗浄による胚回収では年に採取できる回数にかぎりがあるが，OPU法では週に1～2回の回収が可能である．また泌乳牛などの過剰排卵処置への反応が悪いウシや妊娠牛，若齢牛からの採取も可能である．高度な技術が必要であること，機器が高額であること，採取後IVM/F/Cを実施して胚生産を行わなければならないなどの問題があるものの，それを補って余るメリットがある．

2）胚の凍結保存

採取・作出された胚はその発育ステージと品質を評価して利用される．その基準は国際胚移植技術学会（IETS）によるマニュアルによって行われており，形態学的に品質の高いもの（Grade 1，2）が胚移植に用いられている．品質検査の後，胚は子宮灌流時にもしくは体外で胚盤胞期胚の作出に合わせて受胚牛（レシピエント）を用意して移植されることよりもむしろ凍結保存されて適時に融解して用いられることが一般的である．胚の凍結は前述のように緩慢凍結法により行われている．一般的にウシ胚の凍結は凍害防止剤（**耐凍剤：cryoprotectant**）に浸漬後ストローに封入し，植氷を経て－30～－40℃まで0.3℃/分で冷却し，その後液体窒素に投入して行われる．必要時に凍結胚は融解して移植に供されるが，当初の手法では，融解後耐凍剤の希釈・除去の工程が必要であった．畜産現場においてこの工程は非常に煩雑であり，その簡略化が求められていたが，Dochiらはウシ胚に対して細胞膜透過性の高いエチレングリコールを耐凍剤に用いることによって，耐凍剤の希釈・除去の必要のないダイレクト移植法を開発し[12]，現在広くこの手法が用いられている．また，胚凍結保存法としてガラス化法も試みられているが，まだ技術的に普及までいたっていない．

3）胚を雌ウシ（レシピエント）に移植する技術

a．レシピエントの発情同期化

胚をレシピエントに移植するためには，レシピエントの内分泌環境および子宮が胚を受け入れる環境に整えておく必要がある．移植に供される胚は受精後約1週間であるため，この胚年齢とレシピエントの発情からの日数を±1日の範囲で同調しておくことが妊娠の確立のために重要である．また，畜産現場では一度に多数のレシピエントに移植を実施することも多く，レシピエントの発情同期化は重要な技術となっている．一般的に同期化は機能的な黄体を有するレシピエントに$PGF_{2\alpha}$製剤を投与することによって黄体退行を促進して発情を誘起することで行われていたが，その効率は低く，現在ではさまざまなホルモン処置と組み合わせた多頭牛群の定時人工授精のプロトコールを用いることで高率に同期化することが可能になっている（**図7**）．

オブシンク法では発情周期の任意の時期にGnRH製剤を投与することによりLHサージを引き起こし，主席卵胞の排卵誘起・卵胞波のリセットを行う．投与7日後$PGF_{2\alpha}$製剤を投与して黄体退行を誘起し，30～56時間後再びGnRH製剤を投与して

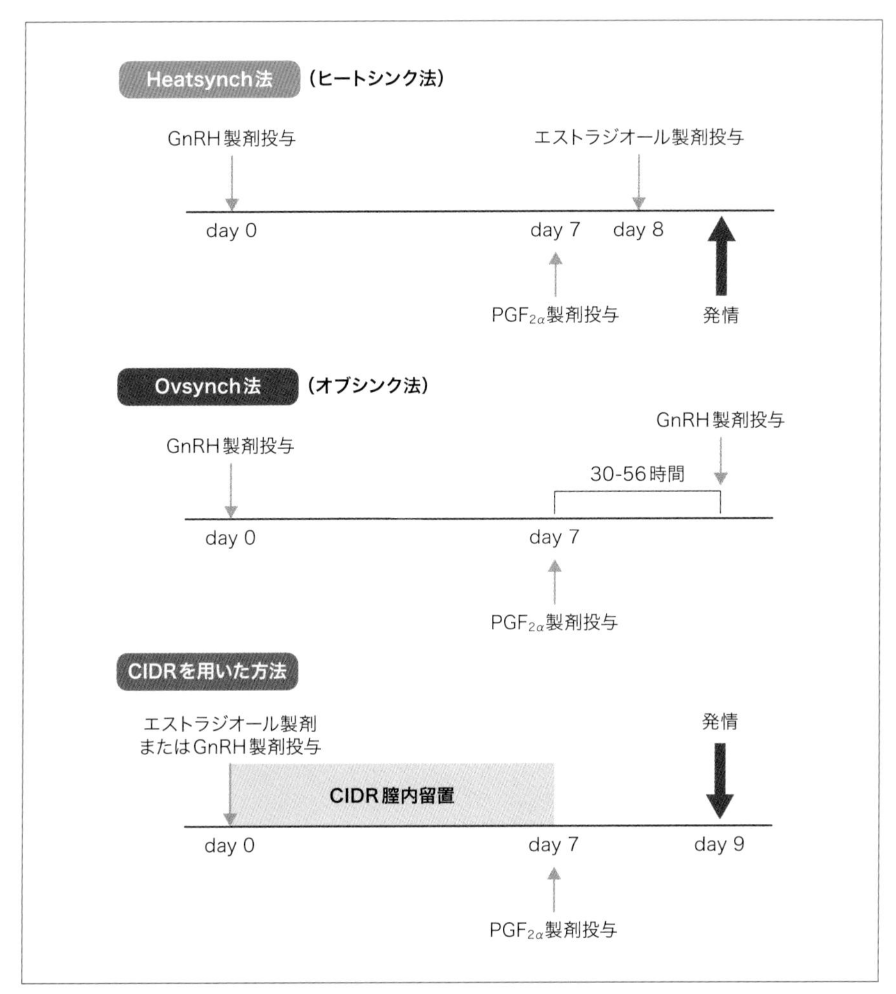

図7　レシピエントの発情同期化法

排卵の同期化を行う．**ヒートシンク法**では同じくGnRH製剤投与7日後に$PGF_{2\alpha}$製剤を投与して黄体退行を誘起し，その24時間後にエストラジオール製剤を投与して発情を強化する．さらに近年ではより効果的な同期化方法として膣留置型プロジェステロン製剤と組み合わせた方法も開発されている．

b．胚移植

移植には機能的黄体をもつ同期化したレシピエントを用いる．胚移植は人工授精時の授精器と類似の移植器を用いて子宮頸管経由法により行われる．陰部を洗浄・消毒後，ビニールカバーなどに入れた移植器を膣内に挿入する．頸管深部でビニールカバーを除去し，移植器を黄体側子宮角先端まで誘導し，ここで胚を注入する．胚を非黄体側子宮角や子宮体部に注入した場合，受胎率は非常に低く，黄体側子宮角の先端部に移植した方が高い．しかしながら子宮角先端に棒状の移植器を挿入することは，初心者には困難であり，場合によっては子宮内膜を傷つけてしまう．そこで近年では移植器の改良が行われ，棒状の移植器からカテーテルが伸長して子宮角先端まで子宮内膜を損傷することなく胚を注入できるカテーテル式の移植器が用いられている．

2-5. ウシ胚移植の今後の展望

農林水産省や各公立試験場の基礎的研究を経て，ウシの胚移植技術は広く現場に普及し，人工授精とともに一般的な繁殖技術として受け入れられている．近年，人工授精における受胎率の低下が大きな問題として取り上げられている．その一方胚移植における受胎率は50%前後であり低下がみられない．これは一概に胚移植が人工授精よりも優れた技術であることを示唆しているものではないが，今後胚移植がウシの繁殖技術としてより大きな位置を占める可能性を示唆している．現在においてもウシ胚移植ならびにその周辺技術についての絶え間ない技術改良が行われており，近年では皮下投与やアルミニウムゲルによるFSH単回投与による過剰排卵誘起法[13]等の開発が行われている．

さらに，iPS細胞，ゲノム編集技術のウシへの応用も基礎研究レベルで実施されており[14, 15]，これら新技術により作出された胚を個体に発生させるためにも胚移植技術は必要不可欠である．また育種においても一塩基多型（SNPs）データを用いたゲノム育種研究が加速しており，これを胚レベルで実施するために，より発育の進んだ**伸長胚**を利用した移植技術の開発も行われている[16, 17]．このように新たな胚移植技術の創出に関する研究が現在においても進展しており，胚移植は“古くて新しい技術”として，重要な研究ターゲットとしてとらえられている．

木村　康二（きむら　こうじ）

[参考文献]

1) Biggers J. D. (1991): Walter Heape, FRS: a pioneer in reproductive biology. Centenary of his embryo transfer experiments. *J. Reprod. Fertil.*, 93:173-186.

2) Betteridge K. J. (1981): An historical look at embryo transfer. *J. Reprod. Fertil.*, 62:1-13.

3) Cole H.H., Hart G.H. (1930):The potency of blood serum of mares in progressive stage of pregnancy in effect in the sexual maturity of the immature rat. *Am. J. Physiol.*, 93:57-68.

4) Iritani A., Niwa K. (1977):Capacitation of bull spermatozoa and fertilization in vitro of cattle follicular oocytes matured in culture. *J. Reprod. Fert.*, 50:119-121.

5) Whittingham D.G., Leibo S.P., Mazur P. (1972):Survival of mouse embryos frozen to -196 ℃ and -269℃. *Science*, 178:411-414.

6) Rall W.F., Fahy G.M., (1985):Ice-free cryopreservation of mouse embryos at -196 ℃ by vitrification. *Nature*, 313:573-575.

7) Campbell K.H., McWhir J., Ritchie W.A., *et al.* (1996): Sheep cloned by nuclear transfer from a cultured cell line. *Nature*, 380:64-66.

8) Takahashi K., Tanabe K., Ohnuki M., *et al.* (2007): Induction of pluripotent stem cells from adult human fibroblasts by defined factors. *Cell*, 131:861-872.

9) International Embryo Technology Society, Data Retrieval Committee Reports 2017.

10) Betteridge K.J., Eaglesome N.D., Randall G.C.B., *et al.* (1978):Maternal progesterone levels as evidence of luteotrophic or antiluteolytic effects of embryos transferred to heifers 12–17 days after estrus. *Theriogenology*, 9:86-93.

11) Okuda K., Miyamoto Y., Skarzynski D.J. (2002): Regulation of endometrial prostaglandin F(2alpha) synthesis during luteolysis and early pregnancy in cattle. *Domest. Anim. Endocrinol.*, 23:255-264.

12) Dochi O., Yamamoto Y., Saga H., *et al.* (1998): Direct transfer of bovine embryos frozen-thawed in the presence of propylene glycol or ethylene glycol under on-farm conditions in an integrated embryo transfer program. *Theriogenology*, 49:1051-1058.

13) Kimura K. (2016): Superovulation with a single administration of FSH in aluminum hydroxide gel: a novel superovulation method for cattle. *J. Reprod. Dev.*, 62:423-429.

14) Kawaguchi T., Tsukiyama T., Kimura K., *et al.* (2015): Generation of naïve bovine induced pluripotent stem cells using piggyBac transposition of doxycycline-inducible transcription factors. *PloS One*, 10:e0135403

15) Ikeda M., Matsuyama S., Akagi S., *et al.* (2017): Correction of a disease mutation using CRISPR/Cas9-assisted genome editing in Japanese black cattle. *Sci. Rep.*, 7, 17827.

16) Kimura K., Matsuyama S. (2014): Successful nonsurgical transfer of bovine

elongating conceptuses and its application to sexing. *J. Reprod. Dev.*, 60:210-215.
17) Fujii T., Hirayama H., Naito A., *et al.* (2017): Production of calves by the transfer of cryopreserved bovine elongating conceptuses and possible application for preimplantation genomic selection. *J. Reprod. Dev.*, 63:497-504.

3 哺乳動物胚および卵子の凍結保存

3-1. 胚・卵子の凍結保存の意義

胚移植（embryo transfer：ET）技術の発達は，哺乳動物の繁殖における一種の分業システムを生み出したといえよう．このシステムのメリットは，産業動物の生産において顕著である．すなわち，**胚**（embryo）を生み出すことで優良な遺伝子を後代に伝える個体と，胚を受胎し実際に出産するが，自らの遺伝子は後代に伝えない個体（つまり借り腹）による，役割を特化した（分業的）繁殖システムである．この胚移植技術を背景として，胚や**卵子**（oocyte）の凍結保存技術が存在する．胚の**凍結保存**（cryo-preservation）によって，ある時代に存在する動物の品種や系統を将来に向けて保存することができる．凍結保存した胚を，のちに融解して胚移植によって個体生産することは，過去のある時代の動物資源を後世に伝えるという重要な意義をもつのである．

動物の品種や系統は時代背景の影響を受けて変遷する．産業動物である家畜では，その時代の消費者の嗜好や生産者の指向が品種や系統の改良・育種に反映される．家畜には元来多様な在来種（地方，地域に特有な品種）が存在したが，それらの多くは，経済性を優先した育種の結果消失した．家畜の多様性の喪失は，動物資源の損失として将来に向けておおいに危惧されるべきことである．

イヌ，ネコに代表される伴侶動物の変遷も著しい．数百種にのぼるといわれるイヌの品種のなかで，われわれが通常目にするのはせいぜい数十種であろう．時代の人気に左右されることなく伴侶動物の品種が後世に伝えられるためには，胚の凍結保存は有効な手段となる．

実験動物もまた貴重な動物資源である．現在の人類の繁栄に不可欠な医学や生命科学は，実験動物を用いたさまざまな研究によって支えられてきた．胚の凍結保存の利用によって，必要な実験動物をいつでも供給できる環境が整い，研究が効率化される．それだけでなく，ある時代に行われた研究が，歳月を経たあとに同じ実験動物を用いて再現あるいは確認されることにも大きな意義があろう．

卵子の凍結保存は，雌の遺伝子（haploid genome）の保存を意味する．精子の凍結保存（すなわち雄の遺伝子の保存）と併せて用いることで，のちの時代に体外受精によって受精卵を得て，個体生産を行うことができるのである．

3-2. 動物個体の輸送に替わる凍結胚の輸送

動物の生体輸送にはさまざまなリスクが伴う．これには，輸送時の事故などによる個体の損耗や，輸送された個体が感染性疾患の媒体となる可能性などがある．大型動物の場合は輸送コストも高くなる．これに対し，凍結胚の輸送は，より安全で，経済的，かつ衛生的な生体輸送の代替手段となりうる．実際，国や地域をまたぐ輸送も認められており，家畜の育種，繁殖に大きな実績を残している．

胚への病原体の感染リスクについては，International Embryo Technology Society の評価報告書[1]が公表されている．

3-3. 生殖医療への応用

ヒトの**生殖医療**（reproductive medicine）においては，体外受精によって胚をつくり，それを患者である女性の子宮内に移植するのが一般的である．その際，胚移植を受ける女性のコンディションが受胎に大きな影響を及ぼす．たとえば，卵採取時のホルモン処理の影響や，胚移植実施日の体調のよしあしが受胎成績を左右するのである．これに対し，胚をいったん凍結保存してしまえば胚移植を受ける際のコンディション管理が行いやすい．つまり，最良のタイミングで胚移植を行うことができる．実際，凍結胚の移植のほうが非凍結胚の移植より受胎成績がよいとする最近の統計もある．また，1回の施術で複数の胚が得られた場合，それらを凍結保存することによって，第二子，第三子をもうけるために利用することもできる．

ヒト卵子の保存は，いわゆる医原性不妊の救済策としても重要な意味をもつ．医原性不妊とは，たとえば癌治療において，放射線や抗癌剤投与の影響で卵子や卵巣が障害を受け，女性が不妊になることをいう．こうしたリスクを有する治療を受ける前に卵子を凍結保存することで，治療後の妊孕性を保全しうることになる．

3-4. 胚凍結保存法の種類

哺乳動物胚の凍結保存研究は，1972年のWhittinghamら[2]およびWilmut[3]の報告以後本格化し，対象とする動物種の拡大，凍結保存技術のさまざまな改良を経て今日にいたっている．現在では，マウス，ラットを中心とする実験動物，一部の家畜，さらにヒトを対象とする胚凍結保存は実用的技術の域に達している．

胚（細胞も同様）の凍結においては，さまざまな**低温障害**（cryoinjury）が克服されなくてはならない．胚細胞もほかの細胞と同様に多くの水分（細胞内自由水）を含むので，生理的塩類溶液中で胚を溶液の凝固温度以下に冷却すると，溶液の凍結に伴い細胞内の水分も凍結する．つまり，胚細胞の内外で氷晶形成が起こる．細胞内の氷晶形成は細胞の細胞膜やオルガネラに物理的障害を与える．また，溶液中の氷晶形成の進行に伴い，溶液中の溶質の濃縮が起こる．高濃度の塩類への暴露は，細胞障害の原因となりうる．

胚の凍結保存における以上のような低温障害を抑制するためには，**凍害防止剤**（cryoprotective agent：CPA）が不可欠である．凍害防止剤には，哺乳動物胚をはじめさまざまな動物細胞の凍結に有効なジメチルスルホキシド（dimethyl sulfoxide：DMSO），グリセロール（glycerol），エチレングリコール（ethylene glycol），プロピレングリコール（propylene glycol）などが用いられる．

細胞内氷晶形成に伴う細胞障害を抑えるためには，細胞からの脱水が重要な意味をもつと考えられている．前述のような凍害防止剤（1 ～ 1.5M）の存在下で緩慢（0.3 ～ 1.0 ℃/分）な冷却を行った場合，溶液中の凍害防止剤が細胞へ浸透する一方，細胞外の溶液にまず氷晶形成が生じ，その後細胞からの脱水が進むと細胞内の氷晶形成は最小化される（**図1a**）．このようなコンセプトに基づく**緩慢凍結法**（slow cooling method）は，胚凍結保存法の基本といえよう．一方，胚を凍害防止剤存在下で超急速に凍結すると，細胞内の氷晶形成が最小化されることも知られている（**図1c**）．しかし，用いる溶液の量や，胚を保持する容器の材質などの影響（熱伝導効率）を受けて，温度下降速度は変化する．そのため，急速凍結の条件は不確実になりやすく，急速凍結法は実用的方法としては信頼性に欠ける．

ガラス化凍結法は，現在利用可能な胚の凍結法としてもっとも信頼性の高い方法であろう．高濃度（30 ～ 40 $^{v}/_{v}$ %）の凍害防止剤を含む少量の溶液を，液体窒素や液体ヘリウムを用いて急速に冷却すると，溶液が液体から固体に変化し，氷晶形成を伴わないガラス状態（アモルファス）になる．その際，その溶液中の胚もガラス状態のなかに封入された状態で，超低温下に保存されることとなる．ガラス化過程では細胞内外の氷晶形成が起こらないので，氷晶形成に起因する細胞障害は回避される．実際，ガラス化法を用いることにより，緩慢凍結法では生存しえない動物種の胚が保存でき

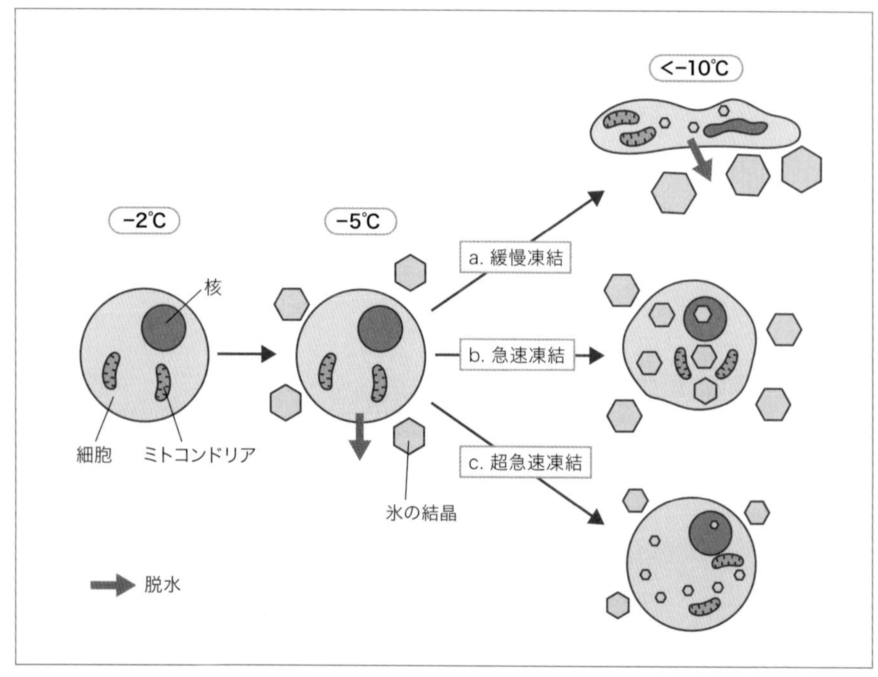

図1　細胞凍結の原理

（Mazur 1977を改変）

るようになった．胚の耐凍性の強さには動物種や発生段階の影響が顕著であるが，ガラス化法によってさまざまなハードルを越えることができる．また，緩慢法でも凍結しうる，比較的耐凍性の高いタイプの胚をガラス化法で凍結すると，その生存性は向上する．ただし，とくに第二減数分裂中期の卵子は，ガラス化保存を用いても紡錘体が障害を受けやすい．

なお，**ガラス化**（vitrification）と**凍結**（freezing）は物理的にまったく異なる現象であるので，学術的にはこれらの用語は厳密に区別されなくてはならない．しかし，日本語の専門書や論文の文章中には“ガラス化凍結”という表現がしばしば用いられるので，本項でもその例にならっている．ちなみに，cryopreservation by vitrificationという表現は，ガラス化法による低温保存を意味するので，正しい表現と考えてよい．

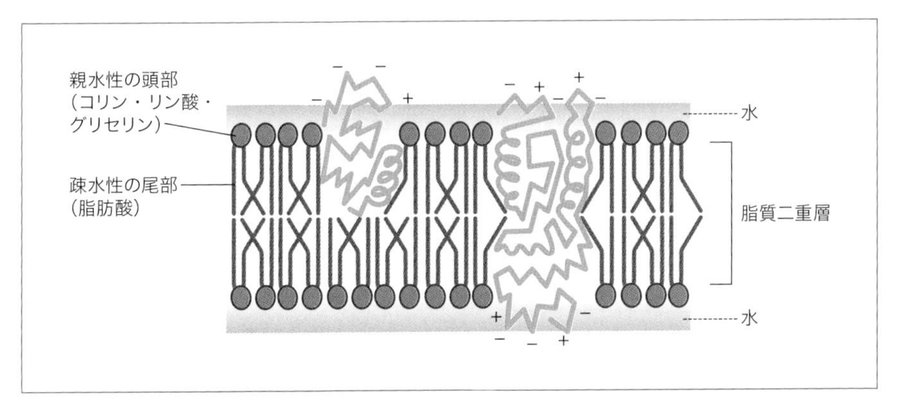

図2　リン脂質と脂質二重層膜の構造

3-5. 胚の凍結保存技術の背景―低温生物学

胚の凍結過程において生じる物理化学的事象のなかで，細胞内氷晶形成による障害が細胞に致命的であることは理解しやすい．一方，氷晶形成の存在しない温度域における細胞障害に対する理解も重要である．ブタの初期分割胚は15 ℃をわずかに下回る温度への感作で死滅する．このことは，低温感作による細胞膜の物理化学的変化によって説明される．細胞膜を構成する脂質二重層膜（**図2**）は，低温で液相から固相へと変化する．この現象を**相転移**（phase transition）という．相転移温度は脂質膜の脂肪酸組成の影響を受ける．

不飽和脂肪酸を多く含む脂質膜は流動性が高く，相転移温度が比較的低い．反対に飽和脂肪酸を多く含む脂質膜の流動性は低く，比較的高い温度で相転移を起こす．相転移に伴い，細胞膜には**相分離**（phase separation）という現象が起こる．これは脂質二重膜上の蛋白質分子などの分布（**図3**）が偏る現象であり，その変化が不可逆的となった場合に，細胞の機能は著しく障害を受ける．前述のブタ胚の例，すなわち氷晶形成がいっさい起こらない温度域（10～15 ℃）での低温感作が致命的となることは，この細胞膜の相転移と相分離によって説明される．ガラス化保存で高い胚生存性が得られることは，氷晶形成による物理的障害が回避されることと同時に，瞬間的なガラス化によって相分離の発生が抑えられるためと考えられる．

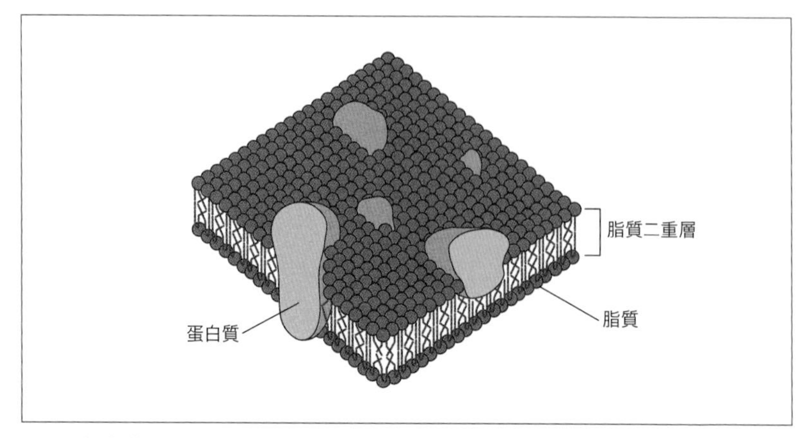

図3　生体膜の流動モザイクモデル

3-6. 哺乳動物胚・卵子の特徴

さまざまな哺乳動物種の胚や卵子の細胞質には，多くの細胞質脂肪顆粒が存在する．多量の脂肪顆粒を含む細胞質は暗色にみえるが，典型的なのはブタやイヌの胚や卵子であろう（**図4**）．この細胞質脂肪顆粒の存在は，胚の低温感受性に大きな影響を及ぼしている．前述の通り，ブタ胚は低温感受性が非常に高いが，細胞質脂肪顆粒を取り除くと，低温耐性は飛躍的に向上する（**図4**）．細胞質脂肪顆粒の存在が胚の耐凍性に非常に大きな影響を及ぼしていることは，Nagashimaら[4]の一連の研究によって証明された．**脂肪顆粒除去法（delipation法）**は，凍結困難な種の胚に対して非常に有効な手段であり，さまざまな変法も開発されている．細胞質脂肪顆粒の除去によって，胚の細胞膜（おそらく細胞内膜系も）の脂質組成に変化が生じ，それによって低温耐性が向上するのではないかと推定されるが，その機構の詳細については明らかでない．

胎生機構を獲得した哺乳動物においては，排卵，受精，初期発生はすべて体内で進行する．したがって，生殖細胞である胚や卵子が，低温耐性あるいは低温に耐えうる機構をそなえていなければならない理由はみあたらない．基本的に，哺乳動物胚や卵子は低温感作に弱いと考えてよい．例外的に細胞質脂肪顆粒をほとんど含まないのは，霊長類と齧歯類（マウス，ラット）の卵子や胚である．これらの凍結保存は他種に比べて比較的容易であることも，細胞質脂肪顆粒の存在と卵子・胚の耐凍性との相

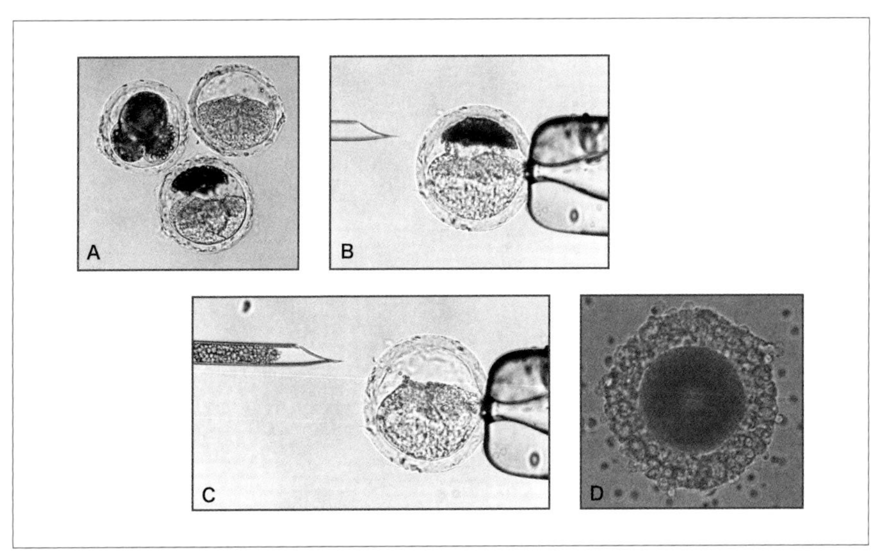

図4　脂肪顆粒除去法

A：ブタの初期分割胚（左上）は多量の細胞質脂肪顆粒をもつため，細胞質が暗色にみえる．胚を遠心処理（下）し，細胞質脂肪顆粒を分離したあとに完全に取り除く（右上）と，細胞質の色調が著しく変化する．

B，C：ブタ胚から細胞質脂肪顆粒を取り除くマイクロマニピュレーション．マイクロピペットのなかに吸引除去した脂肪顆粒がみえる．

D：イヌの卵子．

関を示す事象である．

細胞質脂肪顆粒の量と同時に，その組成も胚の低温感受性を決定する要因になっていると考えられる．実際，脂肪顆粒を多く含む種の胚でも，たとえばネコ胚のように比較的容易に凍結できるものもある．

3-7. 胚凍結保存技術の概要

1）緩慢凍結法

緩慢凍結法（slow cooling method）（**図5**）では，1～1.5Mの凍害防止剤の存在下で，胚を0.3～1℃/分の速度で緩慢に冷却する．1～1.5Mの凍害防止剤を含む溶液の凝固点は－5～－7℃程度になる．細胞内に凍害防止剤が十分に浸透した状態（凍害防止剤の平衡：equilibration of cryoprotectant）で胚を保持する溶液が凝固温度に達し，細胞外液に氷晶形成が進むと，それに伴って細胞は徐々に脱水される．その結

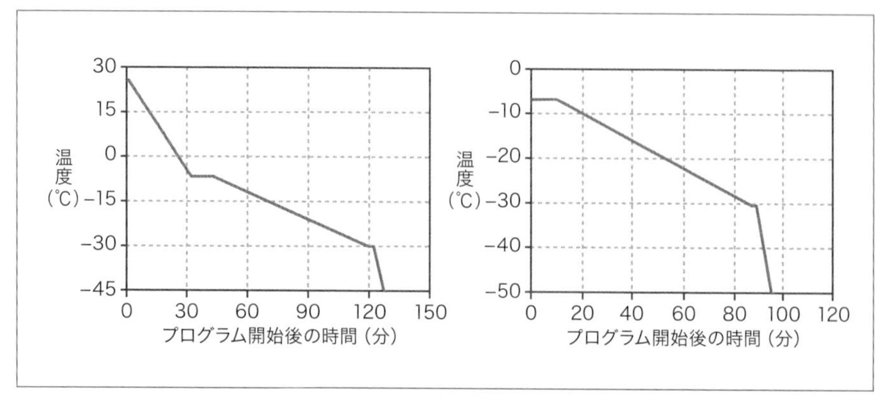

図5　緩慢凍結法の冷却プログラムの例

果，細胞内氷晶形成が抑制され，－80℃以下への凍結時にも胚の生存性が保たれる（**図1a**）．

なお，胚を保持する溶液が過冷却状態になることを防ぐ目的で，凝固点付近の温度で強制的に氷晶形成を誘導する"**植氷**処置"（ice seeding）を行う．これには，胚を含む溶液に冷気を吹きかける，容器の表面からドライアイスや液体窒素で冷やした金属棒をあてる，あるいは過冷却解除剤としてヨウ化銀を溶液に加えるなどの方法によって，氷晶形成を誘導（**図6**）するのが一般的である．

また，融解時には急速に温度上昇させることが，氷晶の成長を防ぐために有効であると考えられている．

2）ガラス化法

胚の**ガラス化法**（vitrification method）は，凍害防止剤による**平衡**（equilibration）とガラス化のステップによって構成される．約40％（v/v）の凍害防止剤を含む溶液は，安定的にガラス化状態になる．胚をガラス化する液量が極少量（目安として1 μL以下）の場合は，凍害防止剤の濃度を30％程度に落としても，ガラス化は成立する．一般的なガラス化法の作業過程を**図7**に示す．すなわち，平衡によって凍害防止剤が細胞質中に浸透した胚を適当な容器に収容し，液体窒素中に投入してガラス化させるのである．

融解時は，胚を収容する容器を37～39 ℃の液中に投入し，急速に温度上昇させ

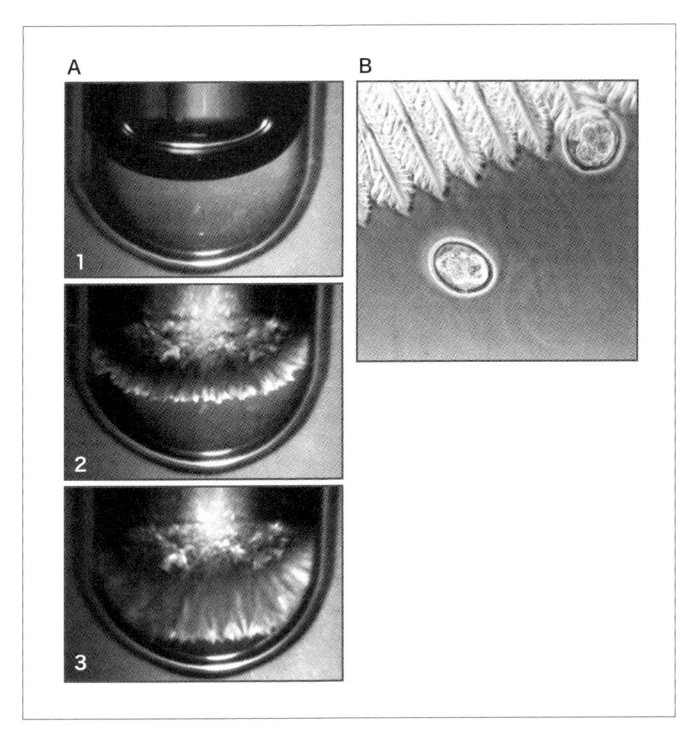

図6　胚や卵子の凍結過程における氷晶形成の誘導
（豊岡定男氏撮影）

る方法が一般的である．温度上昇が緩慢な場合は，いったんガラス化した液に氷晶形成が生じ，胚の生存性が損なわれるからである．融解は高張液（1Mショ糖含培養液など）を用いて行われる．これは高張なガラス化液と同程度の浸透圧をもった液で胚を融解することで，細胞内への急速な水の復帰を防ぐと同時に，細胞内に浸透した凍害防止剤を細胞外に拡散させるためである．その後，やや高張な溶液（0.5Mショ糖含培養液など），さらに等張液といった要領で順次胚を処理し，凍害防止剤を細胞内から完全に除去する．

実用的なガラス化法としてCryotop法[5]がある．これらは，胚を保持するガラス化液の量を極少量にしたminimum volume coolingというコンセプトを取り入れた方法である．また，minimum volume coolingコンセプトに基づきながら，なおかつ多数の胚を同時にガラス化できる中空糸法[6]（**図8**）も非常に有効な方法である．これは，物質透過性の高いセルロースアセテート製の中空糸膜（**図8A**）のなかに胚を保持した状態でガラス化を行うものであり，非常に簡便で，高い胚生存性が得られる方法である．

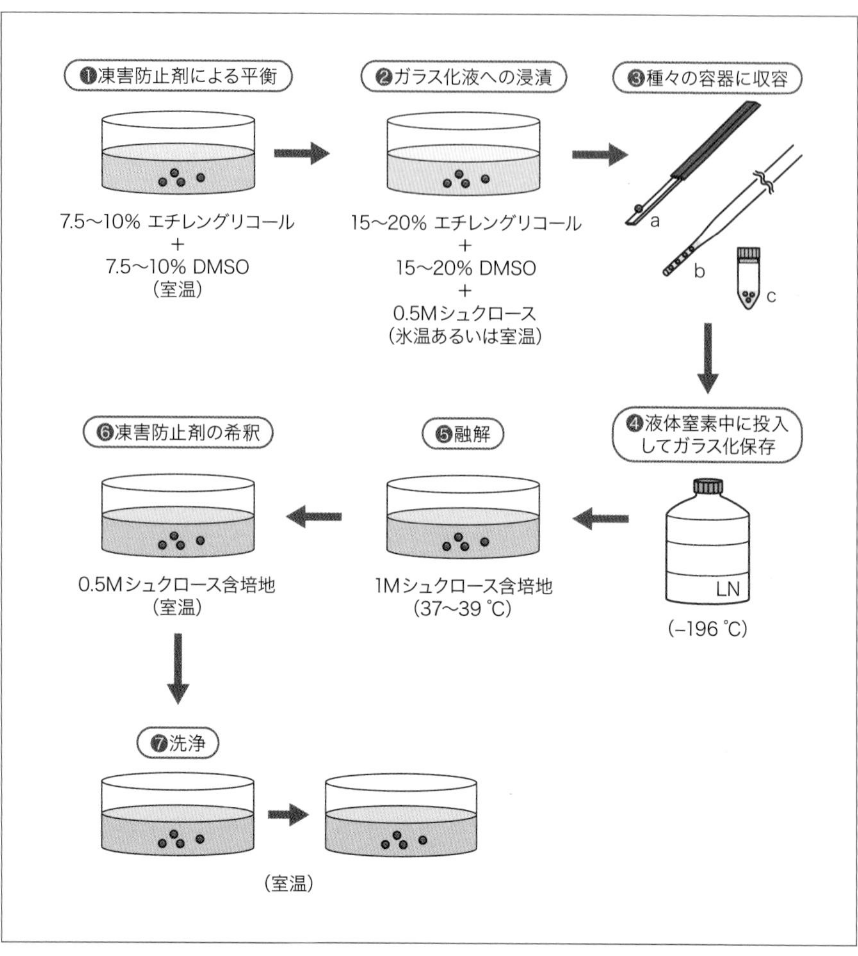

図7　胚の一般的なガラス化法

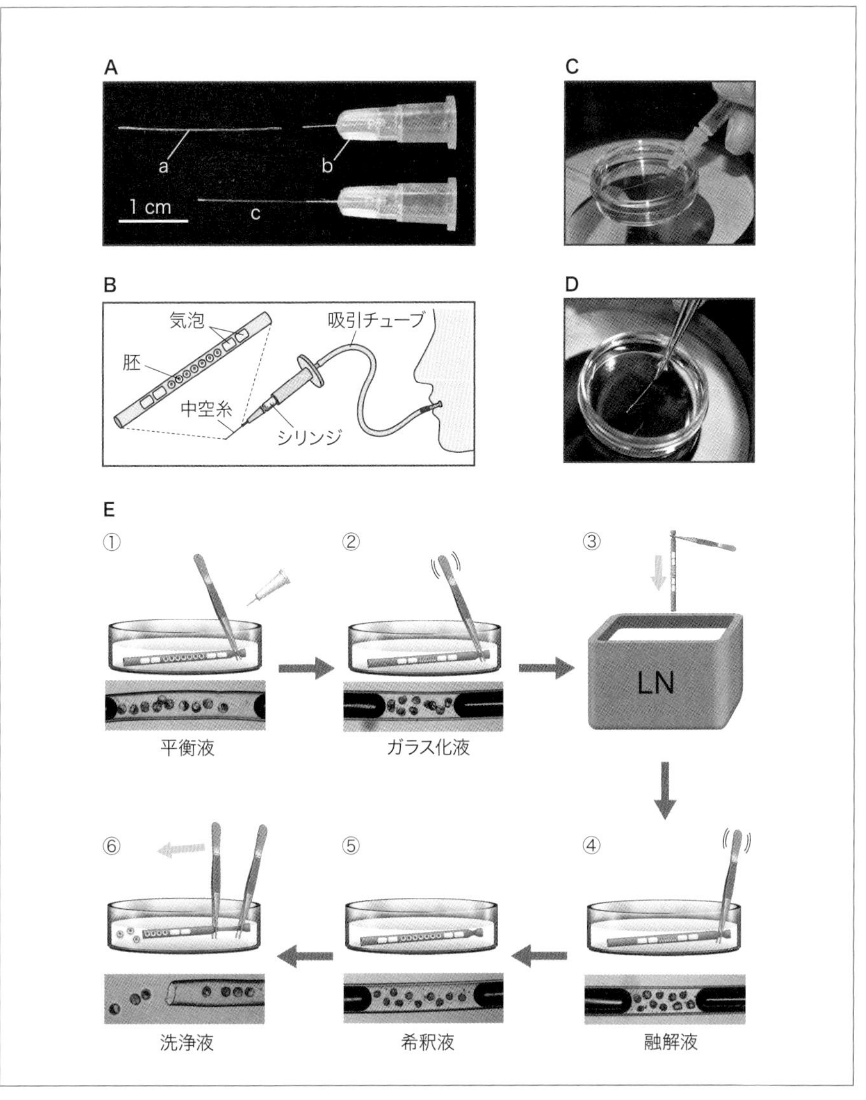

図8　中空糸法の操作過程

A：中空糸（a）とコネクター（b）．B：中空糸デバイスの使用法．C：溶液中の卵を中空糸に吸引する操作．D：卵を吸引した中空糸をコネクターから外したところ．E：（①～③）卵を保持する中空糸をピンセットを用いて操作し，平衡液，ガラス化液，液体窒素への浸漬を行う．（④～⑥）融解液，希釈液での処理後，中空糸をしごいて卵を取り出す．

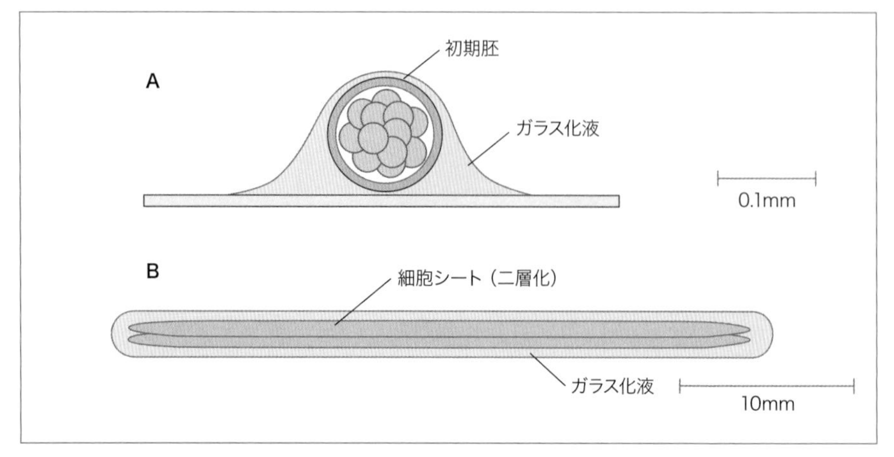

図9　胚のガラス化法の細胞シートへの応用
少量の液中の胚をガラス化する（**A**）コンセプトを，細胞シートのガラス化（**B**）にも応用することができる．

（参考文献7を改変）

3-8. 細胞凍結保存技術の再生医療への応用

初期胚のガラス化保存法を改変・応用して，細胞シート[7]やオルガノイドのような培養人工組織・臓器，動物胎子臓器などの超低温保存が可能である（**図9**）．繁殖生物学の領域で発達した技術の，他領域への応用の一事例である．

長嶋　比呂志（ながしま　ひろし）

[参考文献]

1）http://www.iets.org/comm_hasac.asp
2）W hittingham D.G., Leibo S.P., Mazur P. (1972): Survival of mouse embryos frozen to -196 degrees and -269 degrees C. *Science* , 178: 411-414.
3）Wilmut I. (1972): The effect of cooling rate, warming rate, cryoprotective agent and stage of development on survival of mouse embryos during freezing and thawing. *Life Sci II*, 11: 1071-1079.
4）Nagashima H., Kashiwazaki N., Ashman R. *et al.* (1995): Cryopreservation of porcine embryos. *Nature*, 374: 416.
5）Kuwayama M., Vajta G., Kato O. *et al.* (2005): Highly efficient vitrification method for cryopreservation of human oocytes. *Reprod. Biomed. Online*, 11(3): 300-308.

（http://www.kitazato-biopharma.com/; プロトコール：http://www.kitazato.co.jp/pdf/VT60Protocol_20120410.pdf）
6）Matsunari H., Maehara M., Nakano K. *et al.* (2012): Hollow fiber vitrification: a novel method for vitrifying multiple embryos in a single device. *J. Reprod. Dev.*, 58(5):599-608.
7）Maehara M., Sato M., Watanabe M. *et al.* (2013): Development of a novel vitrification method for chondrocyte sheets. *BMC Biotechnology*, 13:58.

4 クローン動物・キメラ動物

4-1. クローン動物

哺乳類での**クローン**の成功は，当時の生物学の常識をくつがえしただけでなく農業や医療を大きく改革する可能性を提示した．しかし、体細胞が受精卵の状態に戻るメカニズムはいまだ解明されておらず，実用化のためには解決しなければならない問題が数多く残されている．

1）核移植の歴史

体細胞へ分化した細胞がすべての遺伝情報を維持しているのかどうかは古くから関心があり，1938年にはSpemannがイモリを用いてはじめての核移植を試みている．1962年にGurdonらは，オタマジャクシの分化した小腸細胞からクローンカエルをつくることにはじめて成功した．しかし成体の完全に分化した細胞を用いたクローンカエルの作出には失敗し，現在でもカエルでは成体の体細胞からのクローンには成功していない．哺乳類最初のクローンは1986年にWilladsenらによって，ヒツジの4～8細胞期胚の割球を除核未受精卵へ移植することで生まれてきた．1989年にはヒツジの胚盤胞期胚の割球からクローンをつくることにも成功し，同時期にウシやブタでも成功している．マウスは大型動物より実験しやすいにもかかわらず1993年まで成功しなかった．これらの研究はすべて受精卵の割球をドナーとしていることから，受精卵クローンとよばれている（**図1A**）．

一方体細胞をドナーとする場合は**体細胞クローン**とよばれている（**図1B**）．当初，カエルの体細胞を使った実験が失敗に終わったことから，成体の体細胞は高度に分化しておりクローンをつくることは不可能だと考えられていた．しかしWilmutらは1997年，ヒツジの成体の体細胞（乳腺細胞）からクローン動物（ヒツジのドリー）の作出に世界ではじめて成功した[1)]．当時Wilmutらは，まわりの研究者から不可能な実験をやり続けている馬鹿な研究者と思われていたそうである．まわりに惑わされず信念をもって実験を続けたことで，かれらは世界初という栄誉を手に入れることができたのである．この論文以降，ウシやマウスなど20種類以上の動物種で体細胞ク

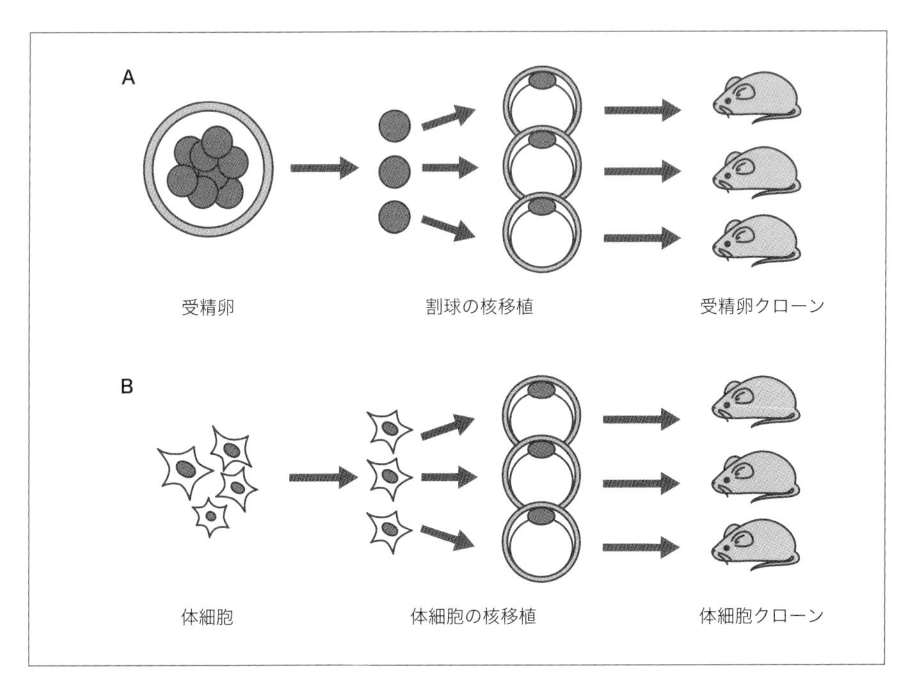

図1　受精卵クローンと体細胞クローン
受精卵クローンは受精卵の1割球をドナーとするため提供できる細胞に限りがある（**A**）．一方体細胞クローンは分化した体細胞のさまざまな部位からつくることができるため，ドナー細胞はいくらでも利用可能である（**B**）．

ローンの作出に成功している．

2）体細胞核の初期化

分化した体細胞は，核移植される直前までその細胞特有の遺伝子発現をしているが，核移植後、ただちにそれらの発現を止め，初期胚の発生に必要な遺伝子を正しく発現しなければならない．一般にこの変化を**初期化（リプログラミング）**とよんでいる．しかし初期化のメカニズムや，それを引き起こす卵子内因子はいまだ解明されていない．核移植後ドナー核は凝縮し紡錘体を形成する．活性化後ドナー核のヒストンは卵子由来ヒストンに置換され，ヒストンの**エピジェネティック修飾**は受精卵型に変化し，DNAの全体的な脱メチル化が起こる．この一連の初期化反応によって体細胞だった核は受精卵の核と同等（全能性）になるはずだが，ほぼすべてのクローン胚や

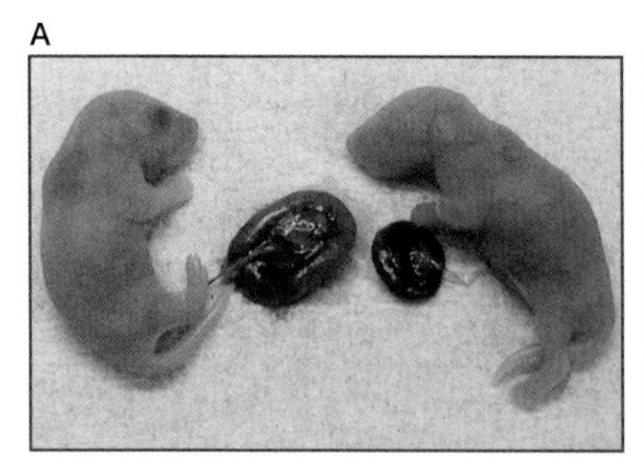

図2　クローンマウスの異常
クローン動物にはさまざまな異常が生じてしまう．マウスの胎盤の巨大化（**A**〈左〉）はすべてのクローンに共通してみられる異常である．クローンマウスの中には基礎代謝が弱くなるため同じ量の餌を摂取していても太る個体もいる（**B**〈左〉）．

クローン動物に異常が生じてしまうこと，およびすべての動物種でクローンの成功率が非常に低いことから，現在の技術では完璧な初期化を達成できていないと考えられている．

3）クローン動物の異常

ドリーが発表された直後は，クローン動物はオリジナルの完全なコピーだと考えられていたが，研究が進むにつれクローン動物にはオリジナルには無いさまざまな異常がみつかってきた．クローン胚はたとえ外見が正常でもヒストン修飾が受精卵とは部分的に異なっていることがみつかり，その後，X染色体の不活化や**インプリント遺伝子**などさまざまな遺伝子で発現異常がわかってきた．網羅的遺伝子発現解析の結果から，特定のヒストン修飾部位が初期化されにくいことがわかり，その部位をreprogramming-resistant regions (RRRs)とよんでいる[2]．RRRsにはH3K9me3が多く存在する領域があり，それが初期化のバリアとしてはたらいている．この発見によりクローンの成功率の低さがある程度説明できるようになった．

出産後のクローン動物でみられる顕著な異常には，胎盤の肥大化（**図2A**）や肥満になるもの（**図2B**），短寿命などがある．また雄のドナー細胞からY染色体が抜け落ち，雌のクローンが生まれてくることもある．雄しか生き残っていない絶滅危惧種の救済には使えるかもしれないが，性別まで変わってしまってはもはやクローンとはいえないだろう．一方，細胞の老化の指標となるテロメアは初期化によって元に戻るらしくクローン動物のテロメアが短くなる例は少ない．またクローン動物のエピジェネティック異常は子孫へ伝わらないことから，体内で生殖細胞がつくられるときにエピジェネティック異常は修正されていると思われる．

4）成功率改善の試み

最初のクローン動物，ヒツジのドリーが誕生したとき，その成功率はわずか0.3%だった．クローン技術を農業や医療へ応用するためには，成功率を大きく改善しなければならなかった．そこで成功率改善のため，ドナー細胞の種類や細胞周期を変えた実験や，クローン卵子の活性化方法や細胞骨格の重合阻害剤を変えた実験などさまざまな試みがなされたが，最初の成功から10年近くたっても目立った成果は得られなかった．2006年になってようやく，**ヒストン脱アセチル化酵素阻害剤**（HDACi）を加えることでクローンの成績を有意に改善することに成功した．HDACiはクローン胚のヒストンアセチル化レベルを高くし，結果的にクローン胚の異常なDNAメチル化を抑制し，初期化および正常な遺伝子発現を促進したためだと考えられている．その後クローン胚でX染色体の異常な不活化を引き起こしてしまう*Xist*遺伝子をノックアウトしたドナー細胞を用い，RRRsの1つであるヒストンH3K9me3を特異的に脱メチル化する酵素*Kdm4d*の過剰発現を組み合わせた結果，マウスでは約1%だった産子率を24%まで高めることに成功している（**図3**）．

5）核移植技術の応用

クローン技術は，その成功率を改善することができればさまざまな分野で利用されるだろう．農業分野でもっとも現実的な利用方法は，肉質のよい和牛のクローンをホルスタインに産んでもらうことや，能力の高い種雄を増やすことである．ペット産業では，飼っていたイヌやネコのクローンを1匹だけつくり出せばよく，現在の低い成功率でもビジネスが成り立ち，いくつものベンチャー企業がつくられている．クローン技術ならではのテーマとして重要なのが絶滅動物をクローン技術で復活させることである．現実味が無い夢物語だと思えるが，そもそもクローン技術そのものが20年前まではSFの中にしか出てこない技術だった．すでに十数年ものあいだ凍結保存されていたマウスやウシの死体からクローン動物の作出に成功している．また絶滅危惧

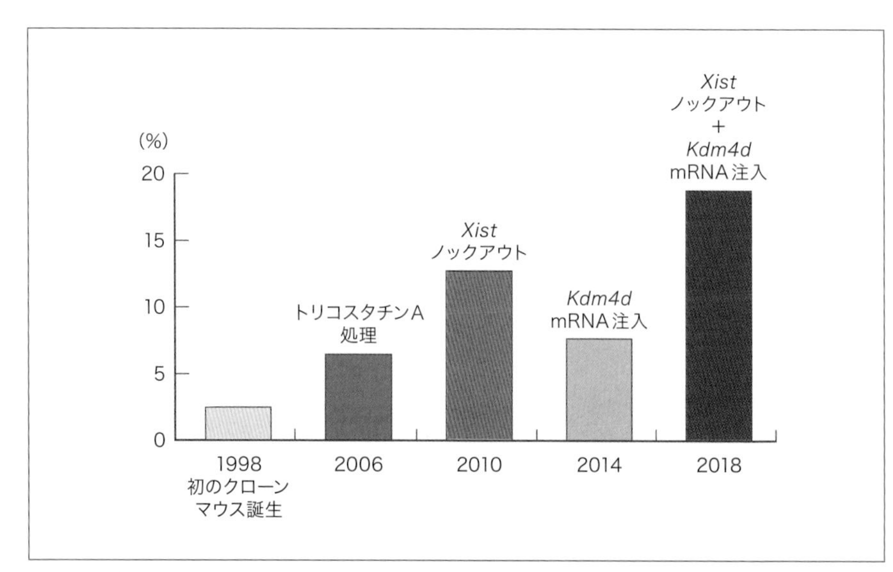

図3　卵丘細胞を用いたクローンマウスの出生率の推移

1998年はわずか1%程度だった出生率は20年かけて24%まで改善されてきた.

（理化学研究所バイオリソース研究センターのＨＰより）

種をクローン技術で増やすことも可能だろう．絶滅危惧種の場合，保護されているためドナー細胞を入手することが困難だが，尿や糞に含まれている細胞を使えば個体を傷つけずにドナー細胞を採取できる．一方医療の研究で必要な遺伝子改変サルなど大型実験動物をつくるためには，従来法では交配によるホモ化のため10年以上かかるのに対して，クローンなら遺伝子改変を行った細胞から直接クローン個体をつくるので1～2年で済む．また，クローンの胚盤胞からES細胞（**ntES細胞**）を樹立することが可能である．動物の場合，ntES細胞を用いて2回目の核移植を行うことで有限だったドナー細胞を無限に変えられ，結果的にたくさんのクローン個体を生産できるようになる．ヒトの場合，患者本人の体細胞からつくられるため，iPS細胞と同様に免疫拒絶反応のない多能性細胞として利用可能である．ただしヒトへの応用は，女性からの卵子提供が不可欠という倫理問題が生じるが，体外受精に失敗し廃棄される古い卵子，あるいはヒトES細胞からつくった卵子を用いることで解決可能だと考えられている．

4-2. キメラ動物

キメラという語源は，ギリシャ神話に登場する頭はライオン，胴体はヤギ，尻尾はヘビという異種の動物の特徴を併せもつ怪物に由来する．このようなキメラ動物が自然で生まれてくることはあり得ないが，科学の発展によりキメラ動物を人為的につくり出すことができるようになった．果たしてキメラ動物をつくることにどのような価値があるのだろうか．

1）キメラ作成方法

哺乳類のキメラは1961年にTarkowskiらがマウスではじめて成功した．毛色の異なる2つの系統のマウスから採取した8細胞期胚を，透明帯を外し接触（集合）させて培養すると，翌日1つの大きな胚盤胞を形成した．これらのキメラ胚を偽妊娠雌の子宮へ移植すると毛色がマダラとなったキメラマウスが生まれてきたのである（**図4，図5A**）．成功の秘訣は，胚が8細胞期胚から桑実期胚へ発生する際に，それまでばらばらだった割球が細胞間接着の強化によって1つの塊になるコンパクションという現象を利用したことである．コンパクションの時期を過ぎてしまった桑実期胚を2つ接触させても集合キメラ胚はつくれない．手法が確立した現在では簡単な実験だが，透

図4　キメラマウス

毛色の異なる2種類のマウスから集合法で作製したキメラマウス．毛色のパターンは個体ごとにさまざまである．

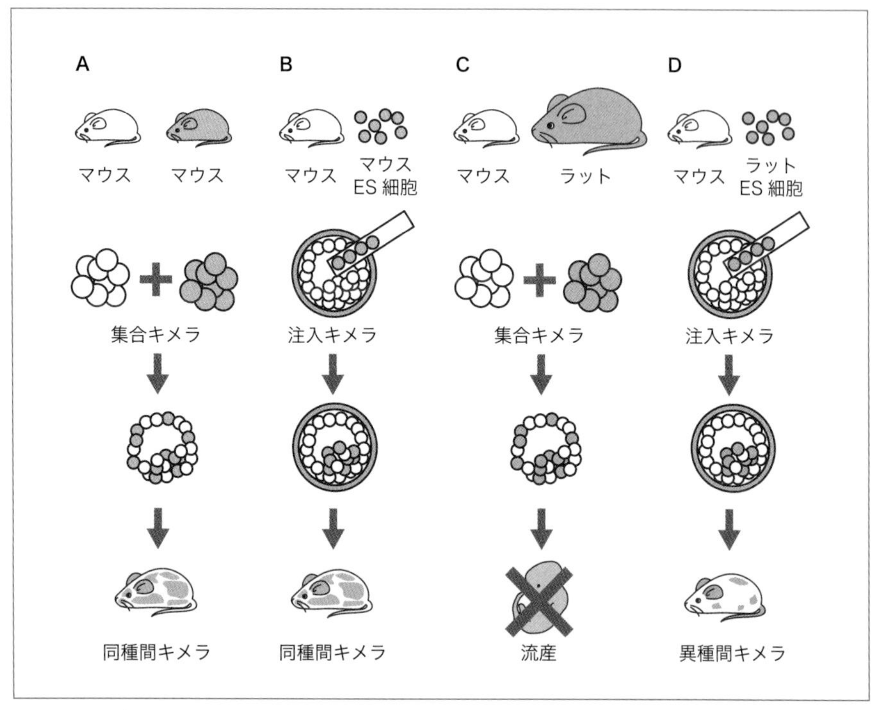

図5　さまざまなキメラマウスのつくり方

A. 同種間集合キメラ．2種類のマウスの8細胞期胚を1つずつ集合して作成する．B. 同種間注入キメラ．マウスの胚盤胞へマウスES細胞を注入する．C. 異種間集合キメラ．胎盤もキメラになるため生まれない．D. 異種間注入キメラ．マウスの胚盤胞へラットのES細胞を注入する．胎盤はキメラにならないためラット細胞の寄与が低ければ生まれてくる．

明帯の外し方も不明だった当時の知識と技術ではかなり困難な実験だったはずである．1968年には胚盤胞の胞胚腔に別の胚から取り出した**内部細胞塊**（ICM）を注入する方法でキメラマウスの作製に成功した（**図5B**）．この方法はマイクロマニピュレーターを利用するため難しく，当初は**集合キメラ**に比べ価値があるとは思われなかったが，その後ES細胞を用いた遺伝子改変動物作製のため世界中で利用され始めた．最近は再生医療へ応用する目的で**異種間キメラ**が作製されているが，これも**注入キメラ**技術が不可欠である（**図5C,D**）．

キメラ胚が致死になってしまう場合やニワトリなど初期胚の扱いが難しい場合，発生中期で免疫系が確立する前の胎子へ異種の細胞を注入し，異種細胞の寄与率を大きく下げて部分キメラとして出産させる方法もあり，二次キメラとよばれている．この方法は，ニワトリにウズラの羽をつけたり，遺伝子改変したニワトリの始原生殖細胞をニワトリ胚へ注入してキメラニワトリをつくり，そのキメラの子孫の代で遺伝子改変ニワトリを作製する方法として利用されていたが，最近はヒトの臓器を動物につくらせる手段の1つになると考えられている（後述）．

2）キメラで解明された基礎生物学

キメラ技術によって生物学の基礎研究は大きく進展した．たとえば受精卵は8細胞期から桑実期にかけて最初の分化が起こり，一方の細胞は胎子側へ，もう一方は胎盤側へ分かれるが，どの細胞がどうやって選ばれるのか不明だった．そこで4細胞期～8細胞期間キメラや3つ以上の胚でキメラを作製する実験により，早く分裂した割球や内部に位置する割球が胎子側に分化しやすいことが明らかとなった．また，雄胚と雌胚のあいだでキメラ胚をつくった実験からは，雄雌キメラは雄になりやすいこと，雄になったキメラの体内では雌胚由来の細胞は精子へは分化できないが，雌になったキメラの体内では雄胚由来の細胞は卵子へ分化できることなどが明らかとなった．

一方，致死胚と受精卵とのキメラ実験も行われた．単為発生胚や雄性発生胚などは致死であるが，その寄与率が低ければキメラマウスは生まれてくる．この致死胚の寄与率の低さを利用した研究として，受精卵を人為的に4倍体化した胚とES細胞とのキメラがある．4倍体胚は胎盤形成が可能だが胎子へはほとんど寄与しないため，生まれてくる産子は全身のほとんどがES細胞由来となる．したがってこの産子はES細胞のクローンのようなものだが，4倍体細胞がわずかに寄与するためクローナルマウスとよばれている．

では致死胚どうしでキメラ胚をつくった場合どうなるのであろうか．単為発生胚は胎子へ発育するが胎盤がつくれず，雄性発生胚は胎盤をつくれるが胎子の発育ができない．両者を合わせたキメラ胚なら，雄性発生胚が胎盤をつくり単為発生胚が胎子をつくるので産子が生まれてくるのではないだろうか．だが実際に行われた実験から，補完しあうことには限界があるようで産子をつくることはできなかった．

3）異種間キメラ

ギリシャ神話のヘビとヤギのあいだでのキメラはともかく，同じ哺乳類であれば異

種間キメラは可能なのだろうか．そこでマウスとラットあるいはマウスとハタネズミのあいだで属間キメラの研究が行われた．だが，培養液のちがいや胚盤胞への発生日数のちがいなどさまざまな問題を考慮したにもかかわらず，集合キメラ胚はすべて妊娠初期に流産してしまった．これらの研究により子宮は異種の胎盤を受け付けず，集合キメラは胎盤もキメラになってしまうため，子宮はキメラ胚を異種と認識し正常な着床や発生ができないことが明らかとなった（**図5C**）．

異種間キメラの最初の成功はマウス（Mus musculus）とオキナワハツカネズミ（Mus caroli）の注入キメラである．成功の秘訣は，オキナワハツカネズミの胚盤胞からICM（胎盤へは分化できない）を取り出し，マウスの胚盤胞へ注入し，マウスの子宮へ移植したことである．この胚は，ICMは混ざってキメラとなるが胎盤はキメラにならずマウスの細胞のみでつくられているため，マウスの子宮で発生可能だった．一方クローン技術でも有名なWilladsenは，ヒツジの胚盤胞へヤギのICMを注入し，胎盤側はヒツジ，ICM側はヒツジとヤギのキメラになるような胚をつくってヒツジの子宮へ移植した．その結果キメラ胚は無事発育し大型動物でも異種間キメラが可能であることを証明した[3]．ヤギ（Goat）とヒツジ（Sheep）のキメラなのでこの個体はギープ（Geep）と名付けられ，1984年の『Nature』の表紙を飾っている．

その後一時的に異種間キメラの実験は下火になったが，再生医療への応用として現在脚光を浴びている．再生医療では，ES細胞やiPS細胞から臓器をつくり出すことが目的だが，現在の技術では血管も備えた機能する臓器をつくることはできない．そこで，膵臓を生まれつきもたないミュータントマウスの胚盤胞へラットiPS細胞を注入しマウスへ移植したところ，ラットiPS細胞は胎盤へは寄与できないためマウスは妊娠しキメラを出産した（**図5D**）．そしてこのキメラの体内には，正常に機能するラットiPS細胞由来のラット膵臓がつくられていた．このキメラ技術は胚盤胞補完法（Blastocyst complementation）とよばれている．同様に遺伝子改変ブタの胚盤胞へヒトiPS細胞を注入してブタ―ヒトキメラを作製すれば，キメラブタの体内でヒトiPS細胞由来の臓器が作製できることになる（**図6A**）．

4）異種間キメラの倫理問題

異種間キメラは基礎生物学や再生医学の発展に多大な貢献をするが，人為的な生き物であり，ヤギ―ヒツジキメラのように異様な外見となる．Willadsenはウシ―ヤギ

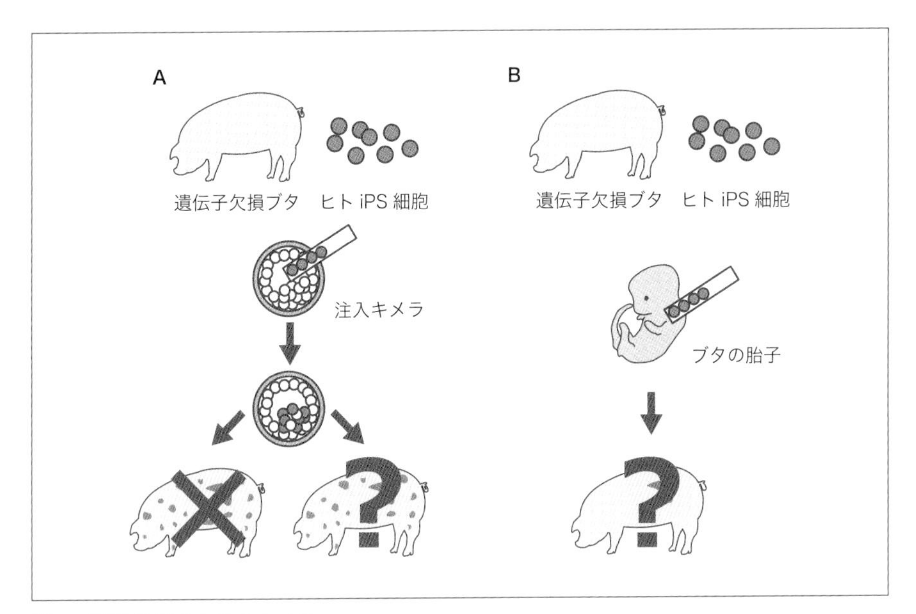

図6　臓器作製のためのキメラ

A. 遺伝子改変により特定の臓器をつくることのできないブタの胚盤胞へ，ヒトiPS細胞を注入してブタに移植する．ヒトiPS細胞の寄与率が低ければ生まれてくるかもしれないが，臓器の作製も難しくなる．**B.** ブタの胎子へヒトiPS細胞を注入する二次キメラ．キメラ個体へのヒト細胞の寄与が限定されるため倫理問題は低くなるが，技術は難しくなる．

キメラの作製にも成功したが倫理的に受け入れられないと判断し公表しなかった（私信）．ヒトiPS細胞とブタとのあいだでキメラを作製した場合，倫理問題はより深刻になる．もっとも心配されることは，ヒトiPS細胞がキメラブタの脳にも寄与した場合，ヒトと同じ頭脳をもつブタが誕生してしまう危険性である．そのためヒト—動物キメラは「ヒトに関するクローン技術などの規制に関する法律」により，国からの許可なく実施した場合10年以下の懲役もしくは1000万円以下の罰金となる．実際の研究では，神経細胞には分化しないようヒトiPS細胞に遺伝子改変を行ったり，あらかじめ分化させたiPS細胞を胎子へ注入する二次キメラ技術（**図6B**）を用いることで，特定の臓器にしか寄与させないようにすることが必要である[4)]．

若山　照彦（わかやま　てるひこ）

[参考文献]

1）Wilmut, I., Schnieke, A. E., McWhir, J., *et al*. (1997): Viable offspring derived from fetal and adult mammalian cells. *Nature*, 385:810-813.

2）Matoba, S., Liu, Y., Lu, F., *et al*. (2014): Embryonic development following somatic cell nuclear transfer impeded by persisting histone methylation. *Cell*, 159:884-895.

3）Fehilly, C., B., Willadsen, S. M., Tucker, E. M. (1984): Interspecific chimaerism between sheep and goat. *Nature*, 307:634-636.

4）Suchy, F., Nakauchi, H. (2018): Interspecies chimeras. *Curr Opin Genet Dev*. 52:36-41.

[参考図書]

・佐藤英明ら　編.（2014）：哺乳動物の発生工学，朝倉書店，東京.

・山内一也ら　訳.（2005）：マウス胚の操作マニュアル．第三版，近代出版，東京.

・岩倉洋一郎ら　編.（2002）：動物発生工学．朝倉書店，東京.

・若山三千彦.（1999）：リアルクローン．小学館，東京.

・市川茂孝.（1987）：背徳の生命操作．農山漁村文化協会，東京.

5 遺伝子改変動物

はじめに

古来から人類は動物や植物において，異なる品種を交配させることで優れた品種をつくり出す改良を行ってきた．しかしながら，交配による品種改良では本来それらの品種がもっていない遺伝子的形質を導入することは不可能である．しかしながら，トランスジェニック（遺伝子組換え）技術を利用することで，本来その品種がもっていない形質をそなえることが可能になる．植物では，除草剤耐性や殺虫性をもつ遺伝子を組み込んだものが実用化されている．動物においても，ラットの成長ホルモン遺伝子を組み込んだマウスが本来の大きさを超えて成長することが実験的に証明されており，家畜に応用することで食料の増産に貢献できるのではないかと期待されている．ところが，食糧として遺伝子組換え作物や動物を口にすることは抵抗もあり，動物においては遺伝子組換え個体が食糧として利用されるにはいたっていない．一方，基礎生物学においては，ある遺伝子の機能を解析する目的で特定の遺伝子を過剰に発現する個体や特定の遺伝子を欠損した個体を作出し，研究が進められている．現在では，遺伝子組換え動物を作出する技術は基礎生物学にとって不可欠な手段となっている．

5-1. トランスジェニック技術

トランスジェニック動物の作製は，1974年にRudolf Jaenischら[1]によってマウスではじめて報告された．Jaenischらは，腫瘍ウイルスであるSV40のDNAをマウスの胚盤胞期胚に顕微注入し，その胚を仮親の子宮に移植することで，SV40に特異的な遺伝子をもつマウス個体を作出した．その2年後には，白血病ウイルスを着床前の4～8細胞期の受精卵に感染させ，移植後に生まれたマウスの生殖系列に白血病ウイルスDNAが検出され，外来の組換え遺伝子が子孫へと伝えられることをはじめて明らかにした．その後，1980年にJon Gordonら[2]によって，受精卵の前核へのDNAの顕微注入による方法（**図1A**）で遺伝子組換えマウスが効率的に作製できることが示され，現在ではこの方法を用いた遺伝子組換えマウスの作出が一般的になっている．霊長類においては2009年にマーモセットではじめて生殖系列に組換え遺伝子をもつ個

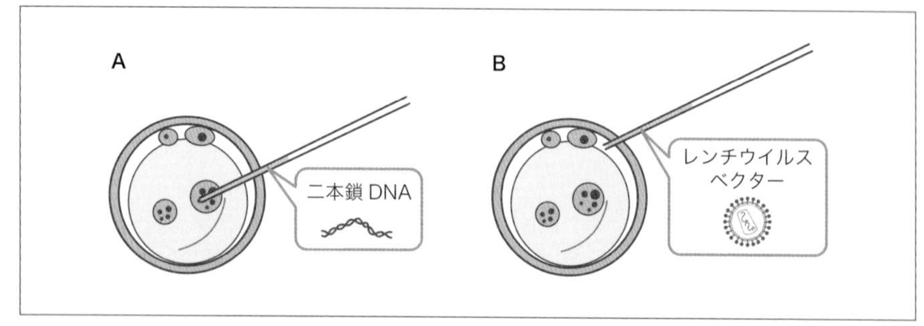

図1　哺乳動物受精卵への遺伝子導入

A：受精卵の前核への遺伝子導入

目的の遺伝子を受精卵の前核に注入することで，ゲノムDNAに取り込ませる方法であるが，ゲノムに目的遺伝子が組み込まれる確率はレンチウイルスに比べると低い．また，前核への物理的ダメージもあるため，顕微操作にやや熟練を要する．

B：受精卵の囲卵腔への遺伝子導入

レンチウイルスベクターはゲノムへのDNAの効率的な取り込みを可能にするので，少ない受精卵で組換え個体の作出が期待できる．さらに，囲卵腔への遺伝子導入は前核への遺伝子注入に比べ物理的なダメージが低く，操作も前核への注入に比べ簡便である．

体が作製され[3]，このときには受精卵の囲卵腔に不活性化したレンチウイルスを顕微注入する方法（**図1B**）が用いられた．現在，哺乳動物ではこれらの2つの方法がおもに組換え動物の作製に用いられているが，どちらの方法においても，受精卵の体外培養，遺伝子を導入した受精卵の仮親マウスへの受精卵移植などの発生工学的基盤技術が不可欠である．また，これら2つの方法にはそれぞれ長所・短所がある．**図1A**の受精卵の前核への顕微注入法では，顕微鏡に装着されたマイクロマニピュレーターの操作によって，受精卵の細胞質にガラス管を突き刺し，一定量のDNA溶液を前核に注入する方法であり，受精卵への物理的なダメージが大きいため，顕微操作にはかなりの熟練が必要である．長所としては，比較的大きなDNAを組み込むことができる．**図1B**のレンチウイルスを用いた囲卵腔へのDNAの注入は，細胞質にガラスを刺すことに比べて，受精卵へのダメージは少なく，細胞質に脂質が多く前核がみえにくい動物種の受精卵でも比較的容易に操作できる．さらに，レンチウイルスベクターでは注入したDNAがゲノムに取り込まれる確率が高いという特徴がある[4]．この方法の短所としては，目的の遺伝子を導入したウイルス粒子をつくる作業が煩雑であることに加え，導入できる遺伝子の大きさにある程度の制限（～4.5kb）があることである．また，P2レベルの実験施設が必要になるなどの制限もある．また，近年では

CRISPR/Cas9とアデノ随伴ウイルス（AAV）を組み合わせてノックイン動物（後述）を作出する技術も報告されており[5]，AAVの利用による簡便な遺伝子改変動物の作出への応用が期待される．

このように，特定の遺伝子を含むDNAを受精卵の前核に顕微注入したり，感染させたりすることによって，一定の確率でゲノム上の不特定の位置にDNAを挿入することができ，外来のDNAが生殖細胞へも組み込まれ，次世代へと受け継がれるようになる．しかし，遺伝子の機能解析が目的で遺伝子組換え動物を作製するにあたって重要なことは，その組換え遺伝子を動物のどの組織で，いつ発現させるかということである．そのためには，組換え遺伝子の発現を制御するプロモーターの選択が重要になってくる．しかしながら，組換え遺伝子が導入されたゲノム上の位置や導入された遺伝子のコピー数によっても発現の影響を受けるため，予定通りの遺伝子組換え個体を作製するためには，複数回の試みが必要となってくる場合がある．

5-2. ノックアウト技術

目的の遺伝子を欠失させた遺伝子破壊（ノックアウト）動物は，遺伝子機能の解析手法が飛躍的に発展している現在においても，試験管内での実験だけでは得られない情報を与えてくれるほかに代え難いツールである．

1）ES細胞を用いたノックアウトマウスの作製

ES細胞（embryonic stem cells：**胚性幹細胞**）は，胚盤胞のなかで将来胎子のあらゆる組織へと分化する能力（pluripotency：**多分化能**）を有する内部細胞塊を取り出し，その能力を保持したまま樹立した細胞株である[6]．ES細胞は胚盤胞へと戻すことにより胚細胞と同調し，その結果，胚細胞とES細胞に由来するキメラ個体が形成される．ES細胞は培養細胞ゆえに高度な遺伝子改変操作を施すことが可能であり，そのゲノム情報は生殖細胞への分化を介して次世代の個体に引き継がれる（**図2**）．

ゲノム上の任意の領域を改変する手法として**ジーンターゲティング法**がある（**図3**）[7,8]．標的とする遺伝子を構成するゲノム領域中の2ヵ所に対する相同塩基配列とそのあいだに挟み込んだ薬剤耐性遺伝子発現カセットからなるターゲティングベクターをES細胞に導入すると，当該領域とのあいだで相同組換えが生じ標的遺伝子が破壊される．標的遺伝子が破壊されたES細胞を用いてキメラマウスを作製し，キメラマウスを

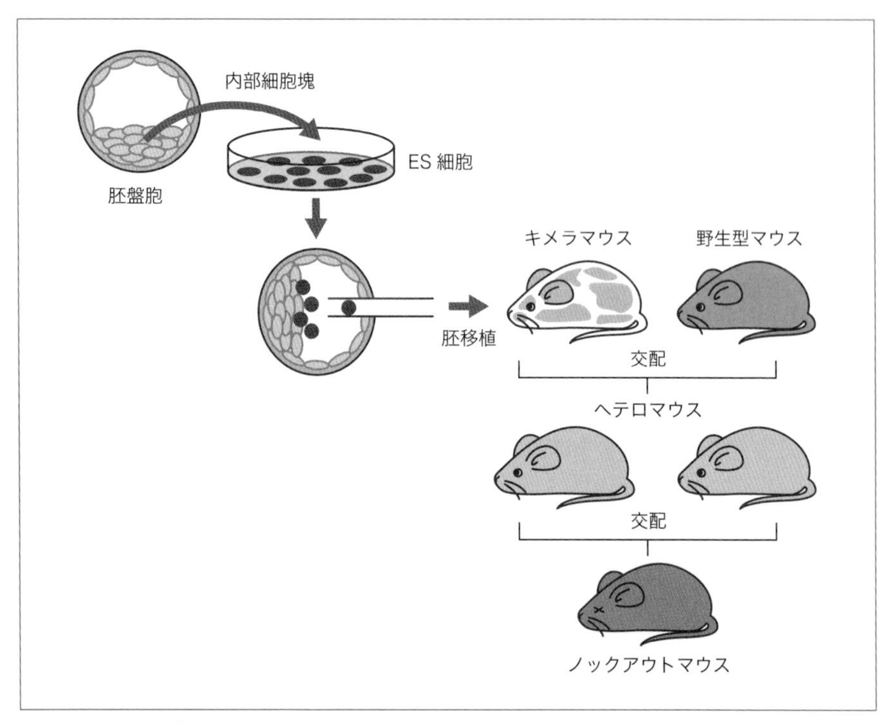

図2　ES細胞の樹立とノックアウトマウスの作製

野生型マウスと交配することにより，ES細胞由来の精子を介して標的遺伝子が破壊されたヘテロマウスが誕生する．さらに，ヘテロマウスどうしで交配することにより，標的遺伝子が両アレルとも破壊されたノックアウトマウスが誕生する．

ノックアウトマウスの作製では，胎生致死や時期・部位特異的な遺伝子破壊の必要性などの課題に直面することがある．このような場合，**コンディショナルターゲティング法**が有効であり，Cre-*loxP* [9] やFlp-*FRT* [10] などのシステムが利用される（**図4**）．これらのシステムでは，相同組換えで導入した*loxP*配列や*FRT*配列がもつ固有配列を特異的に認識する組換え酵素の発現様式を調節することにより，それに依存した遺伝子破壊を誘導することができる．

さらに，こうした手法を応用して，人為的な変異導入やマーカー遺伝子との入れ替えを施した“**ノックインマウス**”も作製することができる．

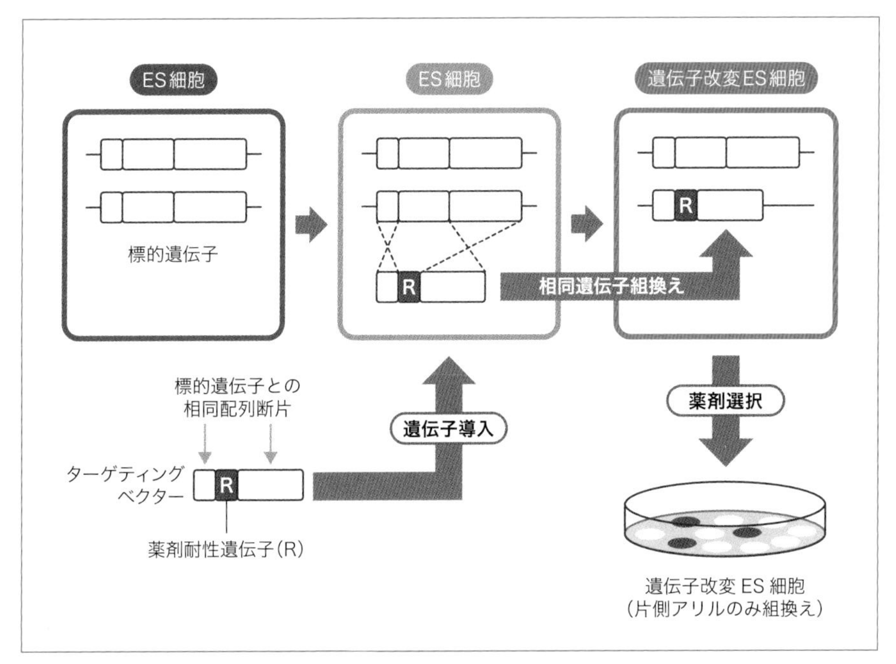

図3　ジーンターゲティング法によるES細胞の遺伝子改変

2) 核移植を用いたノックアウト家畜の作製

ノックアウト家畜は，家畜生産における基礎研究の材料として，また医療分野においては疾患モデルや異種間臓器移植のドナーとして期待されている．家畜種においては，生殖系列キメラを得ることができる多能性幹細胞の樹立・維持が非常に困難であること，さらには性成熟までの期間や妊娠期間が長いことから，マウスで実施されているようなキメラ個体を介してノックアウト個体を作製する手法は有効とはいえない．このような家畜種のノックアウト個体の作製には，体細胞核移植が用いられてきた．標的遺伝子が破壊された体細胞をドナーとした体細胞核移植によって得られた個体は遺伝情報が100%ドナー体細胞由来であるため，その個体自体がノックアウト家畜となる．代表的なものとして，現在までに，牛海綿状脳症にかかわるプリオン遺伝子[11)]や生殖細胞形成にかかわるNANOS3[12)]のノックアウトウシ，免疫拒絶にかかわるα 1,3-ガラクトシルトランスフェラーゼ[13)]や免疫不全にかかわるインターロイキン2受容体γサブユニット[14)]のノックアウトブタが体細胞核移植により作製されてい

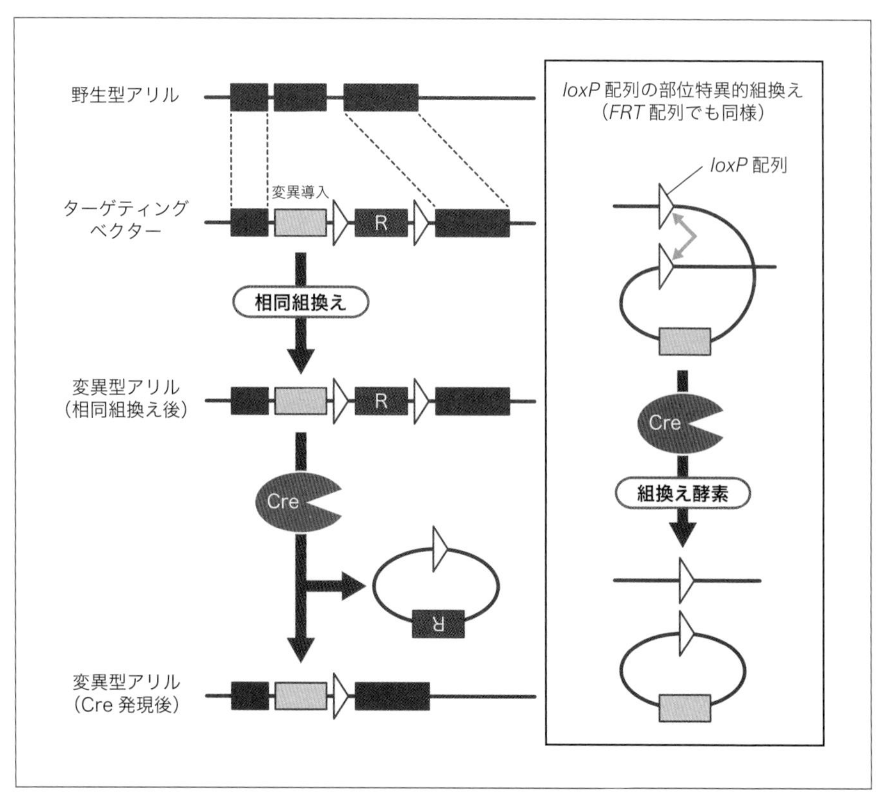

図4　コンディショナルターゲティング法

る．この手法がノックアウト家畜作製法の主流であり続けるためには，体細胞核移植による個体作製効率の向上が不可欠である．

5-3. ゲノム編集技術

ノックアウトやノックインなどの遺伝子改変には，人工ヌクレアーゼによる**ゲノム編集技術**が利用できる[15]．人工ヌクレアーゼはDNAの標的塩基配列部分を二本鎖切断（double-strand break：DSB）する酵素であり，Zinc Finger Nuclease（ZFN）やTranscription Activator-Like Effector Nuclease（TALEN），CRISPR/Cas systemが広く利用されている．人工ヌクレアーゼによってDSBが導入された細胞ではDNA修復機構が活性化する．**非相同末端結合**（non-homologous end joining：NHEJ）が活性化

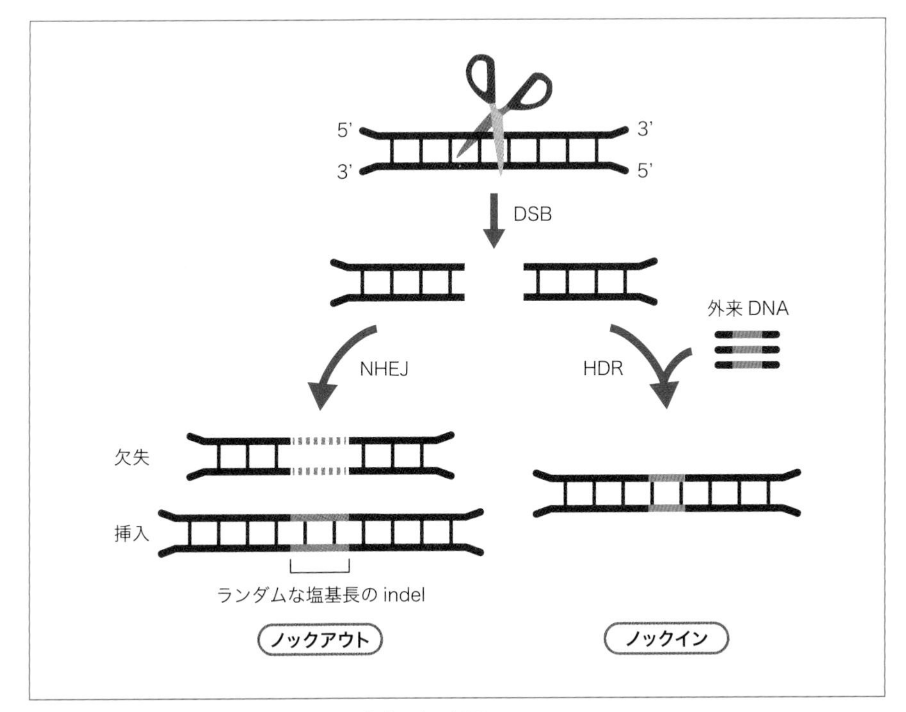

図5　ゲノム編集技術による遺伝子改変の概略図

した場合は，修復に伴って標的座位にランダムな塩基長の欠失や挿入変異（indel）が生じ得る．そのため，人工ヌクレアーゼの標的を目的の遺伝子の翻訳領域などに設計することで，indelによるフレームシフト変異などで機能欠損を引き起こし，ノックアウトすることができる．また，**相同組換え修復**（homology directed repair：HDR）が活性化した場合は，相同配列をもつ外来DNAとの相同組換えが起こり，外来配列をノックインすることができる（**図5**）．

かぎられた数の受精卵でもゲノム編集技術によって十分な効率で遺伝子改変が可能であるため，人工ヌクレアーゼを導入した受精卵を胚移植することで，直接，遺伝子改変動物を得ることができる[16]．ES細胞などを用いる従来の作製技術が利用できない動物種でも，胚操作が可能であればゲノム編集技術を介して遺伝子改変動物を作製できるため，幅広い動物種への応用が進んでいる．

一方，ゲノム編集による遺伝子改変には課題も存在する．人工ヌクレアーゼは，オフターゲット効果とよばれる，本来の標的と類似した塩基配列も認識し得るというリスクをもつため，標的配列は慎重に設計する必要がある[17]．また，NHEJによるindelの塩基長はランダムで，必ずしも望むパターンの変異が導入されるとは限らないため，隣接する別の遺伝子座を含む非常に広い領域が欠失される場合や，indelによって新たな配列の転写・翻訳産物が生じる場合など，想定外の影響を伴う場合があることにも注意が必要である．

また，受精卵を介したゲノム編集では，前核期のDNA複製後や卵割後に遺伝子改変が起こると，割球ごとに異なるindelが導入されて遺伝的に**モザイク**な個体に発生する場合があり，全身で均一な遺伝型の個体を得るためには交配を介する必要が生じる[18]．これに対して，目的の遺伝型をもつ体細胞を利用して体細胞核移植を行うことでモザイクリスクを回避できる．そのため，性成熟や妊娠期間に時間を要する産業動物などでは，培養細胞にゲノム編集を応用して望む改変パターンの細胞を準備し，そのうえで体細胞核移植によって遺伝子改変動物を作製する，といった方法も利用されている．

南　直治郎（みなみ　なおじろう），三谷　匡（みたに　たすく），
黒坂　哲（くろさか　さとし），藤井　渉（ふじい　わたる）

[参考文献]

1）Jaenisch R., Mintz B. (1974): Simian Virus 40 DNA sequences in DNA of healthy adult mice derived from preimplantation blastocysts injected with viral DNA. *Proc. Natl. Acad. Sci. USA.*, 71 (4): 1250-1254.

2）Gordon J.W., Scangos G.A., Plotkin D.J. *et al.*, (1980): Genetic transformation of mouse embryos by microinjection of purified DNA. *Proc. Natl. Acad. Sci. USA.*,77(12): 7380-4.

3）Sasaki E., Suemizu H., Shimada A. *et al.*, (2009): Generation of transgenic non-human primates with germline transmission. *Nature.*, 459(7246): 523-7.

4）Chan, A. W., Homan, E. J., Ballou, L. U., *et al.* (1998): Transgenic cattle produced by reverse-transcribed gene transfer in oocytes. *Proc. Natl Acad. Sci. USA.*, 95: 14028–14033.

5）Mizuno N, Mizutani E, Sato H, *et al.*, (2018): Intra-embryo Gene Cassette Knockin by CRISPR/Cas9-Mediated Genome Editing with Adeno-Associated Viral Vector. *iScience,* 9: 286-297.

6）Evans, M. J., Kaufuman, M. H. (1981): Establishment in culture of pluripotential

cells from mouse embryos. *Nature*, 292: 154-156.
7) Thomas, K. R., Capecchi, M. R. (1987): Site-directed mutagenesis by gene targeting in mouse embryo-derived stem cells. *Cell*, 51: 503-512.
8) Doetschman, T., Gregg, R. G., Maeda, N. *et al.* (1987): Targeted correction of a mutant HPRT gene in mouse embryonic stem cells. *Nature*, 330: 576-578.
9) Gu, H., Marth, J. D, Orban, P. C. *et al.* (1994): Deletion of a DNA polymerase beta gene segment in T cells using cell type-specific gene targeting. *Science*, 265: 103-106.
10) Dymecki, S. M. (1996): Flp recombinase promotes site-specific DNA recombination in embryonic stem cells and transgenic mice. *Proc. Natl. Acad. Sci. USA.*, 93: 6191-6196.
11) Richt, J. A., Kasinathan, P., Hamir, A. N. *et al.* (2006): Production of cattle lacking prion protein. *Nat. Biotechnol.*, 25: 132-138.
12) Ideta, A., Yamashita, S., Seki-Soma, M. *et al.* (2016): Generation of exogenous germ cells in the ovaries of sterile NANOS3-null beef cattle. *Sci. Rep.*, 6: 24983.
13) Fujimura, T., Takahagi, Y., Shigehisa, T. *et al.* (2008): Production of alpha 1,3-galactosyltransferase gene-deficient pigs by somatic cell nuclear transfer: a novel selection method for gal alpha 1,3-Gal antigen-deficient cells. *Mol. Reprod. Dev.*, 75: 1372-1378.
14) Suzuki, S., Iwamoto, M., Saito, Y. *et al.* (2012): Il2rg gene-targeted severe combined immunodeficiency pigs. *Cell Stem Cell*, 10: 753-758.
15) Kim, H., Kim, J.S. (2014) : A guide to genome engineering with programmable nucleases. *Nat Rev Genet.*, 15:321-334.
16) Hatada, I. ed (2017): Methods in Molecular Biology. Genome Editing in Animals: Methods and Protocols Humana Press, New Jersey.
17) Tsai, S.Q., Joung, J.K. (2016) : Defining and improving the genome-wide specificities of CRISPR-Cas9 nucleases. *Nat Rev Genet.* 17:300-312.
18) Mehravar, M., Shirazi, A., Nazari, M. *et al.* (2019) : Mosaicism in CRISPR/Cas9-mediated genome editing. *Dev Biol.* 445:156-162.

[参考図書]

・本田伸彰（2010）：遺伝子組換え作物をめぐる状況，国立国会図書館．ISSUE BRIEF NUMBER 686（2010.8.3）．
・理化学研究所 脳神経科学研究センター（2018 年 4 月に改組）HP（閲覧日：2019.8.6）．（https://bsd.neuroinf.jp/wiki/）

索引

和文索引

あ

アイソフォーム 81
アクチビン 38, 83, 95
アクチビン受容体 98
アデニル酸シクラーゼ 81
アポクリン腺 46
アポトーシス 194, 226
アロマターゼ 8, 82
アンドロジェン 7, 89, 162, 180, 191
アンドロジェン結合蛋白質 83
アンドロジェン受容体 195

い

異型接合 3
異種間キメラ 326, 327
一次性索 165
一次精母細胞 52, 288
一次卵胞 95
一次卵母細胞 30, 37
一極性接着 23
遺伝子 3
遺伝子型 3
遺伝子ノックアウト動物 10
遺伝的多様性 3
イノシトール三リン酸 86
イヤーウィグリング 189
囲卵腔 40, 234
陰核 46
陰唇 46
インスリン受容体 168
インターフェロン 226
インターフェロンτ 110
インターフェロンタウ 257, 296
陰嚢 47
インヒビン 38, 83, 95, 120, 180, 216
インヒビンA 96
インヒビンB 96
インプリント遺伝子 322

う

ウォルフ管 162, 173, 174
馬絨毛性性腺刺激ホルモン 104, 124, 207, 292

え

栄養外胚葉 242, 246
栄養膜幹細胞 256
栄養膜巨細胞 106
栄養膜細胞 247, 253
栄養膜二核細胞 106
疫学的寛容 259
エストラジオール 89, 195, 215
エストロジェン 7, 38, 68, 89, 120, 174, 180, 195, 248
エストロジェン受容体 171, 189, 195
エネルギー恒常性 127
エピジェネシス 140
エピジェネティクス 4
エピジェネティック修飾 241, 321
エピブラスト 26
円形精子細胞 51, 288

お

黄体 41, 93, 121, 215, 248
黄体期 215
黄体形成 226
黄体形成ホルモン 71, 114, 180
黄体細胞 81, 215
黄体退行 87, 122, 215
大型黄体細胞 122
オートクリン 98
オーファン受容体 78
オキシトシン 85, 115
オキシトシン受容体 123
オピオイドペプタイド 130
帯状胎盤 253
オブシンク法 302
オフターゲット効果 337

か

外陰部 46
開口分泌 234
外性器の挿入 191
解糖 61
外卵胞膜細胞 163
カウパー腺 63
拡張胚盤胞 243
下垂体 66
下垂体後葉 70, 114
下垂体前葉 70, 112, 113, 218
下垂体門脈 114
下垂体門脈系 66, 70
カスケード反応 260
割球 238
活性作用 7
ガラス化 310
ガラス化凍結法 292
ガラス化法 314
顆粒層 93
顆粒層細胞 36, 81, 83, 117, 163, 222
顆粒膜細胞 36
カルシウムオシレーション 235
ガルトナー腺 46
間質細胞 36, 81, 123
間質腺 36
間質組織 94
環状AMP 81
環状アデノシン一リン酸-蛋白質リン酸化反応経路 230
間性 155
完全性周期 216
完全性周期動物 13
完全生殖周期 11, 117

緩慢凍結法 292, 309, 313

き

キアズマ 22
疑似常染色体領域 22
偽常染色体領域 154
キスペプチン 68, 78, 183
キスペプチンニューロン 193
季節繁殖 126
季節繁殖周期 11
季節繁殖動物 7
拮抗薬 125
基底側 244
基底膜 93, 222
キメラ 158, 325
ギャップジャンクション 222
嗅球 191
弓状核 72, 188
牛乳アレルギー 275
吸乳刺激 11, 87, 95, 130
宮阜 44
協同作用 85
筋上皮細胞 86
筋様細胞 163

く

組換え 21
グラーフ卵胞 94, 222
クラインフェルター症候群 157
クラウゼ終棍 46
グリセロリン酸コリン 59
グルコース 128
クローン 3, 320
クロップミルク 84
クロマチン 4

け

形成作用 8
経膣採卵法 301
系統発生 4
頸部 56
血液漿膜胎盤 256
血液精巣関門 47
血液脳関門 196
月経 42, 250
月経周期 215
結合上皮絨毛性胎盤 255
結合組織漿膜胎盤 255
血絨毛性胎盤 256
血清アルブミン 284

ゲノム 3
ゲノムインプリンティング 140
ゲノムの初期化 241
ゲノム編集技術 336
原始卵胞 222
減数分裂 6, 18, 136
顕微授精 278

こ

後期 18
交叉 136
交差型組換え 20
光周期 126
甲状腺刺激ホルモン 73
甲状腺刺激ホルモン放出
　ホルモン 70
後先体域 57
交尾行動 191
交尾排卵動物 14, 119, 183
後分娩排卵 12
合胞体性栄養膜
　細胞 103, 106, 247
抗ミューラー管
　ホルモン 95, 162, 170, 174
呼吸 61
孤児受容体 183
個体発生 4
ゴナドスタット説 209
ゴナドトロフ 81, 215
コネクシン 38
コリン性リン脂質 60
コレステロール 89, 121
コレステロール側鎖切断酵素 90
コンディショナル
　ターゲティング法 334
コンパクション 242

さ

サージ状放出 72
サイクリックAMP 92
サイクリンB 235
ザイゴテン期 21
細胞質分裂 20
作動薬 125
散在性胎盤 253
三次卵胞 94, 95
残余小体 53

し

ジーンターゲティング法 333

子宮 42
子宮角 42
子宮筋 86
子宮頸管 229
子宮頸部 42
子宮小丘 42, 254
子宮腺 42
子宮体 42
子宮内膜 42, 86, 246
子宮内膜杯 104, 254
子宮の受容期 248
子宮平滑筋 87
子宮卵管接合部 228
軸糸 57
シグナルペプチド 74
シクロオキシゲナーゼ 107
始原生殖細胞 26, 164
視索上核 86
視索前野 72, 79, 186
支持細胞 163
視床下部 66
視床下部-下垂体系 216
視床下部-下垂体-
　性腺軸 8, 70, 112, 180
視床下部-下垂体-副腎軸 74, 130
視床下部弓状核 183
視床下部室傍核 73
視床下部内側基底部 72
ジスルフィド結合 76
雌性前核 236
雌性配偶子 228
自然排卵動物 13
室傍核 86
シナプトネマ複合体 21
ジヒドロテストステロン 125, 174
脂肪顆粒除去法 312
姉妹キネトコア 19
姉妹染色分体 19
射精 55, 191
終期 18
集合キメラ 326
収縮関連物質 260
雌雄性 134
終部 56
周辺微小管 57
絨毛性性腺刺激
　ホルモン 80, 103, 257
絨毛膜 253
受精 228
受精能獲得 230, 281

受精能獲得抑制因子 230
主席卵胞 216, 295
受胎産物 296
受胚動物 292
主部 56
腫瘍壊死因子-α 226
受容期 249
春機発動 8, 183, 204
乗駕 188
松果体 126
小細胞性ニューロン 73, 74, 87
小前庭腺 46
上皮絨毛性胎盤 254
上皮漿膜性胎盤 254
初期化 321
初期乳腺芽 265
初期発生 238
植氷 314
初潮 204
初乳 9, 268
シングレット中心微小管 57
神経内分泌学 67
神経内分泌ニューロン 70
人工授精 278
シンシチン 256
浸潤 246
新生子期 204
伸長精子細胞 51, 288
伸長胚 304

す

スタンディング 188
ステロイド産生細胞 163
ストレス 74, 129
ストレス応答 87

せ

精液 55
精管 47
性決定遺伝子*Sry* 162
精原細胞 6, 30, 51, 206
性行動 75, 188
精細管 47, 51
精細胞 33, 288
精索静脈叢 51
精子 6, 55, 228
精子幹細胞 172
精子完成 51, 53
精子形成 24, 51
精子形成周期 54
精子細胞質内注入法 288
精子前培養 281
精子の鞭毛運動 58
精子発生 51
性周期 13, 179, 215
精漿 55
精上皮周期 54
生殖 3
生殖医療 308
生殖器官 47
生殖結節 162
生殖原基 162
生殖細胞 3, 24
生殖質 24
生殖隆起 26, 142, 162, 164
性ステロイドホルモン 6, 180
性成熟 8, 183, 204
性成熟期 204
性腺 6, 162
性腺刺激ホルモン 7, 68, 72, 112, 180, 216
性腺刺激ホルモンサージ 94
性腺刺激ホルモン産生細胞 81
性腺刺激ホルモン放出ホルモン 67, 70, 112, 180
性腺刺激ホルモン放出ホルモンニューロン 7
性腺刺激ホルモン放出抑制ホルモン 79
性染色体 8, 141, 146
精巣 6, 47
精巣下降 49, 174
精巣索 165
精巣上体 47
精巣上体精子 281
精巣導帯 174
精巣網 47, 175
精巣輸出管 47
精祖細胞 6, 51, 206
正中隆起 113
成長ホルモン 73, 266
成長ホルモン放出ホルモン 71
性的二型核 183, 193, 194, 195
性転換因子 152
精嚢腺 47, 62
性の決定 141
正のフィードバック 113, 181
正のフィードバック作用 82
性分化 8, 134
精母細胞 51
セカンドメッセンジャー 76
赤道部 57
セキュリン 235
接合子 4, 228
接着 246
接着帯 242
セルトリ細胞 47, 83, 95, 98, 142, 163
セロトニンニューロン 191
前核期 236
前核形成 289
前期 18
潜在的卵胞発育波 218
前視床下野 72
前受容期 249
染色体 18
染色分体 19
前精原細胞 172
前性成熟期 204
先体 57, 232
先体反応 232
前中期 18
全能性 4, 240
潜伏精巣 171
前腹側室周囲核 79
前腹側側室周囲核 183
線毛細胞 41
前立腺 47, 63

そ

桑実胚 242
相転移 311
相同組換え 136
相同組換え修復 337
相同染色体 136
相分離 311
叢毛胎盤 253
素嚢乳 84
ソマトスタチン 71
ソルビトール 59

た

ターナー症候群 157
対位 246
第一極体 33, 40
第一減数分裂後期 40
第一減数分裂終期 40
第一減数分裂前期 21
第一減数分裂中期 40
体外受精 278

体外発生停止 289
体腔上皮 162
対合 21
対向流機構 109, 122
体細胞 3, 24
体細胞クローン 320
大細胞性ニューロン 86
体細胞分裂 6, 18
胎子期 204
胎子胎盤 253
代謝シグナル 128
胎生 4
大前庭腺 46
耐凍剤 302
第二極体 40
第二減数分裂後期 40
第二減数分裂終期 40
第二減数分裂中期 40
ダイニン 57
胎盤 4, 44, 80, 124, 246
胎盤性PRLファミリー 107
胎盤性ラクトジェン 95, 105, 266
胎盤節 44
胎盤分葉 254
対比成長 266
多型 3
多精子受精 235
脱雌性化 182, 195
脱雌性化・雄性化 192
脱落膜 86, 247
脱落膜細胞 87
多能性 27, 242
多発情動物 44
ダブレット微小管 57
多分化能 333
単為生殖 139
短日繁殖動物 14
炭素数20の多価不飽和脂肪酸 107
担体蛋白質 112
単配偶システム 5
単発情動物 44

ち

遅延着床 250
乳付き順位 9
膣 45
膣前庭 45
膣板 175
着床 246
着床ウィンドウ 248
中隔 189
中隔野 72
中期 18
中期乳腺芽 266
中腔構造 266
中腎 28, 162
中腎管 162, 173
中腎細管 166
中心微小管 57
中腎傍管 162, 173
中枢神経系の性分化 179
注入キメラ 326
チューブリン 57
中片部 56
超活性化運動 231
腸管閉鎖 9, 269
長日繁殖動物 14
頂端側 244
頂端側-基底側極性 244

て

低温障害 309
低カルシウム症 274
ディプロテン期 21
テストステロン 38, 89, 123, 162, 174, 180, 191
テロメア 4
テロメラーゼ 4

と

凍害防止剤 309
凍結 310
洞結節 175
凍結保存 307
動原体 19
等成長 266
頭部 56
頭帽 57
透明帯 232
透明帯反応 235
ドパミン 77
ドパミンニューロン 193
トランスジェニック動物 10
トランスポゾン・レトロトランスポゾン 138
トロホボラスチン 257

な

内皮絨毛性胎盤 256
内皮漿膜性胎盤 256
内部細胞塊 242, 247, 326
内卵胞膜 93
内卵胞膜細胞 81, 117, 163, 215

に

二核細胞 248
二価染色体 21
二極性接着 20
二次性索 166
二次精母細胞 33, 288
二重体 81
二次卵母細胞 33, 40
ニッチ 2
乳管構造 266
乳子期 204
乳汁排出反射 87
乳腺 264
乳腺筋上皮細胞 268
乳腺上皮細胞 267
乳腺小葉 266
乳腺堤 265
乳腺胞 87, 266
乳糖不耐症 274
乳房 267
乳房炎 274
ニューロフィジン 85
尿生殖溝 45
尿生殖洞 45, 162, 173, 175
尿道球腺 47, 63
尿膜 26
妊娠認識 110, 257

の

脳室周囲器官 129
脳の雄性化 182
乗換え 136

は

胚 228, 307
胚移植 291, 307
バイオアッセイ法 84
バイオリアクター 10
胚休眠 250
配偶子 3
配偶子形成 24
配偶システム 5, 9
胚ゲノム活性化 240
胚性幹細胞 333
背側縫線核 191

胚盤 26
胚盤胞 242, 246
胚盤胞腔 242
ハイポブラスト 26
排卵 40, 179, 215, 224
排卵窩 35
排卵周期 11, 13
パキテン期 21
白膜 47
白血病抑制因子 251
発情期 215
発情休止期 215
発情後期 215
発情周期 13, 117, 215
発情前期 215
発生工学 10
鼻プラコード 72
パラクリン 98
パルス状放出 72
バルトリン腺 46
半陰陽 155
盤状胎盤 253
繁殖障害 68
繁殖成功度 5
繁殖戦略 5
半数体 52, 136

ひ

ヒートシンク法 303
非受容期 249
微小管 18
ヒストン 241
ヒストン脱アセチル化酵素
　阻害剤 323
非相同末端結合 336
ヒト絨毛性性腺刺激
　ホルモン 103, 124
泌乳 263
泌乳期無発情 130
尾部 56
表現型 3
表層反応 234
表層粒 234
表面上皮 35

ふ

ファーガソン反射 87
ファーステンベルグ・
　ロゼッタ 268
ファーテル・パチニ層板小体 46
フィードバック機構 112
フェロモン 46, 130, 213
フォリスタチン 83
孵化 243
孵化胚盤胞 243
不完全性周期 216
不完全性周期動物 13
不完全生殖周期 11
副腎皮質刺激ホルモン 74, 130
副腎皮質刺激ホルモン
　放出ホルモン 70, 130
副腎皮質性思春期徴候 207
副生殖腺 47, 62
複配偶システム 5
負のフィードバック 113, 180
フラクトース 59
フラクトース分解 62
フリーマーチン 158
プレグネノロン 89, 121
プレプロCRH 74
プレプロGnRH 72
プレプロTRH 73
プロジェスチン 7, 89
プロジェステロン 38, 89, 121,
　189, 215, 248
プロジェステロン受容体 226
プロスタグランジン 107
プロスタグランジン$F_{2\alpha}$
　87, 115, 218, 257
プロタミン 235
プロテインキナーゼA 81
プロテインキナーゼC 86
プロホルモン 74
プロラクチン 73, 95, 220
プロラクチン放出因子 71
プロラクチン放出ペプチド 77
プロラクチン放出抑制因子 71
分泌細胞 42
分娩後発情 12
分裂期 18

へ

平衡 314
ヘパリン結合EGF様増殖
　因子 252
扁桃体 191

ほ

芳香化 93
芳香化仮説 195
紡錘体 18
母性・胚性転移 240
母性因子 240
母性行動 85
母体胎盤 253
ホッピング 189
哺乳 4
哺乳類 4
ホモログ 79
ホリスタチン 38

ま

マイスネル小体 46
マウント 188
マクロファージ 226

み

密着結合 242
ミトコンドリア鞘 57
ミューラー管 162, 173, 175
ミューラー管抑制因子 162
ミューラー管抑制ホルモン 95

む

無精子症因子 154
無性生殖 3, 137
ムチン 251
無発情排卵 204

め

メタスチン 183
メラトニン 126, 213

も

モザイク 358

ゆ

有糸分裂 6, 18
有性生殖 3, 134
雄性前核 236
雄性配偶子 228

よ

幼若期 204
羊膜腔 26

ら

ライディヒ細胞 48, 81,
　90, 123, 163
ライフサイクル 11

ラクトトロフ 84
ラジオイムノアッセイ 67, 84
卵黄嚢 26
卵黄ブロック 235
卵核胞 37, 39
卵核胞期 39
卵核胞崩壊 39
卵割 239
卵管 41
卵管峡部 228
卵管膨大部 228
卵丘 93
卵丘細胞 38, 224
卵原幹細胞 33
卵原細胞 6, 30, 36, 167, 206
卵子 6, 228, 307
卵子形成 24
卵子の活性化 235
卵生 4
卵巣 6, 35
卵祖細胞 6, 167, 206
卵胞 93
卵胞液 222
卵胞期 117, 215
卵胞腔 83, 222
卵胞刺激ホルモン 71, 114, 180, 298
卵胞波 296
卵胞発育 222
卵胞発育波 117, 216
卵胞斑 40, 224
卵母細胞 6, 167, 224

り

リプログラミング 241, 321
リポ蛋白質 89
隆起漏斗部ドパミン作動性ニューロン 78
臨界期 196

る

類似体 125

れ

レシピエント 292
レチノイン酸 172, 176
レチノイン酸受容体 176
レプチン 129, 212
レプトテン期 21

ろ

ロードシス 87, 189

欧文索引

数字

17β-estradiol 38
17βエストラジオール 38
20α-dihydroprogesterone 94
20α-HSD 94, 220
20α-hydroxysteroid dehydrogenase 94, 220
20α-水酸化ステロイドデヒドロゲナーゼ 220
2細胞説 38
5α-DHT 195, 196
5α-dihydrotestosterone 174, 195
5α-ジヒドロテストステロン 195
5α-リダクターゼ 174
9＋2構造 57

ギリシャ文字

α subunit 81
α-fetoglobulin 195
α-fetoprotein 195
αサブユニット 81
α-フェトプロテイン 195
β-catenin 171
Δ^4-pathway 92
Δ^4経路 92
Δ^5-pathway 92
Δ^5経路 92

A

accessory gland 47
acrosomal cap 57
acrosome 57, 232
acrosome reaction 232
ACTH 74, 130
activational action 7
activin 38, 83, 95
activin receptor 98
adenylate cyclase 81
adrenarche 207
adrenocorticotropin 74, 130
agonist 125
allantois 26
allometric growth 266
alveolus 266
alveolus of mammary gland 87
Amh 148
AMH 162, 170, 174
amniotic cavity 26
analog 125
anaphase 18
anaphase I 40
anaphase II 40
androgen 7, 89, 162, 180
androgen receptor 195
androgen-binding protein 83
antagonist 125
anterior hypothalamic area 72
anterior lobe of the pituitary 113
anterior pituitary 70, 112, 218
anteroventral periventricular nucleus 79, 183
anti-Miillerian hormone 95, 148, 162
apical side 244
apicobasal polarity 244
apocrine gland 46
apoptosis 194, 226
apposition 246
arcuate nucleus 72
aristaless related homeobox, X-linked 170
aromatase 8, 82
aromatization 93
aromatization hypothesis 195
ARX 170
asexual reproduction 3, 137
attachment 246
autocrine 98
AVPV 79, 183, 193
AVPV-POA 領域 193
axoneme 57
AZF 154
azoospermia factor 154

B

basal side 244
basement membrane 93, 222
binucleate cell 248
bioassay 84
bioreactor 10

bipolar attachment 20
bivalent chromosome 21
blastocoel 242
blastocyst 242, 246
blastocyst cavity 242
blastomere 238
blood-brain barrier 196
blood-testis barrier 47
BTB 47
bulbourethral gland 47

C

cadherin 242
calcium oscillation 235
cAMP 81, 230
canalization 266
capacitation 230
carrier protein 112
caruncle 44, 254
CBX2 168
Cdx2 244
central singlet microtubules 57
cervical duct 42
CG 80, 103, 257
chiasma 22, 136
cholesterol 89, 121
cholesterol single-chain cleavage enzyme 〈P450sec〉 90
chorion 253
chorionic gonadotropin 80, 103, 257
chromatin 4
chromobox 2 168
chromosome 18
ciliated cell 41
circumventricular organ 129
cleavage 239
clitoris 46
clone 3
coelomic epithelium 162
colostrum 9, 268
compaction 242
complete estrous cycle 13, 216
complete reproductive cycle 11, 117
compulsory ovulator 14
connexin 38
copulatory 〈reflex〉 ovulator 119
corpus luteum 41, 93, 121, 215
cortical granule 234
cortical reaction 234
corticotropin-releasing hormone 71, 130
cothyledon 254
cotyledonary placenta 253
counter current mechanism 122
counter current transfer 109
Cowper's gland 47, 63
COX 107
CPA 309
CRH 71, 130
CRH-binding protein 74
CRH-BP 74
CRH 結合蛋白質 74
critical period 196
crop milk 84
crossover recombination 20
cryoinjury 309
cryopreservation 307
cryoprotectant 302
cryoprotective agent 309
cryptorchid 171
cumulus 93
cumulus cell 224
CXC chemokine receptor type 4 164
CXC chemokine stromal cell-derived factor-1 164
CXCR4 164
cyclic adenosine 3′,5,′-monophosphate 230
cyclic AMP 81, 92
cyclin B 235
cyclooxygenase 107
CYP26B1 172
cytochrome P450 26B1 172
cytokinesis 20

D

DAX1 170
decapacitation factor 230
decidua 86, 247
decidual cell 87
defeminization of the brain 182
delayed implantation 250
delipation 法 312
desensitization 125
Desert Hedgehog 170
DHH 170
DHT 174
diestrus 215
diffuse placenta 253
dihydrotestosterone 125
dimer 81
diplotene 期 21
discoid placenta 253
disulfide bond 76
Dmrt1 149
DMRT1 169
DNA-methyltransferase 3-like 172
DNA 複製期 18
DNMT3L 172
dominant follicle 216, 295
dopamine 77
dopamine neuron 193
dorsal raphe nucleus 191
dosage-sensitive sex reversal, adrenal hypoplasia critical region, on chromosome X 170
doublesex and mab-3 related transcription factor 1 169
doublet microtubule 57
down regulation 125
dsx and *mab3* -related transcription factor 1 149
dynein 57

E

E_2 248
early development 238
ear-wiggling 189
eCG 104, 124, 207, 292
efferent ductules 47
eicosapentaenoic acid 107
ejaculation 55, 191
elongated spermatid 51
embryo 228, 307
embryo technology 10
embryo transfer 291, 307
embryonic diapause 250
embryonic disc 26
embryonic genome activation 240
embryonic stem cells 333
empty spiracles homolog 2 164
EMX2 164, 173
end piece 56

endometrial cup 104, 254
endometrium 42, 86, 246
endotheliochorial placenta 256
energy homeostasis 127
epiblast 26
epididymis 47
epigenesis 140
epigenetic modification 241
epigenetics 4
epitheliochorial placenta 254
equatorial segment 57
equilibration 314
equine chorionic gonadotropin 104, 124, 207, 292
ER α 251
ER β 251
estradiol 89, 195, 215
estrogen 7, 38, 68, 89, 120, 174, 180
estrogen receptor 171, 189
estrous cycle 13, 117, 215
estrus 215
ES 細胞 333
ET 291, 307
exocytosis 234
expanded blastocyst 243
external theca cell 163
E-カドヘリン 242

F

feedback mechanism 112
female gamete 228
female pronucleus 236
Ferguson reflex 87
fertilization 228, 278
fetal period 204
FGF10 175
FGF8 175
FGF9 169
fibroblast growth factor-9 169
first polar body 33, 40
foal heat 12
FOG2 168
follicle-stimulating hormone 71, 114
follicular antrum 83, 222
follicular development 222
follicular fluid 222
follicular phase 117, 215
follicular stigma 40, 224
follicular wave 117, 216, 296
follicular-stimulating hormone 180
follistatin 38, 83
forkhead box L2 171
FOXL2 171
freezing 310
friend of Gata 168
fructolysis 62
FSH 71, 80, 114, 180, 298
FSH β subunit 82
FSH β サブユニット 82
Furstenberg's rosette 268

G

G protein-coupled receptor 72, 92
G protein-coupled receptor 54 183
gamete 3
gametogenesis 24
gap junction 222
Gartner duct 46
gene 3
gene knockout animal 10
genetic diversity 3
genital ridge 26, 142, 162, 164
genital tubercle 162
genome 3
genomic imprinting 140
genotype 3
germ cell 3, 24
germ plasm 24
germinal vesicle 37, 39
germinal vesicle breakdown 39
GH 73, 266
GHRH 71
$G_{i/o}$ 83
glucose 128
glycolysis 61
GnIH 79
GnRH 67, 70, 112, 180
GnRH pulse generator 114, 218
GnRH surge 119
GnRH surge generator 115, 224
GnRH/LH-surge center 193
GnRH/LH サージ中枢 193
GnRH サージ 119
GnRH サージジェネレーター 115, 224
GnRH のパルス状分泌 11
GnRH パルスジェネレーター 114, 218
gonad 6, 162
gonadal primordium 162
gonadostat theory 209
gonadotroph 81, 215
gonadotropin 7, 68, 72, 112, 180, 216
gonadotropin releasing hormone 67, 70, 112, 180
gonadotropin releasing hormone 〈GnRH〉 neuron 7
gonadotropin surge 94
gonadotropin-inhibitory hormone 79
gonocyte 30
GPC 59
GPR54 183
$G_{q/11}$ 86
Graafian follicle 94, 222
granulosa cell 36, 81, 83, 117, 163, 222
granulosa cell layer 93
greater vestibular gland 46
growth hormone 73, 266
growth hormone releasing hormone 71
GTH 72
gubernaculum of testis 174
gut closure 9, 269
GVBD 39
GV 期 39
G 蛋白質共役型受容体 72, 92

H

haploid 52, 136
hapothalamic arcuate nucleus 183
hatched blastocyst 243
hatching 243
HB-EGF 252
hCG 103, 124, 257
HDACi 323
HDR 337
head 56
hemochorial placenta 256
heparin-binding EGF-like growth factor 252
heterozygosity 3

histone 241
homologous chromosome 136
homologous recombination 136
homologue 79
homology directed repair 337
hopping 189
human chorionic gonadotropin 103, 124
hyperactivation 231
hypoblast 26
hypocalcemia 274
hypophyseal portal system 66, 70
hypophyseal portal vessel 114
hypothalamic paraventricular nucleus 73, 86
hypothalamic-pituitary system 216
hypothalamic-pituitary-adrenal 〈HPA〉 axis 74, 130
hypothalamic-pituitary-gonadal 〈HPG〉 axis 8, 70, 112, 180
hypothalamus 66

I

ice seeding 314
ICM 242, 326
ICSI 288
IFNt 110
IFNT 257
IFN-τ 257
implantation 246
in vitro maturation, fertilization and culture 300
incomplete estrous cycle 13, 216
incomplete reproductive cycle 11
infantile period 204
Inhba 174
inhibin 38, 83, 95, 120, 180, 216
Inhibin βA 174
inner cell mass 242
inositol trisphosphate 86
insemination 278
INSL3 171, 174
insulin receptor 168
insulin-like 3 171
interferon 226
interferon τ 110
internal theca cell 163
interstitial cell 36, 81, 123
interstitial gland 36
interstitial tissue 94
Intracytoplasmic Sperm Injection 288
intromission 191
invasion 246
isoform 81
isometric growth 266
IVM/F/C 300

J

juvenile period 204

K

K strategist 5
KiSS neuron 224
KISS1 遺伝子 78
kisspeptin 68, 78, 183
kisspeptin neuron 193
KISS ニューロン 224
Krause terminal bulb 46
K-T boundary 2
K-T 境界 2
K 戦略者 5

L

lactation 4, 263
lactational anestrus 130
lactiferous duct 266
lactose intolerance 274
lactotroph 84
large luteal cell 122
latent follicular wave 218
leptin 129, 212
leptotene期 21
lesser vestibular gland 46
leukemia inhibitory factor 251
Leydig cell 48, 81, 90, 123, 163
LH 71, 80, 90, 114, 180
LH receptor 92, 222
LH-surge 13, 82, 119, 181
LHX1 173
LHX9 164
LH β subunit 81
LH β サブユニット 81
LH サージ 13, 82, 119, 181
LH 受容体 92, 222
LIF 251
life cycle 11
LIM homeobox protein 1 173
LIM homeobox protein 9 164
lip of the pudendum 46
lipoprotein 89
lobulealveolar system 266
long day seasonal breeder 14
lordosis 87, 189
luteal cell 81, 215
luteal phase 215
luteinization 226
luteinizing hormone 71, 114, 180
luteolysis 87, 122, 215

M

macrophage 226
magnocellular neuron 86
male gamete 228
male pronucleus 236
male reproductive organ 47
mammal 4
mammary epithelial cell 267
mammary gland 264
mammary ridge 265
MAP3K4 168
masclinization of the brain 182
mastitis 274
maternal behavior 85
maternal factor 240
maternal to zygotic transition 240
mating behavior 191
mating system 5, 9
mCG 257
median eminence 113
mediobasal hypothalamus 72
meiosis 6, 136
Meissner corpuscle 46
melatonin 126, 213
menarche 204
menstrual cycle 215
menstruation 42, 250
mesonephric duct 162
mesonephric tubule 166
mesonephros 28, 162
metabolic signal 128
metaphase 18
metaphase I 39
metaphase II 40
metastin 183
metestrus 215

microtubule 18
middle piece 56
midpiece 56
Müllerian ducts 162
milk allergy 275
milk ejection reflex 87
mitochondrial sheath 57
mitogen-activated protein kinase kinase kinase 4 168
mitosis 6, 18
mitotic phase 18
monoestrous animal 44
monogamy 5
monopolar attachment 23
morula 242
mount 188
MPF 235
M-phase promoting factor 235
Msx1 252
MUC1 251
mucin 251
myoepithelial cell 86, 268
myometrium 86
M 期 18
M 期促進因子 235

N

Nanog 244
nanos homolog 2 172
NANOS2 172
neck 56
negative feedback 113, 180
neonatal period 204
neuroendocrine neuron 70
neuroendocrinology 67
neurophysin 85
NHEJ 336
niche 2
non-homologous end joining 336
ntES 細胞 324

O

Oct4 244
olfactory placode 72
ontogenesis 4
oocyte 6, 167, 224, 307
oocyte activation 235
oogenesis 24
oogonial stem cell 33
oogonium 6, 30, 36, 167
opioid peptide 130
OPU 301
organizational action 8
orphan receptor 78, 183
ovarian follicle 93
ovary 6, 35
oviduct 41
oviductal ampulla 228
oviductal isthmus 228
oviparity 4
ovulation 40, 179, 215, 224
ovulation fossa 35
ovulatory cycle 11, 13
ovum 6, 228
ovum pick up 301
oxytocin 85, 115
oxytocin receptor 123

P

P_4 248
P_4 ブロック 258
pachytene 期 21
paired box gene 2 173
pampiniform plexus 51
PAR 154
paracrine 98
paramesonephric duct 162
parthenogenesis 139
parvicellular neuron 73, 74, 87
PAX2 173
penetration 246
period of uterinereceptivity 248
peripubertal period 204
peritubular myoid cell 163
perivitelline space 40, 234
PG 107
PGC 26, 164
$PGF_{2\alpha}$ 115, 218, 257
phase separation 311
phase transition 311
phenotype 3
pheromone 46, 130, 213
photoperiod 126
phylogenesis 4
PIF 71
pineal gland 126
PIS 171
pituitary 66
PL 95, 105, 266
placenta 4, 44, 80, 124, 246
placental lactogen 95, 105
placental PRL family 107
placentome 44
pluripotency 27, 243, 333
POA 186, 193
polled intersex syndrome 171
polyestrous animal 44
polygamy 5
polymorphism 3
polyspermy 235
positive feedback 113, 181
positive feedback effect 82
postacrosomal region 57
posterior pituitary 70, 114
postpartum ovulation 12
PRA 251
PRB 251
pregnancy recognition 110, 257
pregnenolone 89, 121
preoptic area 72, 79, 186
prepro-CRH 74
prepro-GnRH 72
prepro-TRH 73
prepubertal hiatus 207
prepubertal period 204
pre-receptive 249
PRF 71
primary follicle 95, 222
primary mammary bud 265
primary oocyte 30, 37
primary sex cord 165
primary spermatocyte 52
primordial germ cell 26, 164
principal piece 56
PRL 73, 80
PRL 産生細胞 84
proestrus 215
progesterone 38, 89, 121, 189, 215
progesterone receptor 226
progestin 7, 89
prohormone 74
prolactin 73, 95, 220
prolactin inhibiting factor 71
prolactin releasing factor 71
prolactin releasing peptide 77
pronuclear stage 236
prophase 18
prophase I 21
prospermatogonium 172

prostaglandin 107
prostaglandin $F_{2\alpha}$ 87, 218, 257
prostate gland 47
protamine 235
protein kinase A 81
protein kinase C 86
protein phosphorylation 230
PrRP 77
pseudo autosomal
region 22, 154
puberty 8, 183, 204
pulsatile release 72
pulsatile secretion of GnRH 11
P 屈曲 58

R

r strategist 5
RA 176
radioimmunoassay 67, 84
receptive 249
recombination 21
reflex ovulator 183
refractory 249
reproduction 3
reproductive disorders 68
reproductive medicine 308
reproductive strategy 5
reproductive success 5
reprogramming 241
residual body 53
respiration 61
rete testis 47, 175
retinoic acid 172
retinoic acid gene 8 172
retinoic acid receptor 176
retrotransposon 138
RFamide-relating peptide 79
RFRP 79
RF アミド関連ペプチド 79
round spermatid 51
RSPO1 171
R-spondin homolog 171
R 屈曲 58
r 戦略者 5

S

scrotum 47
SDF-1 164
SDNPOA 193
seasonal breeder 7
seasonal breeding 126
seasonal breeding cycle 11
second messenger 76
second polar body 40
secondary interstitial 94
secondary mammary bud 266
secondary oocyte 33, 40
secondary sex cord 166
secondary spermatocyte 33
secreting cell 42
securin 235
semen 55
seminal plasma 55
seminal vesicle 47
seminiferous epithelial cycle 54
seminiferous tubule 47
septum 72, 189
serotonine neuron 191
Sertoli cell 47, 83, 95, 98, 142, 163
sex chromosome 8, 141
sex determination 141
sex differentiation 8, 134
sex steroid hormones 6, 180
sex-determining
region Y 142, 147, 162
sex-reversal factor 152
sexual behavior 75, 188
sexual cycle 13, 179, 215
sexual differentiation of the
central nervus system 179
sexual reproduction 3, 134
sexuality 134
sexually dimorphic nuclei 183
sexually dimorphic nucleus of
the POA 193
SF1 170
SF1/NR5A1 164
short day seasonal breeder 14
signal peptide 74
silent ovulation 204
sinus node 175
sister chromatids 19
sister kinetochores 19
slow cooling method 309, 313
SOF 284
somatic cell 3, 24
somatostatin 71
somatotropin 266
SOX 168
Sox2 244
Sox9 148
SOX9 169
speramtogenic cell 288
sperm 6, 55, 228
spermatid 33
spermatocyte 51
spermatocytogenesis 51
spermatogenesis 24, 51
spermatogenic stem cell 172
spermatogonia 51
spermatogonium 6, 30
spermatozoa 55
spermiogenesis 51
spindle 18
spontaneous ovulator 13
SRD5a 174
Sry 142, 147
Sry boxcontaining gene 9 148
Sry-related HMG box 168
Sry-related HMG box-9 169
standing 188
STAR 90
steroid 5 α reductase 174
steroidogenic acute regulatory
protein (StAR) 90
steroidogenic cell 163
steroidogenic factor-1/nuclear
receptor subfamily 5A1 164
STRA8 172
stress 74, 129
stress response 87
suckling stimulus 11, 87, 95, 130
supporting cell 163
supraoptic nucleus 86
surface epithelium 35
surge 72
Sxr 152
synapsis 21
synaptonemal complex 21
Syncytin 256
syncytiotrophoblast
103, 106, 248
synepitheliochorial placenta 255
synergistic action 85
synthesis phase 18
S 期 18

T

tail 56

TE 242, 246
teat order 9
telomerase 4
telomere 4
telophase 18
telophase I 40
telophase II 40
testes 47
testicular descent 49, 174
testicular feminization mutation 195
testis 6, 47
testis cord 165
testosterone 38, 89, 123, 162, 180, 191
Tfm 195
TGF-β family 95
TGF-β ファミリー 95
theca interna cell 81, 117, 215
thyroid stimulating hormone 73
thyrotropin releasing hormone 70
tight junction 242
totipotency 4, 240
transgenic animal 10
transzonal projection 39
TRH 70
trophoblast binucleate cell 106
trophoblast cell 247, 253
trophoblast giant cell 106
trophoblastin 257
trophoectoderm 242, 246
TSH 73
TS 細胞 256
tuberoinfundibular dopaminergic [TIDA] ニューロン 78
tubulin 57
tumor necrosis factor-α 226
tunica albuginea 47
two-cell 94
two-gonadotropin モデル 94

U

udder 267
up regulation 125
urogenital groove 45
urogenital sinus 45, 162
uterine body 42
uterine cervix 229
uterine gland 42
uterine horn 42
uterine smooth muscle 87
uterotubal junction 228
uterus 42
UTJ 228

V

vagina 45
vaginal plate 175
vas deferens 47
Vater-Pacini corpuscle 46
ventromedial hypothalamus 189
vesicular follicle 95
vesicular gland 47
vestibule of vagina 45
vitellin block 235
vitrification 292, 310
vitrification method 314
viviparity 4
VMH 189, 193
vulva 46

W

Wilms tumor 1 164
window of implantation 248
wingless-related MMTV integration site 4 171
WNT4 171, 175
WNT7a 175
WNT9b 175
Wolffian duct 162
WT1 164, 168

X

X 染色体の不活性化 151

Y

yolk sac 26

Z

zona pellucida 232
zonareaction 235
zonary placenta 253
zonula adherens 242
zygote 4, 228
zygotene 期 21
zygotic gene activation 240

繁殖生物学 改訂版

2020年3月26日　第2版第1刷発行

編　者　公益社団法人日本繁殖生物学会
発行者　西澤行人
発行所　株式会社インターズー
〒151-0062　東京都渋谷区元代々木町33-8　元代々木サンサンビル2階
編集部Tel. 03-6407-9690／Fax. 03-6407-9375
業務部（受注専用）Tel. 0120-80-1906／Fax. 0120-80-1872
振替口座 00140-2-721535
E-mail: info@interzoo.co.jp
Web Site: http://www.interzoo.co.jp/（コーポレートサイト）
https://www.interzoo.online/（オンラインショップ）
装丁・組版　株式会社プロジェクト・エス
印刷・製本　株式会社創英

ISBN 978-4-86671-110-2 C3045